The Age of the HORSE

人と馬の五〇〇〇年史

スザンナ・フォーレスト
Susanna Forrest
松尾恭子 訳

文化・産業・戦争

原書房

アルタイ山脈にある墓から発掘された 2300 年前の絨毯。りゅうとした服装の戦士が脚の長い栗毛の馬に乗っている。

ラスコー洞窟壁画の複製。大きな黄金色のタヒと 2 頭の小さな黒っぽい馬が描かれている。

ドイツの版画家ハンス・バルドゥングが制作した木版画の連作のひとつ。森にいる野生馬が描かれている。（1534 年）

「野生馬と蛮人」と題された場面を演じる曲馬師アンドリュー・ダクロウと 2 頭の馬。（1835 年頃）

オーラス・ヴェルネの作品。野生馬がタタール地方へ向かう途上で川を渡っており、その背中にマゼーパが縛りつけられている。(1789 年—1863 年)

ショルフハイデにあるカリンハルで過ごすゲーリング。彼の姪と毛深いポニーが一緒にいる。（1938 年）

真冬の時期のタヒ。

6 世紀の東ローマ帝国の石棺に彫刻された馬と調教師。

『完全軍事教本』の挿絵。マムルーク騎兵が描かれている。ムハンマド・イブン・イサ・アクサライの作とされる。(1375 年頃—1400 年)

ヨハン・ゲオルク・フォン・ハミルトンの作品。ケルベロという名のクラドルーバー種の駁毛の馬がカプリオールをしている。(1672 年—1737 年)

フランスの馬劇『悪魔の馬』の各場面。1846 年頃

カプリオールをするエクイエルのブランシュ・アラーティ＝モリエールとダルタニャン・J・デルトンが撮影。1910 年

サドラーズ・ウェルズ劇場で『ケンタウロスとアニマル』のフォトコールを行うバルタバスとル・ティントレット。ロンドン。2011 年

大厩舎のキャリエールにおいて、カロリン・カールソンとバルタバスが手掛ける『我々は馬だった』のリハーサルを行うヴェルサイユ馬術アカデミーの劇団員。2011 年

ジェシー・ノークスが 20 世紀初めに制作した『ラトレル詩編』の挿絵の複製。耕し、種を蒔き、まぐわでならす様子が描かれている。

『オールド・イングリッシュ・ブラック・ホース』　ウィリアム・シールス（1785 年―1857 年）

『ロンドンの辻馬車』　チャールズ・クーパー・ヘンダーソン。1803 年—1877 年

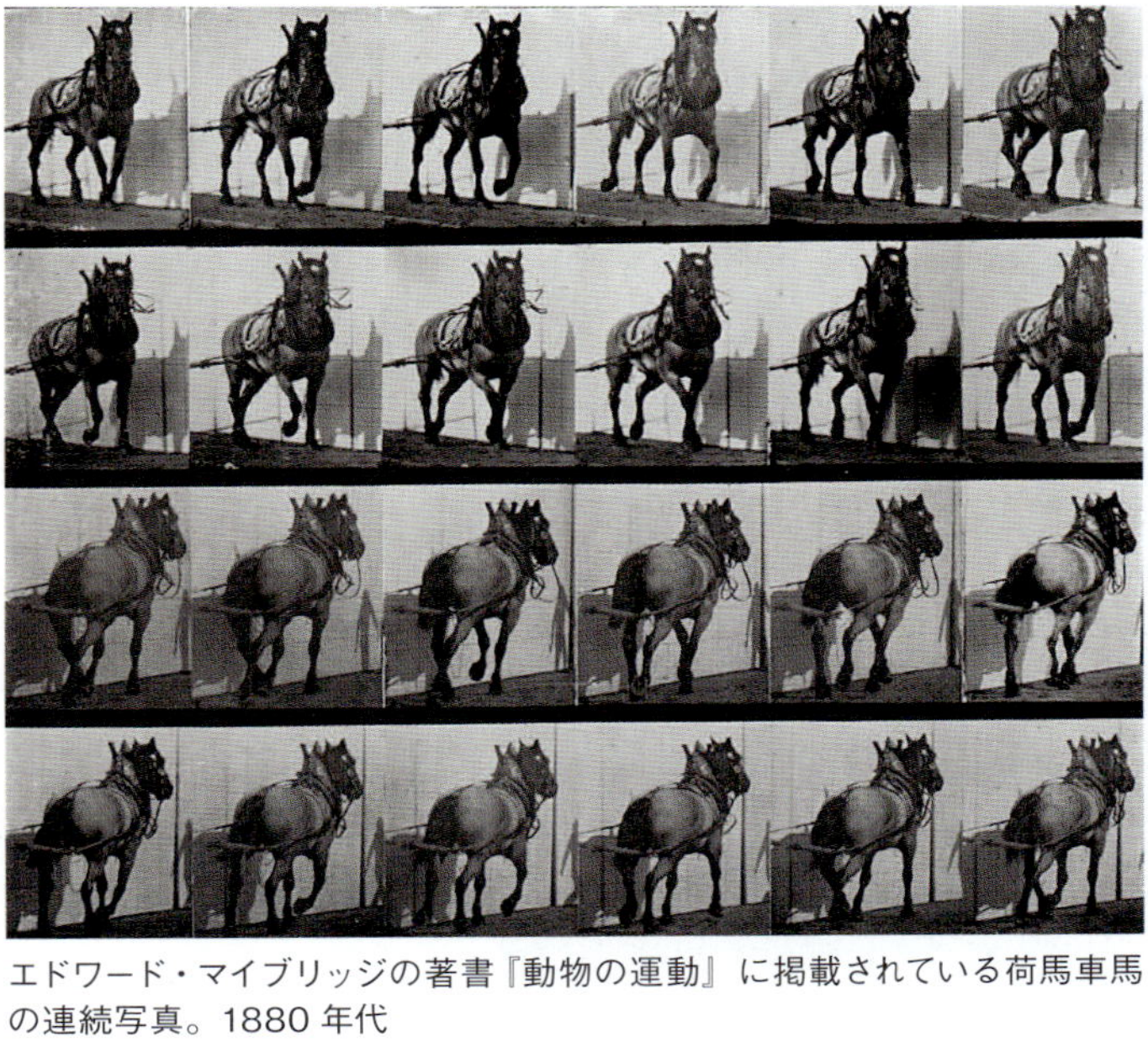

エドワード・マイブリッジの著書『動物の運動』に掲載されている荷馬車馬の連続写真。1880 年代

『使い古し』――19 世紀のスミスフィールド市場の様子。

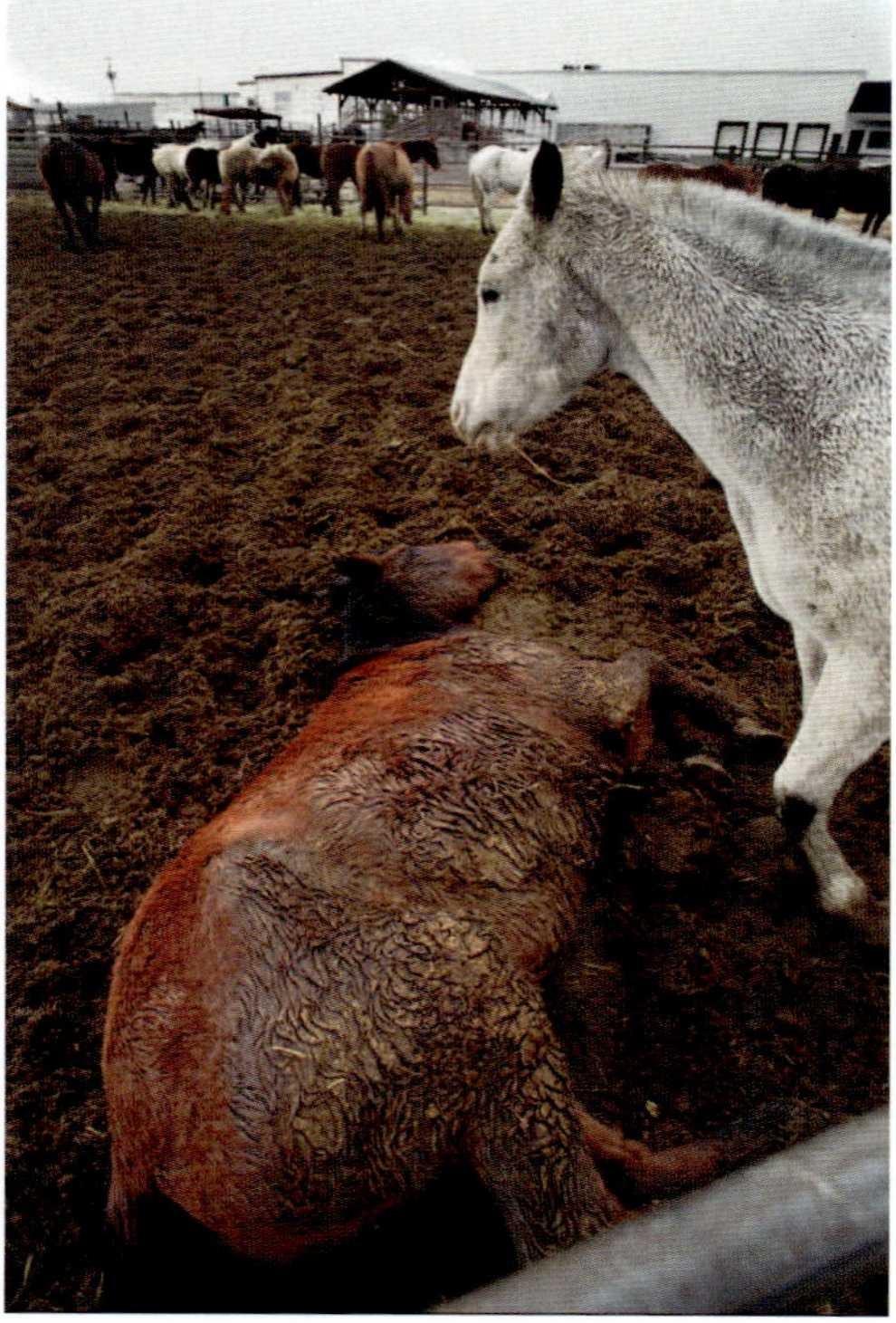

オレゴン州レドモンドにあるキャヴェル・ウェスト廃馬処理場の囲いの中にいる馬。1996 年

ベルリンの動物福祉活動家が開催した馬肉を食す立食会。1903 年

アメリカ当局が検査した馬肉が販売されている。ワシントンDC。1943 年

ツバメを踏む馬をかたどった有名な2世紀の青銅像。1969年、中国の甘粛省にある漢王朝時代の墓で発見された。

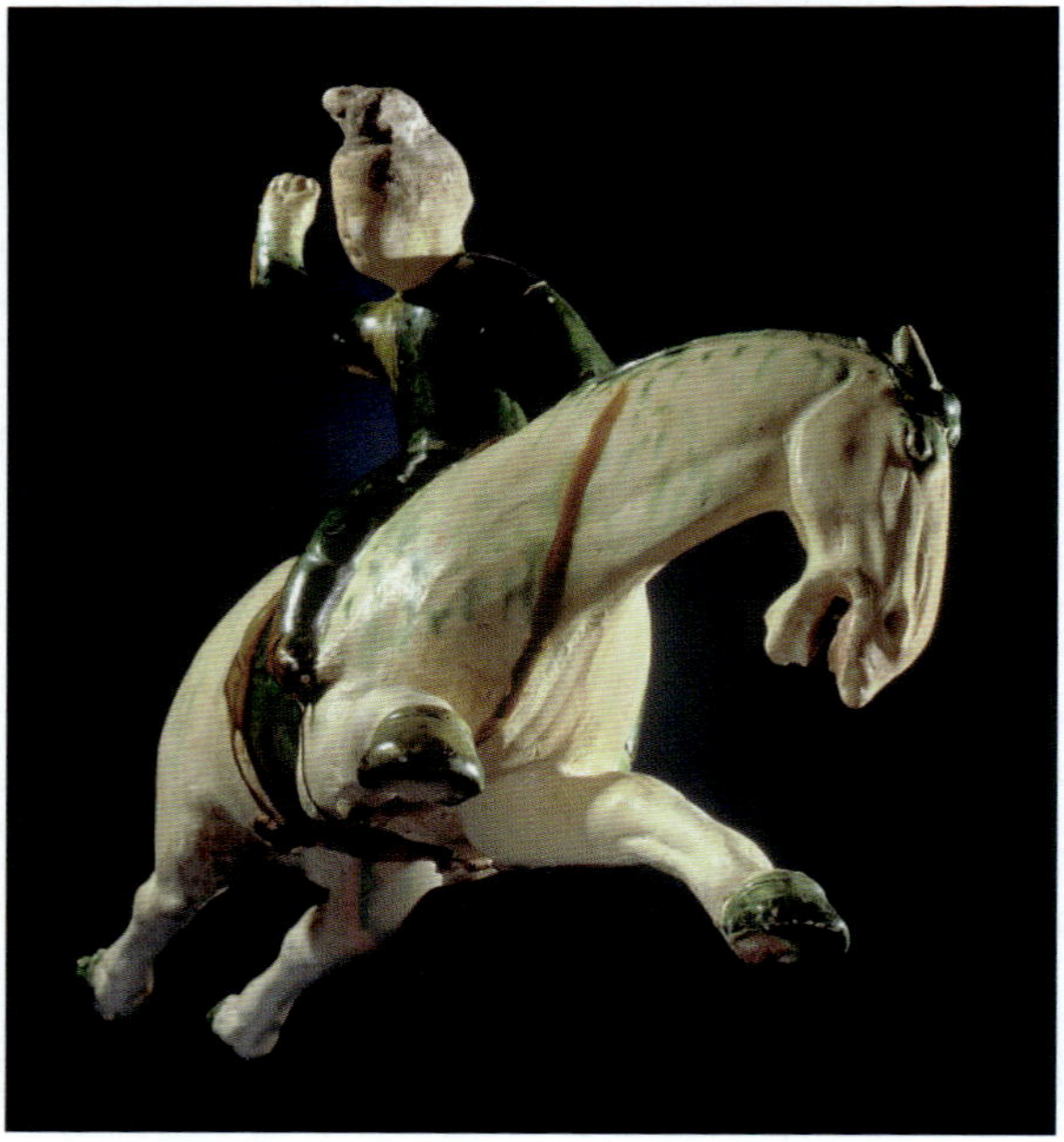

唐王朝時代の宮廷に仕えた女性がポロを行っている。

清王朝の乾隆帝の肖像画。ジュゼッペ・カスティリオーネが 1758 年に制作した。

1998 年に中国の西安市で再現された唐王朝時代のポロの試合。

トラッヘ・コルトを着て戦うレホネアドールのパブロ・エルモソ・デ・メンドーサ。コロンビア。2014 年

『ラトレル詩編』の余白に描かれた絵。馬が兵士を蹴っている。1325 年―1335 年

『サン・ロマーノの戦い』　パオロ・ウッチェロ。1397 年—1475 年

ガスマスクをつけ、槍を携えたドイツ軍の騎兵。1917 年

第一次世界大戦の様子が描かれた絵。『病気の馬を乗せて戦場を駆けぬける救急馬車』　エドウィン・ノーブル

ヴァージニア州にあるアーリントン国立墓地で葬儀の開始を待つ荷馬車小隊隊員。2007 年

人と馬の五〇〇〇年史

文化・産業・戦争

目次

はじめに

「……へ続く乗馬道」と書かれた案内板をイギリスで目にすると、私は、オルダス・ハクスリー氏が幻覚剤のメスカリンを飲んだ時と同じような状態になる。この土地の平原や山々にはそうした案内板はないが、乗馬道は四方にのびており、乗馬好きはその光景に酔いしれる。人には好きでたまらないものがある。ある人は女性を追いかけ、ある人は公爵を追いかけ、私は司祭を追いかけ、そして馬に乗って道《カリル》を進む。曲がりくねった魅惑的な道は、家庭での務めをすべて放りだし、馬に乗ってどこまでも進むように私を強く誘惑する。

『アンダルシアのふたりの中年の淑女』
ペネロペ・チェットウッド（一九六三年）

本書は、馬の歴史をたどる本というよりも、六本の乗馬道をたどる本である。その道は銅器時代のカザフステップ（カザフスタンからロシア南部に広がる草原地帯）、マウリヤ朝時代のインド、産業革命期のイギリス、マサチューセッツ州の田舎にあるエコ農場、スモッグが立ちこめる二一世紀の北京にのび、幾本もの小道が枝分かれしている。私たちは時には六本の道をキャンターで颯爽と走り、時には馬から下りて道の小石や砂を眺める。私は生涯を終えるまで、これらの道を楽しく延々とたどり続けるかもしれない――今はあなたを案内する。人と馬は絶えまない変化の中、様々な思いを抱いてこれらの道を通ってきた。道をたどる途中、あなたは魅惑的な道を見つけ、探検に乗りだすかもしれない。

馬は歴史によく登場する。王室パレードで行進し、戦場で戦い、ヴィクトリア朝時代の通りの混雑を引きおこし、王や女王を乗せて歩き、農夫に従って犂を引く馬を私たちは目にするだろう。その姿や文書に記された馬の姿にあなたの関心を向けてほしいと思っている。昔の人々は馬の価値を認めていた。男性も女性も馬とともに暮らし、馬のにおいや性格や強さを知っており、馬に蹄鉄をつけ、穀物を与えた。騎兵隊の馬に与えるかいばを入手できるか否かがモンゴル帝国をはじめとする帝国の興亡を左右した。馬の価値を認める人は現代にも大勢いる。私はその人々もタペストリーに織りこんだ。このタペストリーはなかなか織りあがらない。馬の時代は終わったと言われるたびに、エクウス・カバルス（馬の学名）が再び活躍し始めるからだ。

馬の用途は他の動物のそれに比べて多様だ。私たちは馬の背中に乗り、馬を荷車や犂につなぎ、馬に荷物をくくりつけ、馬の乳を飲み、馬の肉を食べ、馬に乗って戦争に行き、馬をペットとしてかわいがり、富や政治権力、純粋さ、好色、人間の苦しみの象徴と見なす。五五〇〇年前に馬を家畜化して以来、馬の体の一部を使ってボタンや玉座といった色々なものを作っている。

本書は、野生馬と調教を受けて洗練された馬、産業機械としての馬と工業製品としての馬、地位の象徴としての馬と無政府主義者としての馬など相反する馬を紹介する。馬は、例えば中国の馬とニューイングランドの馬や五六〇〇万年前の馬と現代の馬が時空を超えて互いに影響しあっている。私は二〇一三年の夏から二〇一五年の夏にかけて、モンゴルのステップ、ヴェルサイユ宮殿の大厩舎にあるシャンデリアに照らされた馬場、ニューイングランドの農場、アメリカの田舎にある競売所の小屋、北京近郊のポロ競技場、リスボンの闘牛場、ヴァージニア州の駐屯地を訪れてこれらの馬に会った。

ナチスは野生馬を再生しようとし、踊る馬はルイ一四世の宮廷に規律をもたらし、ロンドンやパリ、ニューヨークの市民を魅了した。荷馬車馬は王族の馬やソーラーエンジンと同様の役割を担う馬に変わった。馬の肉は大統領選挙に影響を与え、テロ攻撃を招いた。馬には、中国の皇帝が臣民を犠牲にしてまで手に入れたいと切望するほど価値があった。馬は政治に関わり、感情を持ち、人とともに戦争に行くことができる性質を備えていた。

歴史が馬の立場から語られることはほとんどない——たいていは人の立場から語られる。馬は人と人の行為を受けいれ、人に協力してきた。それが馬の神経内分泌系の働きや食べ物への欲求、恐怖、行動操作、遺伝子操作によるものだとしても、馬の協力のおかげで人は広大な土地を支配し、衣食を満たし、損害を埋めることができた。好むと好まざるとにかかわらず、馬は動物の中で特別扱いされ、仲間だと見なされてきた。しかし、ひどく酷使されもした。同じ哺乳動物である人に選ばれたため、大きな犠牲を払い、多くのものを失った。人は馬を絶滅から救ったが、数えきれないほどの馬を殺してきた。

これから語る六つの話は、人が何千年にもわたって語ってきた馬の話のうちの一握りである。フランスの博物学者コント・ド・ビュフォンはどこか逆説的に、馬を「人類の最も崇高な獲得物」と呼んでいる。

進化

タマネギはユリに変わりうる

ウマ科の歴史は、生物が確かに進化してきたこと、そして例えば、タマネギはユリに変わりうるということを、今でも極めてはっきりと説得力をもって示すもののひとつである。（ジョージ・ゲイロード・シンプソン『馬　現代世界と六千万年の歴史におけるウマ科の動物の話』、一九五一年）

自然界のものの起源は定かではない。五六〇〇万年前、現在のアメリカのワイオミング州ビッグホーン盆地にあたる地域に、シフルヒップスあるいは「零馬」という体重一二ポンドの小さな動物がいた。この動物は果物や丈の低い木の枝を食べ、背中は鹿のそれのように平らで、後ろ脚は曲がっていた。古生物学者ジョージ・ゲイロード・シンプソンは、タマネギはいずれユリに変わると言ったが、この動物がタマネギであり、ユリがエクウス・カバルスである。この動物は四本の指で軽い体重を支え（第五指は使われなくなった）、不安定な地面の上で体の平衡を保った。一見すると原始ラクダ、原始シカ、原始バク、キリン、未来のヘラジカのようであり、創造論者はウサギだと主張している。あと一〇年もすれば私たちは新しい化石を発見し、新しい名をつけ、馬の起源が数百万年遡り、最初期の「馬」についての私たちの考えが再び変わるだろうし、さらに古い時代の原始馬の骨が、ワイオミング州の崖の下に発見されないまま眠っているかもしれない。その原始馬もユリに変わるタマネギだ。もっとも、タマネギのままでも十分に幸せで、機能的な作りをしているけれど。

　馬はマトリョーシカのように順調に進化したわけではない。旧弊な自然史博物館や生物学の図において馬の余分な指は消え、首は伸び、管骨は長くなり――ついに！――人に仕える馬に変身する。馬は何百万年にわたり、変化する気候と環境のもとでなんとか生きてきた。タマネギである原始馬は、生き残り、再生するために活動してきた。私たちから見れば馬は大成功した――私たちもどうにか人となって生きのびてきたけれど、馬は私たちよりもはるかに長く生きのびてきた。

　馬は進化において一列に並んでいない。分岐しながら進化し、私たちにずっと寄りそってきた。流れるように変わりながら、馬のある種は落伍し、消え、ある種は走り続けた。ある種はひとつの特徴を失い、それを後に再び持つようになった。ある種は、体の一部が退化したので食べたり走ったりすることがより簡単にできるようになった。地球上に出現した馬の種は互いに共存したが、地球上から消えることもあった。馬の種は無数だ――古い湿地や乾燥した盆地で新しい種が度々発見されるし、縞模様やたてがみを持つ種のコンピュータグラフィックスや絵も制作される。

　小さな「最初期の馬」は、ユーラシア大陸では二三〇〇万年前の漸新世に絶滅した。しかし、北米大陸では想像できないほどの長い期間にわたり繁栄した。北米大陸が草原に覆われると、台頭した原始馬――メソヒップス、ミオヒップス、パラヒップス――は高冠歯を発達させ、顎に深く根をおろすその歯でリグニンと二酸化ケイ素を含有する草をすり潰した。頭が長く、草を食べている時も目が広大な草原の草丈より高い位置にあったから、近づいてくるものを見られた。おそらく体の大きさは、シフルヒップスをはじめとする最初期の馬の二倍あり、後にさらに大きくなった。二本の指は退化し、骨が結合した中指は太くなり、打楽器を演奏するかのようにその指で固い地面を蹴って走り、葉の茂った森の木に妨げられることなく捕食者から逃げた。丈夫になった脚で速く走れるようになり、草原ではいつでも草を食べられた。ただ、草に含まれる糖が脚に炎症を引きおこした。

長くゆっくりとした時の流れの中でメソヒップスやその仲間が姿を消した。その後「真の馬」——プリオヒップス、ディノヒップス、ヒッピディオン、ヒッパリオン——が現れ、小さくなっても体のつり合いを保つのに役立っていた中指の両側の指は、固い角状の塊となって球節あるいは膝裏に残った。ディヴォット（ゴルフクラブによって削り取られた細長い芝生片）のような形の中指は幅が広がり、丸みを帯び、上部の関節はほとんど回転しなくなった。これらのウマ科の動物は大きさが小さなポニーほどあり、がっしりした顎を持ち、横顔の輪郭は雄羊のそれのように凸状である。彼らはユリに近づいていた。最初のヒトは、彼らが栄えていた時代に化石記録として現れる。

四〇〇万年前に馬、ロバ、シマウマが分かれていった。二五〇万年前、初期の馬は、北米大陸の東側から大草原の広がる陸橋を渡って西ユーラシアに入った。そのため新たな捕食者に対処しなければならなくなった。エチオピアで発見されたシマウマの骨の化石には溝がある。捕食者が、石の道具で骨から肉や腱を残さず剝がそうとしたため——歯を使うよりも多く取れた——ついた傷ではないだろうか。

一八〇万年前、ホモ・エレクトスがアフリカ大陸を出た。それから一五〇万年後に少なくともドイツのシェーニンゲンまで到達し、槍を用いて馬を狩った。ある湖の岸辺には二〇頭のエクウス・モスバケンシスのきれいな骨と、彼らを倒す時に使われたトウヒ製やマツ製の八本の槍が散在している。この頃、馬は北米大陸からユーラシア大陸にかけて広く生息していた。どのような姿をしていたのかは定かではない。まだ多様な種が存在していたようだが、どの種の骨格もさほど違わない。彼らはシャイアー種やアラブ種の先祖ではない。小さく、敏捷で、どっしりした頭を持ち、原始人は食料として彼らを狩った。彼らは、温室育ちのユリである現在の馬を小さくしたような、人にとって都合のいい馬に進化するのではなく、エクウス・カバルスになっていった。

ユーラシア大陸全土に広がったホモ・サピエンスがにわかに使うようになった松明《たいまつ》のおかげで、私たちは、かつての人が見た馬の姿形を見ることができる。ラスコー洞窟の壁面を駆ける馬は膨れた腹と立派な脚を持っている。こげ茶色の脇腹には黄土色と赤鉄鉱で、黒色の蹄には濃灰色で明暗がつけられている。ニオー洞窟の馬を見ると、馬の肉と腱を骨からきれいにこそげ取った誰かによって脚の関節が正確に描かれている。顎にはもじゃもじゃした髭が生え、色の薄い鼻づらに笑みのようなものが浮かんでいる。ペシュメルル洞窟の馬の頭は黒色で細く、脇腹にはっとするような斑点が踊るように広がり、馬の周りにも点が描かれている。ラスコー洞窟の別の一区画では、小さくて丸々とした一頭の白黒の馬が鹿毛やこげ茶色の馬と一緒に駆けている。あなたは、馬を手のひらに収めることもできる。例えばマンモスの牙に彫られた馬。弓なりに曲がる首の部分に刻まれた十字形はたてがみを表している。鮮やかな橙色の琥珀で作られた馬の目は子豚の目に似ており、耳は後ろに倒れている。ある骨片には猛々しい目をした毛深いエクウス・カバルスが刻まれ、鼻に沿った溝やふぞろいな形の鼻孔といった細部まで表現されている。馬は人に知られ、測られ、求められていた。

馬を狩った毛むくじゃらのマンモスやサイ、ショートフェイスベア、カシの木ほどの大きさのナマケモノ、ダイアウルフ、サーベルタイガーは地上から姿を消したが、馬は幾度も絶滅を免れた。しかし、北米大陸で暮らしていた馬は、草原の一部が森林やツンドラに変わった頃に小型化し始め、狩られるなどして少しずつ減り、陸橋がすでに沈没していたため移動もできず、紀元前八千年紀のいずれかの時点で北米大陸から一頭残らず消えてしまう。ヨーロッパ大陸の広い地域は馬にとってさらに住みにくい場所になった。どんどん現れる人の餌食になる馬が増え、馬が長い年月をかけて適応した草原に森林が広がりだし、やがてヨーロッパ大陸を覆ってしまった。

南西部のイベリア半島や、カルパティア山脈からシベリアにかけて広がる東方の草原へ逃げた馬もいる。そこは森林が少なくて広々としていた。気候の厳しい場所は乾燥していたものの、馬は蹄で乾いた地面をしっかり捉え、自分の周囲だけでなく、大地が空と交わるはるか遠くの地平線にまで警戒の目を向けながら草を食んだ。彼らは西ヨーロッパと中央ヨーロッパに残してきた哀れな類縁の馬よりも体が大きくなった。この大草原で彼らに起こったことがエクウス・カバルスの未来を形作り、その絶滅と存続を左右した。

家畜化

歯、墓、雌馬の乳

男と犬が狩りから戻ってきた時、男が言った。「野の馬はここで何をしているのかな？」すると女が言った。「彼の名はもう野の馬ではありません。第一召使いです。これからずっと、ずっと、ずっと私たちを場所から場所へ運ぶからです。狩りに行く時は彼の背中に乗ってください」（ラドヤード・キプリング「自分で歩く猫」、『その通り物語』所収、一九〇二年）

銅器時代、ウラル山脈の東方を流れるイマン・ブルルク川のほとりに、ボタイ文化が育まれた村々が存在した。その辺りの草原にはマツとカバがまばらに生える森林が点在していた。移動しながら狩猟採集生活を送っていた石器時代を経て、ボタイの人々は家に住むようになった。石英《せきえい》が混ぜこまれた粘土でできた壁と草葺きの木造屋根を持つ、長方形に近い竪穴式の家である。家は並んで立ち、あるいは共有地を囲んでいた。ひとつの村に一〇〇軒以上の家があった。

ボタイの人々が、落ちつくことなく獲物を追い求めるよりも定住する方がいいと思ったのは、何らかの食物が豊富にあったからだろうか？　彼らは魚をとることも、手近にいる野生の牛やオーロックスを狩ることもめったになかった。穀物などの作物を育てていたわけでもない。現代のサモエド犬に似た犬を飼い、銅器を使っていたが、彼らの経済を本当に支えていたのは馬の肉や骨や乳である。点在する遺跡から発見された骨の九〇パーセント以上が馬のものだ。草葺きの屋根には、断熱するために馬の糞が用いられていた。なめした馬の皮で作られた紐は馬の顎骨で磨かれ、管骨は鉤状の槍頭になり、腱は糸として使われた。ボタイの人々は馬の肋骨と肩甲骨を用いて円底の粘土甕の形を整え、表面を滑らかにした。

蹄の真上にある砂時計のような形をした冠骨に、点や短い線や幾何学模様が描かれている。家々の床下にある貯蔵用の穴の中に残っていた冠骨は、頭部のない女性の体のように見える。刺繍したドレスをまとった女性を表しているのかもしれない。発見されたボタイの人の墓はわずかふたつしかない。ふたりの男性、ひとりの女性、子供が納められている片方の墓の中に、一四の馬の頭蓋骨と幾つかの骨が散らばっている。小さな甕の中には、頭蓋骨を削って作ったお面や皿が入っており、祭壇と思しき石の上に背骨とそれに連なる首の骨がのっている。

ボタイの甕の中に馬肉のたんぱく質が残存していた。草原では、馬の肉と関節から得られる脂が脂肪酸の供給源だった。異なる環境下で暮らしていた人々は種や木の実から摂取していたのだろう。他にも甕の中に残っていたものがある。雌馬の乳だ。乳を発酵させて、乳よりも消化しやすいチーズやヨーグルト、度数の低い酸味のある酒を作っていたのかもしれない。ボタイの人々は不足するビタミンCと脂肪酸を馬の乳で補っていたのだろう。彼らはどのようにして雌馬から乳を得ていたのだろうか？

生皮で投げ縄や馬の脚を縛る縄を作り、馬の糞尿によって土が肥えている村の一角に囲いを設けていたのだろう。彼らは幾つかの馬の頭蓋骨を斧で割っている——これは草原でできることではない。人が何度も、徒歩で草原から村まで馬を追った、あるいは草原で殺した馬を人力のみで村まで引きずって運んだとは考えにくい。また、馬は徹底的に解体されているわけではない。この事実は、人が草原を何日間も歩いてようやく馬を獲得したのではなく、労せずして手に入れたこと、だから簡単に処理したことを示唆している。

ボタイの馬の背骨には、人が馬の背中に乗ったことを示す明確な痕跡は残っていないが、馬の歯がすり減っているのは馬の毛や革、骨で作られた轡をつけていたからだと信じている人もいる。ボタイの人々は身近にいる野生馬を狩るために、管骨で作った槍を持って馬に乗ったのかもしれないし、馬を使って野生馬の死体を村まで運んだのかもしれない。彼らの飼っていた犬が野生馬を追ったとも考えられる。銅器時代のカザフ人である彼らが最も早く馬を飼った人であることは明らかだ。彼らが馬革を作り、馬の骨で嚢の表面を滑らかにしていた頃、大型の馬が西方のヨーロッパに戻りだし、草原で馬中心の生活を営む人がさらに増えた。

そして、石器時代に洞窟の壁に描かれた鹿毛、青毛、こげ茶色の馬や雪豹のような斑点のある馬とは異なる毛色を持つ馬が現れた。栗毛、スモーキーブラック、雲を思わせるサビノ白毛と粕毛の馬や、たてがみの色の薄い黒っぽい馬――ラスコー洞窟の馬の陰画のような馬――である。遺伝子によって青い目を持つ淡黄色の馬も生まれ、栗毛が月毛に、鹿毛が河原毛に変わり、さらに多くの雌馬が捕らえられ、草原からおびき寄せられ、馬の新しい系統が現れた。馬の筋肉や骨、心臓の形態が変化し、馬の精神構造も変わり、人に対してより寛容になり、学習能力が上がり、恐ろしさが薄れた。

銅器時代から青銅器時代に移ると、貝塚に捨てられる骨が馬のものから羊や牛のものに変わり、馬は兵士や富者と一緒に墓に埋葬されるようになった。人は馬の背中に乗って、あるいは荷車を馬や雄牛に引かせてより長い距離を移動しだした。人々は、馬とともに、言葉、宗教的思想、発明品、購入または交換した極東やヨーロッパの品々を携えていた。

野生

俊足の荒ぶる馬

「自分の馬の骨を異郷で捨ててはならない」（モンゴルの格言）

一

ベルリンからクリミア半島の北に位置するアスカニア・ノヴァの草原までは、直線距離にして一〇〇〇マイルある。一九四二年の夏、ドイツ軍の兵士と銃と馬は、黒海の北に広がるその草原にのびる泥道を東と南へ流れるように進んでいた。道は通れるものの乾いていて埃っぽかった。ドイツ軍はドン川とその先にあるスターリングラードをめざしていた。

バルバロッサ作戦において、七五万頭近くの馬が東部戦線で大砲を引いた。そのうちの三分の一が、この夏までに死んだり役に立たなくなったりした。草原へ向かう途中、ドイツ軍はドイツやポーランド、新たに獲得した生存圏で農耕馬を徴発した。ポーランドだけで一週間に四〇〇〇頭の馬を徴発し、西部戦線に送っている。この夏、何十万頭もの馬が、拡大する大ドイツ国の中心部から領土になったばかりの端の地域へ移動させられた。しかし、二頭の馬は反対方向に向かわされた――戦線の後方でしばらく世話を受けたわけでも、休んだわけでもない。彼らの向かった先はナチス・ドイツの中心地ベルリンである。

彼らは、ポニーほどの小さなこげ茶色の雄馬と雌馬で、引き具も鞍もつけていなかった。ナチスがオーストリアのピパーからチェコスロヴァキアに移したリピッツァナー種の馬はよく調教されていたが、彼らは調教を受けていない馬である。アスカニア・ノヴァの草原から彼らを連れだすのに何日も費やされたのだろう。五頭の群れの仲間と草原で草を食んでいた彼らはおそらく、前線に送られた農耕馬のように他の馬と一緒に荷車に乗せられたのではなく、一頭ずつ木枠に入れられて列車で運ばれたのだろう。だから、蹴ったり喧嘩したりして相手を傷つけることも、ばったりと倒れることもなかったものの、怯え、蹄の後部で床板を踏みながら互いに鳴いて呼びあったのではないか。彼らは群れの中で最後にアスカニア・ノヴァを離れた馬である。残された馬は戦争を生きのびたのだろうか。

一九四一年九月に赤軍が退却してから間もなく、ドイツ軍がアスカニア・ノヴァに到着した。畑では脱穀された小麦が燃え、農場の機械類は壊され、建物は倒れかかっていた。陸軍元帥エーリッヒ・フォン・マンシュタインは司令部を設置し、仕掛け爆弾がないかどうか調べ、土地にあるものの一覧表を作成するよう部下に命じた。そしてこげ茶色の馬が七頭いることを確認し、ベルリンに正式に報告した。

なぜ、物資と人力を割いてドイツに連れていくほど、二頭の野生馬が必要だったのか。誰の命令だったのか。ナチスは馬を手に入れて何をしたかったのか。そもそも、なぜ羊で有名なドイツとロシアの境界地域で馬を手に入れたのか？　野生馬という存在は、馬が家畜化された時に生まれている。

二

ボタイの人々が投げ縄で捕らえた野生馬の中には、逃げるものや飼われることに抵抗するものもいた。人々は様々な群れから幾頭もの雌馬を連れてきて囲いに入れたが、雄馬は一頭連れてくると、その後はほとんど捕獲しなかった。人が増えて散らばり、馬が草を食む草原や水場のそばに定住し始めると、馬は人の群れや集団から離れてさらに東の草原や砂漠へ、あるいは西にあるヨーロッパの森や山へ向かった。数十年、いや数百年にわたって馬の家畜化が行われた結果、馬はふたつの種類に分かれた。その一方は肉や乳、皮の供給源や交通手段となる、人を豊かにする馬だ。もう一方は容易に狩ることができず、資源や土地をめぐる人の競争相手となる馬である。

人は長い間、野生馬についてわずかな記録しか残してこなかった。捕まえにくく、食料の十分な供給源とはならない野生馬に関心を寄せなかったからだ。家畜馬が逃げて野生に戻ることもあった。その馬や幾代か後の馬は純粋な野生馬とは言えず、見た目からそれと分かる。彼らはテレパシーのようなものを働かせて警戒し、野生のままでいることを望んだ。そうした性質だったから家畜化されなかったのだろう。

野生馬についての話には信用できるものから神話めいたものまである。歴史家ヘロドトスは、スキタイの草原の東端を流れるブク川のほとりに薄い毛色の野生馬がいたと述べており、博物学者プリニウスは、地球上の生物のひとつとして「エクイフェリ《野生馬》」を挙げている。ユリウス・カピトリヌスによると、ゴルディアヌスは、円形闘技場で催される野獣狩り用として雄鹿、ダチョウ、野生羊、ヤギ、雄豚、ロバと一緒に三〇頭の野生馬をローマの人々に贈った。その馬の生息地は分からない。ウァロは、「ヒザー・スペイン（イベリア半島北部）」で野生馬が草を食んでいたと記しており、ストラボンは『地理書』の中で、野生馬が野生牛と一緒にアルプスの山々を歩き回っていたと主張している。

文献で野生馬について調べる時は注意が必要だ――「野生馬」が逃げた家畜馬である場合があるからだ。馬は何千年もの間――カマルグやエクスムーアといった土地では現在でも――放し飼いにされ、人は時おり、馬を改良するために優れた雄馬を大きな群れに加えた。捕まって仕事を担った馬の中には、人と深く関わらなかったものもいる。次のような勘違いもある――オッピアノスは、「恐ろしく高慢な種類」の「野生馬」がエチオピアにいたと述べている。それは二本の毒牙とふたつに分かれた蹄を持ち、首から背中にかけてもじゃもじゃ生えた毛が、固い毛に覆われた尾に続いていた。彼の話を信じず、その獣はレイヨウかニルガイだろうと説明する人もいる。シマウマだと考える人もいるかもしれない。シマウマは一九世紀にはまだ野生馬と呼ばれていた。

野生動物として残った――様々な群れや種の――馬の縄張りとその範囲を知るのは不可能である。彼らが広域に散らばっていたからだ。彼らの話はしばしばふたり、あるいは三人の人を介して伝わったから、その間に毛むくじゃらの馬の話へと変わった。

一六世紀のイタリアの数学者であり医師でもあったジェロラモ・カルダーノの主張によると、ガリア北部にある沼地の多い森に、深い黒毛に覆われた馬が生息していた。馬の目は小さくて青白く、夜に被毛を擦ると閃光を放ったらしい。一六世紀、レオ・アフリカヌスは北アフリカにおいて、縮れ毛の生えた尾と白い毛を持つ野生の若い雄馬を目撃し、「その野生馬はめったに目にしない獣のひとつだ」と述べている。そこに住むアラブ人は、馬がよく集まる水場に罠をしかけて砂をかぶせ、罠にかかった馬を食べた。「馬が若ければ若いほど、その肉は美味である」と彼らは言っている。一一世紀に生まれたキエフ大公ウラジミル二世モノマフは亡くなる前、息子宛ての遺言書を作った。それには、自分の行ったことを息子が思い出すようにこう綴られている。「ロシアを旅していた時、私はチェルニーヒウ近くの森の中で一〇頭ないし二〇頭の野生馬を素手で捕らえ、他の場所でも幾頭もの野生馬を素手で捕らえた」

グレゴリウス三世は七三二年、異教徒のゲルマン人が野生馬を食べることを戒め、野生馬がいる土地のキリスト教徒の間でその肉が禁忌とされるようになり、数世紀後には、おそらく馬の数が少なかったことも相まって食されなくなった。家畜馬はほとんど食されていなかった。野生馬は家畜馬にとっての新しい遺伝子の供給源であり——ボヘミア公ソビェスラフ一世は一一三二年、ポメラニアとシレジアから「野生の雌馬の群れ」を集めた——競技用の動物としても食用としても優れており、レオ・アフリカヌスによって記録されたアラブ人と同様にヨーロッパのキリスト教徒もそのことを知っていた。

一三一六年、ヴェストファーレン文書なるものがヘルマンという名の貴族に手渡された。それと一緒に包まれていた、森での釣りや狩りの対象となる生き物の一覧表に野生馬も記されていた——特権階級の人々は、ウラジミル二世モノマフのように馬を素手で地面に組みふせるといったことは行わず、自分たちの馬に乗り、木々の間を駆ける野生馬を追った。野生馬は鹿並みに足が速く、他の獲物と違って人と同じように汗をかいて体温を下げることができるから長く走れた。

一五三四年、ドイツ騎士団は、総長のプロイセン公アルブレヒトが所有するエクウ近くの森で皮を得るために野生馬を狩り、アルブレヒトに戒められた。同じ年、ドイツの画家ハンス・バルドゥングは、木々が密生する森にいる馬を描いた三作品からなる連作木版画を制作している。馬は皆——互いに——噛みつきあわんばかりに口をあけ、地獄に落ちた人のように身悶えしている。バルドゥングは野蛮な本能や魔術と馬を結びつけた。前方に描かれた馬の中の一頭は怒り狂った雌馬に蹴られ、精液を森の地面に向かって放出している。一頭の雄馬の上唇は裏返り、黒い目は虚ろだ。

一五八八年、ビャウォヴィエジャやリトアニアの古くからある森で野生馬の密猟を働いた人が三六〇グロシュの罰金を科せられた。エラスムス・ステラの『プロイセンの起源』は、他に先駆けてプロイセンの馬について詳しく述べた文献のひとつだ。これには次のように記されている。「プロイセンの馬は家畜馬と姿形は似ているものの、背中が柔らかいため乗用には不向きである。良い獲物だが、用心深くて捕まえにくい」。アンドリアス・シュネーベルギウスによると、彼らは「鼠色で背中に一本の黒い線があり、たてがみと尾は黒く」、「人が背中に乗ろうとすると筆舌に尽くしがたい凶暴さを見せた」

草原の東部でも馬は害獣あるいは獲物として狩られ、啓蒙思想の影響を受けた博物学者や旅行家は、ヨーロッパの森やステップで馬をより綿密に観察し始めた。科学と探究の時代にロシア帝国は次々と領土を獲得し、サンクトペテルブルクとヨーロッパの学会の会員は、ジョナサン・スウィフトが創造したガリヴァーが「タタール人の大陸」と呼んだ土地の長い探検に乗りだした。その土地は、ヨーロッパの文明諸国の東端からはるか太平洋まで広がっている。彼らは帳面を携え、標本を集めながら荒涼とした風景の中を何か月間も歩き続けた。盗賊や病や冬の寒さに苦しめられ、夏はぶんぶん飛び回る虫が彼らの馬の血を吸った。彼らは丈夫な草や各地の人々の習慣、地形、そしてもちろん野生生物などあらゆる事物について貪欲なまでに記録している。その記録から、二種類の野生馬がいたらしいことが分かった。西方のウクライナのステップ、ロシア南部、ポントス・カスピ海草原でハネガヤやウシノケグサ、サクラを食べていたのは鼠色のターパンだ——ターパンの語源は野生馬を意味するテュルク語である。ドイツの科学者ザムエル・ゴットリープ・グメリンが一七七一年に述べたところによると、ターパンは大きな頭と狐を思わせる耳、「燃えるような目」、密生した被毛を持ち、家畜馬の二倍の速さで走れた。

カール・フォン・リンネは最初に著した分類に関する書の中で、野生馬について言及していない。彼の同僚だったオランダ人のピーター・ボダートは、一七八五年にロシアのヴォロネジでターパンを観察し、エクウス・フェルスという正式名称を考えだした。新しい征服者であるロシア皇帝のために、ビャウォヴィエジャに生息する生き物の一覧を作成したドイツの森林管理官ユリウス・フォン・ブリンケンは一八二八年、森の開けた場所に住んでいたがっしりした小さなポニーのことをエクウス・シュルウェストリスと呼び、この一〇〇年間そのポニーは目撃されていないと説明している。彼が伝える消えたポニーはしばしば「森のターパン」と呼ばれ、ボダートが伝える馬は「ステップのターパン」と呼ばれる。

中央アジア奥地のステップの東沿いからゴビ砂漠、タクラマカン砂漠、アルタイ山脈にかけて広がる土地にもう一種類の野生馬が住んでいた。砂色がかったこげ茶色の馬で、土地の人々は「タヒ」と呼んでいた。ブラシのように直立した黒いたてがみと、先が短い毛に覆われた尾を持ち、耳がとても大きいので時々野生ロバと混同された。ロシアのピョートル大帝に仕えたスコットランドの医師ジョン・ベルは、一七一九年から一七二二年にかけてサンクトペテルブルクから北京まで旅をした。旅の途中、トミ川の近くで珍しい野生馬を見ており、次のように述べている。トミ川はアバカン山脈に源を発した後、オビ川に合流する。

さらに、栗色の野生馬が数多くいる。子馬でも手なずけるのは難しい。ここに住む馬は……どんな生き物よりも警戒心が強い。群れの一頭がいつも高台に立ち、仲間に警告を発する。わずかでも危険を感じると群れに駆け戻り、なしうるかぎり音を出す。すると鹿の大群よろしく皆がいっせいに飛ぶように逃げる。雄馬はいなないたり嚙んだり蹴ったりして、群れの後尾を走る足の遅い馬をせき立てる。彼らはたいへん賢いが、カルムイク人にしばしば意表を突かれる。カルムイク人は俊足の馬に

乗って野生馬の群れの中へ駆けいり、穂先の幅広い槍で殺す。彼らはその肉を優れた糧として大切にし、その皮を寝椅子の代わりとし、その上で眠る。

もちろんタヒは、ヨーロッパ人がその観察を始めるずっと以前から人と共存していた。また、ヨーロッパに残った野生馬と同様に、貴族や悪賢い庶民の狩りの対象になった。一六三〇年、チェチェンというモンゴル貴族が満州族国家の皇帝にタヒを贈った。乾隆帝《けんりゅうてい》は一七五〇年に壮大なタヒ狩りを催している。狩りでは三〇〇〇人の勢子が動員され、三〇〇頭の馬が銃で仕留められた。この時代の満州族はタヒが家畜馬の祖先だと信じていた。彼らは馬に頼っていたが、馬を大量に殺すこともあった。伝えられるところによると、ある中国人は、若い馬の調教に成功したものの、年上の馬を手なずけることができず、その馬を殺して食肉にした。

「ターパン」という名称は、時に「タヒ」と区別せず用いられた。一八四一年、チャールズ・ハミルトン・スミスは家畜馬に関する論文の中で、ひとりのコサックが語った話を引用している。そのコサックは一九世紀初頭、ロシア皇帝に仕えるタタール人隊長の配下に属していた。彼によると、コサックもタタール人も野生に戻った家畜馬（タクジャあるいはムジン）と野生馬を識別できた。彼は野生馬をターパンと呼んでいる。その中には「鼠色」の馬がおり、タヒに似ている。手色は「黄褐色」や「イザベラ」（パロミノに近い）で、冬毛は白く（冬はターパンとタヒの被毛の色が薄くなる）、「小さな敵意ある目」と張り出した額、黒色の濃いたてがみを持ち、尾の先に固い毛が生え、姿形と行動は「凶暴なラバ」を思わせた。

このコサックは、野生馬がまだトミ川の近くで草を食んでいると語っている。一世紀前、ベルは同じ場所で野生馬を見ている。アラル海（ウズベキスタンにある）の南、トルクメニスタンのカラクム砂漠、カザフスタンを流れるシルダリヤ川のほとり、ウクライナの南東部、ゴビ砂漠にもいたらしい。

見張り役の雄馬が甲高く鳴かなくても、「茂みの……はるか後方の地平線上にコサックの槍の先端が見えると」、「凶暴なラバ」の群れ――時に数百頭からなる群れ全体が「魔法でも使ったかのようにたちまち消えた。彼らは利口で、姿を隠せるように、向かう先として一番近くにある隆起した場所や谷間を選ぶから、再び姿を現す時にははるかかなたにいる」

「スルタン」と称される野生の雄馬は、熊を前脚で蹴って追い払い、狼の姿が見えると他の馬が子馬を守るために輪になって囲み、輪の外にいる雄馬がいななきながら狼を攻撃した。タヒは家畜馬も襲って殺した。彼らは横になっている姿を見せたことがなく、地面がぬかるんでいるかどうかを見分ける能力があり、ぬかるみを避けて通った。人に捕らえられると、「思惑を抱く人に抗って自ら首を折り、そうしない馬もやがて必ず物憂さから死んだ」

ターパンもタヒもこの頃にはもう隠れ場に住んでいた――タヒが一二〇〇年以降モンゴルのステップにいたという記録はない。人はこの草原の両端から、野生馬の残る隠れ場に入った。ターパンが先に姿を消した。フォン・ブリンケンは、ビャウォヴィエジャには一頭も残っていないと記している。わずかな数のターパンが捕らえられ、ポーランドの南東にあるザモイスキ伯爵の領地に連れていかれ、一八世紀初めまで狩猟獣として飼われた――ザモイスキ伯爵が他の動物と戦わせることもあった。その後、伯爵によってビウゴライの近くに住む小作人に与えられ、家畜化した。

ロシア南部のステップが移り住んだ人でいっぱいになると、雌の家畜馬を襲ったり、人が冬越しのために集めて積んでおいたまぐさを食べたりするターパンが数多く殺されるようになった。湖の水は農業用水として使われたため減少し、その水をめぐってターパンは牛と争った。まぐさの山や水場のそばで攻撃を受け、逃げる際にでこぼこの地面に足を取られて骨折するターパンも少なくなかった。少数のターパンは人に慣れた――半ば飼いならされたターパンの受ける恩恵は、被る不利益よりたいてい小さかった。家畜化されたターパンの子供は足が速く、忍耐力があったから大事にされた。ターパンは激減し、めぐりくる冬の厳しい寒さのために数を増やせなかった。寒さは、ステップに住む家畜と野生の動物のあまたの命を奪った。

野生馬が減少し、消えつつあることが科学的に語られるようになると、博物学者は、サラブレッドの中の初期の「原始的」な種類を探し始めた。がっしりしたサラブレッドでも痩せたものでも構わなかった。サラブレッドは人が完璧に作出した絹のような被毛を持つ馬である。前世紀には、ジョルジュ・キュヴィエが地球理論について述べた際、すべての動物がこの世の始まりから神の不変の計画に則って共存してきたわけではなく、例えば大トカゲなどの様々な爬虫類が現れては消えていったと指摘し、滅びるおそれのある種を人の手によって保存すべきだと提唱した。

動物は自然過程を経て変化した。一九世紀半ばにダーウィンの『種の起源』が出版され、その変化が進化として知られるようになった。動物が変化したのは人が手を加えたからでもある。人より知能の劣る毛深い猿が人の祖先だとしたら、大きな頭と小さな目、豊かな被毛を持つターパンかタヒが現存の馬の祖先ではないかと人々は思った。フランス人医師ジョゼフ＝エミール・コルネは、家畜馬の中に散らばってしまった理想的な「原始の野生馬」の特徴をすべて兼ね備えたフランスの「聖なる種」を作りだせるという考えを示した。この時代の絵の中のターパンは、マトンチョップ形のもじゃもじゃの頬髭とコウモリに似た小さな耳、しかめたような細い鼻を持っている。唯一存在するターパンの写生画は、ターパンの子供を描いたものだ。子馬の頭は額部分が広く、鼻づらに向かってしだいに細くなっており、ほぼ三角形だ。耳は長く、首にぺたんと倒れている。

三

一八二八年、二八八六頭のメリノ羊がドイツのアンハルトから、アスカニア・ノヴァと呼ばれる広大な土地へ移された。アスカニア・ノヴァはドニエプル川南部の近くに位置した。翌年、さらに五〇〇〇頭が一〇〇人ほどのドイツ人労働者、牛、少数の馬とともに連れていかれた。アスカニア・ノヴァの所有者であるアンハルト＝ケーテン公国の君主は、ステップに広がる三〇〇平方マイルのこの土地で養羊を始めた。ロシア帝国の羊毛産業をドイツのそれに対抗できる産業に変えるためである。しかし、事業計画を丹念に練ったものの、ドイツの方式をステップにそのまま取りいれた事業は惨憺たる結末を迎えた。夏は空気がカラカラに乾燥し、冬は凍てつくように寒かったので、羊を屋内で飼わなければならなかった。裕福なロシア系ドイツ人フリードリヒ・ファインは、アンハルト＝ケーテンからアスカニア・ノヴァを購入した。彼の一家は一八〇七年にザクセンを発ち、ウクライナで織物工場を建設し、七五万頭の羊の帝国を持つに至った。ファインには息子がいなかったから、彼のドイツ人ビジネスパートナーであるヨハン・プファルツと結婚した彼の娘は、両家の姓を組みあわせたファルツ＝ファインという姓を名乗った。

彼の孫息子——名はフリードリヒ——は掘りぬき井戸を掘り、乾燥したアスカニア・ノヴァの一部を肥えた黒土の大地へと変え、農業を営めるように整備した。また、獣や鳥、植物を集め、豊かで一風変わった自然保護区のような場所を草原の中に作った。二〇〇種類の樹木——クワ、トウヒ、カバ、ライム、ニレ、カエデなど――は筵《むしろ》によってステップの暑さと寒さから守られた。ナイチンゲール、ヤツガシラ、コウノトリ、ダチョウの鳴き声が響き、ラクダ、ヤク、シマウマ、水牛、ヌー、少なくとも四頭のカンガルーが草原を歩き回り、スキタイ人が残した石の塔に尻をこすりつけた。毎年、何千もの人がアスカニア・ノヴァを訪れた。その中のひとりに、ファルツ＝ファインの親友であるベルリン動物園長ルートヴィヒ・ヘックがいた。

アスカニア・ノヴァの周辺は、わずかに残るターパンの生息地のひとつだった。フリードリヒが一〇代の若者だった一八七〇年代後半、土地の人々はラフマノフ・ステップのターパンの数が年々減り続けていることに気づいていた。

そんな折、牧夫が一頭の雌のターパンを見つけた。雌のターパンは家畜馬のそばをうろついていた――おそらく仲間を求めていたのだろう。彼女は家畜馬について回り、人が近づくと逃げ、数年の間に家畜馬の子供を二頭産んだ。ある日、彼女がドゥリリンという地主が所有する厩に家畜馬の後から入り、使用人たちが褒美めあてに彼女を他の馬から急いで引き離した。彼女は猛烈な喧嘩で目を傷め、使用人が馬房に入れると、怒って馬房の壁をよじ登ろうとし、使用人を飛節で蹴った。幾月か馬房に閉じこめられ、その間に落ちついて三頭目の子供を産み、端綱をつけさえした。しかし春になり、草を食べさせるためにステップに放すと逃げてしまった――自分の子供を残して。

同じ年の秋、アスカニア・ノヴァから二四マイル離れた場所で彼女が目撃された。彼女は人に挑むような様子をしていた。冬になり、土地の人々は自分たちの馬に彼女を追わせて、足の速さを比べた。彼らは馬に乗り、長距離をリレー形式で走った。まず一組の人馬の方へ彼女を追い、続いて次の一組の方へ追うという風にして走ったのだが、彼女は疲れず――雪の吹きだまりを飛びこえながら他の馬よりも速く走った。ところが、雪の下に隠れていた溝に落ち、脚を折ってしまった。人々は彼女を引きずりながらそりに乗せ、アガイマン村へ運び、義足を作ろうと考えた。けれども数日後、彼女は息絶えた。このターパンが残したのは、半ば飼いならされた数頭の混血の馬だけである。そのうちの一頭はモスクワ動物園で暮らし、一九〇九年に死んでいる。

森のターパンがザモイスキ伯爵の領地に住む小作人に与えられ、ウクライナの村でステップのターパンがそりで運ばれた後に死んだため、真の野生馬はタヒだけになった。ラフマノフ・ステップで件の雌のターパンが絶命した頃、タヒが「発見」された。ジョン・ベルとザムエル・グメリンの記録やチャールズ・ハミルトン・スミスが引用したコサックの話に登場するタヒが発見されたのだ――と言っても皮だけだが。ロシア人探検家ニコライ・ミハイロヴィチ・プルジェワリスキー大佐が中央アジア探検から帰る一八七八年のことである。彼はザイサンにある中国とロシアの国境の標柱のそばで、野生馬の頭蓋骨と黄色がかったこげ茶色の折りたたまれた皮を地方行政官からもらった。それは、地方行政官がキルギスの猟師と一緒にジュンガリアとゴビ砂漠を探検した際に仕留めた馬のものだった。プルジェワリスキー大佐はサンクトペテルブルクの科学アカデミーに皮を渡した。そして科学アカデミーはタヒを正式に分類し、特定し、分類学上の位置を定め、一八八一年、大佐とイヴァン・ポリャコフへの献名としてエクウス・プルジェワリスキー・ポリャコフと命名した。ロシアの人々は、タヒはロバが家畜馬に変わるまでの中間段階に位置する馬だと考え、フランス人科学者フォヴェルは家畜馬の祖先と見なした。

野生馬を自分で捕まえたいと熱望する人々が次々と出かけていった。ロシア人兄弟グリゴリー・グルム＝グルジマイロとウラジミル・グルム＝グルジマイロは幾度となく旅をし、一八八一年、東方のゴビ砂漠にあるガシュン・ヌール湖から三頭の雄馬と一頭の雌馬の死体を持って帰った。ふたりは野生馬を捕まえるためには技術が必要だと強調している。「野生馬は夜もたいそう用心深く、昼間は土地の特徴を巧みに利用してカモフラージュする。群れを追って三〇〇歩か四〇〇歩進んだ辺りですっかり見失い、その後は足跡しか見つからないといったことも度々だった」

輸送手段が改善されると、野生馬を生きたまま連れて帰ることを多くの人が試みるようになった。それまで博物学者は、珍しい野生馬を見つけた場所で殺して保存していた。人々は、ヨーロッパの見世物を行う施設や動物園、私設公園で野生馬を飼いたいと思い、紳士である博物学者や探検家のみならず、玄人動物収集家も野生馬の獲得に乗りだした。動物収集家は、野生馬を連れて帰るためにあらゆる代償を払った。この容赦ない新手の狩人は、野生馬にとってノアの方舟とも絶滅へと導く者ともなりえた。

ロシアの科学アカデミーはタヒを手に入れるために、ロシア人商人イヴァン・アサノフに白羽の矢を立てた。アサノフは定期的にモンゴル経由で中国を訪れていた。彼と科学アカデミーの会員は、フリードリヒ・フォン・ファルツ＝ファインに経済的支援を求めた。ファルツ＝ファインはアスカニア・ノヴァの近くで最後のターパンが死んだことを忘れていなかったし、モンゴルで土地の猟師を使って野生馬を捕まえるために、モンゴル貴族に贈り物をしていた。彼は喜んで頼みを引きうけ、毎年狩りの費用としておよそ一万ルーブルを渡すことにした。

一八九七年、アサノフが雇った猟師は子馬を見つけられなかった。年も終盤にさしかかってから現地に到着したからだ。一八九八年には、シベリア南西に位置するビイスクの近くで数頭のタヒの子供を捕獲したが、羊の乳を与えたら皆死んでしまった。

猟師は方法を変えた。彼らは雌の家畜馬を購入して孕ませ、ビイスクへ連れていった。そして群れを遠くまで追わずに、子供を宿す雌のタヒを銃で撃って捕まえた。次に家畜馬の子供を殺して皮を剝ぎ、その皮でタヒの子供を包んだ。このように偽装したので幾頭かの雌の家畜馬がタヒの子供を育てた。ところが子馬はまた死んでしまった。その後、アサノフが雇った猟師は六頭の雌の子馬と一頭の雄の子馬を捕獲した。彼らは船でビイスクまで運ばれ、そこから列車でアスカニア・ノヴァへと運ばれた。四頭がファルツ＝ファインの土地に生きたまま到着した。

タヒ狩りは新たな展開を見せた。さらに多くの人がアサノフに倣い、ロシアの森やモンゴルのステップでかつて催された大規模な狩りと同様に、タヒに破滅的な影響をもたらした。この世から消えつつあるタヒが数多く殺され、闇取引も行われた。

ドイツ人動物商カール・ハーゲンベックは熟練の動物収集家のひとりで、タヒを狙った。彼は、虎や白熊を運ぶ手腕を持つ人物としてつとに知られていた。巡回「人間動物園」を組織したことでも有名である。彼の代理人はアフリカ、アジア、ラップランド、南太平洋地域、南北アメリカへ赴き、野生動物を狩るのみならず、土地の人々を「標本」としてさらった。そしてハーゲンベックはヨーロッパの都市で実物大の村の模型を作り、その中に「野蛮人」を展示した。

ハーゲンベックは、ヴィルヘルム・グリーガーという狡猾な代理人をアスカニア・ノヴァへ派遣した。タヒを連れてくるようベッドフォード公爵から命じられたからだ。彼は、他の裕福な収集家がこの任務に関心を示すだろうと思っていた。ファルツ＝ファインがタヒの入手方法を明かさないため、グリーガーに使用人のひとりを買収させ、アサノフの名を聞きだし、彼の任務を妨害した。アサノフがファルツ＝ファインのために捕まえたタヒを買いとったのだ。

次にハーゲンベックは、モンゴル、中国、ロシアの要人からの紹介状をグリーガーに持たせて、アルタイ山脈の北にあるホブド川流域へ向かわせた。グリーガーは真冬に出発した。まず列車で行けるところまで行き、オブに到着した――ホブド川流域まであと八〇〇マイルである。オブからは、ビイスクまでの一七〇マイルの道のりをそりで移動した。ビイスクで土地の男、ラクダ、馬を集めて隊を編成し、重さ一二ポンドの平らな銀塊を大きく砕いたものを報酬として与えた。一行は雪の吹きだまりの間を縫いながら六〇〇マイルの道のりを進んだ。凍えるほど寒く、タヒの子供のために運んでいた乳が凍った。ついにコブドにたどり着くとキャンプを設営し、タヒの子供が成長するまでの四か月間ひたすら待った。子馬が大きくなって母馬から離れたら、「乳母」となる雌の家畜馬に引きあわせるつもりだった。

グリーガーはマスを釣った。これはモンゴル人にとっては恐ろしいことだった。また、彼は鶏を狩るのをやめさせられた――モンゴル人は、繁殖期に雌の鶏を狩れば自分たちが狩る鶏がいなくなると心配したわけではなく、「雌の鶏とその子がかわいそうだと心から思った」。ハーゲンベックは後にこのことを聞いて驚いている。グリーガーは猟師を雇い、五月の初めに準備が整った。

グリーガーは狩りの様子を眺めた。モンゴル人は自分の馬に乗り、辛抱強くタヒの後をつけた。タヒは川まで行き、嚙みついてくるブヨを尾で追い払いながら水を飲んだ。

モンゴル人が馬を追い始め、しばらくすると、砂煙の中に幾つかの茶色の点がちらちら見えるようになる。彼らが追うにつれて点は大きくなり、やがてそれが子馬だと分かる。子馬は群れの大人の馬についていけず、とうとう疲れはて、足を止める。疲れと恐怖から鼻孔が膨らみ、脇腹は波打つ。追っていた者たちは後はただ、杭の端に結びつけた輪縄を子馬の首にかけ、キャンプに連れて帰るだけでいい。

グリーガーは前例のない成功を収めた。彼は六頭のタヒの子供を所望されたが三〇頭捕まえ、その後さらに五二頭捕まえた。母馬から引き離された子馬は新しい環境に投げこまれて混乱し、多くが長い旅の途中で死んだ。子馬をハンブルクへ連れて帰るのに一一か月を要した。グリーガーは長く歩けない子馬をラクダの両側に固まらせ、乳母にかたわらを歩かせた。ラクダは幾度も逃げ、その度に連れ戻した。モンゴル人が反抗し、もうこれ以上は行けないと言った際は、金をせしめようという魂胆なのだろうと思い、彼らが赦しを乞うまで鞭で打った。結局、彼がハーゲンベックのもとへ連れて帰れたのは二八頭のタヒの子供たち——驚いているような表情を浮かべる毛深い太鼓腹の子馬の小さな群れ——だけだ。

　幾頭かの子馬にとって、ハンブルクまでの移動は長い旅の始まりにすぎなかった。ハーゲンベックは新世紀に入った頃、子馬を世界中の動物園に売っている。一九〇二年、苦しい境遇にいた一頭の雄のタヒと雌のタヒがニューヨークのブロンクス動物園に到着した——二頭のバッファローと交換されたのだ。飼育係は馬車を引かせようと考え、端綱をつけようとしたけれど、彼らが大暴れしたので諦めた。この時期、五三頭のタヒが捕らえられ、アメリカ、ドイツ、イギリス、フランス、オランダ、ロシアに連れていかれた。ファルツ＝ファインは全部で九頭のタヒを集めたが、子供を産んだのは二頭だけである。ロシア皇帝は、ホブド一世と呼ばれる雄のタヒをアスカニア・ノヴァに与えている。写真に写る一頭の雄のタヒは、コサック式の帽子とブーツを身につけた男を乗せている。胴とほとんど同じくらい太い首を持ち、耳をぴんと立て、片方の後ろ脚を蹴らんばかりに上げている。

　ゴビ砂漠の生息地がしだいに減り、タヒも絶滅の危機に追いこまれた。都市の動物園では小さなタヒの群れが檻の中で暮らしていた。広々としているがステップや砂漠からは程遠い公園を歩く小さな群れもいた。群れと言っても、一頭の雄と一頭の雌からなる群れもあった。その二頭は片親の違うきょうだいだったのかもしれない。収集家は群れの頭数を増やそうとした。しかし、アスカニア・ノヴァでもほかの場所でも、大きさと重さをはかりながら世話をしてもなかなか繁殖しなかった。育種家はタヒを交換したけれど、近親相姦がファラオによるそれと同じくらいありふれたことになった。人々はモンゴルの家畜馬やシマウマとの交配も行い、家畜馬とタヒをかけ合わせてサラブレッドを作出し、アスカニア・ノヴァでは、より丈夫な馬を作るためにアラブの軍馬を育てた。

タヒを捕まえるのは困難なままだった。生息地が遠方にある上に個体数が少なかったからだ。ハーゲンベックは、グリーガーが任務にあたっている間ずっとそれを感じていた。ロシア革命、第一次世界大戦、モンゴルの共産主義化が起こると狩りに出かけることもままならなくなり、東方のソ連と西方のヨーロッパ諸国によってタヒが分割される形となった。一九一八年に赤軍がアスカニア・ノヴァを略奪し、ファルツ＝ファイン家の墓を破壊した。フリードリヒは逃げたが、母親は銃で撃たれた。動物は四分の三が争いに巻きこまれて死んだ。それからちょうど二年後、フリードリヒも亡命先のドイツで亡くなっている。

四

嘆かわしいことに、人というものは取り返しがつかなくなってから愛する――野生馬のこともそのように愛した。ヨーロッパ諸国の人々は、野生のターパンとタヒを彼らの故郷――ビャウォヴィエジャ、南方のウクライナのステップ、アルタイの山々の斜面――から引き離して自国の檻や動物園の中に入れ、その過程で自分たちの想像の世界の中にも野生馬を入れた。本物の野生馬は本物の自然から消えようとしていたが、想像の世界の野生馬は絶滅せず、変化しやすい柔軟性のある象徴となった。

科学者や動物収集家から影響を受けた人々が野生馬に心引かれるようになる一方、ロマン派詩人バイロンは熱狂を引きおこした。バイロンは一八一九年に名祖となる物語詩を発表した。一六四四年生まれのポーランド貴族イヴァン・ステパノヴィチ・マゼーパに関する実話をもとにして作った詩である。若きマゼーパは、カジミェシュ王の宮廷である貴族の妻と戯れた。貴族はマゼーパを罰するために、彼を馬の背中に縛りつけて馬を放った。しかし、習性によって馬はたちまち厩に戻ってしまう。マゼーパはそこで彼の馬丁に助けられたのではないか。その後、彼はポーランドを離れてウクライナへ行き、コサックの長となり、やがてピョートル大帝からウクライナの王として認められた。ロシア皇帝がコサックに圧力を加えるようになると、スウェーデン王カール一二世に忠誠を示し、一七〇九年にロシアの南にあるポルタヴァでカール一二世とともにピョートル大帝と戦った。

バイロンが後に語られた話をもとにして作った物語詩はなんとも奇妙である。詩の中のマゼーパは、年かさのパラティン伯爵の妻で「アジア人の目」を持つ美しいテレーザと恋に落ち、伯爵に隠れて不義密通を働く。それが露見し、パラティン伯爵の家臣に捕らえられる。

「馬をここへ！」そして馬が連れてこられた
じつに見事な馬
ウクライナのタタール人の馬
四肢さえも
聡さに満ちているかのようだった――しかし荒々しかった
野生の鹿のように猛々しく、訓練されておらず

拍車と馬勒によって汚されていなかった
捕らえられてからほんの一日が過ぎていただけだ
たてがみを逆立てて鼻を鳴らし
猛烈にあがいたが、むだだった

ヴォルテールがバイロンに先んじて書き残した話によると、マゼーパは全裸にされて馬の背中にくくりつけられる。すると、馬はウクライナに――ポーランドから決して近くない地に戻る。バイロンは、実際にマゼーパを乗せた馬をタタール地方の「俊足の荒ぶる馬」へと変えた。猛り狂った馬は駆けだし、馬とマゼーパは文明を持つ「人間のすみか」を後にして広大な草原に入る。暗い森の中では木の枝がマゼーパの体を打つ。野蛮なタタール人の侵入を防ぐために建てられた僻地の要塞のそばを通りぬけ、荒れつつある野の奥へ止まることなく進む。マゼーパの体の縛られたところから血が流れ、彼はどうしようもないほどに喉が渇き、疲労のあまり気絶し、やがて意識を取り戻す。混乱した馬はなおも疾駆する。

疲れ知らずで――荒くれ――野生の馬よりたちが悪い
すっかり憤怒している
甘やかされた子が願いを聞いてもらえない時のように
我の強い女が凄まじく怒った時のように

マゼーパは自分の罪――女性に対する情欲――に縛りつけられている。激しい騎行から逃れられず、馬が彼の情欲をかき立てる。罪を受けながら、円形闘技場に響く声を聞く。かつてローマ人は円形闘技場で馬を使って人を八つ裂きにした。マゼーパにはなす術がなく、馬は進むのをためらいつつも冷たい広い川に飛びこんで渡り、故郷にたどり着く。疲れはてたマゼーパが目にするのは、まごうことなき野生馬の王国だ。

一千の馬には何者も乗っていない！
尾は流れるように垂れ、たてがみは風になびいている
大きな鼻の穴は苦痛によって広がっていない
轡も手綱もつけていないから口から血が流れでておらず
脚には蹄鉄が打ちつけられておらず
脇腹には拍車や鞭による傷の跡がない
荒々しく自由な一千の馬が
まるで海の怒濤のように
轟音とともに押しよせてきた……

野生馬――「馬の長」である黒色の雄馬に率いられた野生馬は飛び跳ねたり驚いたりし、今にも逃げだしそうな様子をしている――がやってくる一方、マゼーパを乗せた馬は、元気を取り戻したかに見えたものの倒れて息絶える。マゼーパは馬に縛りつけられたまま裸で横たわり、禿鷹が来るのを待つが、「コサックの下女」に助けられる。タタール人の馬と同様に黒い目を持つ下女は「荒々しく自由」である。

ヨーロッパやアメリカの作家や音楽家、画家はマゼーパからインスピレーションを受けた。ヴィクトル・ユゴーとプーシキンはマゼーパの物語が展開する詩を作り、その詩に着想を得てリストは『超絶技巧練習曲』を、チャイコフスキーは歌劇を作曲している。リストの曲では、野生馬の疾駆がオクターヴ違いの音によって表現されている。ジェリコーは、馬の背中に縛りつけられたマゼーパと川から必死に上がろうとする馬の姿を描いた。ドラクロワの想像力が生んだ絵もある。マゼーパを乗せた黒い目の馬は崩れるように倒れ、殺伐とした空には幾羽かの不吉な禿鷹のシルエットが見える。画家ジョン・フレデリック・ヘリングオラース・ヴェルネの有名な絵画に倣って制作された作品の中のマゼーパは、イギリス人のような桃色の肌と丸い頬を持ち、唸る狼に囲まれ、彼を乗せた斑点のある葦毛の馬は暗い森の木々の間から飛びだして、川に飛びこもうとしている。

マゼーパは人気があり、文化的な現象を生んだ。ヨットや汽船、競走馬、パブ、機関車に彼の名が冠され、彼の姿がスタッフォードシャー磁器の意匠として用いられ、パイプに彫られた。彼の物語によって何かを暗示するといったことも二〇世紀まで行われた。今では忘れ去られているが、一九三〇年代にパンチ誌が掲載した風刺画には、口髭を生やした馬——ヒトラー——がドイツを運ぶ姿が描かれている。馬は片めがねとプロイセンの軍服を身につけており、前髪が揺れている。

マゼーパを具象化したものの中で最も世間を沸かせたのは、なんといっても劇である。彼を題材にした劇は極めて人気の高い馬劇——俳優が本物の馬に乗って演じる劇——のひとつとなり、広く上演された。一八二五年一月、パリのシルク・オランピック劇場は『マゼーパあるいはタタールの馬』の上演を開始し、それから時を置かず、ロンドンのアストリー円形劇場は、ヘンリー・ミルナーが制作した『マゼーパあるいはタタールの野生馬』を上演した。この劇場は、舞台装置をめいっぱい活用した派手な動きを取りいれた。フランスの劇の演出は控えめだったが、演出家でもあった曲馬師アンドリュー・ダクロウは衝撃的な演出を加えた。

ダクロウが手掛けた劇は、バイロンの物語詩を大胆に翻案したメロドラマである。その中のマゼーパは捨て子で、馬に乗った幽霊が登場する。タタール人はジプシーに変装し、マゼーパの恋の相手オリンスカは挙式中に祭壇の前で自殺を図る。タタール地方は、東洋を思わせる神秘的で異国情緒漂う風景の広がる土地に変わり――なぜかヤシが生えており、時々シマウマが現れる――馬に乗る男は金ぴかなもので飾りたて、スキタイ風の斑模様のズボンをはいていた。そびえる山の中を流れる川には滝があり、今にも壊れそうな橋がかかっていた。舞台の床は装置を用いて上下させることができた。

俳優ジョン・カートリッチが「野生馬」の背中に縛りつけられる場面が終わると、彼と馬は退場し、代わりに替玉人形を乗せた別の馬が現れた。替玉人形を乗せた馬は、山中の入りくんだ道を疾駆する。舞台の上を右に行ったり左に行ったりし、時には天井近くまで上がった。舞台裏から雷鳴が響き、稲妻が光り、「雹」がばらばらと降り、オーケストラの奏でる大音響は馬がパカパカと駆ける弱い音をかき消した。第二幕の冒頭でドニエプル川の流れる風景が移りかわり、最初に登場した馬がカートリッチを乗せてタタール地方に到着し、山場で狂ったように走っていた馬がぐたりと倒れて「絶命」し、機械仕掛けの禿鷹が急降下し、くちばしをカタカタ鳴らしてマゼーパを脅かす。

カートリッチは一五〇〇回以上舞台に立ち、引退後はフィラデルフィアで酒場を営んだ。彼を乗せる「野生馬」は脚が丈夫で、かつ荒々しい馬を説得力を持って演じられる馬でなければならなかった。アストリー円形劇場は一八七八年、真実味を出すために野生馬をウクライナから直接連れてきたと主張した。アメリカ人女優クララ・モリスは、ニューヨークで行われた公演に出演したクイーンという名の一頭の雌馬について回想している。この雌馬は、後に別の馬劇で事故に遭って死んだ。酩酊した俳優が舞台装置の方へ彼女を向かわせた際に事故は起こった。

> 彼女は後ろ脚で立ったり、つんのめったり、噛みついたり、ぐるぐる回ったり、蹴ったりしながら舞台に現れました。膨らんだ鼻の穴の中はまっ赤で、口から泡が噴きだしていたのですから、私たちが悲鳴を上げたのもしごく当然のことです……彼女は（マゼーパを）噛み、痛めつけ、自由になるとしばらく突っ立っていました。その間もマゼーパは命の危険にさらされていました。それから、けたたましくいななきながら舞台の「囲い」を壊しました。悪魔に追われているとでも思ったのでしょうか。彼女の黒い背中の上にいるマゼーパにはどうすることもできませんでした。

別の話によると、マゼーパを逆さに乗せた「気性の荒い人慣れしていない馬」が舞台の上で緊張して体を硬直させた。そのためふたりの舞台係が馬の尾を引いて退場させ、幕が急いで下ろされた。ある馬はとてもおとなしく、舞台の囲いの中にいるその馬に吠える犬をけしかける必要があった。後代の俳優は替玉人形を使わずに自ら馬に乗り、セントルイスでは、ある俳優が演じている最中に馬に殺された。

アストリー円形劇場で公演が行われてから一年後、アンドリュー・ダクロウは、ロンドンのグレート・シャーロット・ストリートに円形劇場を開設し、ダクロウ版となる『タタール地方の野生のウクライナ馬あるいはマゼーパの運命』を上演した。活人画風の馬劇は大当たりした。それは「馬上の無言劇」で、「曲馬の極み　野生馬と蛮人」と題された部分がある。出演したのは葦毛の極めつきの馬だ。ノース・ウェールズ・クロニクル紙は、劇の息を呑む展開を伝えている。

円形の舞台に、大工と画家が製作した幾本かのヤシの木が立っている。一頭か二頭のシマウマが横切ると、そこがインドの自然の中であるように思えてくる（原文のまま）。インド人に扮したダクロウ氏が登場する。彼は弓、矢、こん棒を携え、豹の毛皮を両肩にかけている……一頭の野生馬が彼に向かって突進する……（その馬の）インド人を歯で嚙む力たるやぞっとするほどだ。大した馬である。耳を伏せ、頭を突きだし、木々の間を縫いながらインド人を追い、裏をかかれると鼻を鳴らし、脚をばたつかせる。インド人が大胆にも開けた場所に出て、激烈な対決が繰り広げられる。馬は尾を激しく振り、たてがみを逆立て、後ろ脚で立ち、インド人を打ち倒そうとする。しかしインド人はすべての攻撃を巧みにかわし、時おり凄まじさを感じさせる殴打を馬に見舞う。憤怒の形相を見せる馬はとうとう頭に強烈な一撃を食らい、よろめいて倒れる。インド人はその上に飛びのり、観客の歓声を浴びながら敵にとどめを刺す。

一八六〇年代初め、ニューヨークの実業家キャプテン・ジョン・B・スミスは、アダ・アイザックス・メンケンという女優を主役に据えるという名案を思いついた。「うら若き娘は、仰向けに馬に乗っている。片方の脚だけを馬に縛りつけており、ほどけた髪を砂地に引きずっている。この危険な体勢のまま、疾駆する馬と一緒に幾つかの柵を飛びこえる」。丈の短いきわどいチュニックと肌色のタイツを身につけた彼女が出演した劇――マゼーパの劇をまねてからかう滑稽劇――は問題作と見なされ、彼女の「古典的なスタイルの衣装はほとんどミシンの世話になっていない」と言われた。このような煽情的な改作が次々に制作されている。バイロンの詩では情欲を抱く男を乗せた馬が疾駆するが、改作の内容は、艶っぽい娘を乗せた艶っぽい馬が官能的な東洋の地を疾駆するといったさらに俗っぽいものである。マゼーパの劇は大好評を博し、滑稽劇が制作され、未開の地への疾駆が理想化された。この頃、ヨーロッパ社会では都市化が進んでいた。山々の斜面に製粉所や工場が建設されだすと、ロマン主義の影響を受けた人々は、人の手が入っていない、エデンの園のような真に清らかな地を想像するようになった。その地は神秘的なタタール地方や湖水地方に存在するのだと思った。

工業化と都市化に伴って家畜馬の数が急激に増えた。その大半は都市の凡庸な使役馬である。彼らは四輪馬車、馬車、荷車を引き、囲いに入れられ、毛を刈られたり剃られたりし、時には甘やかされ、時には殴られた。想像の中の野生馬はその対極の存在である。彼らはいきり立って長いたてがみを振り、鼻を鳴らし——文字通り——くびきにつながれることを拒んだ。無垢な自然児が気高い人と馬の住む未開の地へ戻る姿は、まさにロマン主義を象徴するものだった。

一八九三年には、「生粋の野生馬」に馬車を引かせるという、矛盾するように思えることが行われるようになっていた。W・J・ゴードンの報告によると、ある血気盛んな青年がロンドンの街中で馬車を勢いよく走らせた。馬車を引いたのはアメリカから輸入された二頭の「マスタング」だったそうだ。別の男性の主張によると、男性が所有する二頭の馬はロシア南部からやってきた「ターパン」だった。木で作られた山を駆けあがり、メイフェアでランドー馬車を引く「野生馬」は、他の仕事を行うための訓練を受けていなかった。一方、本物の野生馬はステップから連れてこられ、動物園に入れられた。そのため好奇心旺盛なヨーロッパの人々は彼らを観察できた。

一九世紀のアメリカは、異国情緒漂うタタール地方、あるいは金ぴかなものが登場する劇中のタタール地方とは大きく異なっていたけれど、アメリカの果てしなく広がる草原にも野生馬がいた。探検者でもあった開拓者は草原を切り開こうとしていた。征服者によってアメリカに連れてこられた馬の一部は逃げ、その後も数多くの馬が連れてこられ、一部がマスタングの群れに加わった。アメリカの人々は、旧世界から独立した自由な勇者という自己像を持っており、馬はその勇者の化身だと思っていた。

一八四〇年代、アメリカの草原を進んでいたジョサイア・グレッグとその一行は、野生馬の群れを率いる立派な雄馬を捕まえることにした。群れは彼らの荷馬の列の近くまで来ていた。ひとりのメキシコ人が投げ縄で雄馬を捕まえた。グレッグによると、「縄につながれた馬は跳び回るのをやめ、征服者を堂々と見つめた。均整のとれた体軀に誰もが引きつけられ、騎手は、この馬には五〇〇ドルの価値があるとすぐさま見積った」。彼らは雄馬を落ちつかせて彼らの馬の列に加え、鞍を投げて背中にのせた。雄馬がその行為を潔く受けいれたことから、五〇〇ドルの価値があると思われた彼が最近まで飼われていたことが明白になり、男たちの雄馬を見る目は変わった。「数日後、（雄馬は）二〇ドルぽっちの価値しかない乗用馬になった」

民俗学者J・フランク・ドビーは、ある測量隊が語った話を伝えている。テキサス州において一〇〇〇頭のマスタングが、まるでバイロンの詩の中の一〇〇〇頭の馬のように長大な列をなして測量隊の方に向かって疾駆してきた。駁毛、赤色がかった鹿毛、バックスキン、灰色がかった黒色、狐色がかった栗色、銀色がかった灰色、白色がかった粕毛といった毛色の馬だった。彼らは測量隊から一五〇ヤード離れたところで止まり、向きを変えて草原を走りさった。ドビーはこう記している。「マスタングのことを人間のしもべとなるだけの存在と見なす人はマスタングを捕まえられない。事を行おうとする人は、自由を心から愛する人――生きとし生けるものが自由になることを願う人でなければならない」。馬も自由を愛していた。ドビーによると「三頭のマスタングからなる幾つかの群れのそれぞれから一頭を選んで捕まえた場合、捕まえられたマスタングは人に慣れないうちに死ぬだろうとテキサス州南西部では考えられていた。一頭のマスタングの心を壊す行為は、しばしば残る二頭の心も壊す」――タヒとターパンについても同じことが言える。

一八三〇年代初めから、捕獲を免れた一頭の白い雄のマスタングに関する伝説が、尾ひれのついた感傷的な話へと変わりながらアメリカ西部に広まった。この白いマスタングは捕まるとやせ衰えて死ぬと言われていたけれど、人々は自分のものにしたいと希った。彼はモビー・ディック（ハーマン・メルヴィルの『白鯨』に登場する白色のマッコウクジラ）のような馬である。小説には白いマスタングについてこう書いてある。「ヨーロッパ史とインドの伝説においてことに有名なのは……大平原の白い馬だ。見事な乳白色の馬……それは彼の心の白さであり、その白さゆえに彼は神々しさをたたえていた。彼の神々しさは崇敬の念を抱かせる。でもその中には、名状しがたいある種の恐ろしさを覚えさせる何かも存在している」

アメリカの人々は、残された原野に少しずつ有刺鉄線の柵を立てて農場を開いていくうちに、野生のものを愛するようになり――それを手に入れようとした。しかし、強欲で破壊的な彼らは、ブロンクス動物園で馬具をつけられたタヒも、鞍をつけた生気のないマスタングも、人の手を逃れた白いマスタングも獲得できなかった。

五

第一次世界大戦の時、ドイツ軍とロシア軍は小さくて丈夫な農耕馬をポーランドで徴発した。大砲と兵站馬車を引かせるためである。ドイツ軍はその馬を「パンイェ」と呼んだ。馬を軍に差しだす際に農夫が馬をそう呼ぶのを幾度となく耳にしたからだ。この呼び名は「サー」を意味するポーランド語「パン」に由来する。戦争終結から三年後、ふたりのポーランド人科学者ヤン・グラボウスキとスタニスワフ・シューフが馬に関する研究を発表した。彼らは一九一四年に研究を始め、戦争の影響で幾度か中断を余儀なくされている。パンイェは一〇〇年以上前にザモイスキ伯爵によって散り散りにされた最後の森のターパン（エクウス・シュルウェストリス）の子孫である可能性がある、という考えを彼らは示した。そのためポーランドの人々はがぜん活気づいた。ポーランドは――ビャウォヴィエジャの森の中で貴族が自由に狩りをしていた頃から――蹂躙され続けてきたが、正真正銘の野生馬はまだ失われていないのかもしれないと思ったからだ。

一九二〇年代、ポーランドの幾つかの馬の飼育場でパンイェが使役馬として育てられた。慎重に選ばれた一番「野生を感じさせる」馬だった。動物学者タデウシュ・ヴェトゥラニは、家畜馬を野生に戻すために一歩進んだ取りくみを始めた。彼は、最後の森のターパンが小作人に与えられた場所であるビウゴライの近くに住む馬の調査を行い、まず五頭の雌馬を選び、次にリリプットという名の一頭の雄馬を選んだ。そして一九三六年に許可を受け、これらの馬と新たに選んだ馬――彼は「子馬」を意味するポーランド語に由来する「コニクス」という名をつけた――をビャウォヴィエジャの森に設置した大きな囲いに入れた。できるかぎり人の干渉を受けない環境の中で生活させて野生に戻そうとしたのだ。しかし、彼は初めの段階で干渉している。冬に白くなる被毛や粗いたてがみといった、はっきりした「野生馬の特徴」が現れるのを望んでいたため、幾頭かの馬に近親交配を行わせたのだ。彼の計画は成功し、一九三九年九月一日の時点でビャウォヴィエジャの保護地の馬は四〇頭に増えていた。五頭の雄馬と一八頭の雌馬、一七頭の子馬である。

ドイツ人兄弟ルッツ・ヘックとハインツ・ヘックは、ヴェトゥラニの取りくみに注目した。彼らにとって、檻や囲いのあるベルリン動物園は子供の頃から身近な存在だった。彼らの父親であるルートヴィヒ——アスカニア・ノヴァを訪れたフリードリヒ・フォン・ファルツ＝ファインの親友*——が一八八八年にベルリン動物園の園長に任じられ、一九三〇年代にルッツが父親の跡を継いだ。ハインツは、カール・ハーゲンベックが設立したハンブルクの動物園で働き——彼の娘婿になり——その後、ミュンヘンのヘラブルン動物園の園長に就任した。

兄弟は動物学に没頭し、一九世紀にドイツで起こったフェルキッシュ運動にも夢中になった。この運動によって、民族精神を鼓舞する国家主義とロマン主義が融合した。当時、ドイツは若い国——一八七一年に統一を果たしたばかり——だった。ナポレオンによって支配された長く屈辱的な時代に社会の姿が変わり、時に暴力的な騒動が起こった。フェルキッシュ運動を展開する人々は、新しく建設された自分たちの国家を支えるために、創作されたローマ時代の歴史を利用した。ローマ時代、ドイツ人は征服されない森の民だった。タキトゥスによると「異なる種族同士の結婚に少しも汚されておらず」、「猛々しい青い目と赤い髪と巨大な体」を持っていた。彼らはローマさえも退けた。紀元九年に起こったトイトブルク森の戦いにおいて、動物の皮をまとった彼らはヘルマンとも呼ばれるアルミニウスに率いられ、槍を振り回しな

* 一九二〇年にベルリンで撮影されたナボコフ家の結婚式の写真に、ルッツ・ヘックとファルツ＝ファイン一家が写っている。ルートヴィヒ・ヘックは、ファルツ＝ファインの息子ヴォルデマールがアスカニア・ノヴァについて書いた著書に序文を寄せた。ルッツとハインツはファルツ＝ファインの子供たちと同世代で、動物園からほど近いカイザー・ヴィルヘルム記念教会のそばにある彼らのアパートメントに客として度々招かれた。アンナ・ファルツ＝ファインが後に述べたところによると、年老いたルッツは尊大不遜で、ナチスの活動に熱心だった。

がら南方の柔弱な人々を大勢殺した。フェルキッシュ思想家は、ドイツの本質は有史以前から存在していると述べている。一九世紀にナポレオンがプロイセンの広い土地を支配した時も、代々受けつがれてきた森が工業化によって破壊された際も本質は生き続けた。その本質はブルート《血》とボーデン《土》だ。「ブルートとボーデン」の思想は、土と結びついた自然崇拝の思想である。

ヨハン・ゴットフリート・ヘルダーをはじめとする思想家や芸術家は、真のドイツ人とその民話、言語、歴史家サイモン・シャーマの言うところの「ゲルマンの森の夢物語」に人々の目を向けさせた。アルミニウスは崇拝の的となり、彼を記念するためにトイトブルクの森に大きな彫像が建てられた。人々は古のドイツ人が住んでいたウアヴァルト《原生林》について想像を巡らし、一八世紀生まれのグリム兄弟は民話を収集し、ゲルマン神話が復活した。伝承における野生は真正さと強さを示すものであり、多くの人が、ドイツの堕落した世界主義的なユダヤ人有力者は野生を失っていると思うようになった。

人々が想像するドイツのウアヴァルトには、ゲルマン神話やニーベルンゲン伝説の中で崇拝される動物も住んでいた。しかし、当時の森に生息していたのは鹿くらいで、狼や熊、オーロックス、馬は姿を消していた。当時の時代の精神を共有していたヘック一家は、それらを蘇らせることができると思っていた。ルートヴィヒ・ヘックは手がかりを求めて『ニーベルンゲンの歌』を読み、一頭のバイソン、一頭のヘラジカ、四頭のオーロックス、「一頭の恐ろしいシェルヒ」がジークフリートの狩りの獲物であることを知った。シェルヒとはエクウス・シュルウェストリスに違いないと彼は思った*——言葉の音がベシェラー《雄馬》に似ていたからだ。ルッツは後にこう記し、父親の説を支持した。「〝恐ろしい〟という形容詞は馬を表すのにまさにぴったりである。野生馬ほど獰猛で危険な動物はまずいない」

* シェルヒはおそらくエルクである。

ゲルマン神話の神々は化け物のような馬に乗り、神の国アスガルトへとかけられた燃えるような虹の橋を渡る。タキトゥスによると、古のドイツ人はポニーに乗っていた。古の人々は馬なしでは何もできなかったのではないか？　おそらくハインツは、義父ハーゲンベックが収集した馬の中にいたタヒを見たのだろう。ヘック兄弟はターパンは絶滅したという説を、アスカニア・ノヴァへ赴いた父親から聞いて知っていたのだろう。

父親のヘックは、絶滅した野生種の形質を残す家畜種を繁殖させると野生種が復活すると息子に教えた。彼が家畜ヤギを繁殖させてアイベックスを誕生させようとした時には、絶滅したパサンあるいはベゾアールに似た動物が生まれた。「いかなる動物もその遺伝子が存在するかぎり滅びない」とルッツは書き残している。彼は根本的に間違った考え方を受けついでいる。

一九一九年、ヴェルサイユ宮殿の鏡の間で再び敗北の屈辱を味わったドイツは、ドイツの存在をただちに示す必要があった。そのため、「ブルートとボーデン」の思想を浸透させようとした。一九三三年、政権の座に就いたナチスは国費を投じて、想像上の真のドイツ民族の知力と身体を持つ人を探した。その際、タキトゥスの著作を民族誌として利用した。後に親衛隊が作成した小冊子にはこう書いてある。「我々の母国であるドイツでは五〇〇〇年以上にわたって、我々と同じ血が流れ、我々と同じ性質を有する我々の祖先が生みだした文化が連綿と栄えており、そのため我々の胸は誇りで満たされる」

これはもちろん恐ろしい考え方であり、これによって狂信的愛国主義と反ユダヤ主義が助長され、頭蓋骨の長さ、鼻梁の幅、虹彩と髪の色といった特徴による人々の分類が行われるようになった。動物の種を調べて種の関係性を理論づけた啓蒙思想家は、白色人種がどのようにして「優れた人種」となったのか、どのようにして分離したアダムとイヴから生まれたのかを「劣等人種」と比較しながら説明した。ナチスは、家畜動物の血統と同様に人の血統を研究し、「民族衛生」学上の理由により結婚を制限し、ユダヤ人、シンティ、スラヴ人を官僚制のもとで隔離し、最後は虐殺して灰にした。「歴史が示すように、偉大な国家は皆単一性を求め、異民族を拒絶する」と親衛隊の小冊子に書いてある。「この性質は動物だけでなく人にも生来備わっている……人は同じではない。植物や動物に幾つもの種類が存在するように人にもそれが存在する」

　ハインリヒ・ヒムラーとヘルマン・ゲーリングは、ナチス党員の中でとりわけこの奇怪な考えにとりつかれていた。ヒムラーは、「ドイツ民族の祖先」であるアーリア人の研究を行う機関アーネンエルベを設立した。生物学、民族誌学、考古学の立場から、古い文献や独創的な考察を参考にしながら研究し、支配民族であるアーリア人の歴史の断片をつなぎあわせた。その歴史は、博物館のジオラマと同様に作り物にすぎない。ゲーリングはドイツ森林長官とドイツ狩猟長官に就任し、アルミニウスが暮らしていた古の伝説の森の獣をジオラマに置いた。ジオラマの中には肩幅の広い金髪の英雄がいた。英雄は自分で仕留めた狼の皮を身にまとい、表情のない陰鬱なカシの木が描かれた背景画の前に立っていた。英雄の左側に置かれた剥製のバイロンは、石膏でできた蹄で地面を掻き、紙製の茂みの陰にはガラスの目を持つ大山猫が潜んでいた。

　ゲーリングはヘック兄弟のパトロンになり、兄弟は、アーリア人とともにいた動物を蘇らせるという途方もない夢の実現に向けて乗りだした。ゲーリングのためにも、ふたりは絶滅した動物を復活させようとした。オーロックスが蘇ったら、大きな脇腹を地面につけて横になり、立ちあがり、また寝そべるだろう。蘇ったターパンの毛は冬が来ると白くなるだろう。ベルリンの北に広がるショルフハイデの自然公園を絶滅した馬が永遠に駆け続けるだろう。ショルフハイデは、前の時代の君主でありドイツ皇帝でもあったプロイセンの王たちが狩りに興じた地である。ゲーリングは、ここを広大なアメリカの国立公園に匹敵するような場所にしようと考えた。ルッツとハインツと協力し、動物説話に登場する動物が生息する地にしようとした。

彼らは、オーロックスを誕生させるために七〇頭あまりのバイソンと牛をひとつの囲いの中に住まわせ、東プロイセンからヘラジカの子供を連れてきた。そこにはライオンもおり、ルッツ・ヘックがベルリンから出向いて世話をした。一九三七年には、デュルメン種のポニー――クロイ公爵が育てた種のひとつで、一三〇〇年代から野生馬と見なされていた――をバイソンと一緒に囲いに入れた。同じ年にルッツはナチスに入党し、一九三八年、総統ヒトラーの誕生日に名誉教授の称号を授与された。それから二年後、「科学と公教育」に貢献したとして銀色のライプニッツ・メダルを授与されている。

ゲーリングは一四万一二〇〇エーカーの自然公園の一角に邸宅を建て、亡き妻の名をとってカリンハルと名づけた。邸宅には、一九三〇年代に流行したモダニズム様式と陽気さを感じさせるグロテスク様式を取りいれ、太い梁が渡された天井から木製のシャンデリアを吊るし、壁を鹿の枝角やタペストリーで飾った。フリーズには男が雄豚を槍で突く姿を描き、狼の皮で敷石を覆った。鹿、猪、ポニーにまたがる女神ディアナ――鞍を置かず、槍を振りあげていた――の彫像を立て、その前で高官や狩猟隊をもてなした。

ショルフハイデではすべてが思い通りに運んだわけではない。カナダから鳴り物入りで連れてこられたバイソンは囲いの中にいる雌をひどく怖がり、輸送箱の中に隠れてしまった。ヘラジカはカリンハルの庭に侵入して花を食べ、ゲーリングの狩猟の獲物として放された鹿は過剰に繁殖して森を荒らした。

一方、ルッツとハインツはそれぞれの動物園で、ショルフハイデに住まわせるオーロックスとシェルヒを蘇らせようと苦心惨憺していた。彼らは、ハイランド種の牛とスペインの闘牛、ブラーマン種の牛を掛けあわせてオーロックスを作りだそうとした。ゲーリングの助けがあったから周囲の雑音を気にせずに済んだ。ヘック兄弟にとって、ターパン――実物を見たことはなかった――は単なる絶滅した野生馬ではなく、最も気高い野生馬――野生馬の世界におけるゲルマン民族だった。「完璧なまでに美しい体軀の俊足の乗用馬である純血アラブ種の祖先」であり、細い骨と「出目」を持ち、「より感じのいい顔つき」をした馬だと思っていた。タキトゥスが伝える古のドイツ人が好んだ馬であり、大きくて強健なジャーマン・ウォームブラッド種といった現代の優れた馬の祖先であるとも思っていた。なお、ジャーマン・ウォームブラッド種*は決して俊足ではない。一九三六年のオリンピックにおいて、ドイツのポロ競技の選手は、ナチスに強要されて足の速いポニーではなくジャーマン・ウォームブラッド種の馬に乗った。試合は散々な結果に終わっている。タヒは馬車馬の祖先にすぎず、頭蓋骨が重く、醜いとハインツは述べている。しかし、ヘック兄弟は「ステップの薄茶色の馬」が必要だったため、父親の手法に倣い、タヒとターパンの遺伝子を持つ家畜馬を掛けあわせようと考えた。

ヘック兄弟は、ゴットランド島とアイスランドから連れてきた、ふさふさしたたてがみを持つ雌の「原始」ポニーと、彼らの動物園で飼っていた雄のタヒを交配させた。しかし、期待したような成果が得られなかったので、ハインツはこの異種交配によって作出した馬と別の馬を交配させた。そして一九三八年五月二二日に一頭の鼠色の馬が生まれた。この時ルッツは「原始の馬はすでに私たちの手の内にあるのだ！」と叫んでいる。彼はターパンが誕生しつつあると思った。ハインツはターパンを見たことがなく、その姿を知る手がかりはわずかしかなかった。生まれた馬の形質が彼の考えるターパンの形質と一致しな

＊ジャーマン・ウォームブラッド種は優秀な競技用馬。「温血種」のアラブ種、サラブレッドあるいはイベリア原産の種と「冷血種」の重種の中間に位置する種である。

い時は、その馬を除外した。「生まれてきた子供は全身がブロンドがかった茶色で、脚にシマウマの縞のような模様がなく、他の模様もなく、わずか数か月後に色が変わる」とハインツは記している。それらの馬は「鋼のように固い蹄」も持っていた。ハインツは一度、そのうちの一頭を荷車につなぎ、蹄鉄をつけずにミュンヘンとの間の往復一〇〇〇マイル以上の道のりを歩かせた。

実のところ、ヘック兄弟の主張と行っていることは矛盾していた。人々がそのことに気づきだすと、ハインツは苦し紛れに弁明した。「私たちは人為選択によって、自然選択による場合よりも早く、かつて存在した動物を呼び戻せる……自然が……有する時間は無限だが、人の命は、新しい動物を誕生させたり、すでに絶滅した動物を蘇らせたりするにはあまりにも短い」。彼らは、「細い骨」が鼠色の毛色と何らかの関係があると考え、タヒの「長すぎる頭」や「重い頭蓋骨」を持つ馬の子供を取り除いた。遂にはシェトランド種やアラブ種の血さえも入れた。真のターパンを求めていた彼らが誕生させたのは、もちろん雑種であり偽物である――サラブレッドと同様に人工的な交雑によって生まれた馬であり、ターパンではない。

ヘック兄弟がターパンの再生について述べたことは、一九五〇年代にすべて文書に記録された。この頃、非ナチ化が進んでいたが、彼らは同じ地位にとどまっていた。彼らは戦争についてほとんど言及しておらず、人種イデオロギーが彼らの取りくみを支えていたこと――人種イデオロギーによって引きおこされたことについての見解を何ら示していない。彼らがターパンを再生するために馬の頭蓋骨の長さを測ったことと、ナチスが何百万人もの人を動物のように――あるいはそれ以下のもののように――扱ったことには類似点があるものの、ふたりはそれを気にしていない。ルッツはこうした事柄に無頓着だった。けれども、北アメリカのバッファローが絶滅の危機に瀕していることについては、エッセイの中で「歴史における極めて衝撃的な事実のひとつ」だと述べている。ナチス第三帝国の拡大は私たちのプロジェクトにとってどのような意味があったのか、と考えをめぐらすことはなかったようだ。

六

一九世紀初めにユリウス・フォン・ブリンケンが作ったビャウォヴィエジャの生き物の一覧をもとにして、ドイツの人々は真のドイツ人が住んでいたという真のウアヴァルトを思い描いた。実際にビャウォヴィエジャの森に住んでいたのは異教徒で、彼らは自分たちで仕留めた鹿の肉を食べた。森は秩序と無縁であり、入りまじるマツ、カエデ、カシ、トネリコ、シナノキ、カバ、シデ、ニレ、ヤナギが種子を落とし、成長し、倒れながら命をつなぐ混沌たる世界だった。後代のドイツの科学者は、古の森はゲルマン人が住んでいた原生林、ヘルシニアの森に限りなく近いと記している。かつて北ヨーロッパを覆っていたヘルシニアの森は厳しく深遠で、東の端からスキタイ人の住むステップが広がっていた。そこは――ヴェルサイユ条約によって狭められたドイツの領土よりも――広く、異なる空間があり、異なる時間が流れ、珍しい鹿や奇妙なバイソンが生息していた。この森にいたというヨーロッパバイソンはオーロックスなのではないかと多くの人が思った。アスカニア・ノヴァは、ステップにおいて作りだされた驚異の部屋であり、ビャウォヴィエジャはナチスにとって神秘的なハイマート《故郷》だった。ゲーリングはここで狩りをし、ロシア皇帝が使っていた小屋に泊まった。

ナチス・ドイツの軍がポーランドに侵攻すると、ルッツ・ヘックはそのすぐ後からビャウォヴィエジャに入り、農学者ヴェトゥラニが飼育していた三七頭の灰色のコニックのうちの二〇頭を手に入れた。それから一頭のコニックをショルフハイデに連れていき、デュルメン種のポニーと、激しい爆撃を受けたポーランドのワルシャワ動物園から連れてきたシマウマに加えた。また、ワルシャワ動物園に唯一残っていたポーランドのタヒをウィーンに連れていった。その際――単にドイツに「貸しだされる」だけだと言って――馬の安全を保障している。これらの馬は、ヘック兄弟がターパンを再生するために集めた馬に加えられた。ヴェトゥラニが育てていたターパンの血を引くコニックの形質は、近親交配によって急いで誕生させられた馬に取りこまれた。

ルッツは馬を供給するために幾度も旅をした――よく飛行機を利用したので、戦後、旅を隠れ蓑にして軍のために航空偵察を行っていたのではないかと疑われた。一九四〇年、四頭のタヒがショルフハイデに加わった。一枚のぼやけた白黒写真にそれらの「野生馬」がバイソンと一緒に写っている。腹ばいになった彼らのはっとするほど白い姿が暗いマツの木立の中に浮かびあがっている。戦争が終わるまでに一六頭の「野生馬」が加わった。それらの馬は、ナチス・ドイツに残された領地の幾つかの場所にある合計一五〇〇エーカーの囲いの中で、バイソンと雑種のバイソン、ヘック兄弟が誕生させた馬と一緒に暮らした。

ルッツは、アスカニア・ノヴァに代理人あるいは代表者を置いていたようだ――彼は一九四三年に初めてアスカニア・ノヴァを訪れている。ドイツ国防軍が東に進撃していた一九四二年の夏、小さなこげ茶色の雄馬と雌馬をドイツへ運ぶ手はずを整えたのはこの代理人に違いない。あるロシアの情報筋は、この人物を「バウムガルテン」と呼んでいる。雄馬は、一九世紀にロシア皇帝と戦ったチェチェンの英雄にちなんで「ハツィス」と名づけられた。それから一年以上の間の彼らの消息は記録されていない。一九四三年一〇月一九日、雌馬がショルフハイデに到着し、一九四四年二月一六日に雄馬が到着した。アスカニア・ノヴァがソ連赤軍の手に落ちた時、ファルツ＝ファインが作った動物園の動物は破壊された檻から出てうろついていた。樹木園の木々は切り倒され、研究室はめちゃくちゃにされ、図書館の書物は略奪され、動物の剝製のコレクションは消え、三〇〇人の村人がドイツに連行されていた。ドイツの占領下にあった期間に二〇〇人が銃殺されている。アスカニア・ノヴァのタヒは皆、戦争を生きのびることができなかった。どちらの軍が銃殺したのか、あるいは放置によって死に至らしめたのかは、ドイツ人の言うところの「クリークスフェアルスト」――つまり戦争によって分からなくなってしまった。

ヴェトゥラニがビャウォヴィエジャで育てていたコニックは、ドイツによる占領が進むにつれて、森――ゲーリングの庇護下に置かれた――から連れさられた。その数は一九四二年に七頭、翌年に二頭である。一九四四年には、三頭がドイツ空軍の少佐のもとへ運ばれた。少佐は、最高司令官を真似て馬を所有しようとしたのかもしれない。リリプットという名の雄馬は殺され、その骨はヘックのものになった。あるドイツ人森林管理官は、リイプトゥカという名の雌馬を殺して食べている。病気になりかけていたからという理由である。さらに幾頭かの「病気持ち」の馬が死に追いやられ、ドイツ人森林管理官たちはその皮を肩にかけた。ヴェトゥラニは戦争が終わるまでに計画を台なしにされた。

ビャウォヴィエジャでは共同体も失われた。ヒムラーが指揮する特別行動部隊によってユダヤ人は銃殺され、あるいは強制収容所送りにされ、ポーランド人農夫や森林管理官も処刑されたり東部へ連行されたりし、家は破壊された。パルチザンとポーランドの都市のゲットーを脱出したユダヤ人は森に潜み、占領を続けるドイツ軍を攻撃した。ドイツ軍は一九四四年七月に慌ただしく撤退するが、それに代わって赤軍がやってきた。

戦いが混乱の様相を深める中、ヘック兄弟は計画をなんとか進めていたものの、彼らの動物園とタヒが住む公園は大きな被害を受けていた。ハンブルクにあるハーゲンベックの動物園は一九四三年七月に破壊され、ベルリン動物園の鉤十字旗が掲げられた囲いは一九四三年一一月、ベルリンでの戦いによって多大な損害を受け、火災旋風が起こって街は焦土となった。ミュンヘンにあるハインツの動物園も戦争末期にはほとんど破壊されていた。

赤軍が東から押しよせるとドイツは恐慌に陥った。ゲーリングは美術品コレクションをカリンハルから安全な場所に移した。赤軍がすぐ近くまで迫ってくると、ドイツ空軍はカリンハルにダイナマイトを仕掛け、爆破した。幾人かの赤軍兵士はタヒに乗っていた。バイソンは銃殺された。

飢えと物資不足にあえいでいた赤軍兵士はショルフハイデから木を取ってきて燃やし、戦車で藪の中を抜け、飛びだしてくる鹿を機関銃で撃った。ドイツ人は馬とバイソンを撃ち、赤軍は馬と鹿を殺した。戦後しばらく経ってからようやく、タヒの頭数を調べられるようになり、調査の結果、三一頭しか残っていないことが分かった。

読者諸氏は、グリーガーのように旅をしなくてもタヒに会える。ベルリンの東部にあるだだっ広い貧相な動物園に小さなタヒの群れがいるし、西部のティーアガルテン公園の中にある動物園では、五頭からなる小さな群れが半エーカー足らずの囲いの中で暮らしている。ある冬、私は彼らに会いに行った。彼らは雪の中で跳ね、鼻を鳴らした。その音は高圧エアポンプのキーキーいう音に似ていた。半エーカーの囲いは土がむき出しになっており、丈が数ミリの草がまばらに生えたところが幾つかあり、丸石が敷きつめられた傾斜のある大きな溝がめぐらされていた。正門から最も離れた場所に位置し、そこまで足を運ぶ人はほとんどいなかった。途中、ヘック一家について書いてある看板と赤煉瓦造りの建物を通りすぎた。建物には戦争末期についた弾痕が残っていた。

ある夏、私はショルフハイデに赴いた。ロシアに占領されたショルフハイデは東ドイツ領となり、冷戦中ここにタヒの群れが戻されている。二三エーカーの青々とした草原に一三頭のタヒがおり、木陰でうたた寝したり、一列になってのんびり歩いたりしていた。日陰の多い小さな放牧場で数頭の鼠色のコニックが草を食んでいた。飼育係の女性によると、動物園から雄のタヒをもらい受けて放したところ、タヒはただひたすら駆けたそうだ。次の日、タヒは動かなかった。筋肉痛になったのと彼女は言って微笑んだ。

タヒは安全だった。しかし——ヨーロッパのタヒは——もはや野生馬ではない。

七

モスクワを飛行機で発ってからしばらくして暗い窓の外に目をやると、金色の光が見えた——ナトリウム灯が放つ小さな玉のような光で、街と街をつなぐ道に連なっていた。街の中央部にクリスタルを思わせる光が密集し、そこから離れるにつれて光は少なくなった。街の外れは暗く、そこから金色の光の連なりが次の街の光の集まる場所までのびていた。私は眠りに落ち、目覚めた時にはステップの上空におり、朝になっていた。

丸みを帯びた丘の連なる風景が展開するモンゴルは、一枚の布で形作られているかのようだった。襞状の斜面を持つ丘は、手によって頂が優しく摘みとられたのではないかと思わせる姿をしていた。明るいモスグリーンの部分が点在するカーキ色の地はしだいに鈍いこげ茶色に変わった。地平線の辺りは紫色を帯び、丘の続く地に織りこまれた紫色の横糸のように見えた。丘の頂に岩が散らばり、陰緑色と明るい黄色と薄い黄色の丸いふわふわしたものが丘の斜面の襞の陰にあった——襞に守られるようにして群生する木々だった。川が谷間を縫うように流れ、古い三日月湖や川跡を通りすぎた。広大なステップは単調だったけれど、人工的で、移植された皮膚片のような長方形の大きな畑が所々にあり、小さな白い点――伝統的な天幕住居「ゲル」――が谷間や丘の斜面の襞の陰に見えた。

私は、翼のある馬が尾翼に描かれたモンゴル航空の飛行機からユーラシアステップを眺めた。ステップはモルダヴィアから太平洋のすぐ近くまで、およそ五〇〇〇マイルにわたってヨーロッパとアジアに広がり、シベリアではタイガと、ゴビでは砂漠と混じりあう。紀元前一世紀に交易拠点をつなぐシルクロードが開通するが、そのはるか以前のボタイの人々が活動していた青銅器時代においても、文化をいち早く伝える媒体――電気を効率よく伝える導電性の流体のようなもの――だった。野蛮な民族と野生馬が住むこの地は、後にタタールとも呼ばれるようになる。

一八九八年から一九〇三年の間に捕獲されたタヒは過酷な運命をたどり、モンゴルのタヒも散り散りになって厳しい環境にさらされた。新しく誕生したモンゴル人民共和国の科学者は、何も頼るもののない中でタヒの減少数を調査して表にまとめた。ジュンガリアとゴビ砂漠は馬の生息に適さない場所である――水場がほとんどなく、食べ物が三〇キロ先にしかないこともしばしばだ。タヒの最後の隠れ場はタヒーン・シャル・ヌルウ《野生馬の住む黄色い山々》の中にある。砂漠は中国とモンゴルの国境をまたいで広がっている。

一九二六年にモンゴルでタヒ狩りが正式に禁止され、一九三〇年に法によってタヒが特別に保護されるようになった。でも、多くのタヒがカザフ人によって殺されている。カザフ人は、モンゴルの仏教徒が禁忌する必要以上の殺生を行った。第二次世界大戦後に訪れた厳しい冬、カザフ人反乱部隊の野営地のそばにタヒの皮が散乱していた――カザフ人は雄馬の肉の方が脂が多いと思っていた。一九四四年、一九四五年、一九四六年、一九五五年に酷寒が襲い、草の葉一枚々々が霜に覆われた。

一九四七年、最後の捕獲例となる雌のタヒがバイタグ・ボグド山で捕獲された。彼女はオルリッツァ三世と名づけられ、アスカニア・ノヴァ――タヒの遺伝子にとって唯一残るノアの方舟――にいる他の捕獲されたタヒに加えられた。

一九六〇年代、タヒが目撃されると、モンゴルの新聞はその貴重な情報を盛んに報じた。一九六八年、ウランバートルのバス運転手はホニン・ウスニー・ゴビで尾の黒いガゼルを狩っている時、野生のタヒを目撃している。これが最後の目撃例である。そのタヒは群れを持たない雄だった。一九六九年、タヒは正式に「野生絶滅種」に指定された。

ヨーロッパでは、一九四六年にイギリスが一八〇〇頭のコニックをポーランドに戻し、繁殖計画が再開された。今日、コニックは丈夫さが高く評価されており、ヨーロッパの「再野生化」した自然保護区で多くのコニックが利用されている。遺伝子検査では、ターパンあるいはエクウス・シュルウェストリスの子孫であることを示す証拠は得られていない。ヘック兄弟が誕生させた偽のターパンは、「ヘック・ホース」というよりふさわしい名で知られるようになり、今も様々な動物園や放牧場で暮らしている。ハインツという名のルッツの息子は一九五九年にアメリカへ移住し、キャッツキルズにある動物飼育場の管理者になった。そこではタヒとヘック・ホースが飼育されていた。つい最近、オレゴン州に住むある夫婦は、「野生馬の形質を残す」マスタングを選んで交配させてターパンを蘇らせたと主張した。人々は今もターパンの復活を夢見ている。

戦争を生きのびた三一頭のタヒは、両大戦間期に起こった問題の影響を受けた。小さな群れが単独で飼育されていたため、近親交配が頻繁に起こった。飼育に熱心な動物園が一頭のタヒやつがいのタヒ、あるいはオルリッツァ三世を群れに加えても、近親交配を防ぐのは絡んだヤナギを解くのと同じくらい難しかった。名門一族においてひとつの家が断絶させられ、常軌を逸した悪行を働いた人や血筋に問題のある人が追放される例は多々ある。ハインツ・ヘックは、モンゴルの家畜馬の血が入っているタヒを幾頭か殺した。そのためタヒの遺伝子の多様性がさらに損なわれた。一緒に繁殖に取りくむ大事な仲間だったプラハ動物園との間に亀裂が生じ、ミュンヘン動物園とプラハ動物園のタヒの近親交配が進んだ。ヘック兄弟のタヒに関する見解が間違っていることが後に分かっている――一九八〇年代に行われた検査によって、ハインツが純粋な血統を持つと考えていたタヒのうち、数頭のタヒの体に家畜馬の血が流れていることが判明している。

一九五〇年に血統台帳が作成され、ハバナ、シドニー、モスクワ、ロッテルダム、タリン、ショルフハイデにある三二の動物園や私設公園に散らばっていたタヒの追跡調査が実施された。その中にモンゴルは含まれていない。一九六〇年代半ばまでに、世界各地にいる一三四頭のタヒが血統台帳に登録されている。ソ連はタヒを野生に戻す計画を策定した。カザフスタンとモンゴルを候補地として提案し、タヒを準保護区に移して野生環境への順化を促そうとした。

検査によって、これらのタヒが六六本の染色体を持ち、六四本のそれを持つ家畜馬とは異なる種であることが明らかになった。二〇一一年、遺伝学者は、タヒが少なくとも三万八〇〇〇年前――ボタイの人々やその隣人が馬の脚を縛るための粗雑な革の紐や馬勒を使いだした時代よりもずっと昔――野生馬から枝分かれした種であることを発見した。ぽってりした頭やこげ茶色の脇腹を持つタヒが描かれた洞窟の絵や人工物の発見が続くにつれて、タヒは生きた化石であるカブトガニのような存在だと考えられるようになった。彼らが受けつぐ祖先の血は――じつに希少で儚げである。

慈善活動に携わるオランダ人夫婦ヤン・バウマンとインゲ・バウマンは、新婚旅行中にプラハ動物園で数頭のタヒに会い、その存在がもはや風前の灯火だったため、私財を投げうってタヒを野生に戻す運動に情熱的に取りくんだ。ヤンは血統を明らかにするためのコンピュータプログラムを開発し、取り返しがつかなくなる前に協力するようオランダ政府を説得した。

他の馬の数は増加していたけれど、タヒは消えつつあった。タヒの死亡率は一年ごとに高くなり、タヒの様々な遺伝子の三分の二が失われた。科学者は、タヒの胴体と頭の形が変わり、潜性遺伝子の働きによって脚の黒い色が薄くなりだしたことに気づいた。ソ連はウランバートルの外れにそびえるボグド・ハーン山に囲いを設置した。ところが、一九八九年にソ連が崩壊したため、モンゴルの首都から車で二時間のところにあるホスタイにタヒを放すというオランダ政府の計画が実施されることになった。当時、世界には九六一頭のタヒが生息しており、野生に戻すために準保護区で様々な世代のタヒが飼育されていた。

一九九二年六月五日、タヒがイリューシン社の輸送機でチンギス・ハーン国際空港に到着した。取材班と何百人もの人々がタヒの入っている木製の箱に群がり、触った。モンゴルの自然環境大臣が祝福の意を込めて発酵させた雌馬の乳を箱に振りかけ、モンゴルの広大な空を表す青絹の祈りの布を箱に結びつけた。

タヒがやってきた時、モンゴルは、ソ連の影響による長い文化の停滞から抜けだして国の存続のために戦っていた。新しく生まれかわった独立国であるモンゴルは三〇〇万人足らずの人口と、フランス、ドイツ、スペインを合わせたほどの面積を有し、ロシアと中国という資源獲得に貪欲なふたつの大国に挟まれていた。内モンゴルは数十年前に中国の自治区となった。

当時、モンゴルは遺産を掘りおこし、つなぎあわせようとしていた。そしてモンゴルが世界を支配した時代の英雄として、また民族を統一した建国の父としてチンギス・ハーンを誇大に称え、感謝祭のパレードに登場するバルーンのように膨張させた。シャーマンは、宗教が弾圧されていたため隠れて行っていた儀式を公然とし始め、仏教徒は一九三〇年代の大粛清によって壊滅的な打撃を受けた仏教を復興すべく乗りだした。大粛清の際、僧侶は死ぬか棄教するかという選択を迫られている。

ウランバートルの空港で熱狂的に迎えられたタヒは過去を今に伝えるものであり、儚いものを守るお守りであり、モンゴルが偉大だった時代を証言するものとしてしっかりと手に握っておくべきものだった。箱はトラックの開放式荷台にのせられ、ホスタイまでの一〇〇キロの道のりを運ばれた。ヘンティー山脈の裾にあるホスタイにはステップが広がり、山もある。ヘンティー山脈にはチンギス・ハーンが眠っていると考えられている。彼は埋葬場所を知られないようにするために、そこの土を一万頭の馬に踏みつけさせた。

一九九二年にタヒが到着した。タヒを出迎える二日前、自然環境大臣はリオデジャネイロで開催された環境と開発に関する国連会議において、モンゴルの国土全体をユネスコ生物圏保護区に指定することを提案し、モンゴルの国土はモンゴルのみならず世界共通の財産であると見なすよう各国の代表に働きかけた。モンゴルは、汚され窮地に立つ地球という惑星に存在する広大で純粋なままの動物園であり、太陽に対する自然防御能力を失いつつある地球は、気候が救いようのないほど狂うおそれがあるということを理解しようとしているとも述べた。

しかし実は、タヒが到着した頃、モンゴルはじわじわと蝕まれつつあった。音を立てて崩れたソ連の小さな衛星国もぼろぼろになろうとしていた。モンゴルが受けついできたものは略奪され、著しく減少した。一九世紀、グリーガーが雇ったモンゴルの猟師は雌の鶏やマスを殺さなかったけれど、その後モンゴルの人々は動物を殺すようになった。

共産主義のもと、ソ連は牧夫を給料制の製造業に就かせたものの、社会基盤が整わず、モンゴル人民共和国の政権が一九九〇年代初めに瓦解すると、モンゴル人は自給自足を強いられた。集団農場の農地の分配は問題をはらんでおり、社会機構は弱体化した。西方のアルタイ地方に住むモンゴル人は、共産主義が終焉したことを「大きな椀が割れた」と表現している。わずか二年のうちに実質賃金が半分に減少し、一九九三年に三分の一にまで減った。

モンゴル人はかつての生業に従事するようになった。再び放牧を始めたのだ。その結果、羊、ヤギ、牛の数が二倍近くに跳ねあがり、家畜が草を食べつくしたためステップが砂漠化した。人口が倍増した地方の人々は狩猟にも頼るようになった。新しい憲法の謳う生得権を皆が行使したのである。幾種類かの野生動物の捕獲は制限あるいは禁止された。でも、モンゴルはあまりにも広大である上、極めて貧しかったので効果的な取締りができなかった。中国との間で闇取引が行われるようになり、マーモットの毛皮は国境を越えるとクロテンの毛皮として作りかえられた――ある家族はマーモットを五匹ではなく五〇匹殺すようになり、一二年の間にマーモットの数は四分の三に減った。アジアアカシカは枝角、骨、性器、尾、舌を目当てに殺され、それらは性欲の減退を心配する中国の男性のために砕かれて粉にされた。アジアアカシカは一九八〇年代に一四万頭いたが、二〇一三年にはたった一万頭しか残っていなかった。野生のアルガリも消え始めた。野生のロバはゴビの外れにある牧草地で草を食べ荒らし、困窮する牧夫に捕らえられ、ウランバートルでソーセージになった。かつて何百何千頭もの群れをなしてステップを移動していたガゼルは、猟師に銃で撃たれたため、あるいは国境に有刺鉄線が張られたため数を減らした。世界共通の財産は奪われていった。

二一年後、私がモンゴルに降りたった時も状況は芳しくなかった。モンゴルは新たな環境危機と経済危機の渦中にあった。当時、国土の九〇パーセントが砂漠化に見舞われていた。気候変動とソ連崩壊後のカシミアヤギ、羊、牛といった家畜の増加が原因である。モンゴルは世界の経済苦にあえぐ国々に新たな財産を提供しようとしていた。それは一兆三〇〇〇億ドル相当の銅、金、石油、鉄、石炭――未来のモンゴルのために太古の昔に埋葬された副葬品――で、「マインゴリア（マイン（鉱山）とモンゴリアを合わせた言葉）」の地下から採掘するのだ。しかし、自前の技術と資本に乏しく、大規模な採掘事業を単独で進めることなどできなかったため、ゴビで権益を取得した多国籍採鉱複合企業と中国企業が採掘に乗りだした。無防備な国の土地が外国企業の手に渡るという事実はモンゴル人にとって受けいれがたいことだった。

モンゴルは相変わらず貧しく、人口の三分の一近くが貧困線以下で暮らし、リオ・ティント社をはじめとする採鉱企業がどれほどの利益をもたらすのかは定かではなかった。ひとつの銅金鉱山――ゴビ南部のオユトルゴイ鉱山あるいは「トルコ石の丘」――の開発によって二〇二〇年までに景気が三分の一上昇すると見込まれていたけれど、無表情なチンギス・ハーンの肖像が描かれた膨大な数の紙幣が一握りの人の懐に消えた。モンゴルは事業の主導権を取りもどす努力をしたものの、おこぼれに与かるだけで、約束されていたはずの新しい大きな椀を得られなかった。選挙の前、金に糸目をつけず事業を進めると言った政治家は、地下に眠る石炭を担保にして金を借り、採掘費と輸送費が爆騰した際はなかなか補助金を支払わなかった。

私は二〇一三年九月に到着した。その頃、チンギス・ハーン国際空港からウランバートルへ向かう道は舗装されていなかった。日本や韓国から中古で購入された色の薄いメタリック車がガチョウの鳴き声に似た警笛を鳴らし、他の車を押しのけるようにして、道にくぼみのある時は用心しながら、まるでポロ用のポニーのように走っていた。

社会主義者によって「赤い英雄《ウランバートル》」と改称された都市を初めて目にした時、私はそれほど感動を覚えなかった。空港からのびる道には轍ができており、私の乗ったタクシーが道の盛りあがったところを跳ねながら越えた時、トール川のほとりに無秩序に並ぶソ連時代のどっしりした建物が見えた。煙草のような細い煙突から煙が立ちのぼり、周囲に山があることで溜まったスモッグが低く垂れこめていた。ステップに興った歴史上の国の人々と同様に、モンゴル人もめったに定住しなかった——この地はかつてイフ・フレー《大きな集落》という名で知られていた。人々は旧石器時代から周辺で遊牧生活を送り、一七〇〇年代後半からこの地に定住するようになるが、定住生活は今でも完全なものとは言えない。

私たちは工業地域を抜けた。幾つもの汚れたゲルが立ち、それを囲む柵のそばに羊毛の入ったトロッコが一五フィートの高さまで積みあげられていた。掲示板に掘削道具、掘削機、クレジットカードの広告が貼ってあった。二〇一〇年一月、モンゴルはゾドまたは「白い死」と呼ばれる寒雪害に襲われた。風の吹く夏が過ぎて冬がやってくると気温がマイナス五〇度にまで下がり、雪が二フィート積もった。雪は数か月にわたって降り続き、家畜の生きる糧である草は圧迫され、動物は立ったまま凍りついた。すべてを失った遊牧民はウランバートルにあるゲルの集落の住人になり、二〇一三年になってもそこに残っていた。当時、人口の三分の一がこの都市に集まり、家のない人々は下水道で暮らしていた。電線がゲルの間に応急的に張ってあり、溝にごみが溜まり、使用済みのおむつをくわえた犬が尾を振りながらのんびり歩いていた。

ゲルは、崩れかけた、あるいは建設途中のコンクリートのビルよりも表情がなく、心を閉ざしているように見えた。二〇一一年の時点でも、モンゴル人の四五パーセントがゲルに住んでおり、国民は、採掘された資源の分け前はいつ届くのかと政府に尋ねた。モンゴルには舗装された道路がほとんどなく、電気幹線設備が設置されていない地域もあった。

「予算法」が新たに制定されると、リオ・ティント社は地方公務員と国家公務員に付け届けとしてランドクルーザーを贈り、大統領府に直接献金を送った。私が訪れた時からちょうど一年前、横領罪を犯した前大統領ナンバリーン・エンフバヤルが刑務所に収監された。首相は、オユトルゴイ鉱山開発に関する交渉をまとめた後、ひと月も経たないうちに辞職し、すぐさまニューヨークのアパートメントを購入した。

一方、牧夫は土地と家畜を失った。二〇一〇年、フランスが建設したウラン抽出工場の近くで二〇頭の子牛が死んだ。折からのゾドによって狼は飢えていたが、子牛の死骸を食べようとはしなかった。モンゴルの獣医学・動物育種局が発見した放射能汚染を示す証拠はもみ消され、NGOは多国籍企業から訴訟を起こすと脅され、治安部隊から恐怖を味わわされた。ある場所で違法に採掘していた外国企業が所有する機械類は銃弾で穴だらけにされ、矢を受けてへこんだ。アメリカと日本がオユトルゴイ鉱山にあけられた穴に放射性廃棄物を埋めたいと思っているらしい、という流言が巷に広まった。

ステップは、過度の放牧によって草や薮が消えると土がばらばらになって荒れ、土埃が舞うだけの土地になる。だから家畜を連れて移動しなければ家畜は飢える。その秋、草を失って久しいウランバートルは崩れようとしているように見えた。地上に設置された輸送管は、冬に備えて、ひびの入った厚い粘土のようなもので覆ってあった。輸送管を埋設するために掘られた長い溝は土埃をかぶり、人々はそれをよけて歩いた。地中から取りだされた電線が道路わきに巻いた状態で置かれ、電線の先端部は中身がむきだしになっていた。極端な気温の変化によって地面が膨張と収縮を繰り返すので、舗道には波打っている部分や崩れた部分があり、へそのようなマンホールの蓋は歩道から飛びだしたり、中に沈んだりしていた。空気中には微粒子——排ガス、ゲル内のストーブから出る煙、建設現場と石炭火力発電所から発生する粉塵と煤塵——が浮遊し、肺に溜まった。

私が到着した翌日、市内中心部にあるスフバートル広場で抗議集会が開かれた。環境NGOと人権NGOによって構成されるファイア・ネイションのメンバーが猟銃を携え、政府宮殿の前に集まった。政府宮殿の中では、「河川源流、水源保護区域及び森林地帯における鉱物資源探査と採鉱活動の禁止に関する法律」——「長い名前の法律」と呼ばれるのもうなずける——が骨抜きにされようとしていた。ファイア・ネイションにとってこの法律は最後の頼みの綱だった。すでに採掘によって汚染が引きおこされていたが、企業は査察を拒否しても処罰されず、牧夫はよその土地へ移っていた。

一発の銃弾が放たれ、やってきた警官がリーダーである五〇代と六〇代の男性六人を逮捕した。銃声が響いた時、彼らがすでに警官に拘束されていたことがビデオの映像から判明したけれど、彼らは懲役二二年六か月の判決を受けた。裁判では、彼らの銃から弾丸が抜きとられていたことと薬室が空だったことも明らかにされている。

八

私は二〇人の子供と一緒にミニバスに乗り、ホスタイ国立公園へ向けて出発した。子供たちはホスタイ地方出身で、全員首都の学校に通っており、週末や夏に両親のもとへ帰った。ウランバートルのラッシュアワーの真っ最中で、渋滞がうんざりするほど延々と続いていた。そんな中、子供たちはチーズポップコーンやレモンシャーベットで温かくもてなしてくれた。彼らはにぎやかに楽しみ、私はいつのまにか、首を立てたまましびきをかきながら眠っていた。

ホスタイ国立公園はモンゴルで唯一、民間団体が運営する保護公園で、現在は完全に民間の管理下にある。二〇世紀初め、ホスタイはモンゴル最後の君主の狩猟場だった。この君主は満州族とソ連国民の狭間で翻弄された薄幸の人物である。彼が住んでいた古びたロシア風の邸宅と白豹の毛皮でできたゲルがウランバートルに立っている。後に社会主義者がホスタイで集団農場化を進めたが、そこで遊牧生活を営んでいた一〇〇ほどの家族のために一二万一〇〇〇エーカーの土地を牧草地として残した。

一九九二年にホスタイがタヒ保護区になると、ヨーロッパとモンゴルのまとめ役がそれらの家族に対する補償としてチーズ工場、作業場、コミュニティセンター、井戸を建設した。私と一緒にミニバスに乗った子供たちはホスタイのコミュニティで生まれ育ち、彼らの両親や兄弟は、公園で自然保護官やコック、清掃員、運転手として働いていた。彼らの生活はタヒを中心に回っていた。ひとりの一〇代の少年が「馬は僕らの大きな誇りなんだ」と言い、でも大学で鉱業について勉強したいとはにかみながら英語でつけ加えた。

北側の境界線のすぐ内側に観光客用のキャンプがあり、三つの大きなコンクリート製のゲルと三〇ほどの昔ながらのゲルが宿泊施設として設けられていた。中核となる煉瓦造りの建物にレストランと事務所が入っており、私はその建物の北側の寒い部屋に泊まった。ゲルの黄色く塗られた扉は北風を避けて南を向いていた。窓の外の暗闇に目を凝らして見ると、それらが穏やかな驚きの表情を浮かべて私を見つめていた。

私が到着した次の日、女性支配人が、タヒの調査に携わるふたりのフランス人環境保護ボランティアと一緒に公園を回ることもできるし、ひとりで歩いて回ってもよいと言った。観光客の大半はＳＵＶに乗ってやってきて、ガイドと一緒に回る。地図が支配人の部屋の壁に貼られたもの以外なかったので、私は彼女の助言に従って、携帯電話のカメラで地図を写し、それを見ながらタヒのいるタリアト・ヴァレーへの道をたどることにした。そこまでどのくらい距離があるのかも何時なのかも分からないまま、夏の花の写真で飾られた、色のあせた青い金属製のアーチ門をくぐった。飛行機を降りてから初めて、日の光の下でステップを見た。

近くで観察すると、なだらかに広がるステップに色々な植物が生息していることが分かる。ステップは、馬の糧となり、遊牧文化を育んだ多種多様な植物の生きる豊かな土地である。アクナテラムの緑色の葉は長く、暗黄色の先端は尖り、葉の間に幾つかの花が咲く。灰色がかった青色の草の葉は小さく、花びらのような形をしている。未舗装の道の中央に浸食による溝が走り、所々に新しい道がのび、夏の雨が集まってできた細流の底にビーズのような小石が溜まっていた。草の陰でコオロギが羽をすりあわせ、私の頭に向かって急降下してきた大きな黒色の虫は、まるで袋詰めのプレゼントのようにせわしなくカタカタと音を立てた。

モンゴルのシャーマニズムは生来の自然保護の精神から生まれたものであり、中世にチベットから伝わった大乗仏教とすんなり融合した。世界で初めて——ショルフハイデやビャウォヴィエジャにはるかに先んじて——自然保護区となったのはボグド・ハーン山である。ある日、ウランバートルの建設現場の近くを歩いていたら、大きくて立派なボグド・ハーン山が見えた。私がそれまでボグド・ハーン山だと思っていた山は、空を背景にそびえるその山の裾にある丘だった。一八世紀、ボグド・ハーン山は満州族の皇

帝の命を受けた僧侶によって守られていた。僧侶はこん棒片手に密猟者に目を光らせた。ハンガリッドと呼ばれる鷲の精霊も山を守った。他の山や川、湖では、精霊や土地の人々が敬う蛇神ナーガが巡回していた。川で釣りをすること、木を切ること、草を根こそぎにすること、鳥の巣を動かすこと、何らかの動物を狩ることを精霊とナーガが禁じる場合もあったのかもしれない。人々が決まりを破ると、ナーガは罰として飢饉や洪水をもたらしたのではないか。

ホスタイに到着したタヒは、ステップの環境に慣れるように何か月か大きな囲いの中で飼われた。放せるようになると、放す日について伺いを立てられた土地のラマ僧が占星術によって吉日を選んだ。長い旅へと続く最後の門を開く際、僧侶はハタグと呼ばれる青色の布を囲いに結びつけた。

キャンプを出て道を進み、黙々と草を食む家畜牛と土地の馬の大きな群れの横を通った。その時、タリアト・ヴァレーの西にある、ナーガの現れるホスタイの山の頂が見えた。この牛と馬の群れは公園の中にいるべきではないから、いずれ自然保護官が外に出すだろうと思った。彼らは草を大いに食べていた——公園内の草は保護網の外の草よりも良質である。牛の種類は様々だった。ソ連が品種改良をするために、数十年にわたって各種の牛を輸入したからだ。平らな脇腹と山の尾根のような背中、広い額を持つ牛もいれば、アバディーン・アンガス種とそっくりな牛や、顔が白く、ジンジャーブレッドのような暗い色の毛に覆われた角のないヘレフォード種の牛もいた。長い角を持つ牛の被毛は橙色の硬い巻き毛で、所々脇腹の滑らかな地肌がのぞき、その部分は巻き毛が剝がれているように見えた。

馬は毛深く、警戒心が強く、私からさっと離れた。彼らは牛よりももっと色とりどりだった。白毛に黒い斑点のある馬、たてがみと尾毛に白い毛が混じる鹿毛とトビアノの馬、煤色がかったこげ茶色の馬、栗毛の馬、鹿毛の馬、黒い目を持つ葦毛の馬。モンゴルの家畜馬は小さく丈夫で、おおむね人に無関心だ。

牧夫は何百頭もの馬を所有しているが、そのうちの多くは人に乗られることも乳を搾られることもない――モンゴルではより多くの馬を所有すれば、より高い地位にある人物と見なされる。人々はよちよち歩きの頃から子馬に乗り、子馬も人に早くなつく。馬は自由に動き回り、何か月も人に操られずに過ごすことも珍しくない。時には子供が馬に乗って三〇キロ駆ける。

ホスタイ国立公園に迷いこんだ家畜はのんきだった。妊娠している雌馬は大きな腹でなんとか体の平衡を保っていた。雌馬は顎をもぐもぐさせながら頭をもたげ、ふさふさした垂れた前髪の合間から私を見た。私は数枚写真を撮ると彼らと別れ、緩やかに起伏する大地にのびる道を進んだ。道に沿うように連なる丘は背伸びをしていた。四五分後、私はゆっくり後方に向き直って遠くまで見渡した。行き先である谷の上に広がる空は夏空のように真っ青だったけれど、遠方のキャンプの上空は藍色に変わりつつあった。雲行きが怪しく、馬と牛が食べていた草は薄黒く見えた。私は進むのをやめて引き返した。

九

夜中に目を覚ました時、風がうなりを上げて吹いていた。朝、空は雲に覆われ、砂のような雪がゲルの単調な円錐形の屋根の上に降り注ぎ、湿った厚い雪片が部屋の窓に吹きつけ、未発達のつららがレストランの軒から下がっていた。表玄関の鍵があいていたので、薄く冷たい空気が流れる外へ出た。キャンプは静かだった。風を受けて頬が痺れ、むきだしの首に冷たい絹のスカーフを巻かれたかのように感じた。皮膚がべろりと剝がれるのではないかと思った。風は、コンクリートで舗装されたキャンプ内の小道の端まで固まった雪を押し流した。草の間に入りこんだ雪は一度溶けた後、薄い氷の膜になる。網目の細かいクモの巣のような膜は転がってくる雪片を次々に捕らえた。

ゲルは皆、風に背を向けて悠然と座っていた。ゲルを包む厚みのあるフェルトは三本のベルトのような黒い紐で固定され、土台部分は雨を防ぐためにビニール袋で覆われていた。数本の煙突からポッポッと上がる煙は風に流され、ビジターセンターの屋根の上に置かれたアンテナはカタカタと揺れた。辺りにいる生き物といえば雀だけで、彼らは調理場の外にある熱風排気管の周りで楽しげに騒いでいた。

駐車場に公園の飼育係と自然保護官がおり、犬が彼らに耳をこすりつけていた。片方の犬はジャーマン・シェパードをもっと小さくふわふわにしたような感じで、若い方の犬は黒く、白い涎かけをつけ、驚くほど密生した短い被毛と黄褐色の目、生姜色の眉毛を持っていた――この「四つ目」のバンハル・マスティフは、牧夫が飼う動物の群れと一緒に生活しながら群れを捕食者から守る犬として育てられた。

公園はマスティフの育種計画に取りくんだ。狼狩りが禁止され、土地の人々の間に不安が広がったからである。一九九〇年代、様々な野生生物が消えていく一方で狼は増えた。公園では、二匹のマスティフが連れだって駆ける姿や、ゲルの扉のそばで大きな頭を撫でてもらう姿がよく見られる。狼も彼らなりのやり方で公園を守っている。ある木材泥棒が、ホスタイの枝のはびこった木を失敬しようと馬に荷車を引かせてやってきた際は、馬を食べてしまった。

環境保護ボランティアの姿は見あたらなかった――後で知ったことだが、彼らはその日ウランバートルへ行っていた。私は再びタヒを探しに出かけた。周囲の丘は、斑模様ができていたので老いた動物のように見えた。風から身を守るための避難小屋がある辺りにはまっ白な雪が一面に積もっていたけれど、斜面や頂上の雪は草の間にまばらに残るだけだった。アクナテラムの黄色い尖った葉の先はくすんだ黄土色に変わり、鮮やかな緑色だった部分は黒ずみ、青色の草の葉は灰色になっていた。道のくぼみに溜まった雪はいったん溶け、再び凍り、水晶のような厚みのある氷になり、ピックアップ・スティックのように乱雑に重なりあっていた。

三〇分歩き、自分がどこにいるのかを確認するため顔を上げた。前の日に見た岩がちな丘の頂上は降る雪に霞み、雲が低く垂れこめていた。キャンプの北にある黒くて長い尾根は狭く、そこで人々は粘板岩を採る。炭色や深緑色の部分に粉雪がかかり、三つの薄い霧の渦が螺旋を描きながら落ちた。まるで雲が地上に落下していくかのようだった。振り返ってキャンプの方を見やると——ウランバートルでボグド・ハーン山がぬっと現れた時のように——雪の積もる遠くの山々が視界に入ってきた。山々の尾根は、長く連なる黒色の尾根の右端にあたる。このような土地もつねに表情を変える。

私は送電線と月と衣擦れの音だけに伴われて歩いた。細流の底に溜まったごくごく小さい石も含めたすべての小石の後ろに影ができていた。地面に生えた草はすべて銀白色の霜に覆われ、懸命に生えでた路傍の小さな草の葉は、きらきら光る割れたガラスのかけらを思わせた。観光客を乗せたジープは一台も通らなかった。前方でクックッと鳴きながらゆらゆらと飛んでいた二羽の黒いベニハシガラスが舞いおり、私が近づくと道に沿って私の頭上を越え、飛びさった。

私は初めに鹿の足跡を見つけ、次に幾つもの三日月形の跡を見つけた。間違いなく馬の蹄の跡であり——家畜馬の群れが残した跡だろうと思われたけれど、そうではない可能性もあった。それらは格好がよく、ティーカップのような形をした子馬の蹄の跡は小さく、牛か鹿の足跡が混じっていた。続いて馬の黒っぽい糞の山を見つけた。まだ新しく、霜がついていなかった。私は谷に近づいていた。蹄の跡は雪の上に残っていたものの、馬が粉雪を踏みながら丘から道の方へやってきたことを示すような跡はひとつもなかった。明らかに馬の蹄から外れて落ちたと思われる半球状の滑らかな雪の塊が転がっていた。それには三角形の蹄叉の跡がついていた。

私は疲れ、ずいぶん遠くまで歩いていたので不安になった。丘に入ると道は上り坂になり、タリアト・ヴァレーの入り口に、オボー――石を積んで作るケルンのようなもの――が立っていた。オボーはナーガに奉納されたもので、それから突きでた長い木の枝に結びつけられた青色のハタクがたなびいていた。絹のハタクを揺らすそよ風が、新しい馬の糞のかすかなにおいを運んできた。私はぐるりと体を回し、目を細めて丘の方を見た。馬はいなかった。

オボーの木の枝の先にカラスがとまった。ハタクはぼろぼろだった。オボーを通りすぎると道は谷へ入る。なだらかな丘の続く風景の中を歩いたばかりの私には谷がことさら険しく感じられた――谷の斜面は傾斜が激しく、襞が多くて地形が複雑である。タリアト・ヴァレーの研究所も生き物の姿も見あたらず、道はすぐに斜面の襞の陰に消えるため、幻の馬が生息する神秘的な谷に続いているのかどうか分からなかった。カラスがカーカー鳴いて飛びたった。青空に浮かぶカラスは三叉の矛のようだった。私が立ちどまり、衣ずれの音がやんだ時、何かが擦れるような低い音がかすかに聞こえた。しばらく経ってから、カラスの翼が風を切る音だと気づいた。

疲れた私は帰途についた。キャンプに戻ってもう一度地図を見たら、谷へ行くにはこの日歩いた距離の二倍の距離を歩かなければならないことが分かった。

一〇

四日目、私は環境保護ボランティアと一緒に出かけた。雪が溶けたので風景に活気が戻ったように思えた。私たちが乗ったロシア製のミニバスのバンパーに、クロム合金製の二頭の駆ける馬が施されていた。ミニバスは猛烈な勢いで走り——私が徒歩で三〇分かかった距離を数分で移動した。私たちはつり革を握りしめたまま、乱気流の中を飛ぶ飛行機の乗客のように古いプラスチック製の座席の上で跳ねた。ルームミラーに吊りさげられた金色の飾り房は揺れ、カンカンの踊り子が蹴りあげるスカートさながらに先端が広がった。熟練のボランティアであるマルコとレティシアが丘の中腹を指さした——「マーモットよ！」肥満体型の一匹のマーモットは警戒心を露わにし、後ろ足で立ったまま不安げに風のにおいをクンクン嗅ぎ、今にも巣穴に逃げこみそうな様子だった。マーモットは現れたかと思うと、次の瞬間にはいなくなる——風景の中に溶けて消える。ホスタイでは、彼らは金持ちの毛皮ではなく狼と鷲の餌食になる。

バスはオボーの横を走りぬけ、転びそうで転ばない運のいい酔っぱらいのように急な坂道を下って谷へ入った。坂の下には乾いた河原が広がり、そこで道がふたつに分かれる——片方の道は四五度折れ、もう片方は五五度折れる。バスはギシギシと音を立てながら急勾配の坂をのぼると、今度は少し谷をくだった。小高くなった部分を越えたところで運転手がバスを止めて何かを指さし、マルコとレティシアが窓から外をのぞいた。私は訳も分からないままふたりの視線をたどった。

「タヒ！」

ひとつの丘のまさにてっぺんに、四頭の馬が私たちの方に側面を向けて立っていた。彼らが家畜馬でないことは明らかだった。頬がふっくらしており、顎は力強く、たてがみの生えた短い首ががっしりした頭をしっかり支えていた。下腹の白い夏毛は汚れ、胴体からのびる脚は目をみはるほど見事だった。彼らはラスコーの馬であり、アスカニア・ノヴァのぼやけた写真に写る雄馬ハツィスであり、ショルフハイデの片隅で生きた馬だった。離れたところから見ても、尾の付け根の部分に密生する短い毛が逆立っているのが分かった。流れるように垂れさがる黒い尾毛は蹴爪毛にかかりそうなほど長く、首にまっすぐ生えたこげ茶色の毛は、鶏のとさかのような豊かな黒いたてがみを守っていた。四頭、いや、五頭か六頭のタヒが見えた。二頭のタヒはまるで抱擁を交わすように首を絡ませあい、互いに相手の鬐甲《きこう》を歯で噛んだ。

私たちはリュックサック、双眼鏡、GPS、クリップボードを持ってバスから降りた。マルコはカメラも持っていた。丘の斜面をのぼってタヒに近づいた。一頭の妊娠中の雌のタヒが見張り役で、私たちをじっと見た。タヒは全部で八頭いた——二頭が子供、六頭が大人である。彼らから離れたところを一心にのぼっていると、彼らはおもむろに歩きだし、頂の向こう側に消えた。

何分かしてようやく斜面をのぼりきって頂に立ち、ひときわ強い風を受けながら眼前に連なる丘を見やった。タヒはいなかった。しかし、タヒの姿を覆い隠すようなものは何もなく、林はおろか一本の木さえ存在しなかった。のっぺらぼうな緑色の丘々は、小さくて急峻な川のない谷に落ちこんでいた。

やがて、私たちが立つ丘の裾に広がる緑地に、黄色がかったこげ茶色のタヒが現れた。彼らは襞の陰に入っていた。だから私たちのいるところから見えなかったのだ。ハミルトン・スミスが記録した彼らの祖先と同様に、彼らは「利口」で「魔法でも使ったかのようにたちまち消えた」

一頭のタヒが群れから離れ、谷の方にある小さな緑地へ向かい、他のタヒも小さな谷から早足で離れた。彼らの尻は鹿のそれのように白く、膝の下まで垂れた黒い尾毛は左右に揺れ、狐に似た耳は首に倒れていた。群れのリーダーは、私たちと自分たちとの間に十分な距離があると判断すると左へ曲がり、他のタヒはリーダーに従った。レティシアはクリップボードに挟んだ紙に頭数、性別、毛色を記録し、マルコが双眼鏡で確認した。

三人で丘の中腹に座って観察するうちに、私は彼らを見分けられるようになった。一頭の雌のタヒは黒色がかった栗毛で、下腹は褪せた小麦を思わせる色をしていた。二頭のタヒの下腹はそれよりも薄いくすんだクリーム色だった。大半は濃い鬱金色がかったこげ茶色の典型的なタヒで、クリーム色に近い柔らかい白色の下腹を持ち、脚は黒かった。群れは一頭の雄のタヒと数頭の雌のタヒ、生き残ったわずか二頭の子供からなるハーレムだった。母親のそばから離れない子供たちの色の薄い被毛は、シュタイフ社製のテディベアのそれのようにしっかりしており、乾燥した草に完全に溶けこんでいた。

　群れはエメラルドグリーンの草地に入り、見張り役の背の低いタヒは、様子をうかがえるように私たちの方に側面を向け——馬は哺乳類の中で一番大きな目を持っている——丘の上に立った。私たちは静かに座ったまま見続けた。恵みの雨をもたらした夏の終わりの頃だった。雨は葉の先端の尖ったウシノケグサ、まばらに生えるシダ、野生のアヤメとゼラニウムの成長を促し、タヒはこれらの植物のおかげで肥える。タヒは冬場の食料として、干し草のように乾燥したアクナテラムの長い葉をとっておき、冬になると雪を掘り、下に隠れているその葉を食べる。

　子供が少し乳を飲んだ。一頭のタヒは時おり鼻を鳴らした——ゆっくりと近づく私たちが引きおこす緊張を解くためである。双眼鏡やマルコのカメラの望遠レンズを通して見ていたら、彼らはゆっくりと草地を離れ、てんでんばらばらに少しずつ丘をのぼった。雪から解放されたコオロギがどこか近くで鳴いていた。小さな谷から離れたところにあるさらに小さな谷にちょっとした避難小屋があり、黄色い葉と白い幹を持つ幾本かの貧弱なカバノキが、それに寄りそうように立っていた。私たちは風を避けて下の方へ移動した。

　子供が横になると他のタヒも止まり、子供を見守りつつひたすら草を食んだ。草は小さな谷の底に繁茂していたけれど、タヒは安全な斜面に留まっていた。一頭のタヒが遠くからやってくる数台の観光客用ミニバスを見つめた。左手から現れてゆっくりと走るミニバスは、トンカ社のおもちゃの車のようだった。丘をふたつ越えた先にいる別の群れが、西方の尾根を越えて視界から消えた。私たちが観察していたタヒはその群れの存在を気にも留めていなかった。アカシカの鳴き声がはっきりと聞こえた。でも姿は見えなかった。発情期を迎えていたアカシカは、恐竜かと思わせるような大きな声で鳴いた。タヒはアカシカにもまるで無関心だった。タヒにはアカシカと似通ったところがある。雄馬によってハーレムから追いだされた若いタヒがアカシカの群れと仲良くなり、一緒に暮らすようになる例も見られる。

鮮やかな黄色の観光客用ミニバスが止まり、一頭のタヒがそちらに目をやった――少なからぬタヒが体をこわばらせ、彼らがどれほど切迫感を覚えているか見てとれた。彼らは動揺を招いたものの方を向いていた。はるか向こうのオボーのそばから、黒い岩が次々に斜面を転がりおちた。私たちは双眼鏡をそっちに向けた。家畜馬かな。違う。羊だ。違う。牛かな？　肝臓のような色を帯びた暗い栗色の小さな塊。あれはいったい何だろう？　私たちは動物の名を幾つか書きだし、可能性の低いものを消した。

それから一時間以上経った。丘の午後の影が、座っている私たちの方へ向かってのび始め、ゆっくりと谷を覆い、風は暖かさを失った。タヒの足跡をたどっていると、牛と羊を掛けあわせたような姿をしたものが私たちのいる丘に通じる道をやってきた。五頭のタヒが草を食べるのをやめてそれらを見つめ、次に六頭の大人のタヒが一様に私たちの方に白い尻を向けた。後ろ足の膝の部分にシマウマのような黒い縞模様があり、音を聞くためにピンと立てた卵形の耳の縁に毛が生えていた。

私たちは運転手に拾ってもらうために道に出た。件の動物は私たちよりも早い速度で移動した。突然、雄のタヒの甲高い鳴き声と鼻を鳴らす音が聞こえたので、私は振り返った。雄のタヒは耳をそばだて、群れのタヒを嚙んだり押したりしながらまとめ、丘をのぼるよう促した。彼らは驚いて小さく固まった魚の群れのようだった。

地響きがしたのでタヒが駆けたのかと思ったら、正体不明の動物が私たちの方に向かって猛烈な勢いで丘を駆けあがり、止まった。彼らの長い列は乱れ、皆目をぎょろつかせていた。牛と羊を掛けあわせたような彼らは大きな四足獣で、長い角、もじゃもじゃの被毛、下がった首、張りだした額を持っていた。列の一方の端にいる大きな一頭は毛を刈られた熊のようだった。ヤクかな？ そうだ。ヤクだ。私たちは立ったまま彼らを見つめ、彼らも立ったまま私たちを見つめた。やがて私たちから離れ、跳ねながら丘をのぼり、鼻を鳴らしたりシューシューという音を発したりしつつ小さな谷へ移動した。

ヤクは小さな谷の片方の斜面を駆けあがり、太い尾を振りながら再び谷底へ戻り、跳ねながら騒ぎ、もう片方の斜面を勢いよくのぼったと思ったら身を翻して再び駆けおりた。何度も何度も、低く唸りながら懸命にのぼっては駆けおりた。

バスに乗りこむ前に、私は振り返って丘の方を見た。ハーフパイプのような形をした谷で、ヤクが酔っぱらいさながらに体を揺らしながら走っていた。その先の丘の頂から、タヒがヤクを用心深く見つめていた。

二

「ヤクは家畜に向きません」とウスフジャルガル・ドルジ博士は言った。彼は、ホスタイでタヒを研究する主要な生物学者である。「彼らはまったく厄介者です。牛は公園で草を食べ、日の暮れる頃には必ず小屋に戻りますが、ヤクは戻りません。ホスタイにいる狼は鹿や馬を襲いますが……ヤクを襲いません。狼もヤクを恐れているのです」。ドルジは三〇代のまじめな男性で、ひどい風邪と格闘しながら仕事について丁寧に語った。話しぶりが穏やかで、言葉を言いおえる時かすかに喉を震わせた。色の褪せた赤いハーバード大学のベースボールキャップがデスクに置いてあり、その横にあるプラスチック製のファイルから、古のモンゴル人の姿を描いた岩絵の写真を取りだして見せてくれた。私の後ろにあるガラス戸棚にはタヒに関する論文がびっしりと入っており、『モンゴルの秘史』という題名の本も仕舞われていた。

ゲルが設けられたキャンプからほど近い場所に明るく現代的なオフィスビルがあり、ホスタイで活動する三人の生物学者がそこを拠点にしていた。ウスフジャルガル・ドルジはホスタイで一〇年働いており、奥さんは観光客用キャンプを運営していた。夫妻はよちよち歩きの息子を猫かわいがりし、毎日奥さんのオフィスでかわりばんこに息子を膝にのせた。彼らは一年中そこで暮らし、ゾドが到来する冬もタヒを観察した。「タヒを研究しようと思えば長期間滞在しなければなりません。独り身だとここでの生活をつらいと感じるでしょう」

彼は公園にいる三〇〇頭のタヒそれぞれのことを把握していた。「このタヒの肩には矢の形をしたアザがあります」。彼は画面に映しだされた血統台帳を指さしながら言った。「このタヒの耳はちぎれています。このタヒは耳を嚙みちぎられ、尾を失いました……」。六〇頭の雄のタヒは独身でハーレムを持っていなかった。そのため怒りっぽく、時に狂暴になった。春になると、独身のタヒは、一頭の雄のタヒと幾頭かの雌のタヒからなる群れを何日も追う。他の独身のタヒと一緒に追うこともある。やがてハーレムの雄のタヒが独身のタヒを追い払うことに疲れ、戦いを始める。彼らは歯や飛節を使ってやりあう。「彼らは戦士です」と生物学者は言い、幾枚かの独身のタヒの写真を持ってきた。耳が頭にぺたんと倒れているタヒもいれば、尾のないタヒもいた。あるタヒの目の間に、ぱっくり割れた大きな傷があった。「公園に生える草の量から考えれば、五〇〇頭のタヒがここで生きていけます。でも、タヒ同士がうまくやっていけるかどうかは分かりません」

公園のスタッフはタヒの社会に介入しない。ただし、お産が進まず疲弊した雌のタヒを自然保護官や科学者が幾度か助けている。一説によると、狼や独身の雄のタヒがハーレムをしつこく追うと、ハーレムの雄のタヒは、雌のタヒを難事の起こる地上から丘の上へ追いやる。そのような状況の中で出産する場合、胎児がなかなか出てこないことがあるそうだ。

一三世代にわたって人に飼われても、狼を撃退するという馬の本能は消えない。姿勢を低くして走ってくる狼の姿を認めると、雌のタヒは子供をとり囲み、尻を子供の方に、歯と前脚の蹄を外側に向ける。雄のタヒはその周りを駆けながら狼に攻撃を加える。時には雌のタヒも攻撃する。子供は狼より足が速いものの、長い距離を速く走ることはできない。一年に子供の三九パーセント以上が狼に捕まる――そのうちの多くが生まれて一週間経たない子供である。

しかし、ドルジは心配していなかった。「タヒと狼は均衡を保っています。再導入計画では十分な数のタヒが生き残っています。狼が例年より多くタヒを食べた時は、狼を追い払うために怖がらせる作戦をとります。四月半ばから六月半ばまで、自然保護官が毎晩タヒの群れの近くで野営するのです――近くとは行動圏内という意味で、群れのすぐそばで野営するわけではありません――明かりがあり、人声もするので狼は寄ってきません」

ホスタイには世界のどの場所よりも多くのタヒがいる。この地方の三〇〇頭のタヒは敵に囲まれているが、世界で唯一習性に合った環境の中で暮らす集団だと科学者は思っている。現在、タヒの生息数は世界全体で二〇〇〇頭弱であり、その多くは都会の動物園や準保護区で暮らしている。原発事故が起こったチェルノブイリで暮らす群れや、中国の黄山の近くで育てられているタヒもいる。モンゴルにおける三つの再導入計画だけがうまく進んでおり、自力で生きるタヒが増えている。ふたつの計画は、タヒの最後の生息地だったゴビ付近で実行されている。この地域のタヒをとりまく環境は前世紀より厳しくなっているけれど、モンゴルの君主の狩猟場だったホスタイでは順調に繁栄している。

「八〇頭余りのタヒがヨーロッパからやってきました。現在ここにいるタヒのうち一七頭がヨーロッパから来たタヒで、その他のタヒはすべてここで生まれました。これまでに六〇〇頭以上がここで生まれていますが、長期的に見ると、平均して四〇パーセントのタヒが生まれた年の一二月の末日までに死んでいます」。ドルジはクリックして画面上にグラフを表示した。「自然的な要因によるものですから――たいして気にしていません。それでいいのです」。ホスタイにはすでに繁殖できるだけの数のタヒがおり、近親交配が起こる割合は減少している――一九九二年にヨーロッパから連れてこられたタヒは、丈夫で、互いに比較的血縁関係が薄かったから選ばれた。

「ホスタイにいる雌馬の七〇パーセント以上が妊娠しています――そのうちの五〇パーセントがタヒです。彼女たちは懸命に生き残ろうとしています。雌のタヒはたくさんの子供を産みますが、個体数はわずか数パーセントしか増えません。でも、六五パーセント以上の子供が生き残る年もあり、そのような年は個体数が一二パーセントから一四パーセント増えます」

なぜモンゴルの人々にとってタヒがそれほど大切なのかとドルジに尋ねた。聞いたところでは、タヒは象徴的な存在であるだけでなく、神聖な存在でもあるらしいが、モンゴルの伝統的な信仰について書かれた書物の中に、それを裏づけるような記述はない――馬は神そのものというよりも神の乗り物と見なされる傾向がある。「タヒは家畜馬の祖先だ、と私たちは考えています――だからタヒを傷つけないのです。タヒとは聖なる馬や馬の精霊を意味する言葉です」。こう言ってから彼はつけ加えた。「タヒを傷つけないのは、タヒが信仰の対象だからではなく、完全な遊牧民である私たちにとって家畜馬が大切な存在だからです」

彼はホスタイのふたつの村の画像を私に見せた。それらの村は村章にタヒを取りいれていることを誇りに思っている。モンゴルにはタヒを詠う民謡があり、ウランバートルでは、馬頭琴やチンギス・ハーンの帽子と一緒にタヒの模型やぬいぐるみが売られている。自然史博物館にはタヒ専用の部屋がある。

今でもタヒは人々から望まれている。ホスタイのある自然保護官は、勝つ競走馬が欲しかったので自分の所有する雌馬と雄のタヒを交配させた。モンゴル政府は、二〇〇〇年のオリンピックの開催地を決める総会でシドニーに投票する見返りとして、オーストラリアから七頭のタヒを受けとった。また、計画の成果を見てもらおうと、モンゴルを訪れた要人をホスタイに連れていき、他のプロジェクトにおいて予備として飼っていたタヒを外国政府に贈った。モンゴルの野生動物は再び外交の道具となっている。道具として利用されるのは、世界共通の財産と見なされるモンゴルの動物の中から選りすぐられたものだ。私がモンゴルを訪れる直前、自然保護主義者の反対にもかかわらず、政府はカタールとクウェートの猟師が二〇〇羽の希少なセーカーハヤブサを狩ることを認めた。「友好関係を発展させるための梃子になる」と考えたからである。

翌日、バヤン・ヴァレーの川に沿って歩いていた私たちは、一頭のタヒの死骸を見つけた。それまでマルコとレティシアと私はひんやりした北向きの斜面に座っていた。そこにはマーモットの巣穴が幾つもあいていた。草の生えていない場所に残る雪はハンカチのように見えた。下方にある川床の大きな丸石の前に黒っぽい雄のタヒがじっと立ち、彼のハーレムの中の雌のタヒは草を食み、子供はうたた寝していた。

一頭の雌のタヒが彼に近づいた。この谷では、複数のハーレムがおおむね平和に過ごしていた。蹄で踏まれるため柔らかい土はぐちゃぐちゃで、長い草の葉は塊になっていた。道のそばに幾つかの「馬山」があった。一頭のタヒが馬山の上に糞をすると、別のタヒがやってきて同じように糞をするという具合にして、崩れたピラミッドのような大きな山になっていく——馬山はタヒが留めおいた手紙のようなものである。

熱心なガイドと観光客の一団が群れに近づきすぎたので、群れが南側の斜面をのぼった。その後、私たちは狼の餌食となった一歳くらいのタヒの死骸を見つけた。狼の子供が狩りの練習をする八月に殺されたのだ。頭、後脚、前脚、胴体の骨はばらばらになり、散らばっていた。後脚の傷だらけの骨はゆがみ、下部の複雑な関節に肉と毛がついており、数センチ離れたところに傷ひとつない蹄が残っていた。尾毛は長い草の上に広がり、ステップの枯れかけた草の合間から皮が見え、絡まりあった色の薄い毛がぺしゃんこになっていた。完全なまま残る背骨のかたわらに幅広な肩甲骨があり、細くて白い肋骨があちこちに散っていた。頭蓋骨はふたつに分かれ、トングのような形をした長い下顎の骨は、臼歯の生えているあたりから湾曲し、頭蓋骨の上顎の骨に接していた。上顎の骨は裏返り、畝模様のある歯が上を向いていた。つま先でひっくり返すと、長く滑らかな骨の端の尖った部分が見えた。そこにはかつて柔らかい鼻孔と鼻腔——家畜馬のものよりも高さと奥行きがある——が存在し、タヒはそれを震わせていた。

私たちは南側の斜面をのぼり、昼までハーレムのそばにいた。観光客のように近づきすぎないよう注意した。雌のタヒは、電柱を支えるコンクリート柱に代わる代わる丸い尻をすりつけ、子供はうとうとと眠ったり、草を食べたりした。やがて訪れる冬を越さなければならないのに、彼らはひどく細くて弱々しかった。斜面はタヒとマーモットの乾いた糞で覆われ、レティシアが見つけた骨に動物が鋭い歯で強く嚙んだ跡が残っていた。いまだ月の浮かぶ広い空の青さと静けさに少し圧倒されながら、私たちはしばらくまどろんだ。

雄のタヒは何も食べず、他のタヒがいるところよりも道に近い場所に立ち続けた。いかにも重たげで固そうな長くて黒い尾毛は、風が吹いても先しか揺れなかった。タヒの大半は道から見えない浅い谷間で草を食べ、件の雌のタヒは相変わらず水辺に立つ雄のタヒのそばにいた。陽が高くなった頃、彼女の真意が明らかになった。突如、雄のタヒがかすれたいななきを発して駆けより、彼女の上に乗った。その後、彼女がそっと体を離し、雄のタヒは彼女と向かいあって立ち、彼女の鼻孔に息を吹きかけ、彼女のにおいをより強く感じるために上唇をめくりあげた。彼女は谷で白骨と化した一歳のタヒの母親だったのだろうか？　それとも夏に死んだ他の子供の母親なのか？　それはともかくとして、妊娠するのに悪い時期だった。一一か月後に生まれる子供のために脂肪を蓄えなければならないのに、それができる期間は冬になる前のわずか数か月しかなかった。

群れが、オボーのように岩の積み重なる尾根に向かってのぼっている時、私は雄のタヒの右前脚に障害があることに気づいた。夏の終わりを告げる雪はすでに降っていた。彼が率いる小さな群れは、一頭も欠けることなく冬を越せたのだろうか。

一二

ホスタイで過ごす最後の日、私たちは朝の五時三〇分に集合した。車で平らな広い草原を走っていたら、ゆっくりと動く黒い丸石のようなものが幾つも見えた。それは牛で、その間を三〇〇頭のガゼルが走っていた。ガゼルの体色は背景に溶けこみ、体が透明になったかのようだった——風景に騒がしい雰囲気をもたらしたガゼルのちらつく姿が、私には絶滅の淵から舞い戻った霊魂のように思えた。前の日、私は道沿いをよちよち歩くイヌワシを見つけた。まさかイヌワシが生息しているとは思っていなかったから、太った雷鳥ではないかと目を疑った。

「ホスタイにとってタヒは大切な存在です」とドルジは言った。「でも、イヌワシも重要なアンブレラ種です。一九九三年に初めて、公園に生息する動物の個体数調査が行われました。四〇頭しかいなかったアジアアカシカは今では一〇〇〇頭以上に達しています。一頭もいなかったモウコガゼルが今では二〇〇頭から四〇〇頭生息しています。アルガリもかつてはいませんでしたが、今は四〇頭が暮らしています——ここを仮住まいとしているわけではありません。ここには、世界のどの場所よりも多くのタヒがいますし、モンゴルのどの場所よりも多くのアカシカとマーモットがいます」。彼は誇らしげに動物の名を挙げた。大きな椀が割れ、モンゴルの人々が生き残ろうともがいていた一九九〇年代に乱獲の憂き目に遭った動物が、どのようにして増えていったのかを彼は教えてくれた。「ここでのタヒ研究は世界にも類のないものです。ドイツのケルン動物園は、僕が送った研究資料を世界に広めています。モンゴルにおいてホスタイが有名で重視されるのは、こうした理由があるからです」

私がホスタイを発ってから数か月後、ホスタイ国立公園が国から独立しているということが改めて正式に確認された。私は公園の境界線の外にある灰色の谷のことを思いだした。私はそこでゲルに住む家族を訪ねた。その谷と比べると、アカシカやタヒが住むタリアト・ヴァレーは乾燥しているものの土が肥えていた。公園には狼がいるけれど、タヒが増えすぎるということもありうるのではないか？　そうなったら、彼らはどこに住めばよいのだろう？

ともあれ、今はドードーやクアッガ、ターパン、オーロックスのように絶滅することなくタヒが生きのびたことを祝おう。馬の乳を発酵させたモンゴルの酒アイラグでタヒのために乾杯しよう。彼らは現代において初めて、人のめぐらす思惑に翻弄されることなく生を営んでいる。彼らは長い旅を終えた。ステップから動物園へ向かわされ、再びステップに戻った。国の中央にあるタヒの隠れ場は、銅山、砂漠、ウラン抽出工場、空洞になった炭鉱によって害されていない小さなエデンの園だ。タヒはそこをナーガと同じように守り、ステップの草の根と同じように土をまとめ、土が土埃となって吹きとばされるのを防いでいる。

文化　不思議なくらい賢い馬

次に私は馬に乗る方法を定めるつもりであり、
乗り手は、それが自分と馬にとって
最良の方法だということを知るだろう。

（クセノポン『馬術について』、紀元前三五〇年）

一

舞台は暗い。床は黒い砂で覆われ、舞台の袖と幕も黒く見える。サドラーズ・ウェルズ劇場において、観客である私たちは、舞台の暗闇の中に何かの気配を感じる。プロセニアムの向こう側はずいぶん奥行きがあるようだ。頭上のスポットライトがひとつ点き、放たれた白い光を受けて奇妙な生き物が暗い舞台に浮かびあがる。その生き物は長く艶やかな黒い馬の頭を持ち、耳を動かしながら、寒々しい光に照らされた人々を見る。頭の下にある体は人のものだ。裸で、筋骨たくましく、体毛に少し白い毛が混じっている。脚と足先は人のものではない。毛に覆われた太い脚と蹄がぼんやり見える。この生き物はケンタウロスである。ただし頭が馬で、体はサテュロスか野生人だ。ケンタウロスは、指を平らに大きく広げた両方の白い手を意味ありげに上げる。何かを話そうとしているのか、それとも懇願しようとしているのか。しかし、唇を動かして言葉を発することはなく、目の前で手を組み、立ったまま静かに目を閉じる。

二

ヴェルサイユ宮殿のバロック様式の兵舎が視界いっぱいに広がり、それに施されたくだらない金色の派手な装飾が、一一月の終わりの陰気な霧の中で光っていた。私は宮殿を背にして立ち、目の前の何もないアルム広場の先にあるグランド・エキュリとプティ・エキュリ、つまり大厩舎と小厩舎を見た。するとふたつの厩舎が私を見返した。私にはそれらが忠実な馬の間隔の広い目のように思えた。厩舎間を走るパリ通りは、馬の目の間にある幅広の白斑を思わせた。私は広場にある太陽王ルイ一四世の騎馬像ののった台座のわきを通りすぎた。王のまたがる銅製の悍馬の首は弓なりに曲がり、尾はリボンで結んであった。王の頭の上に一羽の鳩が背中を丸めてとまり、王は、右手にある小厩舎の方に片方の腕をのばしていた。私は左に曲がり、早朝から客待ちをする馬車のように並ぶ観光客用バスを横目に石畳の上を進み、ロケフェレ通りを渡り、表面のはがれた大厩舎の錬鉄製の門をくぐった。蹄鉄の形をした大厩舎は柱廊のある感じのよい建物だ。前庭の周りに車がとめてあり、その中央に長方形の浅い砂場が設けられている。二頭のポルトガル原産の馬が円を描くように砂場をゆっくり駆け、馬の湾曲した背中にまたがる騎手は、山頂に立つ旗竿のように背筋をまっすぐのばしていた。

砂場の後方に立つ大厩舎の扉は開いており、扉の上に三頭の石製の躍動する馬がいた。馬は口をあけ、ぎょろりと目をむいていた。人は乗っておらず、馬勒もついていなかったけれど――一頭の馬の背中に鳥の巣が鎮座していた。王の頭上にとまっていた鳩の巣だったのかもしれない。太陽王の時代には前庭に劇場が立っていたが、現在は、石の馬に守られた橙色のチケット売り場の裏手にある。私は一一月の三日間を劇場内で過ごした。稽古室や更衣室を訪ね、舞台裏の誰もいない階段を駆けおり、時には舞台の上をのんきに歩き――度々舞台のわきに立って騎手の演技を眺めた。

劇場は三つの場所からなっている。ひとつ目は前庭の砂場だ。ここで馬の調教が行われる。小高い場所に立つ半分がらんどうの宮殿からロケフェレ通りにやってくる観光客は、調教風景や神秘的な馬の姿、手綱と面繋と轡の構造に引きつけられる。ここでは知られざる騎手の世界を垣間見られる。騎手は「脚をのばし、深く座り、手を動かして」といった言葉を体の一部を使って互いに伝えあう。

橙色のチケット売場の左手に位置するアーチ形の石造りの出入口を抜けた先に、キャリエールと呼ばれるふたつ目の場所がある。ここは、並焼赤煉瓦と白っぽい石でできた建物に囲まれた砂場だ。砂場は敷石で縁取られている。砂は煉瓦色ではなく茶色がかった灰色で、雨が降ると所々がどろりとした状態になる。緑色の柱に取りつけられた投光照明灯の光が灰色の砂を照らす。カササギがゆったりとマンサード屋根に舞いあがる姿も見られる。南側の壁の中央に、二段構造になった両開きの木の扉がひとつある。扉に塗られた塗料に気泡が残っており、色が褪せているのでシラカバの幹のように見える。扉は三つ目の場所に続いている――この場所については後で述べようと思う。北側に位置するアーチ形の出入口はすべて煉瓦でふさいであるが、アーチの形が残っているから周囲の建物との調和が保たれている。東側の一段高くなった石畳のアーチ道には丸まったかんな屑が散らばり、アーチ道を抜けた先の人目につかない場所に、覆いつきの丸い囲いが設けられている。ヴェルサイユ宮殿側にあたる砂場の西側に、楽屋や稽古室のある三階建ての建物が立っている。建物の浅い木の階段は深緑色で、年季が入っており、深紅色のタイルが敷いてある。タイルは六角形でつるつるしている。階段を三階までのぼると、キャリエールと同じくらい長い部屋がある。むきだしの煉瓦壁のひとつは鏡で覆われ、鏡を二等分する位置にバレエの練習用の手すりが設置されている。背もたれのないふたつの低いソファーの片方は、チケット売場と同様に橙色をしており、もう片方はえび茶色だ。棚の上に、フェンシングの剣であるエペと、アーチェリーで用いる同心円が描かれた標的が置いてあり、扉の奥から女性の歌声が聞こえる。下の階に、キャリエールを見晴らせる白色の明るい事務所がある。蹄鉄形の大厩舎の表に面する細長い部屋は暖かみのある橙色だ。湾曲するその部屋から前庭越しにヴェルサイユ宮殿が望める。一階の談話室は、衣装用の棚が備えつけられた中二階から続く階段で区切られている。

　大厩舎を訪れた日、談話室は興味をそそる種々雑多なものであふれ、熱帯魚が泳ぐ大きな水槽だけがブクブク音を立てていた。女性の背丈ほどの長さがある、波打つような形状の弓と矢の入った箱が棚の上に置かれており、コルクボードには馬に乗る射手の写真が貼ってあった。机に予定表が散らばり、作業場に集められた革製品――手綱、紐、羊毛の裏地がついたブーツ――が迫力のある緑色の金属製ミシンの横に山と積まれ、緋色の馬乗り袴――キュロットに似た江戸時代の武士の衣装――が階段の裏側から吊りさげられ、扉わきの植物が植えられた鉢に赤い馬の頭の彫刻が施されていた。白い木の実の殻を思わせる椅子が白色の長いテーブルをとり囲み、一度抜いたコルクを差しこんだ赤ワインの瓶には中身がいっぱい残っており、ひとつの箱に即席麵が入っていた。厚みのあるキルト生地でできた鞍下パッドが暖房器の上にかけてあり、隣の部屋で洗濯機がうなりを上げていた。部屋の隅に置かれた画架に、馬を描いたパラパラ漫画が立てかけられており、不明瞭な文字か句読点にしか見えない馬たちが渦を巻くようにゆっくりと動いた。

三つ目の場所はマネージュと呼ばれる馬場で、中心となる部屋である。部屋の宮殿側に、ジッグラト（古代メソポタミアの階段状の大きな聖塔）を思わせる未加工のパイン材でできた階段がある。一一月の寒さの中で、木の柔らかなにおいがはっきりと感じられた。階段の踏み面に橙色の平らなパッドが敷いてあり、上方に五つのボックス席からなる列が二列ある。部屋の長辺側のふたつの壁に、表面の荒い木枠が施された大きな鏡が設置されており、鏡は互いの姿を無限に映しだしている。部屋の奥にも扉があり、壁にふたつの木製の馬の像――馬の体の前部と後部の像――があしらわれている。壁石はざらざらしていて、コンクリートで継ぎあわされた部分は、筋肉隆々のポルトガル原産の馬の素描で覆ってある。描かれた七頭の馬は輪になって回っている。そのうちの一頭は尻を私たちの方に向け、別の一頭は正面を向いている。馬の盛りあがる筋肉は、ダ・ヴィンチが描いた解剖図のそれを思いおこさせる。砂場はくぼみだらけで、上方に、畝模様のある厚いガラスでできた一五個の丸形のシャンデリアが下がっている。葉のような形をしたガラスは、木の梁が渡された丸天井に向かって弓なりにのびている。

キャリエールから声が響いてきた。昼下がりのお茶の時間だったけれど、すでに陽が陰り始めていた。ここでは私は日陰の存在なのだという気がした。いつまで経ってもギルデンスターン（シェイクスピアの『ハムレット』に登場するハムレットの学友）のような存在のままなのではないか。静かな大厩舎の中の物事は深遠だ。前庭で行われる調教のように人々の前にさらされる物事にも秘密めいたものを感じた。

私は厩へ向かった。

三

家畜馬は野生馬であるターパンやタヒとは違う馬だ。人はステップで捕まえた馬を囲いに入れて飼うようになってから、馬が意思と高い知能を有していることを知った。馬には人と似たところがある。馬も物事を記憶し、筋道を立てて考え、知識に基づいて決める。厄介なことに馬は言葉を持たないが、体を使って意思を伝えあえる。

馬は人の動作――意図的に、あるいは無意識に行う動作――に反応した。また、本能に従って行動した――その行動が人間のためになる場合もあれば、そうでない場合もある。馬に対する威圧や脅しが時には逆効果を生んだ。人は馬に銜をくわえさせ、拍車を当てながら走らせるうちに、馬はもっと色々なことができるのではないかと思うようになった。馬は賢いから可能なのではないか？　そして家畜馬に文化的なことを教え始め、馬は他の哺乳動物と一線を画する存在へと変わった――他の家畜やペットにはできないような複雑なことをするよう求められ、踊りさえした。

馬や調教についての初期の知識は二〇〇〇年以上にわたって語りつがれ、その後あるものは失われ、あるものは人々が新たに得た多くの知識の中に埋もれた。しかし、かつてどこかで活用されていた知識が文書に記されていれば、それについて知ることができる。戦車用の馬の調教についてヒッタイト語で書かれた一組の指南書が存在する。指南しているのはミタンニの調教師キックリだ。紀元前一三六〇年頃にアナトリアで作成されたこの書には調教方法がとても詳しく記してあり、この書に基づいて調教を行った二一世紀の調教師*もいる。ただし、ミタンニの人々が戦車用の馬に何よりも求めたのが速く走ることだった

* オーストラリアのアン・ニーランド博士は一九九三年に上梓した著書の中で、キックリの調教プログラムの実験的実施につい

からか、戦車を引くことに慣れさせる方法については何ら記されていない。

紀元前六世紀にイタリアの南部で暮らしていたシバリス人は、最初に洗練された調教方法を編みだした人々と見なされることが多い。アテナイオスによると、思慮が浅くて快楽を愛していた彼らは、横笛の音が鳴ったら跳ねるよう馬を仕込んだ。ある戦いでは、敵のクロトン軍兵士が横笛で曲を奏でたら、シバリス軍の馬が耳をぴんと立てて跳ね回ったので、騎手が次から次へと馬から落ちてしまった。シバリス人がどのようにして調教したのかは分からない。古代の文献は、おそらく誇張を交えて、軍がこうむった災難だけを伝えている。

馬は、人が槍を振り回しながら彼らの前に現れるはるか前から踊っていた。もちろん、自分にとって楽しく有益だったからだ。楽器が奏でる音ではなく、蹄が刻む拍子に合わせて勢いよく情熱的に踊った。雄馬は競争相手と戦うために、あるいは雌馬に求愛するために群れから離れる際、首を反らし、強く見せようと思って筋肉に力を込め――頭を上げて四肢を丸め――最後に決意を示すかのように尾を振りあげて四肢をのばし、競争相手のもとへ駆けていく。二頭の雄馬は甲高く鳴き、顎が胸につきそうなほど頭を垂れ、片方の前脚を上げ、背中の前部を前に向けた姿勢で威嚇し、相手が恐れをなして逃げるまで同様の動きを繰り返す。どちらも引かなければ本格的な喧嘩に発展する。他の馬も、二頭の雄馬を真似て脚を蹴りあげたり声高に鳴いたりしながら、たてがみを振り乱して元気よく駆け、戯れる。

捕まえたマスタングに五〇〇ドルの価値があると見積もったジョサイア・グレッグ一行と同様に、シバリス人も馬の優れた資質を自分たちのために活用できないだろうかと思ったに違いない。そして、活用方法を考えだしたのだろう――捕まえた馬に二〇ドルの価値しかないと後に知ったグレッグ一行は、活用方

て述べている。戦車が手に入らないため、彼女は自動車の窓から馬を引くよう提案している。

法を考えだしていない。馬の足の速さと俊敏さは戦いの際に、強さは重い荷物を運ぶ際に、持久力は長い距離を移動する際に活かせる。しかし、馬の調教に関する指南書の中でシバリス人が述べているのは、騎手の威信を高めるための踊りを馬に踊らせる方法だけである。

シバリス人が戦いに敗れてから一世紀も経たない頃、アテナイ人のシモンが馬の飼育と調教に関する指南書をものした。この有名な書は、歴史家クセノポンの『馬術について』の中で引用されている。アテナイの将軍であり、ソクラテスの弟子でもあったクセノポンの著書は三つ目の現存する指南書だ。シモンの指南書はほんの一部分しか残っていないが、その哲学はクセノポンの著書の中に取りいれられている。クセノポンの著書は二〇〇〇年にわたって、ヨーロッパにおける馬術の発展の基礎になった。

クセノポンが『馬術について』の中で示す方法は大半が実用的である。長年厳しい戦争に従事した彼ならではのものだ。彼は馬の選び方、飼い方、調教法、馬の戦支度の方法を教えてくれる。彼はあらゆるもの――坂、土手、溝、壁――をものともせず進む馬を望んだ。また、「ボルト」と呼ばれる巻乗りや直線を疾走させる「キャリア」といった柔軟運動を勧めている。このふたつの運動を組みあわせて行った後、楕円を描くように馬を進ませる。人々は、戦いの最中に要求される動きを馬に練習させた。広く自由な世界でまっすぐ駆けていた馬を統制された世界に連れてきて、幾何的な形を描くように駆けさせた。

『馬術について』を読むと、馬の家畜化が始まってから二〇〇〇年経った頃、馬を扱う人々――馬丁だけではない――がより知力を働かせるようになったことが分かる。兵士は戦場で能力を試された。戦場でとっさに馬の向きを変える際に馬から落ちないようにするには、並外れた身体能力が必要だった。クセノポンは『馬術について』の全編を通して、馬の気性について述べている。騎手はつねに馬の気持ちや反応に注意を払わなければならない。知性を有する馬に思慮深く接する必要があり、馬をいたずらに苛立たせたり、残酷に扱ったりしてはならない。

クセノポンは、ラッパの音や騎手の叫び声に馬が驚く場合があると強調している。馬が暴走している時に強引に手綱を引くと馬は止まらず——ただ手綱を引っぱり返す。個々の馬に応じて扱い方を変える必要がある。手綱、拍車、鞭は大いに使うべきだが、「のろまな馬」に対してはむやみに使わない方がいいし、繊細な馬が相手の場合は慎重さが必要だ。馬は人と同様に情操豊かで敏感な生き物である。アテナイ人のシモンはこう述べている。「馬が強制されて……わけも分からず行うことは、人が鞭と拍車を当てられながら踊る踊りと同様に美しくない」

クセノポンは、「意気盛ん」ではない落ちつきのある馬を軍馬として選ぶよう助言している。彼は意気盛んでありながら、繊細な馬——踊る馬——に最も興味があり、第一〇章と第一一章では、できるだけ自然に馬の意気を示させる方法について述べている。理想的な軍馬の育て方ではなく、戦勝パレード用の馬の育て方の説明に紙幅を割いている。

クセノポンはこれらの章において、馬が「他の馬に対してとる示威行動」——自由な馬の本能による踊り——と同様の動きを、人を乗せた馬に行わせるためになすべきことを指南している。正しく指示を与えれば「馬は胸を突きだし、前脚を高々と上げる……馬の心に火が点いた時点で手綱を緩めると、銜をくわえた馬は頭を自由に動かせるようになって喜び、堂々とした足取りで歩き、後脚で跳ねる」。この動きには、後に「収縮」と呼ばれるようになる動きが含まれている。このように動いている時、馬はヨーガにおける忘我の境地に似た状態にある。『馬術について』に書かれている一連の単純な指示を与えれば、馬をその状態に導ける。しかし、乗馬初心者が実行するのは難しい。パタンジャリが編纂したヨーガの経典の八階梯を新参のヨーガ行者が実践できないのと同じようなものだ。

クセノポンが二番目に挙げる戦勝パレード用の馬の動きは、この古の将軍の言うところの「馬がなしうる最も美しい動き」である。後脚を体下に踏みこみ、体の重心を後ろに移してから前脚を上げ、その姿勢を数秒間保つという舞踏のような制御された落ちつきのある動きだ。体の後部を荒々しく直立させるわけではない。

クセノポンが述べているように、「神や英雄の乗る馬は決まってこのような姿で描かれる」——王や英雄は馬の力を借りて、自分が雲の上の存在だということを改めて知らしめた。パルテノン神殿のフリーズに彫られた馬や、赤色や黒色の壺に描かれた馬は後脚を地面に着け、前脚を宙に蹴りあげており、「その姿を見た人々は一様に叫ぶ。自由で気合があり、乗りやすく、意気盛んで、才気に満ち、美しさと燃えるような激しさを併せ持つ馬だと」

以上のような動きを馬にさせるのは、人の注意を引き、馬と騎手を印象づけるためだ。光沢のある馬の背中は、宝石がちりばめられた剣や金製の胸当てと同様に人に輝きをもたらす。しかし、金製の胸当てをつけることは誰にでもできるが、誰もが勢いよく走ったり跳ねたりする馬を乗りこなせるわけではない。パレード用の見事な馬とともに人々に感銘を与え、威力を示すためには、富や権力ではなく馬に乗れる技量を持っていなければならない。意気盛んな馬を乗りこなせれば、うち負かした敵や同胞に存在感を見せつけることができる。

クセノポンやその他のギリシア人に続いて現れたローマ人は、軍事教練や見世物を組みあわせたパレードをした。彼らは戦いに大勝利した後や国の行事において、「トロイア・ルースス《トロイア遊戯》」——若者が幾つかの組に分かれて踊る複雑な舞踏で、ウェルギリウスは「偽の騎馬戦」と呼んでいる——を披露した。ローマの騎馬隊は、ふたつの組が鈍器で攻撃しあい、腕比べをする「ヒッピカ・ギュムナシア《騎馬演習》」を行った。戦場を想定した訓練であるこの演習には劇という側面もあり、それぞれの組の兵士は、古代ギリシア人やアマゾネス（ギリシア神話に登場する女性のみからなる勇猛な部族）といった歴史上あるいは神話上の人々の役を演じた。彼らは金箔や銀箔が施された光沢のある仮面と羽飾りをつけ、鍛造された金属製の「部族」の帽子やヘルムをかぶり、アルミニウスがローマ軍を撃滅したトイトブルク森の戦いなどを再現した。アルミニウスは、金ぴかの武具をつけたローマ軍兵士を相手にひるむことなく戦った。

馬も立派な鎧をつけた。ヒッピカ・ギュムナシアに関する微に入り細をうがった記述を残したアッリアノスによると、ローマ人はステップの遊牧民であるスキタイ人が馬の体の後部につける旗を借りた。「馬がじっと立っている時、様々な色の布を継ぎはぎした旗はだらりと垂れているが、馬が促されて走りだすや風をはらんでふくらみ、目もあやな旗はまるで生き物のように翻り、疾駆する馬が生みだす風をヒュンヒュンと切る音さえ立てる」。兵士にとって重責だったこの演習は格好のプロパガンダでもあり、ドイツから北アフリカまで広がる支配地域で披露された。

皇帝、将軍、総督、王を乗せてパレードをする馬は、石造りの戦勝記念塔や凱旋門に彫られている。踊る馬は古代の美術品に描かれており、文学作品には、生活のために命がけの離れ業を演じる旅回りの大道芸人に芸を仕込まれた馬などが時々登場する。ある少年馬丁は、コンスタンティノープルにあるヒッポドローム《馬術競技場》で駆ける馬の背中に立って槍を振り回した。パンアテナイア祭で使用された壺には、馬の背中の上で横笛の伴奏に合わせて踊る曲馬師が描かれており、『イリアス』にはこう書いてある。「馬術に長けた男はつないだ四頭の馬の上に乗り、公道を全速力で走る……馬から馬へひらりひらりとめどなく飛び移るが、疾駆する馬から落ちることはない」

馬の上で跳び、体の平衡を保ち、鞍から身を乗りだして地面から物を取るといった技やステップにおける戦いで用いられる技は、クセノポンや彼の著書の読者などの博学のエリートが行う馬術にひけを取らず、曲芸師などは技を口承で、あるいは見せて伝えた。彼らの技は人々を楽しませるためのものであり、ヒッピカ・ギュムナシアで演じられる劇のような威圧するためのものではない。革命や戦争、工業化が起きたにもかかわらず、貴人の武芸対庶民の演芸という構図は馬術の歴史を通じて変わらず、馬術を伝える人々の影響力は強まったり弱まったりした。馬と騎手の姿を良く見せたいというクセノポンの考えは馬術の根底に流れ続けている。

『馬術について』はすべての部分が失われずに残り、読みつがれた。最初はパピルスに書かれ、コンスタンティノープルやアレクサンドリアといった都市のギリシア人が羊皮紙に書き写した。伝わった先でラテン語やアラビア語に翻訳されることもあっただろう。経緯は明らかではないが、一五一六年に初めて、羊皮紙に書かれていた『馬術について』が紙に印刷された。場所はフィレンツェである。当時のフィレンツェには、この有名な書の中で述べられている考えを受けいれる雰囲気があった。

馬術の歴史に関して一般に言われることだが、クセノポンの著書はルネサンス期の温かく洗練された雰囲気の中で「再発見」され、彼の温かみのある馬術が蘇った。人々は時代に合うように紙に印刷した彼の著書を参考にしながら、粗雑で稚拙で残酷だと思われていた中世の馬の飼育方法や乗馬方法を見直した。習慣は変わりにくいけれど知識は伝播しやすい。祖母にある方法を教えようと思ったら、その方法をすでに祖母が知っていたということもある。

様々な文献が長く残り、各地に伝わっているが、ごく少数の人にしか読まれなかったものもある。クセノポンや彼と同時代の騎手が持っていた実用的な知識は、羊皮紙をはじめとする複数の媒体を通して――クセノポンが説いた方法を他の人々も提唱した――多くの騎手に伝わった。その中には、伝わった先ですでに知られていたものもあり、新しい知識として取りいれられたものもある。馬は安い代物ではなく、いい加減に調教すると経済的にも肉体的にも苦しむ羽目に陥りかねないから、馬術に関する文献を読むのが面倒だという騎手は調教師を雇った。

帝国や騎兵隊、商人、移住者は知識の伝播に一役買った。彼らは世界の各地で時にはすれ違い、時には交わった。まるではりめぐらされた運河を行き交うように、知識は馬や人とともに行き交い、方法が確立し、訓練が発展し、多様な文化が生まれた。ギリシアとマケドニアの騎兵隊はスペイン、インド、エジプトとリビアの北岸まで遠征し、ローマ人はスコットランドからバビロン、スーダン、イベリア半島にあるヘラクレスの柱までヒッピカ・ギュムナシアを披露しながら進んだ。ローマ帝国の領土だったアナトリアなどの地中海沿岸地域を支配した東ローマ帝国は、図書館が所蔵する馬の飼育法に関する古今の文献を守り、東ローマ帝国が滅亡すると、学者が『馬術について』を携えて西方のイタリアへ向かった。

ヨーロッパでは、カロリング朝期の騎馬競技会や模擬戦争において勇壮なヒッピカ・ギュムナシアが披露されるようになり、それが発展して、一二世紀におなじみの華麗な馬上試合となった。レヴァントでは、テュルク系民族やアラブ人、ペルシア人から影響を受けながら、技巧が駆使されるフルシヤへと姿を変えた。この地域では、イスラム世界のカリフやスルタンのもとでマムルーク朝の騎兵が自分の地位を上げ、中東やインド、エジプトを支配すべく遠征に乗りだした十字軍やモンゴル軍からの攻撃に耐えていた。彼らはヒッピカ・ギュムナシアで用いられる銀色の仮面をつけず、土地の軍隊の戦術を取りいれてフルシヤ――ポロの要素を含む軍事競技で、槍や剣、弓が用いられた――を行うようになった。コンスタンティノープルでは、ヒッポドロームがあった場所に建設された競技場でフルシヤが披露された。かつて少年馬丁が疾駆する馬の背中に立つという技を見せた場所である。

戦場で相まみえたレヴァントの騎兵とヨーロッパの十字軍騎兵は同様の精神を持ち——馬はアラビア語ではファラス、フランス語ではシュヴァルと呼ばれ、フルシヤとシュヴァリエ《騎士》という言葉は馬術の意味を含む——その精神から、良き騎兵になるために守るべき行動規範が生まれた。しかし、それは理想化されたものであり、めったに守られなかった。イスラム黄金時代のイスラム教圏の騎兵やキリスト教圏の騎兵は、ギリシアやローマの騎兵と同様に、シュヴァリエ、カヴァリエーレ、カバジェロ、リッター、カヴァレイロなどと呼ばれた。

北アフリカのベルベル人とアラブ人はイベリア半島に度々侵入し、その際、初期のアラブ人の馬術が取りいれられたフルシヤと小型のバルブ種の馬、ベルベル人の馬術を伝えた。スペインの人々はフルシヤに熱狂した。一三九〇年、カスティリャ王国のファン一世はフルシヤに似た競技で命を落としている。彼をとり囲む騎手はアラブ人の民族衣装をまとっていた。後にフルシヤはイベリア半島の貴族が催す騎馬闘牛と融合した。騎馬闘牛は、ローマの円形闘技場で行われていた剣闘士と猛獣の決闘から発展したものである。

馬術に関する文献も同様に伝わった。一一八五年、フルシヤについて書かれた九世紀の書がスペインにもたらされた。著者は、アッバース朝期に現在のイラクにあたる地域で主馬頭を務めたイブン・アヒ・ヒザムである。カラブリア出身のジョルダーノ・ルッフォは、ビザンティウム、北アフリカのイスラム教徒、ノルマン人から次々に影響を受けたシチリア島で執筆した『馬の飼育』の中で、馬を冷静に優しく扱い、馬が快く感じるように銜を蜂蜜に漬けるよう助言している。また、固い地面の上でトロットを練習するよう勧めているが、これは賢明な助言とは言えない。馬が腱を痛めるおそれがあるからだ。ポルトガル王ドゥアルテ一世は一四三四年、『各々の鞍にまたがり上手に操る方法を説く書』を著した。彼は、論理的に考え、知識を増やし、意志を強くし、訓練し、そして何よりもまず馬に対する感受性を高めることによって、乗馬に対する生来の恐怖心を克服できると述べている。

ルネサンスが起こるずっと以前からかなり進んだ調教が行われていたことが、数々の証拠から明らかになっている。東ゴート族の王トティラは戦いに先立ち、部隊を鼓舞するために、キャンターで円を描くように大きな馬を走らせつつ、手綱を交互に使いながら、投げ槍を右手から左手に、左手から右手にという具合に投げた。プロコピウスによると、「まるで幼い頃から正確に踊りを仕込まれた人のようだった」

中世の軍馬は、戦場で身を守る動きができるように訓練を受けた。イギリスで一四世紀に作られた『ラトレル詩篇』に、一頭の葦毛の馬が描かれている。馬は必死の形相で四肢を宙に浮かせ、後方の調教師を蹴ろうとしている。調教師は剣を振りあげながら小さな丸盾でかわしている。マムルーク朝の馬は、騎手が落とした武器を拾いあげた。あるフランスの詩に登場する騎士は、美しい女性が彼のために「跳ね、回転し、向きを変える」という動きを馬にさせたことを知り、喜びを露わにする。

イベリア半島の騎手は、征服者であるベルベル人から影響を受けた。ベルベル人が伝えたジネタという馬術の方式を用いると、戦闘中に馬を速く走らせ、素早く操ることができた。ラ・ブリダという方式は、一般的に鎧をつけた重装騎兵に用いられた。ベルベル人の中には、両手に武器を持ち、手綱をほとんど使わずに馬を操りながら戦う人もいたようだ。ジネタは騎馬闘牛に向いていた。ドゥアルテ一世は、闘牛における慣習を成文化しようと試みている。歴史家カルロス・ペレイラによると、闘牛は、単に腕力を用いる競技から馬術などの技を用いる競技へと変化した。ドゥアルテ一世は牛の肩の中央に刃をつき刺すよう命じた――そのため、指示通りに牛に接近する従順さと、傷を負わされた牛が反撃してきた場合に即座に離れられる俊敏さを備えた馬が必要だった。初の馬に関する印刷書籍は、一四九五年にイタリアではなくスペインで出版されている。アラゴン王アルフォンソ五世の命により、マヌエル・ディアスがムーア人のもたらした文献を土台にして著した『馬の飼育書』である。

競技や馬術、文献、騎手は世界各地に移動し、それらと一緒に軍馬や戦勝パレード用の馬も移動した。一四四三年、アルフォンソ五世は、シチリア島を経由してナポリに入城した際に催した戦勝パレードでとびきり立派な四頭の馬に戦車を引かせた。イベリア半島原産の馬は優秀な子孫を残す馬として扱われ、ルネサンスが始まるはるか前から、外交上の贈り物としてとりわけ重用された。クセノポンが称賛した軍馬の血を引く彼らは力が強く敏捷で、たてがみと丸みのある胴体と立派な脚を持っていた。ユーラシア大陸のステップに住んでいたターパンやタヒとは違い、完新世になってからイベリア半島に住み始め、やがて絶滅した「羊頭」を持つ野生馬の血を引いていると主張する人もいる。紀元一〇〇〇年までにイベリア半島にやってきたムーア人は彼らを礼賛し、北アフリカに幾頭も連れて帰った。だから、彼らはバルブ種の誕生に影響を与えたのかもしれない――そうでないかもしれない。彼らのＤＮＡには様々な種のＤＮＡが混ざっている。

イベリア半島原産の馬は踊るよう育てられた。背はそれほど高くなく、小型でがっしりした体格をしており、収縮を交えながら「堂々とした足取りで歩き、後脚で跳ねあがった」。後脚だけで立つという姿勢もとり、「神や英雄の乗る馬は決まってこのような姿で描かれた」。ルネサンス期のある馬術師によると、馬は「地面すれすれまで」胴体を下げた。南北戦争で将軍を務めたイギリスのニューカッスル公爵は、彼が所有するスペイン原産の馬のうちの一頭に乗ったら、馬がくるくる回ったので「すっかり目を回してしまい、鞍から落ちそうになった」。彼はこう語っている。「私の馬はこの上なく賢い。不思議なくらい賢い。想像もおよばないほどだ」

ハプスブルク家の人々と同様に――彼らよりは良い形で――イベリア半島原産の馬やバルブ種の馬はヨーロッパ中の王族や貴族のもとへ向かわされた。その優秀な血は、有名なマントヴァ原産の馬やコンヴェルサーノ伯が育成したネアポリタン種、ウィーン原産のリピッツァナー種、低地帯諸国原産の黒いフリージアン種、デンマーク原産のフレデリクスボー種、チェコ原産の斑点模様を持つクラドルーバー種、そしておそらく、「王室の雌馬」を東洋原産の種馬*と掛けあわせて作出されたイギリスのサラブレッドに流れている。

四

私は、ヴェルサイユ宮殿の大厩舎内にある人気《ひとけ》のないキャリエールとマネージュの中を見て回った。かつて大厩舎にはイベリア半島原産の馬とバルブ種の馬も飼われており、他の意気盛んな馬――狩猟場での鹿狩り用の馬としてイギリスから連れてこられたサラブレッドやラッパが鳴ると体をこわばらせる胸幅の広い軍馬――と同様にいつも王のそばにいた。現在は事務所などとして使われている小厩舎――ここでは馬車馬や北ヨーロッパからやってきた冷静でずんぐりした荷馬が飼われていた――は大厩舎よりも格下だが、大きさはさほど変わらない。

宮殿内にある重々しい金色の額縁に収められた大きな絵に、イベリア半島原産の馬が跳ね回る姿が描か

* イベリア半島原産の馬は、スペイン原産のアンダルシア馬(PRE)とポルトガル原産のルシターノ種に分類される。両者は二〇世紀まで同じ種類の馬だと考えられていた。

れている。街の広場や公園には、王を乗せた彼らの姿をかたどった像が立っている。五〇〇年前の書に掲載されている版画の中の彼らは、前脚をきれいに曲げ、後脚を水平に伸ばして駆けている。まるで紐のついた風船のように体が宙に浮いている。編まれてリボンで結ばれた、あるいは色とりどりの絹製の飾りがつけられたたてがみは騎手の豪華なかつらに似ている。鞍に金襴が敷かれ、ヴェルサイユ宮殿でとくに大切にされた馬は金製の馬勒をつけ、他の馬は銀製の馬勒をつけた。被毛は葦毛、雑色、斑模様、クリーム色、鹿毛、黒色で、ケルベロ、グランディッシモ、ラ・ムール、クリオーゾといった名で呼ばれた。小型で立派な兎頭を持ち、目は大きく、しばしば芸術的な動きを見せ、王族や貴族は鷹揚な調子で馬を操縦した。彼らが鞭を高々と振りあげる姿は、合奏を指揮する姿や王笏を掲げる姿に似ている。

太陽王のひ孫であるルイ一五世の時代、ふたつの厩舎に合わせて一七〇〇頭の馬がおり——大厩舎では七八五頭が飼われていた——二〇〇〇人を超える人々が世話にあたっていた。馬は、壁から突きでた格好の石製のかいば桶につながれた状態で並んで立ち、彼らの臀部は柱で守られていた。かつてヴェルサイユ宮殿のロココ調の廊下は、王に近づこうと野心を燃やす人々で奥まった場所まであふれ、荘重な厩舎——シャム王国の大使はこのような建物が馬だけのために建てられたことに感銘を受けた——は馬でいっぱいだった。ひしめきあうように並ぶ馬は互いに蹴ったり嚙んだりしながら、王のご機嫌取りも顔負けのかけひきを繰り広げていたのだろう。

私が前庭のある古い大厩舎を訪れたのは一一月である。その頃、大厩舎には四三頭の馬が住んでおり、そのうちの半分は種馬で、もう半分は去勢馬だった。マホガニーでできた湾曲した馬房は、キャリエールの東側と北側にあるふたつの廊下に面して並んでいる。廊下は直角に交わり、天井が高くて陽当たりがいい。馬房にあるかいば桶は、昔と変わらず壁から突きでた格好のままだった——一八世紀にはそれを二頭の馬が使っていた。馬房の床にくすんだえび茶色の煉瓦が敷かれ、紋章が施された錬鉄製の古い張りだし棚からランプがぶらさがり、扉の上方に設置された近代的な照明灯は、まるでユニコーンの螺旋形の角のように柱から突きでていた。キャリエールの古色蒼然とした趣が馬房にも感じられた。表面の剝がれた木製の羽目板、薄い鳶色のかんな屑、クモの巣がかかった白色の石壁。マホガニーは、一〇年の間に馬の蹄や歯によって傷つけられた。眩いほどに華やかに飾りたてられたヴェルサイユ宮殿とは違い、馬房にはほのぼのとした雰囲気が漂っていた。厩舎にいるのは私とひとりの馬丁だけだった。彼は馬房が並ぶ廊下の先で、糞をのせた手押し車を押していた。私は馬に自己紹介した。

馬房の中の馬は、前面に設けられた木製の格子によって物見高い観光客や他の馬から守られていた。格子に四角い穴があいており、その下にさげてある黒板に記された記録に従って毎日きっちり三回、穴から餌が投入される。べつに驚くことではないけれど、馬は穴から入ってくるものに対して好意を示した。私は懺悔室の小窓を思わせる穴から、サファイア色の目を持つクリーム色の馬に話しかけた。ウッチェロという名のルシターノ種の馬である。

ウッチェロは、画家パオロ・ウッチェロの『サン・ロマーノの戦い』に描かれている一頭のずんぐりした馬——小型でがっしりした体格で、白バラの茂みと黒っぽく描かれた騎士を背景にして前脚を高く上げ、その下には鉄兜がうち捨てられ、折れた槍が散らばっている——にそっくりだった。マホガニーできた馬房の中に立つヴェルサイユのウッチェロは、ポニーのようにとても小さく見えた。彼が羊頭をそろそろと傾け、むき出しの桃色の鼻づらを穴から出したので、私は片方の鼻孔に触りながら皮膚の様子を観察した。彼は私の手のひらと同じくらいの大きさまで鼻孔を広げ、私が食べ物を持っているかどうか唇で確かめた。私は何も持っていなかった。でも彼は鼻のわきと頰を撫でさせてくれた。そして金属製の扉のふちに置いていた私の手に顎をのせた。

普通、馬の感情は耳によく表れるが、ヴェルサイユの馬の感情は鼻孔や鼻づらにもよく表れた。画家は時に、表情に乏しくて多くを語らない馬の顔に人のような表情を与える。バロック様式のヴェルサイユ宮殿の厩舎に住む、スペイン原産の馬の血を引く馬――ルシターノ種、リピッツァナー種、クラドルーバー種、フレデリクスボー種の馬――の顔にも表情があった。美しさ以上に顔の表情の豊かさが魅力的な古の俳優を思わせた。人が額に皺を寄せるように鼻づらに皺を寄せ、人が手で物をつかむように唇でつかんだ。彼らは他の動物よりも、人と動物が理解しあうために両者の間にかけられた橋を渡ろうと努力しているように見えた。

一般的に馬の虹彩はこげ茶色で瞳孔は黒色だから、近くで見ないと境が分からない。桃色の肌とクレメロという淡いクリーム色の毛色を持つウッチェロの虹彩は水色で、瞳孔は暗い青色だった。そのため彼の顔には人の顔に似た雰囲気があった。クレメロの馬は家畜化が始まった後に現れた馬のひとつである――クレメロの馬やバックスキン、スモーキーブラック、月毛の馬は家畜化の初期段階ですでに囲いの中を駆けていた。それから数千年後、クリーム色の馬はヨーロッパの王族と結びついた。ハノーファー選帝侯はヘレンハウゼン王宮で、輸入したスペイン原産の馬を改良して赤い目をしたクリーム色の馬を作りだし、式典で馬車を引かせた。ナポレオンは自分の戴冠式を祝うパレードで使うために、首の太いクリーム色の馬を八頭手に入れた。これらの馬はパリにおいて、古代ローマ軍の兜と同様に大きな羽飾りをつけられ、三二の金色の馬車によるパレードを先導した。トルストイによると、ナポレオンはロシア征服を夢見ながらクレメロの馬に乗ってモスクワに侵攻した。一八三〇年の七月革命が終息した頃、彼のクレメロの馬のうちの一頭はまだヴェルサイユ宮殿の厩舎に住んでおり、「ナポレオンのお気にいり」と呼ばれていたが、後に下層階級の家族[*]に売り払われた。

ヴェルサイユ宮殿の厩舎には、桃色の目をしたナポレオンのクレメロの馬と同じ毛色を持つルシターノ種が二〇頭いた。ウッチェロはそのうちの一頭である。彼らは三つのバレエ団のうちのひとつを構成していた。一〇年にわたってパフォーマンスを続ける馬もいれば、バレエ団に加わったばかりの馬もおり、若い新参の馬のたてがみは士官候補生の髪のように短く刈ってあった。イベリア半島では、低木の多い放牧地で飼われる馬はたてがみと尾毛を短く刈られた。低木の小枝や棘に毛が絡まるからだ。ウッチェロは大人だが、ヴェルサイユ宮殿に来てから数か月しか経っていなかった。クリーム色のジェリコーやマティス、クォーターホース種の葦毛のポロックと同じように、ウッチェロも画家の名をとって命名された。

一頭の馬――たしかジェリコーかマティスかポロックだったと思う――が小さな自動給水器から水を飲むと、音を立てながらパイプの中を通ってきた水がちょろちょろ流れでて、再び器に水が溜まった。ゆったりした調子で鼻を鳴らす音と臼歯をこすりあわせる音が聞こえた。馬房の上の部分に塗られた化粧漆喰は埃をかぶり、スーラージュ[†]は目を半ば閉じてうとうとしていた。彼は黒色のルシターノ種で、大きく、週に二回独演した。もう一頭の独演する馬レ・カラヴァッジョは馬房の床の上で丸くなっていた。斑模様のあるバックスキンの被毛は、彼が名をもらった画家カラヴァッジョの陰影法を用いた絵のように、明暗がはっきりしていた。彼は、厚くて柔らかなかんな屑の寝床に顎をぴったりつけていた。

---

* イギリス王室は「ハノーヴァー家のクリーム色の馬」を所有していた。そのうちの一頭であるジョージ三世のアドニスという名の馬は、画家ジェームズ・ウォードによって描かれ、不滅の存在になった。飼育費用があまりにも高額だったため、王室は彼らを一九二一年の式典で使った後、手放した。その後彼らはサーカス団やゴルフクラブ、農場で働き、連隊のドラムを運んだ。スペイン王の馬となったものもいる。

† ピエール・スーラージュは、「黒の画家」と呼ばれるフランスの有名な画家である。

馬への配慮がいき届いていた。馬勒は金製ではなく、馬にとってより良いものが使われていた。馬はいつも同じ仲間と一緒に厩舎で暮らし、マネージュで踊り、トラックに乗る。馬丁長のフィリップは頭の丸い老人だ。競馬好きで、銀色の密なチェーンネックレスをつけていた。彼は私が馬に会う前に、馬が必要としている物事について一通り教えてくれた。「一頭たりとも同じ馬はいないよ。皆それぞれがちょっとした嗜好や習慣を持っているのさ。そしてちょっとした痛みや疲れを感じている」。アルルカンは移動を嫌う――ポルトガルからの旅が神経にひどくこたえたらしく、トラックの走る音を聞くだけで緊張する。アダージョは馬衣をつけようとしない。「馬丁は馬の気持ちを理解し、想像し、馬の身になって考えようと努めているんだ」。私は「馬はここの王様ですね」と言った。その時私は、厩舎の新しいロゴに描かれている馬のことを考えていた。その馬のたてがみは燃えあがる太陽の炎さながらに広がっている。私には馬が太陽王にとって代わったように思えた。「まったくだ!」とフィリップが叫んだ。

　フィリップによると、馬はいつも聞いている騎手の声がしない状況にある時だけ完全にリラックスする。人気のない厩舎は、瞑想のような静けさに包まれていた。一頭の馬の腹がゴロゴロ鳴り、煉瓦張りの丸天井とマホガニーの湾曲部と煉瓦敷きの床に反響した。すると別の馬も腹を鳴らし、こだまのような小さないなきを上げた。私は馬の視線を受けながら、ゆっくりと前を通りすぎた。

　別の廊下に、第二級バレエ団を構成する七頭の馬がいた。征服者が持ちこんだ馬の血を引く、小型で扱いやすいアルゼンチン原産のクリオージョ種である。鳩やロバのように灰色だが、黒色やこげ茶色、白色がターナーの絵のように溶けあい、平行に並ぶ鼻の骨が浮きでた部分は白色がかったチャコールグレーだった。細かな毛の生えた耳に黒い横線が入っている馬――祖先の野生馬の形質を色濃く残す馬――もおり、尾毛は短く切ってあった。彼らは性質を表す名――ネルヴー、キュリユー、イントレピード、ドルムー――を持っていた。

青い防水布が使われた急ごしらえの厩が中庭に立っていた。その中で三つ目のバレエ団を構成する七頭の馬がうたた寝してした。ターパンのような毛色をした小型のソライア種である。黒色やクリーム色のたてがみを持ち、脇腹に斑模様、脚にシマウマのような縞模様があり、クリオージョ種よりもさらに原始的な馬に近い姿をしていた。ポルトガルのソライア川のほとりに住んでいた小さくて丈夫な彼らの遠い祖先は、ルシターノ種の祖先あるいは類縁でもある。ヴェルサイユ宮殿において彼らは惑星にちなんだ名――メルキュール、プリュトン、サチュルヌ――で呼ばれており、クリーム色の馬とは違って私に興味を示さなかった。

大きな扉を抜けて主廊下に戻り、再びウッチェロに話しかけた。すると信頼した様子で鼻づらを寄せてきたので、私はでこぼこのない丸みを帯びた頬を優しく掻きながら、低い声でたわいない話をした。ウッチェロと私を見つめていた若いクリーム色の馬が耳をぴんと立て、長い鼻を馬房の格子に押しつけた。私たちは一緒に騎手を待った。

五

ごく当たり前のことだが、きちんと訓練された馬は騎手の威信を失墜させるようなことをしない。クセノポンの言うところの害のない馬である。一方、「従順さに欠ける馬は役に立たないばかりか、度々ひどい裏切りを働く」。ヒッピカ・ギュムナシアやフルシヤなどでは軍事力を示す役割も果たした。ルネサンス期には馬術がいっそう複雑で高度になり、クセノポンの精神、ジネタ、フルシヤ、バルブ種、スペイン原産の馬などの重要性が増した。

ルネサンス期の王は、かつて黄金時代を築いた君主たちの威光を借りて自分の存在を誇示し、学者や作家、画家は、パトロンになってくれた王をギリシアやローマの神、神話、英雄と結びつけた。この時期の文化運動において馬術は芸術と見なされ、一段と華やかになった。ルネサンス期の有力者は馬術師を庇護した。馬術師は世界人――渡り歩く馬術の先生――であり、高貴な生まれの馬術師もそうでない馬術師もヨーロッパを回って各国の王室と関係を築いた。多くの場合、彼らは門弟である有力者の子供や親類と近しくなり、ひよっこの門弟に技を伝授した。

『宮廷人』を著し、王子の育成における泰斗となったカスティリオーネはこう強調している。「若者は馬を乗りこなす必要がある。良い馬乗りは……馬上において機敏である」。彼が何よりも望んだのはスプレッツァトゥーラだ。スプレッツァトゥーラは「技巧を露ほども感じさせず、難なく、ほとんど無意識のうちにすべての言動をなしたかのように見せる、ある種のさりげなさ」である。騎手は馬場で体をほとんど動かさずに、馬とともにさりげなく美技を見せなければならなかった。

パレード用の馬の新しい動きについて書かれた書がルネサンス期に幾冊か出版された。その先駆けとなったのは、一五五〇年にナポリ出身のフェデリコ・グリゾーネがイタリアで発表した『乗馬教則』である。この書は後にフランス、ドイツ、スペイン、イギリスで翻訳され――盗用された。グリゾーネのもとで、馬はクセノポンが勧めたキャリアやボルトなどを含む動きをした。例えば、まず円と八の字を描くように動いてから直線上を走り、直線の端まで行くと四肢を体下に踏みこみ、ニューカッスル公爵にめまいを起こさせたスペイン原産の馬のようにくるりと回る。単純に楕円形に走るだけでなく、三つ葉の形を描く動きや蛇行する動きといった装飾庭園のような複雑で形式ばった動きもするようになった。

クセノポンはパレード用の馬に高く跳ねさせながら進ませた。この動きはゆっくりと進むトロットであるパッサージュへと変化し、後脚で立つという「馬がなしうる最も美しい動き」はルバード*になった。直線上を走った馬が端で向きを変える際にこの動きをすることもあった。様々な動きが編みだされ、組みあわされた。その中に、軽やかに地面を蹴って跳ねながら進む「地の上の空中」と呼ばれるものが幾つかある。「地の上の空中」の大半に、人が踊る踊りの名がつけられた。ルネサンス期の人々は、洗練された馬が踊ることをより強く望むようになった。

イタリアの男性はガイヤルドを踊る時、一連の動きの最後に跳躍し、馬はガロッポ・ガリアルド《力強いギャロップ》で進み、最後にキャンターで跳ねるように進みながら後脚を蹴りあげた。「ヤギのステップ」と呼ばれるカプリオールでは、騎手は跳躍しながら脚を広げ、それを閉じて再び広げるという動きをできるだけ多く行う。馬は後脚で地面を力強く蹴って跳躍し、しばらくペガサスのように四肢を完全に宙に浮かせる。『ラトレル詩篇』に描かれている軍馬の動きと同じようなものだろう。騎手と馬はサルト《跳躍》やボルタ《回転》、チャンベッタも行った。歴史家ジョヴァンニ・バッティスタ・トマッシーニによると、チャンベッタは現在スパニッシュウォークと呼ばれる動きと同じものだ。馬は前脚を顎の高さくらいまで交互に上げながらゆっくりと進む——野生の雄馬が競争相手を威嚇する姿にどこか似ている。

グリゾーネの同時代人チェーザレ・フィアスキーが著した馬術指南書には——馬の動きのテンポに合わせながら——掛け声を発するよう書いてある。掲載された楽譜のそばに、馬と騎手が線の上を進む姿が小さく描かれている。騎手は、例えば馬が一歩進むたびに「あー！　あー！」と声を上げ、馬が空中に跳ね

＊　読者の混乱を避けるために、時代とともに変化した動きの複数の名称の記載を省略した。動きの中には、まったくの別物になったものもある。

あがる際に「あい」と叫んだ。

活版印刷術の発明後、ヨーロッパでは数世紀の間に数多くの馬術指南書が出版された。それらの題名は、熟達や貴族的な優雅さを表す凝ったものが多い。グリゾーネの著書の題名にはオルディニ《教則》という言葉が使われている。馬のラ・グロリア《栄光》、乗馬のクンスト《技》、コン・グラシア・イ・エルモスラ《上品に美しく》、ル・パルフェ・マレシャル《完璧な元帥》によって達せられる完璧さといった言葉も使われている。マレシャル《mareschal》（「雌馬《mare》」を意味するフランスの古語に由来する）という言葉はシュヴァリエ《騎士》、リッター《騎士》、エクエリー《主馬頭》と同様に馬と関係がある。

世帯という概念から派生したマネッジョという言葉が新しい馬術を表す言葉として使われるようになり、富貴な人々は馬術学校——マネッジやスクオーレ——を柱廊のある自宅の庭園や室内に設け、中世には馬上槍試合場や馬場に屋根をかけ、人が一日かけて稼いだお金を一日で食い潰す馬を共有地ではなく厩で飼うようになった。仕切りのある洗練された場所に馬を入れたのだ。

馬術師とパトロンを軸とする馬術学校は、馬術を教えるためだけの場所ではなく、プラトンがアテナイに開いた学校アカデメイアから発想された「アカデミー」だった。アリストテレスもオリーブの林のあるアカデメイアで学んでいる。馬術を学ぶ人々はアカデミーに住み、仲間と交わり、同盟を結んだ。彼らの中には後に宮廷の住人となった人もいただろう。彼らは馬術の訓練と教育を受け、馬術を通じて洗練された。

一五九四年、アントワーヌ・ド・プリュヴィネル・ド・ラ・ボームというフランス人が新しく建てられたパリのテュイルリー宮殿のそばに馬術学校を開いた。この宮殿は、アンリ二世亡き後、王妃カトリーヌ・ド・メディシスの命により建造された。アンリ二世は馬上試合で落命した。飛んできた槍の破片が突きささったことが原因である。この悲劇により、中世の馬上試合は終焉に向かい始めた。王子や王は大切な存在だから、盾に当たって砕けた槍の破片が飛びかう試合や、剣を抜いた者が入りまじる乱戦に加わるべきではないと人々は考えるようになった。ローマ教皇は闘牛――当時のスペインの王室にとって大切な競技――を禁止した。ある競技において、槍を持って牛と戦った若い貴族の多くが亡くなったからだ。その後、宮殿の壁のそばに立つ学校で、王の庇護を受けながらプリュヴィネルが行う訓練に関心が集まった。

プリュヴィネルは貴族の生まれではない。彼はイタリアのナポリに赴き、ジョヴァンニ・バッティスタ・ピニャテッリのもとで六年間馬術を学び、その後アンリ二世の息子であるアンジュー公の庇護を受けた。アンジュー公は兄の死によって国王アンリ三世となった。当時は王の交代や暗殺、内戦が起こった。王が暗殺されたり子を残さずに死んだりすれば王位継承争いが勃発した。そんな不穏な時代に、プリュヴィネルは王族のそばで生きのびた。彼は、アンリ三世の義兄弟にあたるアンリ四世から、後にルイ一三世となる息子――太陽王ルイ一四世の父親――の養育を託された。王の息子のスー・グーヴェルヌール《父親代わり》になったのだ。

アントワーヌ・ド・プリュヴィネルはアカデミーを設立した後、ヴェルサイユの学校と称されるようになる学校を開いた。その頃、ヴェルサイユは小さな村にすぎず、王室にとって縁もゆかりもない土地だった。一五九四年当時はまだ内戦中で、数十年にわたって混乱と派閥争いが続いていたが、プリュヴィネルの学校は貴族に戦い方を教えることではなく、貴族同士の仲間意識を育むことを目的としていた。プリュヴィネルのもとで、フランスをはじめとするヨーロッパ各国の青年貴族がフェンシングや軍事史、舞踊、歴史、政治を学び、カスティリオーネの理想を正しく受けつぐために肩を並べて馬術訓練に勤しんだ。一世紀も経たないうちに、フランス、とくにパリの馬術学校はイタリアのそれにとって代わり、ヨーロッパの貴族にとっての理想的なフィニッシング・スクールになった。

プリュヴィネルは『乗馬の練習において王に教えたこと』を著した。王太子ルイの教育について問答風に記した書で、クリスピン・ド・パスによる幾つもの版画挿絵が入っている。プリュヴィネルは一六二〇年に亡くなり、その四年後に出版された。プリュヴィネルは、彼が影響を受けた人物であるクセノポンと同様に、馬は心持ちが悪い時はマネージュで美しく動かないと思っていた。馬の好意は果樹の花のかおりのように儚く、それゆえ、すなおに従えば優しくされるということを学ばせなければならないと彼は記している。

パスの版画に描かれているプリュヴィネルは少しばかり野性味を感じさせる。房状になった髪が広がり、顎と鼻と目はバロック系の馬のそれのように目立っている。対話に加わった彼の助手ムッシュ・ル・グランは、馬の目をまっすぐ見て性格を知り、それぞれの馬の個性を重視しなければならないと語っている。彼によると、ラ・ボニットと呼ばれる鹿毛のバルブ種の馬は繊細で、ラ・ボニットには何ひとつ仕込めないと馬術師は口々に言ったが、後に「シェ・ドゥーヴル《傑作》」として王に献上された。プリュヴィネルはこの馬の銜を絹紐に変え、馬をなだめ、前脚を上げるレヴァードと後脚で空中に跳ねあがるクルベットを演じさせた。クルベットは「小さなカラス」と呼ばれていた。

パスの複数の版画にラ・ボニットが描かれている。その後方にあるプリュヴィネルのパリのアカデミーには、列柱、アテナイのオリーブ林を思わせる木々、校舎が立っている。ひとりの人物の指示に従ってレヴァードあるいはクルベットをする馬を幾人かの男性が眺めながら論じあっている。ラ・ボニットは飛節の部分が毛深く、巻いた尾毛は束ねられていない。胴体の筋肉は固くなっており、耳は尖っている。彼はパッサージュをしている。馬丁がそれを感嘆して眺めている。一本の柱のそばを回るラ・ボニットを王太子が腰かけて見つめる様子を描いた版画もある。コリント式の列柱に馬勒がかけてあり、他の馬は馬衣やフード、目隠しをつけて近くで待機している。目隠しされていない馬は人と同様に眺め――学んでいる。少年が予備の鞭を持ってそばに控え、騎手は、フィアスキーの指南書に描かれている騎手と同じように鞭を振りあげている。馬から下り、飛節に鞭を軽く当てて合図する人もいる。少年は後に、ヨーロッパ各国の王室にプリュヴィネルの馬術を伝えたのかもしれない。プリュヴィネルの学校は、厩と宮廷の間に位置する文明化された場所であり、王太子が言うように、馬はここで「ものの道理を知る」

プリュヴィネルは昔ながらの馬上試合や槍試合も馬にさせた。でもそれは「すばらしい跳躍と歩行がすべて見事に調和した動きから馬をしばらく解放する」ためである。軍馬は基本的な走り方と単純な方向転換ができさえすればいい――クセノポンが記しているように跳躍やピアッフェをする意気盛んな馬は軍用に向かないと馬術師は思っていた。馬上試合は衰退の道をたどりつつあった。騎士道時代の重装騎兵は昔日の勢いを失い、槍の代わりに銃を携えた費用対効果の高い歩兵が数を増していた。

軍の戦い方が変わり、騎兵が時代遅れと見なされるようになる一方、馬術はいっそう重視された。クセノポンは馬術に美しさを求め、軍は馬術によって力を示し、カスティリオーネは宮廷人が馬上で優雅にふるまうことを願い、さらなる高みをめざすプリュヴィネルは、騎手が「忍耐力と意志と優しさと力」をすべて発揮して「完璧の域に達する」ことを望んだ。

馬に対して用いる様々な方法は、馬よりも理性的な人にも応用された。貴族は、優しさと厳しさをあわせ持つ先生のもとで美徳を身につけたいと思い、列柱のあるプリュヴィネルの馬術学校で仲間意識を高め、領民を統治する方法を学んだ。プリュヴィネルは、トゥール、ポワティエ、ボルドー、リヨンのいずれかに同種のアカデミーを設立するよう王に進言している。「フランス王国において最も気高い勢力」である貴族に教育を施すためだ。

その馬術学校で貴族は毎朝訓練を受け、夕食後はバーグと呼ばれる部屋で馬上試合をする——槍の先にかけられた輪を取るといったこともその場で練習するだろう。月曜日、水曜日、金曜日、土曜日は武器訓練に励み、舞踊と数学と跳馬を学び、貧しい貴族は奨学金を受ける。木曜日には、夕食後に文学者が出向いて歴史を教え、貴族はいずれ政治や王から与えられた領地を治める方法も学ぶ。月に一度、撤退、攻撃、砦の守備の訓練を兼ねた本式の馬上試合も実施されるだろう。

「よく知られているように、教育が人の精神に及ぼす影響は、生いたちや性向が及ぼすそれよりも大きい」とプリュヴィネルは述べている。馬術学校の砂場で馬と忍耐強く向きあい、馬を収縮させ、数えきれないほど何度も馬を追い、図形を描くように馬を進ませ、馬を回転させることによって貴族の精神は鍛えられた。

ヨーロッパのアカデミーや洗練された馬術学校の多くが、プリュヴィネルの馬術学校の時間割を手本にして時間割を組んだ。彼の学校の訓練は厳しかったから、生徒には馬のような体力が必要だった。意欲に満ちた青年貴族でも音を上げそうになったのではないか。一六五〇年、あるアカデミーで学ぶオランダのふたりの青年貴族は、今日は四頭の馬に乗ったからもう歩くので精一杯だとこぼしている。サー・フィリップ・シドニーは一五七四年、ウィーンの馬術学校へ赴いた。そこで出会ったイタリア人馬術師イオン・ピエトロ・プリアーノはこう言った。「馬とはまったくもって比類なき獣です。おべっかを使わない役に立つ宮廷人であり、この上なく忠実で勇敢です」。この言葉を聞いたシドニーは片方の眉を上げ、後にこう述べた。「もしも私が論理的な人間ではなかったなら、彼は私を馬になりたいという気持ちにさせただろう」

プリュヴィネルは、馬上試合や闘牛に先立って催されるパレードの形を変えた。パレードの目玉はとびきり優雅なバレ・ア・シュヴァル《馬のバレエ》であり、彼によって洗練されたパレードはカルーゼルと呼ばれるようになった。「カルーゼル」は、坊主頭を意味するナポリ語あるいはカルーソに由来する。カルーソは、スペインのムーア式フルシヤの流れをくむイタリア南部の騎馬競技で使われた土球だ。馬に乗ったチーム同士が土球を投げあった。この競技の起源は、ティムール朝を興したティムールがステップで行ったポロかもしれない。彼は球や羊の死体*の代わりに敵の生首を使ったと伝えられている。

　カルーゼルにおいて、騎士はヒッピカ・ギュムナシアの騎士と同様に連合チームに分かれ、しばしば古代の衣装を身につけた。それぞれのチームを王や王太子、公爵が先導し、身分の低い人々からなる応援団や騎士見習い、楽師が忠実につき従った。馬が踊るカドリーユ、大きな山車の練り歩き、模擬戦争、軍事競技であるフルシヤ、馬上試合も同時に行われた。ヨーロッパの王室は、他国の王室と婚姻関係を結んだ時や戴冠式などの祝典において、伝統的な馬上試合の代わりにカルーゼルを催すようになった。

　プリュヴィネルの生徒であるルイ一三世とスペインの王女アナ、そして彼の妹エリザベートとスペインの王子フェリペが婚約し、一六一二年にパリの王宮で壮大なカルーゼルが開催された。模擬戦争と競技では、慶びの王宮――木と漆喰で作られた巨大な模型で、石と煉瓦でできた王宮に見えるように塗料が塗ってあった――を五人の栄光の騎士が守った。彼らの敵は太陽の騎士、ユリの騎士、誠の騎士、宇宙の騎士、ローマ人である。

　楽団は行進しながらタンブール、ファイフ、コルネット、ヴァイオリン、オーボエを奏でた。騎士の連

---

* 今日、メリーゴーラウンドはカルーゼルとも呼ばれている。私は陰気な雰囲気の漂う一一月のヴェルサイユを訪れたが、その時、厩舎の近くに小さな白いメリーゴーラウンドが設置されていた。並んでいる白熱電球は黄金色の光を放ち、ゆっくり上下しながら回る象牙色と金色の馬は、落ちつきのある馬場馬術用の馬のようだった。

合チームも行進し、金色に塗られた華麗な山車、数百人の歩兵、馬に乗った楽師、あまたの美しい馬が後方からゆるゆると進んだ。馬はチームカラーと同じ色の衣装をまとい、馬が歩を進めるたびに頭部を飾る羽が揺れた。

集まった二〇万人のパリ市民が歓声を上げ、翼を持つペガサス、本物のライオン、巨人、戦車も登場した。高さが二七フィートほどある岩は「ひとりでに」動き、頂から炎が上がり、傾斜した面から水が噴きだした。岩にはアンドロメダが縛りつけられており、彼女の足もとで巨大な海の怪物が身構えていた。

プリュヴィネルは銀色のケープをまとい、白い羽飾りをつけたスペイン原産の馬にまたがり、ヴァンダンス・ラ・フィデレという名の人物として登場した。彼は、ヴァンドーム公爵に先導されたユリの騎士に混じっていた。六人の騎士と騎士見習いは馬と一緒に演技を披露した。プリュヴィネルは王宮で催されるグラン・バレ《壮大なバレエ》を参考にして演出し、ルイの音楽教師を務めるロベール・バラードが音楽を作曲した。まずドラムが連続してうち鳴らされ、続いてオーボエとホルンが荘重な音色を奏でた。騎士はクルベットなど極めて高度な技を馬に演じさせ、分をわきまえた騎士見習いはそれよりも簡単な、脚を地面からほとんど離さない動き——揺り木馬の動きのようなゆっくりしたもの——をさせた。

詩人ピエール・ド・ロンサールは『バレエという形による戦いのための馬の連合』の中で、一五八一年に披露されたと思われる複雑で幾何的な馬のバレエについて述べている。

> 馬はクルベットをしたかと思ったら今度は後ろへさがり、近寄り、前へ進み、離れ、遠くへ行き、集まり、遠方で交わり、それよりも手前で出合う。これは平和な催しにおける模擬戦である。十字に交わり、斜めに交差し、円陣を組み、四角形に並ぶ。まるで人を迷わす複雑な迷路を描いているかの

ようだ。

ロンサールはこうも言っている。騎手は「（フランスの尊い王子の）臣民に教授し、臣民は、馬がすなおに銜をくわえるように従順に教えを受けいれる」。人と馬は一体であり、政治の混乱の中で心を合わせ、音楽に合わせて幾何的な動きを堂々と披露した。貴族は王室の意向に沿って訓練し、教えられた通りに動きを覚え、玉座の前で馬とともに頭を垂れてから踊り、パリ市民は踊りに魅せられた。

六

パリをはじめとするヨーロッパ各地の庶民にとって、馬術学校はきらびやかなテュイルリー宮殿と同じように遠い存在だった。でも、火を噴きながら動く岩やダチョウの羽をつけた馬を王宮で見物できた。そして王室の力に圧倒された。彼らは旅回りの曲馬師の演技も鑑賞した。馬の背中の上で跳ね、馬をギャロップで走らせながら地面からハンカチーフを拾いあげていた曲芸師は技に磨きをかけ、名を馳せるようになった。

ルネサンス期のイギリスで一番有名だった馬は、小さな気取り屋のマロッコだ。毛色は葦毛か鹿毛で、主人はウィリアム・バンクスという男である。バンクスはスタッフォードシャーからマロッコと一緒にロンドンに出てきて、ひと財産築いた。マロッコは踊れるばかりか——「カナリーズ」と呼ばれるジグを好んだ——数を数え、死んだふりをし、後脚で歩き、命じられれば女王にお辞儀をし、スペイン王フェリペに片脚を引いてお辞儀をしなさいと主人に言われると、歯をカチカチ鳴らしながら主人を追い回した。観客の中から貞淑な娘とふしだらな娘を見つけだし、一度などは旧セント・ポール大聖堂の塔にのぼった。バンクスはマロッコに銀製の蹄鉄をつけ、イギリス各地を巡業した。

マロッコは、ジョン・ダンから「賢くて思慮深い馬」と評され、シャイクスピアの『恋の骨折り損』の中で「踊る馬」と呼ばれ、バラードに詠われている。一五九五年、マロッコと主人の会話をまとめた『有頂天になったマロッコ』という滑稽な本が出版された。その中のマロッコは、古典作品に登場する主人より賢い男フィガロのようだ。「僕は自分が何を言っているのか分かっていますし、僕は自分が分かっていることを言っています」とマロッコはバンクスに言い、「オックスフォードで跳ねている間にこのラテン語を学びました」とつけ加える。マロッコは馬として、人の愚かさについて考えを述べ、あこぎな地主や不徳で貪欲な人について鋭い意見を開陳する。

現実の世界では、バンクスはマロッコを連れてドイツ、ポルトガル、イタリア、フランスを回った。彼はフランスで妖術を使ったとして訴えられ、使用している妖術についてパリの当局に明かすよう命じられた――しかし何のことはない、彼はただマロッコにちょっとした合図を送って数を数えさせたりしているだけだった。バンクスとマロッコは釈放されてパリからオルレアンへ移るが、ここでも捕らえられ、妖術*を使用した罪に問われた。バンクスは窮地から逃れるために、十字架が施された帽子をかぶる人物を見つけだすようマロッコを促した。それからその人物の前に跪き、「再び立ちあがり、十字架にキスをする」よう命令した。マロッコが命じられた通りに十字架に唇を押しつけると、バンクスは裁判官の方へ向

* マロッコは、もう一頭のイギリスの碩学の馬に比べて運が良かった。その馬は一七〇七年、トランプをしてみせた後、リスボンの異端審問所のそばで火あぶりの刑に処せられたと言われている。

き直った。「裁判官の皆さま……私の馬は私と彼の無罪を証明しました」*

七　インドの出来事

歴史家トレヴァ・タッカーは、「ヤギのステップ」と呼ばれるカプリオールは馬術における最も印象的な動きだと述べている。馬は収縮してからこの動きに入る。まず体を緩めてウォークで進み、次にトロットで進みつつパッサージュに動きを変え、その後キャンターで小さく跳ねながら駆ける。そこでいったん速度を落とし、前脚を上げてレヴァードを行い、最後に力いっぱい跳ねあがってカプリオールをする。プリュヴィネルによると、フランスにはこの技ができる馬はラ・ボニットを含む四頭しかいなかった。騎手には究極のスプレッツァトゥーラが求められ、カプリオールをする馬は「体をふたつにひき裂かんばかりに」蹴りあげた脚をのばした。

ルネサンス期の騎手の誰ひとりとして、戦場で「ヤギのステップ」を用いようとは考えなかった。馬にカプリオールをきちんとさせるには、しっかりした正しい準備動作が必要である。馬が脚を蹴りあげる際に数人の歩兵を倒せるかもしれないが、武装した敵に囲まれた中で準備動作をするなど愚かなことだ。だから、カルーゼルという「平和な催しにおける模擬戦」でカプリオールを演じさせただけである。しかし、インドの人々は、実戦でカプリオールのような動きを馬にさせ、踊りを踊らせている。その踊りの中

---

* マロッコと彼の後継者である賢いハンス、美しいジム・キー、ルーカスは、いんちきをしているとしてしばしば拒絶された。彼らは「数を数える」ことができるわけではなく、人の秘かな合図に従っているだけだと人々は思った。しかし、二〇〇九年、異なる個数の作り物のリンゴが入った複数のバケツのうちのひとつを馬に選ばせるという実験が行われ、馬は人の赤ちゃんと同様に四まで数えられること、あるいは少なくともどのバケツにリンゴが多く入っているかを見分けられることが示唆された。

にはヨーロッパのそれと関係のあるものもあり、大きく異なるものもある。

クセノポンの死から四半世紀が過ぎた頃、アレクサンドロス大王率いるマケドニア軍は、現在のパキスタン北西部にあたる地域に侵攻した。そこには騎兵隊ばかりか戦象の一団も待ち構えていた。厚い皮膚を持つ武装した象が地響きを立てて突進してきたのでマケドニア軍の馬は怯え、それまで負け知らずだった兵士も大いに動揺した。アレクサンドロス大王の愛馬ブーケファラスは戦死し、マケドニア軍が勝利したものの兵士は東進するのを拒んだ。アレクサンドロス大王は支配した地域を州に分け、サトラップと呼ばれる総督を置き、ブーケファラスを偲んでひとつの町――ブーケファリアを建設している。

アレクサンドロス大王は紀元前三二三年に亡くなった。その後、ジャイナ教を庇護するマウリヤ朝の王チャンドラグプタは、アレクサンドロス大王に仕えていた将軍のひとりであるセレウコスと協定を結び、ギリシア人に五〇〇頭の戦象を提供する代わりに、かつてアレクサンドロス大王が支配していたインダス川流域の土地を獲得した。チャンドラグプタはマウリヤ朝を開く際、ギリシア人兵士の助けを借りている。マウリヤ朝は、全盛期にインド亜大陸のほぼ全域を治めた。

マウリヤ朝において政治顧問を務めたカウティリヤは、ブーケファリアの近くに位置するタキシラで『実利論』を執筆した。王と臣下がいかに国の経済を運営すべきかを説いた書である。「馬の監督」について書かれた部分には、軍馬にふさわしい動きの名称が列挙されている。馬に動きを行わせる方法については書かれていない。古代ローマ時代やルネサンス期の馬の動きに似ているものもあるようだ。

ギリシア人は、アレクサンドロス大王が侵攻する以前からインドに住んでおり、影響を残した。例えば、馬勒を意味するサンスクリット語は、それを意味するギリシア語カリノスに似ている。『実利論』が示すように、マウリヤ朝の軍馬はギリシアの軍馬と同様にキャンターやトロットやギャロップで進み、溝や障害物を飛びこえ、補助具をつけ、合図に従った。はっきりとは書かれていないが、キャンターやギャロップ――ヴァルガナ――に幾つもの種類があったことは確かである。馬は収縮姿勢をとる際に顎を引いて首を曲げる。それと同じようにマウリヤ朝の軍馬は減速する時に頭と耳を「直立」させたようだ。

インドの騎兵はランガナ《断食》を表現する時とは違って、跳ねるという馬の動きをじつに様々な詩的な言葉で表現している。これはギリシアの騎兵と異なる点だ。その言葉の多くは、障害物や溝を「飛びこえる」ことを意味するプルタを語尾に持つ。例えば次のようなものがある。

カピプルタ（猿のように跳ねる）、ベカプルタ（蛙のように跳ねる）、エカプルタ（突然跳ねる）、エカパダプルタ（片脚で跳ねる）、コキラ - サムチャリ（カッコウのように跳ねる）……バカサムチャリ（鶴のように跳ねる）。

これらの中には馬の動きとは思えないものもある。ルネサンス期のヨーロッパの馬の動きはそれほど多くないが、類似する動きがあるのではないか。カプリオールは、後脚をのばす蛙の跳躍とあまり変わらない。猿は、馬と同様に前脚と後脚で小さく跳ねながら進めるだろう。カッコウが両脚で跳ねる姿は、プリュヴィネルのもとでユリの騎士が馬にさせた「小さなカラス」と呼ばれるクルベットを思わせる。「片脚で跳ねる」とはいったいどんなものだろう。蹴る動きだろうか。それともスパニッシュウォークやチャンベッタのように前脚を片方ずつ高く上げるのだろうか。現在、キャンターで進みながらスパニッシュウォークをする馬がいる。

ヨーロッパの馬術書は、『実利論』についてほとんど言及していない。『実利論』が何百年間も埋もれていたことが理由のひとつかもしれない。軍事史家アン・ハイランドはその価値を認めている。後年の文献には、インドの軍馬が戦象部隊を「跳ねながら」攻撃したと記されている。軍馬は時々象の仮面をつけた。戦象が軍馬を自分の子供と勘違いして攻撃を加えないと信じられていたからだ。アン・ハイランドによると、デリー・スルタン朝時代の絵の中の軍馬はレヴァード、クルベット、オランと呼ばれる前上方への大胆な跳躍をしている。オランという言葉は「飛ぶ」を意味するヒンドゥー教の言葉に由来する。

馬にオランをさせれば、騎手は象に乗る敵を近くから槍で攻撃できた。一五七六年のハルディガーティの戦いにおいて、名高い軍馬チェタックは、ムガル帝国軍を率いるラージャ・マーン・シングを乗せた象に向かって跳ねあがり、前脚の蹄で象の頭を蹴り、騎手は象使いを殺した。すると象はマーン・シングを乗せたまま逃げた。しかしチェタックも傷を負い、やがて命尽きてしまう。

八

カルーゼルは一八世紀半ばまで王室に好まれた。一九世紀にも開催されたが、かつてのカルーゼルのようなお金をつぎこんだ壮麗なものではない。一六六二年の大カルーゼルの様子が描かれたアンリ・ド・ジセの絵の大きな複製がヴェルサイユにある。大カルーゼルは、プリュヴィネルのアカデミーがあった場所にほど近い広場で催され、広場はそれを記念してカルーゼル広場と呼ばれるようになった。大カルーゼルでは、王太子の誕生を祝い、ルイ一四世の権力を盤石にするための演出がなされた。それ以前は長らく摂政政治が行われ、貴族や行政官が地位をめぐって争っていた。ジゼの絵には、宮殿と街を背景にして広場が大きく描かれている。

太陽王は長い治世を通じて中央集権化と王権の強化に努めた。大カルーゼルは臣民を諭すためのものでもあり、五つのチームが登場した。それぞれのチームを構成する一一人は旧世界と新世界で帝国を築いた人々に扮した。ローマ人は緋色と黒色（「世界からの羨望」を表す色）をまとい、ルイ一四世に先導された。ペルシア人は赤色と白色（「雲上の人」を表す色）をまとい、ルイ一四世の弟に先導された。トルコ人は青色と黒色（不誠実を表す色）をまとった——彼らを先導するコンデ公爵はかつて王室に反旗を翻した。アンギャン公爵は黄色と緋色（富を表す色）をまとって「インド王」に扮し、ギーズ公爵は緑色と白色（原始の自然を表す色）をまとい、アメリカ大陸の王として登場した。

ド・ジゼがデザインした寓意的な仰々しい衣装の絵が残っている。ギーズ公爵は栗毛の馬に乗っている。馬のたてがみと尾毛に、布製の何十もの口をあけた蛇が編みこまれ、額に金色のユニコーンの角がついている。鞍敷きは豹革だ。ライオンの頭とリボンが吊りさげてあり、鞍尾を飾るドラゴンは馬の尾の方に頭を向けている。ギーズ公爵は金色の兜をかぶり、頂にドラゴンと高さ四フィートの飾りがあしらわれている。その飾りは、いくつも連なった黒色と白色の羽が一層でも二層でもなく三層に重なったものだ。たくしあげられた袖には唸る獣がついている。インド人チームのドラム奏者とトランペット奏者は馬に乗り、連なる羽飾りに加えて緑色のオウムの剝製を頭にのせている。衣装代——こうした出費によっていがみあう貴族たちは疲弊した——は目が飛びでるほど高かったに違いない。

大カルーゼルを見たのは限られた人だけである。わずか一万五〇〇〇人程度が特別に設けられた観覧席から見物した。その中に各国の大使やイギリスの王妃はいたが、市民はほとんどいなかった。ユリの騎士は、プリュヴィネルの演出により二〇万人のパリ市民の前で演じたけれど、大カルーゼルは一般には公開されなかった。何かが変化しつつあった。

一六八二年、ルイ一四世が宮廷をヴェルサイユに移した際、マンサールが設計を手がけた新しい大厩舎内に「騎士見習いの学校」と呼ばれるアカデミーが開設され、ルネサンス期と同様に馬術師が教授した。戦争において騎兵は以前ほど用いられなくなったものの、馬術に関する本の出版点数は増えた。貴族の馬に対する熱は冷めていなかった。

ルイ一四世は、エセ出身の法律家の息子フランソワ・ロビション・ド・ラ・ゲリニエールに命じてテュイルリー宮殿にある馬術学校の運営にあたらせた。やがてゲリニエールはルイ一四世のもとで馬術学校の長を務めるようになり、一七二九年から一七三一年にかけて主著『馬術学校』を出版した。これを読むと、彼がクセノポンからプリュヴィネルにいたる先達の精神を受けついでいたこと、軍人と貴族の乗馬方法の変化を防ごうとしていたことが分かる。

ゲリニエールは、フランスの馬術とカルーゼルの黄金時代は終焉したと思っていた。彼は、騎手を並の騎手と真の騎手に分けている。「原理を真に理解しないかぎり練習しても上達せず、生みだされる動きは不自然かつ不安定であり、鑑定士の卵の目を欺く偽のダイヤのようなものである」。下手な騎手は「気高い馬に恥をかかせてしまう」。ゲリニエールの著書の口絵に描かれた一頭の馬は、啓蒙思想家の集うサロンを思わせる場所――テュイルリー宮殿馬術学校の薄暗い部屋――の中央に堂々と立ち、フロックコートとかつらを身につけた多くの紳士が周りに腰かけている。鼻筋の細い聡明なこの馬は、内気なラ・ボニットと別種の生き物だ。彼はサロンの主賓であり、科学的な研究の対象でもあった。

『馬術学校』によると、馬は研究され、指導を受け、大切に扱われた。収集家の垂涎の的でもあった。馬は美しく、それぞれ異なる性格を持ち、時には「狡くて臆病で怠惰」な面や「意地悪」な面を見せ、思慮深く扱えば力を発揮する。ゲリニエールの言葉は、詩的な一覧表に載る大厩舎の高貴な馬を思いおこさせる。彼らの毛色は金色がかった鹿毛や斑の入った鹿毛といった五種類の鹿毛、漆黒、錆色がかった黒色、鉄灰色、銀色がかった灰色、斑の入った葦毛、白葦毛、クリーム色、黒駁毛、鹿駁毛、栗駁毛などである。虎、狼、磁器を思わせるエキゾチックな毛色や鱒のような毛色——赤色と栗色の斑の入った黒色——の馬もいた。収集家の目を引いたのは渦巻き模様である。「ローマの剣」と呼ばれる模様を持つ馬は珍重された。この模様はたてがみの根元に沿って入っていた。

騎手は魅力的な馬を操って様々な動きをさせた。ゲリニエールは、騎兵隊長はパレードにおいてのみクルベットを用いるべきだと述べている。しかし実戦において、ピルエットは方向転換する時、ボルトはすばやい動きが求められる時、パッサード*は攻撃や後退を行う時、パッサージュは部隊を先導する時に利用できる。そのため彼は軍馬にも高度な動きを教えるよう提案し、こうつけ加えている。「〝地の上の空中〟は戦時には役に立たないかもしれないが、少なくとも馬が障害物や溝を飛びこえる際に有用であり、それによって乗り手は身を守れる」

しかし、ゲリニエールが提案する方法で「障害物や溝を飛びこえる」馬はいなくなった。騎兵やフランスの貴族は、砂場で図形を描くようにスペイン原産の馬を進ませるといったことに時間をかける代わりに、余暇に、長身で細いイギリスのサラブレッドにまたがって田園風景の中を駆けるようになった。サラブレッドは体を収縮させずにギャロップで走りながら障害物をひらりと飛びこえた。でも、上方に跳ねたり後脚を蹴りあげながら跳ねたりしなかった。馬術学校の馬は体を十分に収縮させてから前方にも上方に

＊ パッサードは、キャンターでまっすぐ進んでからくるりと回って引き返す動きである。戦場で役に立つのは明らかだ。

も跳ねたけれど、サラブレッドは前方にしか跳ねず、丸みのある体の後部ではなく、傾斜した長い肩の方に重心を移した。あらゆる物事が変化していった。座面の平らな鞍が座面のカーブの深い鞍にとって代わり、騎手は古のトルコ人兵士やムスリムの侵略者のようにそれに軽く臀部をのせ、大勒銜より水勒銜の方を用いるようになった。ゲリニエールはイギリスの馬を称賛したが、彼が考案した方式に従った訓練を受けないかぎり、イギリスの馬は田舎で駆けている間に体を痛めるだろうと思っていた。

エクイエ――騎手という意味の他に王室の主馬頭という意味を持つ――であるビーニュ侯爵はある時、まるまる一時間かけて厩舎からヴェルサイユ宮殿まで馬で移動した。玉砂利が敷かれたアルム広場を抜ける際、馬をとてもゆっくり進ませた。* これは驚くべき偉業であると同時に無意味なことでもある。当時はより速く走る活発な馬が求められていた。ユサール、ドラグーンという新たに登場した軽騎兵は、高度な動きをほとんど身につけていない馬に乗った。軽騎兵は馬術学校で訓練したけれど、馬場を飛びだして田舎で馬を駆けさせることもあったし、スプレッツァトゥーラではなく強く見せることに重きを置いた。彼らはプリュヴィネルのアカデミーの騎手よりも、ステップの騎手や、レヴァントと北アフリカのムスリムの騎手に似ている。

イギリスはフランスの先を行っていた。トマス・ベディングフィールドが呼ぶところの「無用な舞踊と跳躍の数々」を評価するイギリス人は皆無に近かった。チャールズ一世は競馬と新しいスポーツである狐狩りに夢中になった。狐狩りでは馬がめちゃくちゃに走り回った。これらのスポーツに適した馬は、スペイン原産の馬の血をわずかに引く王室の馬とアラブ種、バルブ種、戦利品であるトルコ原産の馬を掛けあわせて作りだした馬だった。一八世紀のイギリスの貴族が馬にまたがる姿を描いた絵は幾枚もあるもの

* ヒルダ・ネルソンの推定によると、ビーニュ侯爵を乗せた馬の歩幅は五センチだった。

の、絵の中のイギリスの馬は体を丸く収縮させてもいなければ首を反らせてもいない。自然な姿勢で立ち、平たい顔や凹顔を持ち、たてがみにはリボンもスパンコールもついていない。

一九世紀に入るとパリでイギリス熱が高まり、スペイン原産の馬に代わってイギリスのサラブレッドがもてはやされ、フランスのビデは＊つまらない馬《小さな馬》だとして「ポネ《ポニー》」と呼ばれるようになった。ゲリニエールの教えはウィーンのスペイン馬術学校やフランスのソミュールにあるカードル・ノワール士官学校で受けつがれるものの、議論の的であり続けた。

アカデミーが世にもたらしたのは、カルーゼル、馬術、バレ・ア・シュヴァル、ライトクンスト《馬術》とグラシア《雅》・イ《と》・エルモスラ《美》に関する指南書、古代ギリシア人からの助言、征服者や侵略者による羽飾りとうち鳴らされるドラムの音に彩られた戦勝パレードである。アカデミーが崩壊した最初にして最大の要因はもちろんフランス革命だ。革命勃発後、ルイ一六世はヴェルサイユ宮殿から追いだされた。バスティーユ襲撃が起こる二年前、ルイ一六世は出費を抑えるために大厩舎の閉鎖を余儀なくされ、馬術学校の建物はとり壊され、馬と馬術師は散り散りになった。

カルーゼル広場にギロチンが設置され、ゲリニエールが校長を務めた馬術学校は新たに発足した国民議会の会議場になり、一七九二年、ここでルイ一六世が裁かれた。独特の構造を持つ馬術学校で開かれた裁判の様子が絵や版画に描かれている。長方形の馬場の両側に傍聴席が二段設けてあり、それに布が垂らされ、バラ飾りが施してある。奥にはより立派なバルコニー席がある。カルーゼルを彩った寓意的な色は古

＊ビデはフランスのバスルームの設備である。悪評高く、昔からイギリス人を戸惑わせてきた。またがって使用するため「ビデ」と呼ばれるようになった。ビデはフランス語だ。現在、フランスでもおもにこの設備を意味する言葉として使われている。一九七〇年代に発表された小説の主人公は困惑し、次のように言う。「どうして跳ね回る馬をビデと呼んだのだろう？　ビデはバスルームにあるものなのに」

代の帝国の権力を表し、革命を彩った青、白、赤はリベルテ《自由》、エガリテ《平等》、フラテルニテ《友愛》を表した。
ヴェルサイユの伝統的な馬術学校は革命期も存続した。でも、ナポレオン戦争が終わりに近づいた頃に破壊された。ビーニュ侯爵は大厩舎を守り、ここに軍の馬術学校が開設されるが、一〇年後閉鎖された。

九

カルーゼルは廃れた。傲慢で浪費をほしいままにする王室にうんざりしていた国民にとって、大金がつぎこまれる華麗なカルーゼルは耐えがたいものだった。だが、カルーゼルの精神は新しいショーに受けつがれた。ショーはより大胆で、庶民に開かれていた。カルーゼルは王族の結婚式の時くらいにしか開催されなかったが、新しいショーは毎日のように開かれ、公演期間は数か月から数年におよび、チケットを買えば誰でも観ることができた。

革命が始まる一世紀ちょっと前、新しいショーの隆盛につながる公演が行われた。上演されたのは一六八二年にピエール・コルネイユが書いた『アンドロメダ』で、ペガサスに扮した馬が俳優と一緒に舞台に立った。馬は翼をつけ、ワイヤーを使って「飛翔した」。その間、馬は犬かきのように脚を動かし、いななき、鼻を鳴らした。鞍に金属製のワイヤーが取りつけてあった。馬はお腹がすいた状態に置かれており、そのため驚くべき演技ができた——オート麦を入れたざるを翼に仕込み、舞台上で飛ぶ際にオート麦が立てる音を腹ぺこの馬に聞かせることによって演技を引きだした。もっと古い時代の馬やロバは、俳優が舞台に上がる時や奇術を演じる時に補助する役回りを務めたが、この馬は離れ業——妙技——を披露した。

馬劇というジャンルはロンドンとパリで産声を上げ、数々の馬劇が上演された。『マゼーパあるいはタタールの馬』と『マゼーパあるいはタタールの野生馬』はそのうちのほんのふたつの例にすぎない。ロンドンとパリの劇場は当局から規制を受け、選ばれた少数の劇場だけが「正統」な劇と「豪華」な劇の上演を許可されていた。その手の劇の上演を許されていない劇場は曲芸、歌、詩の朗読、曲馬を取りいれた。ここで、アンドリュー・ダクロウとフィリップ・アストリー、フランスにおける彼の後継者フランコーニについて述べておきたい。ふたつの都市の曲馬師と有能な調教師に好機が到来した。急速に発展する都市で購買力を獲得した人々が観客になり、日陰者だった馬や男や女が表舞台に現れ、馬術師は顧みられなくなった――馬術師や退役騎兵の中には近代の馬劇場に活躍の場を見出す人がいた。

近衛竜騎兵だったフィリップ・アストリー――七年戦争に従軍した――は一七六八年、ランベスの広場で曲馬ショーを開いた。これが近代サーカスの始まりだ。彼は四角形ではなく円形の舞台の上で――サーカスの語源は円を意味するラテン語「キルクス」である――遠心力を利用して度肝を抜くような跳躍やすばらしい平衡感覚を見せた。観客が彼をぐるりととり囲んでいたから演出効果が高まった。彼は跳ねあがり、『イリアス』に登場する「馬術に長けた男」のように疾駆する馬の背中に立ち、馬をギャロップで走らせながら地面からハンカチーフを拾いあげた。

アストリーの馬はジブラルタルという名で、マロッコより芸達者だった。道化師ジェイイコブ・デカストロによると、ジブラルタルはスペイン原産の馬である――アストリーが連隊を去る時、隊長が贈ってくれた。ジブラルタルは様々な奇術を演じ、「酒場やティーガーデンの給仕のような物腰」で「煮えたぎるお湯の入ったやかんを燃えあがる炎の上から取った」。メトシェラ（聖書に登場する長寿の人物）と同様に長寿で四二歳まで生き、死後は皮を剝がれ、その皮でできたドラムがアストリーのショーで轟くような音を響かせた。アストリーの妻も曲馬師である。ふたりの人気は高まり、少数ながら劇場の舞台に立つ曲馬師も現れた。
アストリーは演目を加え――怪力男や綱渡り師、曲芸師が演じた――ウェストミンスター橋の近くに新しい舞台を建てた。また、曲馬を教え、『アストリー式曲馬教授法』を執筆した。この書には彼の知識が詰めこまれている。観客が増えると客席を設け、屋根をかけ、ついにアストリー・ロイヤル・グローヴ劇場を建てた。この劇場には丸い舞台の他にもうひとつ舞台があり、一番高いところにある特別席の上方に木々――プラトンの学校の林であり、イギリス人が愛する緑の林でもある――が巧みに描かれていた。ここで人々は離れ業や滑稽な寸劇、「厳粛な馬上ダンス」、バレエ、アストリーの「馬術」を鑑賞した。やがてこれらに、災難続きの仕立屋、追いはぎ、野生馬の狩りなどを描く筋のない活人画やブルレッタも加わった。

曲馬師はしのぎを削った。ひと儲けしようともくろむ人もいたし、アストリーのもとで修業を積んで大輪の花を咲かせる人もいた。アンドリュー・ダクロウは怪力男の息子である。彼は活人画で古代ギリシアの彫像に扮し、彼に魅了された女性たちは彼の寝室に入りこんで花を置いた。彼はあるショーでスペインの闘牛を再現している。雄牛を演じた「優しく美しい白馬は、当て物をした首と体を雄牛の皮で覆い、頭に角をつけ、ふたつに割れた牛の蹄に見えるように蹄に塗料を塗っていた。どこからどう見ても、大きくて荒々しくて獰猛な雄牛にしか見えなかった」。ダクロウは別の馬に乗り、雄牛役の馬に槍を突きつけ、山場を迎えると「傷を負った」雄牛はくずおれ、息絶える。「馬の演技を見た人は皆驚きの念を禁じえない。この場面において何をなすべきかを馬は十二分に心得ている」。一八三五年二月、ノース・ウェールズ・クロニクル紙の評論家はこう述べている。「特徴をみごとに捉えている。彼は雄牛そのものだ。走り、角を使い、頭を激しく突きだす演技は期待以上のものであり、ダクロウ氏が所有する極めて利口な馬でもこのような演技はできないだろう」

一七七四年、アストリーはサルデーニャ王の命を受け、ヴィエイユ・テュイルリー通りにある馬場で曲馬を演じた。一七八三年にはマリー・アントワネットの要望に応えて、彼の息子ジョンがヴェルサイユ宮殿の小厩舎で曲馬を演じた――彼の演技には「女性を魅惑しうる優雅さと力強さ」があった。アストリーはその姿を見守り、ダイヤモンドが施されたひと組の金の勲章を王妃から授与されている。一七八三年には、フランスの王と王妃から与えられた「最高の特権」により、テンプル大通りにアストリー円形劇場を建て、イギリスでも王室の後援を受けた。彼は彼のライバルと同様に時代の先を行っていた。命令に唯々諾々と従う上品な馬術師とは違い、冒険心あふれる興行主だった。初期の頃、曲芸師の出演は許可されていないとパリの当局に指摘された彼は、八頭の馬の背中の上に舞台を設置し、その上で曲芸師に演じさせた。

アストリーはマリー・アントワネットの愛顧を受け、一七八九年に入ると、当然ながらそのことが彼に不利に働いた。聡い彼は、鳥調教師であり闘牛の興行主でもあったイタリア生まれのアントニオ・フランコーニに円形劇場を譲り、パリを去った。

一七九八年、最初の馬劇である『少女騎兵あるいはスウェーデン人軍曹』が上演された。主役のアントニオ・フランコーニと彼の息子は馬に乗ってガヴォットとメヌエットを踊り、しばらくすると馬劇の人気は不動のものとなった。アストリーが一八〇二年に劇場を再び自分のものにしたため、フランコーニは一八〇七年に一代目となるシルク・オランピック劇場を建てた。国による規制はなくなり、馬劇場はさらに創意工夫を凝らした曲馬を自由に上演するようになり、馬劇は発展した。馬劇はメロドラマあるいはフェリ《おとぎ話》であり、お堅い一般的な劇場から見下された。脚本は低俗で、ジョン・「マゼーパ」・カートリッチと同様に俳優はやたらと「泣き叫んだ」。けれども、彼らが見せるスペクタクルは一般的な劇場のそれに負けていなかったし、大衆はそのことを知っていた。

一八四六年二月三日、シルク・オランピック劇場はとびきりのスペクタクルとあっと驚くような場面が展開する新たな公演を開始した。シルク・オランピック劇場の作りは、当時の一般的な劇場の作りと似ている。この日、観客は豪華なエントランスホールに入り、入りくんだ階段と廊下を抜け、一階席や舞台をとり囲む席、特別席に座った。そわそわしながら囁きあい、裕福な人々は特別席からシャンデリアと精緻な彩色が施された丸天井を眺め——一階席の人々はそれらを見あげた。奥行きのある四角い舞台はプロセニアムアーチに縁どられており、幕が引いてあった。オーケストラはチューニングをしていた。

舞台の前には、オーケストラピットではなく丸い砂場が広がり、くま手できれいにかきならされていた。幕が開き、舞台が装置によってゆっくり前方に動き、舞台からのびる幅の広いふたつのスロープが砂場に届くと、オーケストラが心を沸きたたせる音楽を奏で始め、装置が立てる音がかき消された。馬が鼻を鳴らす音、蹄が丸石に当たる音、小さないななきも聞こえなくなった。舞台の右袖の奥に馬房が並んでいた。この夜、パリの人々が馬を駆って向かった先は、魔法がかけられた森とアイスランドとダマスカス、そして地獄である。

まず舞台に登場するのは粉屋の息子ウルリックだ。彼は騎士になることを夢見ている。彼の前にジーナという名のロマの老婆が現れ、彼に向かって言う。おまえさんの行く末が見える。おまえさんの願いを叶えてやろう。ウルリックは浅はかにもジーナを信じ、ジーナは彼を悪魔の厩に連れていく——ここからいよいよスペクタクルが展開する！　そこには鞍をつけた大きな悪魔の馬ジスコがいる。ジスコの体には「目玉のような茶色い斑点と黒い縞があり、それらは豹と虎の毛皮の模様を思わせる」。背中にかけてある鞍敷きは虎の毛で織ったもので、一二本の線が入っている。

ジスコが一二の願いを聞いてくれるよ、とジーナは言う。でもその代わり――おまえさんの寿命が五年短くなる。願いが叶うごとに、ジスコがつけている鞍敷きの線が一本ずつ消えるとジーナは説明する。これはひとつの賭けだが、埃まみれのランプしか持たず、何も見えない愚か者と同じように、ウルリックはうまくいくと決めこんでいる。彼はまず、僕を騎士に変えてくれと頼む。騎士になりさえすれば後は何だって自分でできると思っている。ジスコが後脚で立ち、カシの木の枝をぐいと引っぱる。すると幹の中から紋章旗と鎧兜ひと揃いが現れる。

こうして騎士になるも、ウルリックに次々と難問が降りかかる。彼はジスコに頼んでひとつずつ解決してもらう。鞍敷きからは、秋に木から葉が落ちるように一本また一本と線が剝がれ落ちる。ウルリックと一緒にいた姫がひとりの騎士にさらわれ、ウルリックは悪魔の馬に助けを求める――ジスコは騎士を歯で嚙み、蹄で踏み潰す。次にウルリックはビザンツ皇帝の幼い息子を海賊の手から救うべく、船でアイスランドへ向かう。海賊は海にそびえ立つ岩の上に住んでいる。つり橋がかかっているけれどウルリックはそれを渡れず、再びジスコに頼む。ジスコは鼻から火を噴きながらつり橋のぐらぐらする板の上を突進し、皇帝の息子を奪い返し、海賊の城に火をつける。ジスコが陸に戻るや、何もかもが崩れて海に沈み、海賊は白熊に襲われる。ビザンツ皇帝は感謝を示し、ウルリックをダマスカスのスルタンとして認めるが、勝利の喜びもつかの間、ウルリックは灼熱の砂漠で十字軍兵士に追われる身となる。残る線は一本のみ。国を手に入れたウルリックは最後に一杯の水を乞う。するとジスコは地獄の入口を蹄で蹴りあけ、不運で愚かなウルリックは業火の燃えさかる地獄に落ちる。

一八四〇年代、この『悪魔の馬』はシルク・オランピック劇場で三〇〇回上演され、客を熱狂させ、後に人気を失う。人の好みは変わる。笑劇に比べて、なんとも不可思議な物事がはるかに多く盛りこまれる馬劇は、現代人にとっては見るに堪えないものだろう。しかし一九世紀には、映画にとって代わられるまで煽情的な劇が隆盛し、裕福な人々だけのものだった凝った壮大な劇を観るために庶民が劇場に詰めかけた。馬劇は王室が催したカルーゼルのように偉そうに寓意を示すものではなく、人々は馬劇を観ている間、現実から離れた世界に浸りきった。一九世紀、馬は演劇界でその一翼を担った。そして一〇〇年後に姿を消した。

馬劇の興行者に再現できないものなどなかった。かつての王室は自らの力と偉大さを臣民や貴族や他国の王室に知らしめるために、踊る馬が伝説上の戦いを繰り広げるカルーゼルを催した。一方アストリーやフランコーニ一座、その後継者は庶民を驚かせるために奮闘し、庶民は劇場に幾度となく足を運び、チケット代を惜しまず——妖精の城を眺め、硝煙のにおいを嗅ぎ、馬が疾駆すると振動する座席の端を握りしめながら——もっと、もっと興奮を求めた！

騎兵隊が突撃し、カノン砲がいっせいに火を噴き、銃口から煙が立ちのぼり、燃える荷馬車と九〇頭の馬が暴走するワーテルローの戦いを見たい？　それならば、とアストリーはそれを再現する。馬の演技に酔い、愛国心を高ぶらせる大衆がさらに求めれば、フランコーニはナポレオンが大勝利を収めた戦いを蘇らせる。かつてヴェルサイユの人々が見たカルーゼルよりも派手な、羽やスパンコールで彩られたカルーゼルを見たい？　では、お見せしましょうと請けあう。ココという名の本物の雄鹿が舞台に登場して鹿狩りが行われ、ベン・ハーを乗せた四頭立ての戦車がものすごい勢いでぐるぐる回り、客から見えないように置かれた装置から噴きだした砂塵が舞った。滝、アマゾネス、馬上槍試合、カンガルー、亀裂、ドン・キホーテの愛馬ロシナンテ、天国へ飛翔する斑模様の馬、青い目を持つクレメロの馬の幽霊とその背中にまたがる敗北したインド人の幽霊、炎に包まれた城、ゴダイヴァ夫人、角を持つ馬、五歳の「小人の騎手」、エプソムダービー、互いの背中を飛びこえあう六頭の妖精のポニーも観客の前に出現し、二〇〇頭のアラブ種の馬はハルトゥームの陥落を再現してみせた。観客はあらゆる世界に誘われ、そこであらゆることが起こった。ルネサンス期のカルーゼルに登場した自動火山やオリンポス山を凌ぐものが毎晩毎夜現れた。

ダマスカスで寵姫の歓迎を受けて踊ったジスコのように馬劇の馬は踊り、ピアッフェなどじつに多様な技を演じた。人々は馬のことをよく知っていた。馬と暮らし、馬と一緒に街に向かい、馬に乗り、馬を操り、馬を眺め、競馬場で馬に喝采を送った。戦場で馬とともに戦う人もいた。劇場では馬が見せる技と賢さに感心した。評論家が俳優についてほとんど触れないこともあった。私たちは、馬劇に関する知識の多くを歴史家A・H・サクソンから得ている。彼によると、馬が怪我をしたら、人々を安心させるために馬の復帰の見通しを伝えるポスターが特別に作成された。

一〇

古典馬術が士官学校で教授されていた頃、古典主義者と一線を画して馬術の近代化を進める人々がいた。そのひとりであるドール伯爵は、イギリスとプロイセンの軍隊馬術を取りいれた新しいフランスの馬術を確立した。ヴェルサイユの乗馬学校で教えた後、ソミュールの馬術学校の主任調教師になり、馬を屋内馬場から外へ連れだし、収縮はもちろんのびやかな前方への動きをさせた。彼は、スペイン原産の馬よりも競走馬であるサラブレッドの方を好んだ。サラブレッドはすばらしい走りをするため、騎兵はずっと楽に学べた。当時の騎兵は革命以前に存在したアカデミーのことを何も知らず、彼らの多くは貴族の出ではなかった。

ヴェルサイユの肉屋の息子で古典馬術を重んじたフランソワ・ボーシェは速さを重視した——士官学校は、速い動きを馬に習得させるのに数年を要した。ボーシェは廃馬処理業者の手から取り戻した馬に独創的な方法で訓練を施し、数か月後、馬は極めて高度な動きができるようになった。これは有名な話だが、彼はジェリコーという名のシーモア卿の馬を手なずけるという挑戦を始め、三週間の間に、獰猛さでパリ中に名を馳せていたジェリコーをおとなしく従順で冷静な馬に変えてしまった。ジェリコーは、彼のファンや厳しい評論家に優しい態度を示した。ボーシェはジェリコーに催眠術をかけたのだと言って非難する人もいた。

ゲリニエールを慕う純粋主義者はボーシェを嫌った。ボーシェの馬は、顎を胸につけたまま、まるで自動人形のように固い動きで脚を高く上げながら進んだ。ボーシエは、キャンターで進みながらスキップする「ワン・テンピ・フライング・チェンジ」など新しい派手な動きを取りいれた。ビーニュ侯爵よりも収縮を追求し、馬を極端に収縮させながらキャンターで後ろに進ませた。

こうした動きを習得したジェリコーをはじめとする馬は、士官学校ではなく、パリなどヨーロッパの各都市で開かれるサーカス団の公演でその動きを披露した。一九世紀半ば、馬劇の人気にかげりが見え始めると、サーカス団が馬劇場で公演を開くようになった。フランコーニ一座内の一派は円形の舞台で高等馬術を演じた。観客の中には王族もおり、ロートレックやスーラは人と馬が演技する姿を描いた。

高等馬術を演じるサーカス団の騎手は称賛を浴びた。その多くは女性である。女性騎手は馬に横乗りし、サーカス史に詳しい歴史家ユーグ・ル・ルーの言葉を借りて言えば「広げた翼のような大胆な姿勢」

をとった。彼女たちは女性として史上初めて、熟練の馬術の技を披露する機会を与えられ、大きな尊敬を受けた。[*] 女性騎手は男性騎手と同様に難しい演技をこなした。エクイエル《女性騎手》のブランシュ・アラーティ＝モリエール[†]を写した一枚のすてきな写真がある。彼女はエドワード朝風の装いに身を包んでいる。髪を巻き、ピクチャーハットをかぶり、腰をコルセットで固定しており、レッグ・オブ・マトン・スリーブは顎に届きそうなほど膨らんでいる。彼女の乗る馬はカプリオールをしている。

ドイツ人女性曲馬師イェニ・デ・ラーデンは、フォリー・ベルジェールの八メートル四方の傾斜した舞台の上で次のような演技を披露した。

一番手の馬

イェニと馬は、インドの軍馬が行うオランのように前方に大きく跳躍しながら円の中に入り、オーケストラピットのすぐ手前まで進んでからクルベットをする。

左右に歩を進めてからボルトに移り、三拍子、二拍子、一拍子に合わせてフライングチェンジをする。

---

* 複数の女性が――短期間だが――ヴェルサイユの馬術学校で学んでいる。一九世紀にヴェルサイユ宮殿の前庭でカルーゼルが催され、女官のチームがアマゾネスとして参加した。女官は、アマゾネスの女王タレストリに扮したブルボン公爵夫人に率いられて小厩舎から登場した。馬上試合を行ったのは男性だけである。

† ブランシュはラクダにもカブラード――後脚で立つ動き――を演じさせた。ヒルダ・ネルソンは『一九世紀のサーカスの女曲馬師』の中で、女曲馬師のすばらしい歴史について述べている。

ピルエット、次に脚を高く上げるスパニッシュウォーク、その後ハーフパス（馬は脚を交差させながら斜め前方に進む）。

二番手の馬——ダ・カーポ

馬はギャロップで登場し、ピルエットをする。後脚で高々と立ち、後脚で歩き、舞台の四方の角のひとつひとつに向かってお辞儀をする。

円の中央に四つの柵が四角形に並べてある。イェニと馬は柵をひとつずつ飛びこえる。

馬は再び後脚でまっすぐ立ち、イェニが馬の体の後部に背中をつけ、彼女の髪が床近くまで垂れ、馬は数歩進む。

三番手の馬——「虎」のチャルダース——斑模様の雄馬

イェニが歩いて円の中に入り、拍手喝采を浴びる。チャルダースがギャロップで彼女の前方まで進んで跪き、体を横たえる。イェニが馬の脇腹に腰を下ろし、観客にお礼を述べ続ける。幕が下りる。

男性曲馬師も女性曲馬師も一か八かの高等馬術に挑んだ。イェニはダ・カーポの下敷きになって失明した。ダ・カーポの体の後部に彼女が背中をつけた時、後脚で立っていたダ・カーポが後ろに倒れたのだ。エクイエルのエミリー・ロワセットは、馬が倒れた拍子に片鞍のホーンが体につき刺さったため悶え苦し

みながら絶命した。ボーシェはシルク・ナポレオン劇場において、彼と馬の上にシャンデリアが落ちるという信じられないような事故に遭い、背中と脚の骨を折っている。その後、彼が人前で馬に乗ることは二度となかった。

一九世紀から二〇世紀に移っても高等馬術はサーカス団の公演で披露されたが、人気は下火になった。公演には新しい技芸が次々に取りいれられ、馬に対する人々の関心はしだいに薄れ、馬が街路から姿を消し、車がその代わりを務めるようになった。しかし、馬だけで行う技芸――馬劇やサーカス団の公演で馬が昔から演じていたもの――は人気を集めるようになり、調教師が乗馬鞭で合図を送ると馬は後脚で立ったり、円形に進んだりした。サーカス団は、ルネサンス期のカルーゼルさながらに金ぴかの巨大な馬車を連ねて町から町へ移動した。馬車を引いたのは、おもにクリーム色の馬だ――イギリス王室の「クリームたち」のうち幾頭かは、サンガーが率いるサーカス団に加わっている。映画が巷を賑わすようになると、有名なエクイエルであるソランジュ・ダタリドはサーカスに観客を呼び戻すべく、一九一四年、ウィーンのプラーター公園で大観覧車のゴンドラの屋根の上にいる馬の背中に乗った。観覧車は彼女と馬をのせたまま一周し、その様子が映画フィルムで撮影された。

ウィーン、ソミュール、ヘレス、リスボンの馬術学校は、古代の軍装をまとった馬に乗って演じられた一八世紀の高等馬術をなんとか守ろうとした。軍隊馬術競技が世界中で開催されるようになる一方、馬に乗って戦うという戦法は廃れ、戦車が軍馬にとって代わった。一九一二年のストックホルムオリンピックの馬術競技では、選手は高等馬術を演じていない。後年、馬術競技において古典的な高等馬術の演技が行われるようになるものの、その中に「地の上の空中」は含まれていない。この技は、ウィーンなどの馬術学校の純粋主義者が、国から多額の補助金をもらいながら受けついだ。

一一

さて、ここでサドラーズ・ウェルズ劇場の舞台に立っていた馬の頭を持つケンタウロスの正体を明かそう。ケンタウロスは人と馬によって演じられていた。その人の名はバルタバス。馬の名はスーティン。アメリカンクォーターホース種のスーティンは、ベラルーシ生まれの表現主義の画家の名をとって名づけられた。バルタバスはフランス人で、ある海賊とバラバにちなんで改名した。バラバは、ゴルゴタの丘で処刑されることを免れた囚人である。

私は、シャッフルしたカードを一枚ずつめくってカードの種類を知るように、踊る馬、クセノポンが乗った意気盛んなパレード用の馬、金製の馬勒をつけて太陽王を乗せたスペイン原産の馬、悪魔の馬ジスコについて知った。そして、バルタバスと彼の率いるバレエ団を構成するクリーム色の馬やクリオージョ種の馬、ソライア種の馬について知るためにヴェルサイユへ赴いた。ヴェルサイユ宮殿の大厩舎から馬が姿を消してから一七三年を経た二〇〇三年、バルタバスは大厩舎に馬を戻し、騎手を集めた。彼は、ルイ一四世時代の騎士見習いや貴族の哲学とは大きく異なる哲学を持っていた。

バルタバスことクレマン・マーティは一九五七年、パリ郊外で生まれた。彼の父親は建築家であり、医師でもある。バルタバスは一〇代の頃、モペッドによる事故に遭い、危うく脚を失いそうになった。その際に受けとった賠償金で一頭の馬を購入し、アストリーやフランコーニと同様に旅芸人として活動を始めた。彼が所属した旅回りの劇団はならず者の集まりで、アヴィニョンではスーパーマーケットから食べ物を盗むなどの無法を働いている。バルタバスは一時は闘牛士をめざすもあえなく失敗。その後、ジンガロ一座を旗揚げした。ジンガロは、彼が息子同然にかわいがっていたフリージアン種の黒馬の名である。ジンガロ一座はキャバレーショーのような騒々しいショーを開いた。舞台の上で俳優陣が不規則に並んで控え、ガチョウの群れがよたよた歩き回り、バルタバス扮するひどいうぬぼれ屋の馬使いが自分の馬——堂々たるジンガロ——に怯え、ジンガロは歯をむきだして主人気取りの馬使いをぐるぐる追いかけ、馬使いの服の袖を嚙む。キャンピングトレーラーと馬運車を連ねて巡業していたジンガロ一座は、一九八九年から、パリ郊外のオーベルヴィリエの荒れ地に建てた一座専用の木造の劇場で公演を開くようになった。

ボーシェやアストリーと同じく、バルタバスは馬術学校という世界の住人ではない。ある純粋主義者は彼を高等馬術界のティナ・ターナーと呼んで揶揄した。彼は独力で学び、馬術競技会には決して参加せず、ボーシェが馬をキャンターで後ろに進ませたように、正統から外れた技を馬に演じさせた。

キャバレーショーから始めたジンガロ一座は、高等馬術、跳躍、自由な振りつけを織りまぜたスペクタクルが展開するショーと映画を生みだしている。それらは独特だが、かつての馬劇や一九世紀のサーカス、カルーゼルを思わせるものでもある。バルタバスは、フェデリコ・フェリーニや黒澤明の映画、ピカソの絵といった異分野のものと新旧の馬術を融合させ、馬の美しさを追求する。色の薄いアラブ種の馬はギャロップで自由に進む。筋骨たくましく立派な斑模様の馬は、花に覆われたロマの荷馬車を引いて円形に駆ける。黒く浮かびあがるサラブレッドは揺り木馬や唐代の馬の置物のように佇み、騎手は槍を脇に抱える。アメリカンクォーターホース種の馬は頭を低くし、耳をピクピク動かし、左右に跳ねながら男を追う。濃い葦毛の馬は馬上槍試合場でバックライトを浴びながらピアッフェをする。艶やかな黒毛のジンガロはスポットライトの光の中、白い砂の上を転がり回る。

バルタバスは、馬劇の興行主やカルーゼルの振りつけ師と同様に、ショーに異国情緒を添えてくれるものを取りいれる。例えば、音楽を奏でるチベット僧、インドのラージャスターン州のドラム奏者、メキシコの吹奏楽団、朝鮮のパンソリの演者、モルドヴァのジプシーの楽団。ボール紙で作ったヤシの木や羽で飾りたてたペルシア人は登場しないが、本物のコサックが現れ、インドの伝統武術カラリパヤットの技が披露される。ジンガロ一座のショーに赴いた人は現実を忘れ、「神聖な時間」を過ごしながら「本質を感じる」。ジャズの半音下がった曖昧な音「ブルーノート」を聞く。バルタバスは著書の中で「馬は自らの力によって、今、動いている」と述べている。

クセノポンは武名を上げるために馬を調教し、プリュヴィネルは馬術を治世に関わるものに変え、ゲリニエールは馬術を芸術の域に高め、ボーシェは科学に基づいて調教した。一方、バルタバスは馬が称賛されることだけを願いながら馬とともに演じ、馬の美しさを引きだす。『馬術について』や『乗馬の練習において王に教えたこと』、『馬術学校』を読む愛馬家もバルタバスの前では形無しである。バルタバスはフィリップ・シドニーとは違って「馬になりたい」と思っており、私は馬に囁きかけずに馬の声に耳を澄ますとしばしば口にする。彼はスーティンの心に導かれてスーティンと一体になり、馬の頭を持つケンタウロスを生みだす。

馬が芸術家に肩を並べることを望むバルタバスは、コンテンポラリーダンサーや偉大な指揮者、カンヌ映画祭のパルムドール受賞者と一緒に馬をテーブルに着かせ、オート麦の入った器を糊付けされた布の上に置き、テーブルに着いている人々は微動だにせずに、オート麦を噛む馬の首の筋肉とへこんだり戻ったりする目の上部を凝視する。

バルタバスは著書『芸術家として生きるための声明』の中で、「馬に人生を支配されるという事実を受けいれなければならない。私の人生を形作るのは馬である」と述べている——彼は当初、自分の生業とうまく付きあえなかった。彼は決して多くはない収入の中でやりくりしながら、オーベルヴィリエの劇場の裏手に置いている設備の整った木製のキャンピングトレーラーで暮らしている。プリュヴィネルは馬に「ものの道理を知る」ことを求めたが、バルタバスは馬の要求と馬のリズムに従い、馬を手本としながら訓練を積まなければならないと説いている。

二〇一一年にサドラーズ・ウェルズ劇場で『ケンタウロスとアニマル』が上演され、バルタバスとスーティンは馬の頭を持つケンタウロスを演じた。彼らと共演した日本の舞踏家室伏鴻は、体を曲げたりくねらせたりする暗黒舞踏を披露した。彼は頭を剃りあげ、体を銀色に塗り、時に体をねじり、痙攣のような動きを見せた。バルタバスは四つの演技をそれぞれ異なる馬とともに披露した。スーティンが演じたのはケンタウロス。ホリゾントは、たてがみを剃ったがっしりした軍馬である。ピアッフェを演じ、彼に乗るバルタバスは、聖週間に悔悟者がかぶる先の尖った白色のカピロテで頭をすっぽり覆っていた。アメリカンクォーターホース種の葦毛のポロックは、まるで影のような人物を追いかけ、ポロックが動くと、バルタバスがまとう赤色の長いローブが、水の中に落としたインクのように波打って広がった。ル・ティントレットはゆっくりとくずおれ、彼とバルタバスは床にじっと横たわった。彼らはそれを何度も繰り返した。

私は、一九九三年に制作された映画『ジェリコー・マゼッパ伝説』も鑑賞した。バルタバスは、師匠と仰がれる元軍人の曲馬師の役を演じている。師匠はフランコーニとボーシェの性格をあわせ持っている。一九世紀初頭のパリに立っていた木造のシルク・オランピック劇場が再現されており、そこにコサックの一団、ベルベル人、孤独な弟子が集まる。円形舞台の天井から下がる、ボーシェの上に落ちたシャンデリアのような大きな木製のシャンデリアが床に下ろされ、一同がそれを囲んで食事をする。

イギリス人は馬を前方に疾駆させる。だが師匠はボーシェと同じくそれを嫌い、一時間かけてアルム広場を通りぬけたビーニュ侯爵と同様に馬をゆっくりと進ませる。師匠と馬は目的地点に着くと、キャンターで出発地点に戻り始める。急速に産業化の進む時代に抗うかのように後ろへ後ろへと進む。

この映画はバイロンの物語詩と内容が違う――フランス版マゼーパであり、立腹して少々大仰なふるまいをする伯爵などは登場しない。映画の中で、画家のジェリコーがシルク・オランピック劇場に通い、馬の動きと心を捉えて描こうと苦闘した末、狂気に陥る。そして友人たちによって裸のまま馬の背中に縛りつけられ、馬は、アダ・アイザックス・メンケンやカートリッチをはじめとする馬劇の俳優を乗せた馬さながらに、すさまじい勢いでぐるぐる走り回る。バルタバスは視覚によって芸術を喚起するという美学を持っている。ヴェルサイユ馬術アカデミーの馬の名は偉大な芸術家たちを思いおこさせる。

『ジェリコー・マゼッパ伝説』はカンヌ映画祭で最優秀芸術貢献賞を受賞した。バルタバスはフランスの勲章を受章している――彼のように芸術文化勲章と農事功労賞を受けた人は珍しい。彼は都市間を自由に行き来する。シャルリー・エブド紙の風刺漫画家カビュは、三日月刀の形をしたおなじみの頬ひげのあるバルタバスの顔を描いた。作曲家のピエール・ブーレーズやフィリップ・グラス、舞踊家カロリン・カールソンは彼と一緒に仕事をし、舞踊家ピナ・バウシュは亡くなる少し前、彼に乗馬を教わった。エルメスは彼のために翼を思わせる鞍を作り、ヴェルサイユ馬術アカデミーの馬のために馬具を作っている。アカデミーの騎手はドリス・ヴァン・ノッテンがデザインした舞台用の服を着ている。落ちついた色合いの上品なジャケットは丈が短く、袖口にくすんだ銀色の刺繍が施され、腰の部分に縞模様の帯が巻いてある。冬用のケープには毛皮の襟がついている。

私は二〇一四年一一月にヴェルサイユ宮殿の大厩舎を訪れた。その頃バルタバスはパ・ド・ドゥ形式の『ゴルゴタの丘』をひっさげて、フラメンコダンサーのアンドレス・マリンと一緒に巡業していた。ジンガロ一座は最新の『カラカス』の劇場公演をちょうど終えたところだった。メキシコの死者の日を祝う『カラカス』は、ジンガロ一座の他のショーと同様に二度と上演されない。騎手や音楽家、馬の一部はすでにいなくなっていた。「ジンガロの世界はつねに変化しています」とヴェルサイユ馬術アカデミーの事務員シャルロット・ド・スメは言った。私は彼女に案内されて、奥の階段や赤いタイルが敷かれた廊下を通りながら、アカデミーの中を見て回った。アカデミーには独特の雰囲気が漂っていた。アカデミーの騎手と馬は専属劇団を構成するが、劇団という呼び方はふさわしくない気がする――廊下を歩いているうちに、観光客であふれる町の真ん中にあるアカデミーが、自治修道院か閉ざされた小さな王国のように思えてきた。壁にかかった写真は、稽古室の鏡のように騎手と馬だけを映しだしていた。そこに司祭長はいなかったけれど、あらゆる場所で彼の存在を感じた。

ジンガロ一座には木造の劇場で、アカデミーの劇団には石造の劇場で演じてほしいと私が言うと、アカデミーの理事を務めるマリーヌ・ポンセは「同感だわ！」と答えた。シャルロットはすり減った手すりに手を置き、「今、アカデミーの財務状況はあまり芳しくありません」と明かした。バルタバスは、古い大厩舎に命を吹きこんでほしいとヴェルサイユ宮殿から頼まれてアカデミーを設立した。アカデミーはヴェルサイユ宮殿から施設を賃借りしており、チケットの売上や依頼公演による収入で経費の八〇パーセントをまかなっている。文化省からの支援をいっさい受けていないジンガロ一座とは立場が違い、すべてが順風満帆というわけではない。

バルタバスは二〇〇三年にアカデミーを設立して以来、ヴェルサイユ宮殿で様々なショーを開いている。黒澤明の『蜘蛛巣城』に着想を得たショーでは、金属製の象を乗せた荷馬車がネプチューンの泉の周りを回り、光が仏塔を作りだし、日本の武士が登場し、射手が雄たけびを上げながら的をめがけて矢を放ち、二階に届くほど背の高い幽霊が恐怖に震えた。しかしヴェルサイユ宮殿は、かつらとフロックコートを身につけた人々が登場するようなショーを望み、二〇一三年にベルギーの古典馬術協会の会員を雇い、一六六二年にルイ一四世が催したカルーゼルを再現した。この一件において、バルタバスは当初蚊帳の外に置かれていた。二〇〇七年には、アカデミーへの財政支援を約束した役人が突然、補助金を大幅に減らし、それを知ったバルタバスはカッとなって事務所の暖房器を壁から引きはがした。彼は著書――馬とともにある世界における矛盾と犠牲について綴った書――の中で、「私たちの愛しい世界は現代のあらゆる価値観と相いれない」と述べている。フランコーニ一座やアストリー一座は彼らの劇場が焼けおちるのを幾度となく目の当たりにし、多額の費用がかかる馬劇はしだいに上演されなくなり、ルイ一六世は小厩舎の閉鎖を余儀なくされ、所有する何千頭もの馬の一部を売却した。ジンガロ一座は放浪者やロマのように各地を巡り、経営に苦しむアカデミーは助けてくれる王子を必要としている。

　アカデミーには一二人の騎手が在籍していた――私が訪れた時は一一人の騎手がいた。彼らは、昔の馬術学校の騎手と同様にエクイエ《騎手》と呼ばれている。でも、エクイエル《女性騎手》と呼ぶのが適当だろう。というのも騎手のうち九人が女性だからだ。ウィーン、ソミュール、ヘレス、リスボンの馬術学校よりも女性比率が高い。アカデミーの女性騎手はより自由なウェスタン馬術も演じる。女性騎手は馬を威圧しないから、女性騎手がもっと増えるべきだとバルタバスは記者に語っている。

　フランス人エクイエの中にロシア人騎手がひとり混じっていた。アンナ・コズロフスカヤだ。彼女は楽屋に馬具修理用の作業台を置いていた。彼女が育ったシベリアでは馬具を手に入れるのが難しいから、馬具を修理しながら使う。彼女はアカデミーの馬具の修理を一手に引きうけていた。エクイエはヴェルサイユ宮殿からそれほど遠くない場所にある簡素なトレーラーハウスに住み、少しばかりの給料をもらう。アカデミーは騎手志願者に試験を課さず、資格の有無を問わないが、幾つか階級を設けている。一番上の階級はエクイエ・ティテュレールである。その下にエクイエ・コンフィルメ、エレーヴ、アスピランと続く。志願者は自分の馬に乗る姿を映したビデオテープを送り、審査に通るとオーディションを受ける。エクイエの中にはずっと在籍する人もいれば去る人もいる。

エクイエはフェンシング、馬上フェンシング、日本の武士が嗜んだ弓道、ピラティス、歌も学ぶ。談話室に弓道で用いる長弓が置いてあった。アドリアン・サムソンは子供の頃、ジンガロ一座のショーに魅せられ、騎手としてアイリッシュスポーツホース種の馬と一緒に活動した後、エクイエになり、四年が過ぎた。彼はエクイエが学ぶ選りすぐりの技芸について説明した。「歌は表現力を高め、心を縛るものを解いてくれます。歌における〝外化〟は馬に乗る上で欠かせません」。ピラティスによって体幹の筋肉を鍛えれば、馬上で平衡を保てる。弓道を極めるのはとりわけ難しい。「どれも大切なものばかりです。僕たちは仕事の哲学も学んでいます。バルタバスからはひとりで学ぶ方法を学べます！」

昔のパリの馬術学校は領民と馬を支配する貴族を育てた。片やアカデミーは、禅における無心の境地に達することをエクイエに求める。無心になると人の体は無意識的に動く。アカデミーは、馬が本能的に動くように人が無意識的に馬に乗ることを望んでいる。「私たちは多忙です」とエクイエは口々に言った。「やることが山ほどあります」。彼らはあちこち移動しながら粛々と仕事をこなし、まるでリズムを刻むように馬の手入れをし、馬の体の状態を調べた。

彼らは前庭とキャリエールとマネージュの三つの馬場にいることが多い。ジンガロ一座の騎手は一日をほとんど無言で過ごすと何かで読んだことがある。ペリフェリックと呼ばれる環状道路のそばにある劇場で、彼らは馬に乗ることと馬の体を触ることによって馬と心を通わせる。アカデミーのエクイエは皆話好きで私を歓迎してくれた。でも、忙しい日々を送る彼らは、私が大厩舎を訪れたことなどあっという間に忘れてしまったのではないか。

エクイエは週に六日、午前七時から午後六時までの一一時間を三つの馬場で過ごす。くま手で繰り返しかきならす砂の上で同じ馬の首の手入れをし、馬が首を曲げるのを眺める。毎日何かしら新しいことが起こります、と彼らは口を揃えた。馬は決して同じ動きをしないし、人同士の関係も変わる。ロール・ギヨーム、エマニュエル・ダルデンヌ、エマニュエル・サンティニ、アンナは一二年前の設立当初からアカデミーにいる古参だ。ロールは子供の頃、ポニーと一緒に障害馬術大会に出場し、一〇代でジンガロ一座の一員になった。ロールはこう語った。「一二年も経てば馬と心が通じあうようになります。通じあう心はとても大切です。馬と一緒に過ごすにつれて馬への愛は深まり、馬のことを知れば知るほど馬への思いは強くなり、その愛と思いはショーで表れます」

ウィーンやソミュールの馬術学校の制服姿の騎手と馬は、すばらしい技を守っている。一方、バルタバスは、ジンガロ一座やアカデミーが開くショーや彼が単独で開くショーで幅広い芸術と独創的な表現を追求する。ロールは彼女がめざしていることについて語った。「ショーで馬を活かし、バルタバスの乗馬哲学を伝えたい。高等馬術の技はすばらしいものです。私たちはそれを何よりも尊重しながら、感情とちょっとした芸術的感覚を呼びおこそうと努めています」

ウィーンやソミュールの馬術学校で学ぶ兵士などはただまっすぐ前方を見すえ、バルタバスが率いるエクイエは、バレリーナがつま先の位置を定めるように、顔を動かして互いに目を合わせる。鞍の上で体を傾け、バレリーナがアラベスクのポーズをとる時のように腕をのばす。すべてが表情豊かで、型にはまっていない。彼らの高等馬術の動きは川の流れを感じさせる。ある日、ロールと馬が披露したキャンターによるハーフパスも川を思わせた。その川は突然、斜め方向に滑らかに流れた。

「観客の四分の三は馬の乗り手ではありません」とロールは続けた。「彼らは美しいピアッフェというものがどんなものなのか知りません――私たちのショーはテーマではなく古典馬術に基づいたものですが、観客の心を動かします。観客は私たちの世界に入りこみ、私たちの感覚を共有し、私たちが伝えることを理解するのです」

マヌことエマニュエル・ダルデンヌは古典馬術師の息子として生まれた。彼の父親は、ポルトガルの馬術の大家ヌーノ・オリヴェイラと一緒に仕事をし、フランス南部にあるカルカソンヌで舞台用と闘牛用の馬を育てた。「僕は乗馬哲学を理解していたわけではありません」とマヌは言った。「僕はみんなを楽しませるために馬に乗りました。馬と仲良くし、自分のできることをしたのです。難しいことは分かりませんでした。父たちは僕が生まれた日に僕を馬に乗せ、僕は馬と一緒に育ちました」

マヌ――ひょうきんな芸術家――は元気旺盛だった。私は彼に色々な質問を投げ、彼はそれより多い質問を私に投げかけた。彼は父親のもとで働いた後、フランス共和国親衛隊に入隊した。親衛隊には、パリで政府のために活動する騎兵憲兵やパレード用の馬が所属する。彼はさらにフリーランスとして馬の調教に従事し、古典馬術に近い馬術を追求した。彼はヌーノ・オリヴェイラをル・サクレ・キャヴァリエ《聖なる騎手》と呼んだ。「父はいつも彼のことを話します。南フランスには彼のような乗り手はもういないし、馬術は単なるスポーツになってしまったと言います」

エクイエあるいはエクイエルはそれぞれ、各バレエ団の決まった馬に乗る。少なくとも三頭の馬と一緒に仕事をする。ソライア種の馬は言わば白鳥の雛であり、ロングレーンを用いる馬術を演じる。ロングレーンは昔から高等馬術調教の初期段階で使用されていた。エクイエは馬の後方に立ち、ロングレーンで馬を操る。クリオージョ種の馬は馬上フェンシングで活躍し、流れるような動きを含む演技をする。ルシターノ種の馬は白鳥であり、ポロックやレ・カラヴァッジョ、スーラージュは独演する。エクイエ・ティテュレール――マヌとエマニュエルとロール――はたてがみを刈られた若い新参の馬に乗る。厩舎で私に熱心に話しかけてきた馬だ。

　私が訪れた時、アカデミーではきつい予定が組まれていた。バルタバスは指揮者マルク・ミンコフスキから依頼を受け、翌年一月にザルツブルクで開催されるモーツァルト週間においてショーを開くことになっていた。ショーで使われる曲は知名度の低いカンタータ『悔悛するダヴィデ』である。クリーム色の馬とクリオージョ種の馬が出演し、エクイエルは合唱に加わる――キャリエールのそばにある稽古室から聞こえた女性の歌声は、ショーで歌う曲を練習するエクイエルのものだった。会場はフェルゼンライトシューレである。ここはかつて馬術学校だった。大聖堂を建てるためにザルツブルクの中心で採石が行われ、一六九三年、跡地に馬術学校が建設された。岩壁を削って作った観客席があり、人々はそれに座って馬場で演じられる馬術を鑑賞した。現在、この馬場は歌手や演奏家が立つフェルゼンライトシューレの舞台である。数世紀を経て、かつて馬場だった舞台の上で馬が踊ることになった。

　太陽王の時代、大厩舎に所属する楽団はカルーゼルや閲兵式で演奏し、狩りでは多様なファンファーレを奏で、合図を送る役目を担った。ティンパニ、ドラム、細長いトランペット、オーボエ、横笛、真鍮製のホルン、かすれた音を出すファゴットが軍楽を織りなした。軍馬はドラムの音と銃声を聞き、大厩舎の馬は軍楽を聞いた。現代の大厩舎のクリーム色の馬は、宮廷や歌劇場で演奏される『悔悛するダヴィデ』

を聞く。ただし音楽家ではなくステレオスピーカーを通して聞く。

エクイエから話を聞く合間に、私はマネージュで練習風景を眺めた。橙色の波形の幅木にもたれ、片方の足の裏を壁につけておしゃべりに花を咲かせるエクイエもいた。エクイエは民主的で、アスピランもエクイエ・ティテュレールも仲が良かった。ルイ一四世時代の馬術学校の生徒は階級にこだわり、民主的な関係を築いていなかったのではないだろうか。エクイエは舞台用の服ではなく、ドリス・ヴァン・ノッテンがデザインした平服を着ており、稽古中のダンサーのように見えた。ズボンは細身で、柔らかい薄手のブーツはふくらはぎにぴたりとつき、前掛けは短いスカートのように見えた。準備運動や整理運動をする際は、ジンガロ一座のセーターを脱ぎ着した。馬は、湿った冷気を防ぐために橙色のロゴが入ったチャコールグレーの馬衣で体の半分を覆っていた。馬衣も必要に応じて着脱できる。

エクイエはCDから流れる音楽に合わせて演技をした。私がコートを着て座っていたジッグラトのような階段に、ビデオカメラがとりつけられた三脚が置いてあった。彼らは度々動きを止めて振りつけの細部を確認した。私はマネージュの雰囲気がとても好きだったから、馬を眺めたりエクイエと話したりしながらそこで数時間過ごした。馬場には、ザルツブルクの劇場の舞台の寸法通りに赤色と白色のビニールテープが貼ってあった。一二頭のクリオージョ種の馬には小さすぎるように思えた。彼らは、私が厩舎で会ったルシターノ種のウッチェロと一緒にメヌエット風の踊りを踊る。「二〇センチほどしか違いません」。エマニュエルが昼食の時、振りつけの図解をめくりながらそう言った。巻き毛の彼女は頭を上下に振りながら、携帯電話で録音した音楽に合わせて拍子をとっていた。

ウッチェロに乗るのはマヌとエマニュエルだった。ウッチェロは、ロールが乗るキラーテという名の大きなクリーム色の馬と一緒に踊った。ウッチェロは胸を張って肘を突きだし、馬丁長のフィリップが言った通り、厩舎にいる時よりも堂々としていた。「私たちは若い馬に乗りますが、時々ウッチェロのような大人の馬を購入します。ウッチェロは興味深い馬です――体は小さいですが、彼のピアッフェは見事です」とロールは言った。しかし、このクリーム色の小さな雄馬は問題を抱えていた。ウッチェロは、二重唱曲『起きよ、おお主よ、そして追いちらせ』に合わせてパ・ド・ドゥを踊る。ふたりのソプラノの歌声が高々と響くこの曲はどこか不気味で変わっている。一二小節ではなく一三小節の序奏から始まり、主よ起きて敵を滅ぼしたまえ、とソプラノが甲高い声で歌う。耳をつんざくような歌声は人と馬の心をざわつかせる。ウッチェロはこの歌声を怖がった。

　馬術競技会や狩りの時、馬は人に指示されると音楽や角笛に合わせて動く。果たして馬は音楽に合わせて動く性質を生まれながらに持っているのだろうか、とダーウィンをはじめ様々な人が考えたけれど、馬の音楽に対する反応について調べる実験はそれほど行われていない。人々は「踊る馬」を求めた。ルネサンス期の騎手クロード＝フランソワ・メネストリエは、人と動物の筋肉はリュートの弦のようなものだと述べている。「一本の弦が振動すると、残りの弦も振動する」。そして「楽器が鳴ると、人と動物の体の中で同様のことが起こる」。馬にとって適切な音楽を選ぶために、個々の馬を理解しなければならないと彼は結論づけている。

　最近、厩舎で八頭の馬に異なる種類の音楽を聞かせるという実験が行われ、その結果、馬がベートーヴェンの楽曲とカントリーミュージックを好むことが分かった。ジャズを聞くと馬は明らかに動揺した様子を見せた。イランで実施された実験は一風変わっている。怪我をした一頭の馬に一日一二時間ジャズを聞かせ、もう一頭の怪我をした馬にクラシック音楽を聞かせたところ、クラシック音楽を聞いた馬は三〇日で回復し、ジャズを聞いた馬は体調を悪化させたそうだ。ウッチェロには二重唱曲がジャズのように聞こえるのだろうか。それとも彼はジャズが好きなのだろうか。分からないわ、と言ってロールは肩をすくめた。これは永遠の謎である。一日の半分を馬と一緒に過ごしても、馬のすべてを理解するのは無理なのだ。

マヌとエマニュエルはウッチェロだけをマネージュに連れてきて、二重唱曲に合わせて練習させた。マヌは座面のカーブが深い鞍に力を抜いて、しかししっかりと座り、二重唱曲のウッチェロを最も怯えさせる部分にさしかかっても手綱を緩めたままにしておいた。マヌは平常心を保ちながらウッチェロを円形に歩かせ、次にトロット、キャンターで走らせた。スピーカーから序奏が流れだし、ソプラノの一方が歌い始めた。「起きよ、主よ、そして敵を追いちらし……」。マヌがスパニッシュウォークをするよう指示すると、ウッチェロは神経を集中させ、ひどく気取った調子で馬場の中央を進んだ。マヌに導かれながら恐ろしい歌声に合わせて演技をしたウッチェロは、耳をぴんと立てて首を曲げた。エマニュエルが彼に食べ物を与えている間も、彼の耳はスピーカーから流れる音にさらされていた。

数分間動きの穏やかな演技をすると、ウッチェロは筋肉の力を使って収縮を繰り返すのが嫌になったのか、後脚で半ば立ちあがってから駆けだした。するとマヌがウッチェロを優しく止め、鼻孔を膨らませている彼に再び食べ物を与えた。それから彼を落ちつかせるためにトロットで走らせた。ウッチェロは何事かを思案するように広い額に皺を寄せたものの、扉に向かって駆けたり、マヌを振りおとしたりはしなかった。

エマニュエルは母親のようなまなざしで、苦境から救われたクリーム色のウッチェロを見つめていた。彼女はスピーカーから流れる音に合わせてウッチェロに乗った。「ウッチェロは昔、ある人からひどい扱いを受けました」と彼女は言った。「その人はウッチェロを押さえつけ、強引に動かそうとしました。私たちはそんなことはしません。新しい環境に置かれたウッチェロに信頼してもらうには時間が必要です。バルタバスの希望でウッチェロはこの演技をすることになったのですが、ウッチェロはまだ青いのです」。彼女はフランス語で「彼はまだ熟していない」とも言った。

ウッチェロがスピーカーと歌声に加えて馬場の壁を恐れる日もあった。ザルツブルクの劇場の壁は岩壁だ。その前に五〇人からなる合唱隊、三人のソリスト、オーケストラが並んで動き、息をし、雑音を立てる。ウッチェロはスピーカーの前を通るたびに片方の耳をスピーカーの方に傾けた。エマニュエルが音量を上げ、葉を思わせるシャンデリアが下がる天井に恐ろしい歌声が響き続けた。

マヌが速度を落として収縮させた後、ウッチェロはトロットで堂々と進んだ。ここまでは上々だった。次に力いっぱいパッサージュをしてから、神経を集中させて再びスピーカーの前を通った。マヌはソプラノの甲高い歌声に合わせて速度を落とし、ピアッフェをするようウッチェロに指示した。ところがウッチェロは興奮してくるくる回り、鼻孔を激しく震わせながら跳ねだした。まるで大きな鹿のようだった。一回、二回、三回、四回とウッチェロが跳ねる間、マヌはほとんど動かなかった。その後ウッチェロを円形に進ませてから、スピーカーの方へそっと促した。

ウッチェロが少したどたどしく、トロットでスピーカーの前を通りすぎると、マヌは数分間手綱を緩めた。ウッチェロに話しかける彼の声が、ジッグラトのような階段に座る私の耳にも届いた。マヌは一〇分から一五分ほどウッチェロを慎重に動かし、落ちつきを取り戻したウッチェロは恐ろしい歌声に合わせてスパニッシュウォークをした。後から、マヌは自分を皮肉るように「スポーツはお好きですか？」と私に言ったけれど、彼の乗馬はスポーツを感じさせなかった。馬はパッサージュやクルベットをする時、恐れや無作法な態度といった人が伝えるものすべてを受けとる——馬術指南書の著者は誰もがそのことを知っていた。ウッチェロが最も恐れるものの方へ向かわせる際、マヌは必ず体を使って彼に安心感を伝えた。緊張しているウッチェロを優しく促しただけであり、私にはそれが悪いことだとは思えなかった。

マヌは、オリヴェイラや真の騎手のもとで馬を育てるだけでは飽きたらず、アカデミーに入ったそうだ。「馬を尊重したいなら急ぎすぎてはいけません。ここでは馬の声に耳を傾け、時間をかけて馬に教え、馬の考え方を変え、一緒に仕事をします。僕たちは馬に対して崇拝に近い気持ちを持っています」

ザルツブルクの劇場の舞台に立つ日が近づいていた。ウッチェロの技術面は問題なかった——後は歌声に慣れさせるだけだった。キラーテがロールを乗せて入ってきた。この冷静沈着なクリーム色の馬は馬場の中央まで進んだ。ロールは冷えを防ぐためにジャケットの袖の内側に手を引っこめていたが、キラーテが管骨の部分を掻きおえると手綱を取った。キラーテはエマニュエルを乗せたウッチェロと一緒にパ・ド・ドゥを踊った。一番手のソプラノが歌い始めると円や長い曲線を描くように動き、二番手のソプラノが歌いだすとウッチェロが加わった。彼らは歌声に合わせて踊りあった。落ちついたキラーテのそばにいる間はウッチェロの神経の高ぶりも収まっていた。キラーテから離れると気弱な表情を見せたものの、歌声を恐れなかった。扉のそばで煙草をふかしながら眺めていたエクイエは、それぞれ自分なりにウッチェロの行動を解釈して助言した。

一一月の陰鬱さが漂う中、葉を思わせるシャンデリアの電球の弱い明かりと大きな戸口から差しこむかすかな光が当たると、ウッチェロのクリーム色の体の丸みを帯びた部分やキラーテの四肢が輝いた。階段に使われている未加工のパイン材は、演技をする馬のにおいよりも強いにおいを発していた。馬がビニールテープを越えて体を震わせると地面と空気が振動した。音楽の音量が下がると、クリーム色の馬の銜がカチャカチャ鳴る音、鞍の軋む音、深い皺の寄る曲がった馬の首を騎手がポンポン叩く音、曲を聞く馬の耳に騎手がチュッとキスをする音が聞こえた。エクイエの体は足だけが動いているように見えた。

馬術では緊張と緩和が繰り返される。馬が砂の上に描く曲線は、馬が力を集中させて収縮する時の体の曲線に似ていた。騎手を乗せた馬の背中は少し山なりになり、臀部は丸みがあり、ピアッフェをする際に体下に入る後脚も曲線を形作った。鏡に映る馬の首も曲がっており、首の周りにある大勒手綱は半円形に垂れていた。ウッチェロの鼻孔は丸く膨らんでいた。キラーテよりもたくさん動き、緊張と緩和を繰り返した彼は喘いでいた。ロールとエマニュエルの体は、丸みを帯びた馬体から上にまっすぐのびていた。良い演技では、騎手の臀部が馬に語りかけ、馬は——両者の間には革と木でできた鞍が存在する——臀部の微妙な動きを苦もなく理解し、騎手はほとんど体を動かさずに馬を操るというスプレッツァトゥーラを見せる。

皆が見守る中、ウッチェロはキラーテに近づくために、キャンターで急曲線を描くように進みだした。しかし正しい動きができなかった。この難しい動きについて意見が交わされ、マヌともうひとりのエクイエが「ギャロップ」で急曲線を描きながら砂の上を走り、ウッチェロはその様子を賢そうな顔つきで見つめた。二度目の挑戦でエマニュエルとウッチェロは正しく動いた。この成功における騎手と馬の貢献度がどの程度なのかは分からない。

練習が終わると、エクイエは馬から下りて散り散りに去った。マヌとエマニュエルとロールは私が帰る時も演技について話しあっていた。ウッチェロとキラーテはチャコールグレーの馬衣で体を包み、彼らのかたわらで休んでいた。ウッチェロはまだ耳をそばだて、私たちを不思議そうに見つめていた。私は表戸から出てキャリエールに向かった。騎手はウッチェロに指示を与え、彼と関係を保ち、クセノポンが勧める通りに彼にそっと圧力をかけ、あるいは圧力から解放する。ウッチェロはそのことをどう思っているのだろうか？　彼が踊るのは踊りたいからなのか、それともマヌとエマニュエルに褒められたいからなのか？　果たして馬が褒められたいと思うだろうか？　馬にとって音楽とは何なのか？　それは謎である。

一二

土曜日の夜、私はアカデミーのショーのひとつである『騎手の道』を観るためにマネージュに赴いた。キャリエールに芯が太くて丈の低いろうそくが並び、火が灯っていた。チケットは完売だった。それまでの三日間、私がひとりでのぼりおりした奥の軋む階段は、冬用のコートを着こんだ人々でいっぱいだった。彼らは暖かい橙色のホワイエに向かっていた。私たちは、橙色の小さなパッドが敷かれた階段に並んで座った。ピクニックテーブルについて食事を待っているような気分だった。

ショーでは、まず三人のエクイエルが射手として徒歩で登場した。弓を携え、灰色の長いローブをまとい、革製の胸当てをつけ、髪を後ろで束ね、右手にスエード製の手袋をはめた射手はドラムと鐘の音に合わせて、厳かな調子で観客に対して横向きに立ち、白い羽のついた矢を弓につがえた。観客は音と儀式的な動きのリズムに身をゆだねた。次々に放たれる矢は馬場の端の暗がりに消えた。射手はお辞儀をし、並んで退場した。

次に馬が登場した。ロールとルシターノ種の黒いスーラージュは、バッハの荘厳な曲に合わせて収縮しながら演技をした。最初は歩き、次にトロット、キャンターで進み、デュエットとカドリーユを踊った。クリオージョ種の馬とフェンシングマスクをかぶったエクイエは、馬場の両端から猛烈な勢いで駆け、エペをぶつけあった。静寂の中、ロールとスーラージュは演技を続け、ヌーノ・オリヴェイラの言葉が重々しく読みあげられた。「馬術は克己心と人間性を培わせる……馬術は人を磨く……称賛されても公的な成功も自己満足も求めず、馬と対話せよ」。この言葉について考えを述べるかのように馬が口を動かし、銜がカチャカチャ鳴った。

ショーはメヌエットに合わせて順調に進み、三分の二ほど過ぎた頃、馬場が真っ暗になった。それから、葉を思わせるシャンデリアの小さな明かりが灯り、赤みがかったほのかな光に五頭のクリーム色の馬がぼんやりと浮かびあがった。彼らはたてがみを短く刈られた新参の馬で、薄い紐で作られた端綱だけをつけており、橙色の長いスカートをはいた五人のエクイエルが端の暗がりにじっと立っていた。曲はストラヴィンスキーの『春の祭典』だった。この曲の心を乱すような不気味な不協和音がスピーカーから流れだすと、馬が膝を曲げて砂の上に座った。ラクダの座り方に似ていた。それからごろごろ転がり、被毛は赤っぽい光を受ける砂にまみれ、筋肉のラインが見えなくなった。馬は転がるのをやめると脚を広げてしっかり立ち、体を揺すった。彼らは流れる音楽を気にするでもなく、ピアッフェをするでもなく、ただ前かがみになって体をよじり、砂を蹴った。

たてがみが刈ってあるため彼らの頭と首は異様に長く見え、ドラゴンやトカゲを思いおこさせた。転がった後、鼻と鼻を寄せ、跳ねて離れ、首を噛みあい、頭と頭を絡ませ、唇を上に向けた。一頭の馬が跳ねてから走りだし、もう一頭が耳を後ろに倒し、頭を下げて後を追った。追われる馬は追手に向かって後脚を蹴りあげ、おならをした。それからふいに前脚を止め、くるりと回り、しつこい追手を逆に追い始めた。一頭、二頭、三頭とキャンターで集まってさっと輪になり、一瞬後に輪が崩れ、馬はそれぞれ違う方向へ進み、脚を止めて後脚を蹴りあげた。二頭のクリーム色の馬がお互いに首の部分を毛づくろいしあった。

「選ばれし生贄への賛美」の部分で金管楽器の音が高く鋭く響き、弦が激しくかき鳴らされ、ティンパニが連打されると、五人のエクイエルが馬場の中央へ走りでて、ダルヴィーシュ（スーフィー教団の修道僧）のように腕をのばして旋回し、橙色のスカートが翻った。

音楽や旋回に刺激されたのか、馬は戯れるのをやめ、いっせいに凄まじい勢いでエクイエルの周りを同じ方向に回りだした。砂埃を立て、階段の前方にある低い柵のそばで横滑りし、尾を上げ、耳を倒し、回転による遠心力に身をゆだねた。ぼんやりしたスカート、ギャロップで駆ける馬の体、振りあげられた尾が回転のぞき絵の絵のように回り続けた。柵に近づこうかというところで音楽がやみ、エクイエルが地面に倒れ、クリーム色の馬は一頭また一頭と速度を落とし、耳を立て、再び優しい表情になった。彼らはエクイエルのもとに歩いていき、ユニコーンのように膝につくまで頭を下げ、捕らえられた。

力

バイオ燃料を生む干し草

機械が使えない場所で五〇人分の仕事をこなし、人間の日々の労働の一端を担う彼の姿をあなたは見つけるだろう……彼は人間とのみ団結する……彼は機械のような正確さで働く。彼は決して壊れない機械である。（『パテ・ピクトリアル』が見る人類の最良の友、一九四七年）

一

平底船の床板が動いたので、大きな葦毛の馬は、スープ皿のような形をした蹄にかかる重心を調整した。船はつねに縦横に揺れているから、彼は動かないものの上にいる時の感覚を忘れてしまったのではないか。頭上の帆の立てる音も動きももう気にならないようだった。彼は六か月にわたり、東インド会社の船のギシギシと鳴る船倉に設けられた狭い馬房の中で過ごしていた。まずイギリスから喜望峰を回り、インド洋を抜けてムンバイに至る一万一〇〇〇海里の航路を進んだ。それからカッチ湾のうねる海原を渡り、広くて茶色いインダス川の急な流れをさかのぼった。この川は、チベット高原の雪解け水を集めてアラビア海に注ぐ。途中、激しい嵐に見舞われて帆が破れ、上流で砂州に乗りあげ、アウドで銃撃を受けた。その後、現地軍から歓迎された。

インド北西部の平原を蛇行する川を進みながら、大きな葦毛の馬は時には足をふんばり、時には揺れに身をまかせた。砂州に打ちあげられた湿った泥のにおいに親しみ、鼻をクンクンいわせて岸から漂ってくる奇妙なにおいを嗅いだ。夜は、水夫の使う水煙管から立ちのぼる大麻と阿片の香りに癒された。

大きな葦毛の馬は、目の前に置かれたかいば桶の中の干し草をモグモグ嚙んだ。そばに、斑点を持つ四頭の葦毛の雌馬がいるので心が安らいだ。雌馬も干し草を食べていた。水夫が帆綱を引きながら太鼓の音に合わせて歌を歌うのを聞いた。「世界を見てきた者よ、流れは優しい。すぐに綱を引け。良い港がある」

時々船は川岸に寄り、草が積みこまれた。船に乗っているイギリス人は、平和目的でやってきたということを伝えるために、土地の支配者のもとを訪れた。わんさと集まった住人は、葦毛の雄馬とおとなしい雌馬がとても大きいので畏怖した。彼らの馬は軽量で小さく、真っすぐな短い首と美しい蹴爪毛を持っていた。大きな葦毛の馬は餌を満足に食べられず、苦しい旅路を経てきた。だが、それにもかかわらず体重は二〇〇〇ポンド近かった。筋肉隆々の胸からがっしりした臀部までの胴体の大きさは大樽ほどで、管骨は、三本の華奢な牛の脚を合わせたくらいの太さがあり、密生したたてがみはヤクの冬毛のようだった。白い蹴爪毛は長く、彼が脚で蝿を払うたびに揺れた。並んで餌を食べる彼と雌馬の曲がった首は石造りのアーチ道を思わせた。かたわらに置かれた木箱に、大きな金色の馬車が入っていた。大きくて忍耐強い彼らが引く馬車である。インダス川をさかのぼる彼らは暑さで汗だくになりながらも、王者の威厳を漂わせており、子供のようにすなおだった。

遠征隊の隊長を務める若いスコットランド人は、時おり行く手に目をやった。彼の関心は川岸に向いていた。彼は川岸の様子を観察し、記録し、歴史家クイントス・クルティウスとアッリアノスの装丁された本で調べた。ヒュダスペス河畔の戦いにおいて、アレクサンドロス大王がポロス王率いる戦象部隊を壊滅状態に追いこんだ場所を彼は通っていた。若いスコットランド人の名はアレクサンダー・バーンズである。この名はアレクサンドロス大王にちなんだものだ。遠征隊は彼とふたりのイギリス人、土地の医師、従者で構成されており、イギリス軍兵士は加わっていなかった。バーンズは、二六歳にしてすでに東インド会社軍の一〇年来の古参だった。ハンサムで傲慢なところがあり、ヒンディー語とペルシア語を流暢に話した。彼はインド総督の命を受け、一八三一年一月に遠征の途についた。彼は何年も前からこの遠征を行いたいと思っていた。

船は、インダス川の支流のほとりにあるラホールに向かっていた。そこには二重の城壁と堀に守られたランジート・シングがいた。彼は初代マハーラージャとして即位して以来、三〇年にわたり、唯一の支配者としてパンジャーブ地方に君臨していた。好戦的で、威風堂々とした情け容赦ないシングは自分の帝国を築いた。イギリスのウィリアム四世は、アフガニスタン北部を脅かしつつあるロシアからイギリスが支配するインドを守るために、シングと同盟を結びたいと思っていた。

バーンズ一行はシングが馬に乗ることを知っていた――一説によると、シングはライラという名のペルシアの美しい黒馬を手に入れるべく、アフガニスタンに戦争をしかけた。シングへの贈り物はイギリス帝国の気前の良さと強さを示すものだった。イギリスは、ヨーロッパの人々から最も求められているイギリスのサラブレッドではなく、大きな葦毛の雄馬と雌馬――ビール樽が積まれた荷馬車を醸造所からパブまで引くべく生まれついた馬――を贈り物として選んだ。インド総督は添書の中で大きな馬のことをイギリスの馬だと言っている。でも、これは必ずしも真実ではない。添書は、バーンズ一行の荷物のうちのひとつである金襴袋に収められていた。

殿下がアジアで最も名高い種類の最も美しい馬をお持ちだということをわが国の王は知っていますが、ヨーロッパで最も優れた種類の馬を持つことは殿下にとって好ましいことだと考えました。殿下に喜んでいただくために、王はイギリスの大きな種類の馬を選ぶよう私に命じました。

もしかしたら、フランドル人は異議を唱えたのではないか。というのも、大きな葦毛の馬の祖先は何百年にもわたり、フランドル地方の大きな黒馬との交配を繰り返していたからだ。あるいは、イギリスの農民がこれらの馬に目をつけて骨太の驚くべき馬を作りだした、とフランドル人はしぶしぶ認めたのかもしれない。ルネサンス期の「大馬」より二倍ほど大きな体軀を持つ大きな馬は、収穫されたばかりの作物を食べ、水はけのよい土地の芝の上で育った。大きな葦毛の雄馬と雌馬は骨の髄からのイギリスの馬だとも言える。デストリアと呼ばれる軍馬を思わせる大きな馬は、交易によって豊かになったイギリスで作出され、イギリスが空前の経済発展を遂げる世紀においてその力となった。

船はラホールの近くで接岸し、大きな葦毛の雄馬と雌馬は一頭ずつ引かれながら船から下り、蹄でぎこちなく土を踏み、食べ物と他の馬のにおいを求めて辺りを歩き回った。エメラルドとダイヤモンドを身につけたレヌ・シングという名の高官が畏まって一行を出迎え、馬の歩きぶりを今すぐ見たいと言い、馬をマハーラージャのもとへ運ぶ方法を詳しく尋ねた。バーンズは後にこう記している。

馬について質問を浴びせられ、答えるのに一苦労した。イギリスの王から贈られた馬だからあらゆる点で桁外れなのだろうと彼らは信じていた。ギャロップやキャンターで走り、この世で一番俊敏な動物と同じように動くのだろうと思っていた。荷馬車馬がそんな風に人から思われたのはこれが初めてだった。彼らは馬の脚を見た時とりわけ驚いた。蹄鉄がルピー銀貨一〇〇枚分の重さ、あるいはこの国の馬の蹄鉄四つ分ほどの重さがあることを知ると、ひとつだけ先にラホールへ持っていくのを許可してほしいと懇願した。

蹄鉄は先に宮殿へ運ばれ、バーンズとイギリスの役人は東洋的な儀式ばった調子で城郭都市に向かって進んだ。彼らは別の平底船に乗りかえて支流をさかのぼり、ラホールにどんどん近づいた。行く先々でルピー銀貨がたくさん詰まった袋や砂糖菓子、果物、幾反ものカシミアの織物をもらった。ヒマラヤの山々が遠くに見えた時、バーンズは息を呑んだ。

彼らは次に象の背中につけられた象かごに乗った。彼らの前を荷馬車馬が静かに歩き、金色の馬車は男たちに引かれて行列の先頭を進んだ。マハーラージャが彼らを迎え、六〇丁の銃から二一発の礼砲が放たれた。カッチ湾を発ってから六か月が過ぎていた。マハーラージャは背が低く、たくましい体つきをしており、あばた面で片目を失っていた。バーンズによると彼は「少しも飾らない人物」で、馬をすぐに見たがった。

彼は馬を目にしてすこぶる驚嘆し、馬の大きさと色を気に入り、この馬たちは小さな象だと言った。馬が一頭ずつ彼の前を歩き始めると、彼は高官と役人を呼び集めた。高官は彼と一緒になって馬を称賛した。

マハーラージャはインド総督に返書を送った。それは丁寧で大仰な言葉がしたためられた巻物で、五フィートの長さがあり、引き紐に真珠があしらわれた絹袋に収められていた。

私の厩にはインド各地、トルキスタン、ペルシアからやってきた高貴な馬がいます。しかし、閣下を介して王から私に贈られた馬たちにはどの馬もかなわないでしょう。世界のあらゆる国のあらゆる町の馬よりも、彼らの方が美しさ、大きさ、性質において勝っています。彼らの蹄鉄を見れば、新月は羨ましさのあまり色を失い、空から消えそうになるでしょう。宇宙に浮かぶ太陽も彼らのような馬を見たことがなかったのです。彼らを称えたいのですが、ふさわしい言葉が見つからないため、もう筆を置くしかありません。

バーンズ一行は幾日かにわたり客としてもてなしを受けた。彼らを驚かせようと様々なものが披露され、シングは厳かに軍隊と厩を見せた。バーンズの驚いたことに、大きな葦毛の馬――もしかしたら雌馬のうちの一頭だったのかもしれない――は金色の衣をまとい、背中に豪華な象かごをつけており、王の馬へと変わっていた。バーンズは辟易した。何日も立派な式典に参列し、もてなしを受け、ごちそうや珍味、涙が出るほど高価な飲み物を口にし、カシミアの織物をもらい、娘たちの踊りや宝石――その中にはコ・イ・ヌールと呼ばれるダイヤモンドもあった――アラビアやペルシアの馬を眺めた後だったからだ。彼は華麗な衣に身を包んだ荷馬車馬に向かってほくそ笑んだ。新月よりもすばらしい蹄鉄！　小さな象！

金ぴかの衣！　マハーラージャの厩には毛深い脚を持つ荷馬車馬の他に、優美なアハルテケ種の馬がいた。その馬はエメラルドがあしらわれた馬具をつけていた。

荷馬車馬は言わばトロイの木馬だったが、マハーラージャはそのことに気づいていなかった。イギリスは単に外交における善意から馬を贈ったわけではない。バーンズ一行がインダス川を密かに調査するための時間を獲得しようという意図があった。イギリスは、長く歩かせると馬が命を落とすおそれがあると主張し、インダス川を通る許可を得た。こうしてインダス川の地図を作る機会を手に入れた。その地図は将来イギリスの役に立つ。だからバーンズはほくそ笑んだのだ。

バーンズが生きていた一八三一年当時の世界では、使役馬が人々の毎日の生活を支えていた。大きな使役馬と軽量で地味な無数の使役馬がイギリスの力になっていた。イギリスが産業革命と農業革命に成功したのは、技術者、勤労大衆、そして幅の広い胸と木のような脚を持つ協力的な馬のおかげである。アハルテケ種の乗用馬でも、斑点を持つ大きな葦毛の馬にはかなわないというシングの言葉は正しかった。*

バーンズは八月にラホールを発ち、シムラーへ向かった。それからブハラを探険し、イギリスで一躍名を知られるようになった。けれども、ちょうど一〇年後、非凡な経歴に終止符が打たれた。滞在していたカブールで暴動が起こり、アフガニスタン人に体をずたずたにひき裂かれて亡くなったのである。大きな葦毛の雄馬と雌馬たちがどのような運命をたどったのかは分からない。一九世紀前半のパンジャーブ地

* 外交上の贈り物としてイギリスからはるばる運ばれた使役馬は、ラホールの荷馬車馬だけではない。イギリスは一八三五年、ジョリーという名の重種の馬を含む五頭の馬をオスマン帝国の皇帝に贈っている。皇帝は喜びの気持ちを表すために、イギリスの領事に金品を贈った。しかし、分別のある領事はジョリーの馬丁にそれを渡した。さらに皇帝はイギリスの王と領事への贈り物として、かぎ煙草入れをふたつ作らせた。そのかぎ煙草入れは五〇〇〇ギニー分の価値があり、蓋に皇帝の肖像が描かれていた。

方の気候と餌の乏しさに耐えて生きのびたのだろうか？　土地の馬と混じりあい、彼らの太い骨と白斑を後世の馬に伝えたのだろうか？　それとも、イギリスの雪豹と同じように、異国のたぐいまれな生き物としてラホールで生涯を終えたのだろうか？

二

さて、ここで、ヴィクトリア朝時代のある年のロンドンに戻ろう。そこでは、バーンズが知らない馬たちが働いている。街は騒がしく、女性はクリノリンをつけ、男性は背の低い、あるいは高いシルクハットをかぶっている。鉄道は開通しているけれど、自動車はまだ通りを走っていない。国は馬に合わせて動き、国民は生きるために、かいば、蹄鉄、かいば桶を手に入れようとしている。

この馬の時代のイギリスの中心地に、ひとりの独身の紳士が暮らしている。この紳士は裕福ではないが貧乏でもない。質素な家に住んでいるものの暮らし向きは良く、使用人をひとり雇っており、きちんとした収入がある。でも馬を所有していない。

午前二時、彼はベッドでぐっすり眠っている。彼は午前零時を少し回った頃に辻馬車で帰宅した。辻馬車を引いていた痩せこけたアイルランドの雌馬は、昔はすてきな日々を送っていた。彼女の主人は、昼間は彼女を通りに出さない。大きな帽子をかぶる疲れきった婦人を乗せたくないからだ。紳士を家まで運ぶと、雌馬は客を求めて坂道を進んでいった。彼女の夜の仕事はまだ終わっていなかった。

紳士はまだ眠っているけれど、輓馬は目を覚まし、お腹をグーグー鳴らす。もうすぐ、馬丁があくびをしながら、オート麦、トウモロコシ、刻んだ干し草、豆、ふすまを混ぜあわせた餌をかいば桶に入れる。

輓馬の毛色は葦毛、鹿毛、茶色、栗毛で、どの馬も単色だ。がっしりした体格をしており、ラホールの大きな葦毛の馬と同じくらい大きい馬もいれば、軽量の馬もいる。軽量の馬は太い脚を持っており、足が速い。毎日、ロンドンの道——木材、花崗岩、アスファルトで舗装されている——を二五マイル走り、四、五年後には骨も靭帯も腱も使い物にならなくなる。W・J・ゴードンが述べているように、「列車が運ぶものを荷馬車が引きうけ、荷馬車が運ぶものを列車が引きうけなければならない」ため、輓馬の一日の始まりは早い。彼らはピアノからシャクヤクまであらゆるものを運ぶ。イギリスのすべての町と村において、毎年、重さにして八一〇〇万トンの鉄道貨物と船や艀が輸送する種々雑多な貨物を運ぶ。ロバート・スチーブンソンが設計したロケット号をはじめとする蒸気機関車が登場し、馬車馬と荷馬車馬は一旦時代遅れの代物と化した。ところが、蒸気機関車の調子が悪い時に蒸気機関車と車両を側線に入れる役割、あるいは側線から出す役割を輓馬が担うようになり、再び彼らに対する大きな需要が生まれた。鉄道が開通すると、複数の馬車屋が荷馬車屋に鞍替えした。

駅の厩には何百頭もの輓馬が住んでいる。ブロード・ストリート駅とカムデン貨物駅にある風通しのいい黄煉瓦造りの厩——兵舎や倉庫を思わせる厩——に、運送会社のピックフォーズ社とワイン商人ウォルター・ギルビーが所有する馬がいる。彼らは線路の下に掘られたトンネルを通って運河へ向かう。パディントン駅のかたわらに三階建ての厩が立っている。煉瓦が敷かれた中庭に、上階の厩へ続く、幅が広くて勾配の大きなスロープがある。天気が良くて明るい日は、厩からのびる通路で馬の手入れが行われる。*

馬が朝食べた餌を消化している間に、馬丁は藁を詰めた重い首輪を部屋から取ってくる。部屋が暖められていたから、昨日首輪に染みこんだ汗はすっかり乾いている。首輪は「暖かく、清潔な靴下のように気

---

* パディントン駅の厩は、現在もセント・メアリー病院のミント棟として残っている。

持ちいい」。輓馬は午前二時に外に出る。馬丁はすでに、鯨のひげが使われている上等なブラシで馬を手入れし、蹄に詰まった藁や糞を取り除き、蹄を傷つける釘や石が落ちていないかどうかを確認し、馬の体が締めつけられたりすりむけたりしないよう馬具を調整している。馬丁は輓馬に暖かい首輪をつける。止まっている荷馬車を引き始める時に最も力を要するので、いったん動きだしたらできるだけ止まらない方が馬にとって楽である。彼らはコヴェント・ガーデン市場をめざす。荷馬車には、前の晩に列車が運んできた農作物や新鮮な魚、花が積んである。

彼らは通りで清掃人や清掃機を引く馬に会う。清掃機はベルトコンベアに幾つかのブラシを取りつけたもので、ブラシを回転させて路面を磨く。「五〇万の荷車の車輪と少なからぬ数の馬がつけている蹄鉄」が「つねに（路面を）削って粉にする」。この粉と釘、煤、岩屑、落ち葉は集められ、荷馬車に積まれたじょうご形の容器に入れられる。ある馬は水の入った樽を積んだ散水馬車を引きながら、通りに水を撒いて馬の尿を洗い流し、埃を抑える。

雪が降ったら、可能なかぎり通りから雪を取り除かなければならない。少年と若い女性の一団は、ブラシとシャベルを携えて通りの脇で待機し、「目にもとまらぬ速さで往来を横切り、歩道でおどおどしている人のもとへ行き」、彼らのために馬の糞を回収する。アーサー・マンビーはこう述べている。「彼女は、馬車の車輪がはねた泥を浴びながら大きな箒でせっせと掃き、馬の頭の下をくぐりぬけ、臆病な婦人と神経質な老紳士が危険な通りを渡る手助けをしようと待ち構えている」。馬の糞は厩の汚れた藁や泥炭と一緒に、ロンドン周辺の州にある市場向け菜園に荷馬車で運ばれる。少年が取り残した糞は乾燥して舞いあがり、ロンドン市民がまとう外套の毛羽の間、彼らの喉、玄関の床板の溝に入りこみ、街に立つ彫像の鼻を汚す。

教区教会が所有する馬と石炭を運ぶ馬は、それぞれ午前三時と午前四時に干し草、切り藁、クローバー、オート麦を食べ、泥炭が敷かれた柔らかな寝床でしばらく休んでから働きだす。彼らは重くて大きく、「強健な脚」と「立派な尻」を持ち、泰然とした様子で荷物を集める。件の紳士が雇っている使用人は、目を覚ますと主人のために火をおこす。その頃、石炭を運ぶ馬はひと仕事終えている。「坑道馬」と呼ばれる、純血種の血を引くずんぐりしたシャイアー種の馬とウェールズ地方の短足の丈夫な馬は、ウェールズ地方の炭坑から石炭を運びだし、小さなポニーは一番狭い坑道で荷馬車を引く。彼らの目は革で保護されている。コーンウォール州の海岸から一マイル離れたイギリス海峡の海底下に、レヴァント鉱山の坑道がのびている。あるポニーはこの坑道で銅と錫を運び、海底下のむっとする厩で眠る。ある馬は、石炭と鉄鉱石を積んだ荷馬車を坑口から貯蔵所まで地上の線路に沿って引く。使用人が焚きつけに火をつけている頃、別の馬はダービーシャー州の森の木を倒し、製材所まで引いていく。その馬は製材機を動かすために踏み車を踏むこともある。

教区教会の馬は食べ物の屑、骨、ぼろ布、塵埃、灰、古い金属製品、古瓶といった前の日のごみを回収し、選別、処理されたごみを別の馬が波止場まで運ぶ。ごみは艀でロンドンの外に運びだされる。ある馬はロンドンの下水処理場でポンプを動かし、汚物を馬鍬でならす。上下水道が整備されていなかった頃は、馬がポンプで水を汲みあげ、個人所有の貯水槽を満たし、汚水槽と屋外トイレの汚物を運びさった。

午前五時、シャイアー種とクライズデール種の馬が醸造所から通りに出る。彼らはビール樽を積んだ八トンの荷馬車をパブまで引き、パブの貯蔵室を再びビール樽でいっぱいにし、夕方七時に馬具から解放される。彼らが荷馬車をガラガラと引き始める頃、哀れな辻馬車馬は夜の仕事を終えて厩に戻る。あるポニーとロバは早出の行商人と一緒にコヴェント・ガーデン市場で果物と野菜を仕入れ、ロンドン中の家の主人、使用人、料理人のもとに届ける。

農耕馬は朝の餌を消化すると、手入れをしてもらい、馬具をつけて農場の雑多な作業に取りかかる。たくましい肩を持つ彼らは、必要とあらば何でも取りに行くし、何でも運ぶ。干し草を積んだ艀がエセックス州から河口を通ってロンドンの波止場に到着する。その波止場に馬が荷馬車を引いて向かっている。干し草はやがてロンドンの使役馬のかいば桶に入る。農耕馬は機械を引いて干し草畑を耕し、ならす。そこに種を植え、肥料を撒き、育った草を刈りとり、広げて「天日干し」する。イギリスの西部地方では、踏み車を踏む馬と、短い航路を航行する連絡船の錨巻上げ機を回す馬がすでに仕事を始めている。

午前七時、紳士が起き、油がたくさん入ったランプを灯す。彼は馬が運んできた油を購入した。彼は朝食をたっぷりとる。昨日の午後、肉屋の息子が活発な馬に乗って朝食用のソーセージを配達してくれた。馬はソーセージの入った籠を腹の両脇に下げて、店と得意先の間をすいすい行き来する。紳士のシャツを洗濯屋から運んできた馬は、以前は週に六日辻馬車を引いていたが、今は週に三日辻馬車を引き、そのかたわら洗濯物を運んでいる。紳士が食べたパンは、「樹皮塊」を燃やして熱したオーブンで焼いたものだ。樹皮塊は、バーモンジー地区で馬が粉砕機を回して粉々にした樹皮を固めて作られる。

紳士は、馬が波止場から茶商人のもとに運んだお茶を飲み、今日の仕事とそのうち彼の机の上に置かれる手紙について考える。郵便局の馬は、すでに漆喰塗りの厩で朝食を済ませて街を駆け回っている。彼らの朝食は、蒸気機関で動く機械を使って干し草、クローバー、豆、藁を粉砕し混ぜあわせたものだ。彼らは人々が商売や生活を営んでいけるように、手紙やそれより重い小包を緋色の荷車で急いで駅まで運び、あるいは駅から届け先に運ぶ。

朝食が済むと、紳士は仕事に向かう。歩かない場合は乗合馬車、馬車鉄道、辻馬車という三つのうちのどれかを利用する。通りの辻馬車馬は——一日に四〇マイル走るけれど、まだ働き始めたばかりだから——今は幾分元気そうに見える。辻馬車馬はロンドンの馬の中で一番貧相で痩せている部類に入る。彼らは週に六日働き、三年ほど経つと働く日数が減る。日曜日だけ、あるいは昨晩辻馬車を引いたアイルランドの痩せた雌馬と同様に夜に働くようになる馬もいる。辻馬車の御者の多くは馬を所有しておらず、馬と辻馬車の借り賃を払うのに四苦八苦している。乗客が高い運賃を嫌うから儲けが薄い。辻馬車はハンサム型二輪馬車かクラレンス型四輪馬車だ。辻馬車馬は道が混んでいると歩き、すいているとキャンターで進む。乗客と御者は早く目的地にたどり着きたいと思っている。紳士の家の向かいに辻馬車乗り場があり、そこに立つ馬は頭を膝の辺りまで垂れている。紳士は先週、毅然とした若い女性から小冊子を手渡された。それには辻馬車馬が味わう多くの恐怖——「通りには鞭の音が絶えまなく響いている」——について詳しく書かれていた。彼は悲しげな面持ちでしばし考え、馬に負担をかけないようにしようと心を決める。

馬車鉄道は遅れている——教区委員の懸命の努力にもかかわらずレールに泥が溜まったので、ある馬と彼の相棒はより強い力で五・五トンの馬車を引いている。彼らは人々を乗降させるために停車を繰り返す。彼らの担当区間の距離は一三マイルだ。ほんの数時間で別の組と交代する。だが彼らは、辻馬車馬ほどではないものの他の馬より早く弱る。あと四年もすれば、仕事中か馬房に戻った後に倒れて動けなくなるだろう。

そんなわけで紳士は乗合馬車を選ぶ。乗合馬車馬は、馬車鉄道馬と同様に無骨で角ばった体つきをしている。辻馬車馬より体重が重く、シャイアー種の馬とウェールズ地方の短足の丈夫な馬の中間の大きさだ。上品な馬ではなく骨太だが、重い荷車を引くには小さすぎる。たてがみと尾毛は短く刈ってある。たてがみが馬具に絡まったり、尾毛が飛びちらせた糞が他の馬や通行人の目に入ったりするのを防ぐためだ。乗合馬車馬は雌馬である。彼女たちは一日の大半を厩の垂れ壁の間で過ごす——頭上の鉤に首輪がかけてある。厩には一〇〇〇頭ほどの仲間がいる。時にはちょっとした喧嘩をする。厩長はすべての馬の顔を覚えており、馬はいき届いた世話を受ける。でも、三頭に二頭は路上で死に、たった五年で働けなくなる。紳士は乗合馬車を呼びとめる。彼が馬車を止めたので、馬はそれを動かし始めるためにものすごい力を出さなければならなくなったけれど、紳士はそのことを知らない。三九人を乗せた乗合馬車はとても重い。

御者が鞭を振るうと、首輪をつけた馬は、ため息をつきながら力をこめて乗合馬車を引き始める。馬の時代の通りは、乗合馬車馬などの馬と人の両者にとって危険な場所だ。馬車や荷馬車が馬にぶつかると、馬は怪我するか死ぬかする。荷馬車を引く馬が何かに驚いて疾走し、通行人をひき殺す。轅が馬の体に突きささることもあれば、足元が不安定な場所で馬が滑って立てなくなることもある。一八三四年、ホワイトホールにある大蔵省の近くで、ピムリコ地区の醸造業者エリオットの荷馬車馬が突如駆けだして大きな穴に落ち、馬を穴から引きあげるために足場が組まれた。ジャッド通りを通っていた哀れな辻馬車馬は、「巨大機械オルガン」が奏でだした音に仰天し、金属製の柵の間を通りぬけ、ハンター通り沿いに立つ家の敷地に飛びこんだ。馬と辻馬車を敷地から引っぱりだすのに四頭の荷馬車馬が必要だった。馬がひしめきあう通りは、自動車でいっぱいの後世の通りよりも危険だ。事故や災難に見舞われる歩行者の数も多い。交通整理が行われていないことや交通規則が整備されていないこともその原因ではないか。

人。荷馬車馬。醸造業者の馬。石炭を運ぶ馬。行商人のロバ。教区教会の馬。消防隊の元気な葦毛の馬。霊柩馬車を引くフランドル地方の艶やかな黒い雄馬。この馬は共同墓地に行く道を「熟知」している。医師のギグ馬車を引く馬。田舎からやってきたばかりの貸し馬業者の若い馬。貸し馬業者は、彼らを人に貸す前に大都市の景色と音に慣れさせようと思って通りに連れだした。馬車馬。乗用馬。馬車鉄道馬。小包を積んだ郵便局の四頭立ての馬車。疲れきった馬が引くハンサム型馬車と四輪辻馬車。人と馬を運ぶ救急馬車。廃馬処理業者の荷馬車。廃馬の肉を積んだ猫肉屋の荷馬車。乗合馬車はこれらの間を縫って慎重に進む。

三

馬の時代のロンドンでは貧者も富者も、どのような馬を所有しているかによって人生における達成度を測った。ある人は、テラスハウスの裏庭にある差掛け小屋で一頭のポニーを飼い、ある人は、同じ血統のひと組の馬車馬を居住用部屋付きの厩に住まわせた。人は馬のそばで暮らし、馬のことを絶えず考え、一緒に働いた。馬は人の毎日を最高のものにもし、最悪のものにもした。人は馬の健康を保ち、馬が完全な健康体ではない場合でも馬が働けるようにしなければならなかった。人は馬の価値を維持し、働かせた。釘は必要なものだが、道に落ちた一本の釘によって多くのものが失われることもあった。

居住用部屋付きの厩、馬車置き場、貸し馬業者の厩、かいば商人、廃馬処理業者、馬具職人、鍛冶職人、車大工、鞭職人、轡職人、鼠駆除業者、皮なめし職人、馬用麦藁帽子職人、厳しい馬丁、宿屋の馬丁、馬術師、調教師、普通の馬丁はひとつの統一体だった。これらは、スミス《鍛冶職人》、グルーム《馬丁》、カーター《荷馬車屋》、ウィーラー《車大工》、ウェインライト《車大工》、カートライト《車大工》、ジャガー《荷馬車屋》*、パッカー《馬方》、サドラー《馬具職人》といった姓にその名を留

* あるいは「カーター」

めており、馬は、リッター、カバジェロ、シュヴァリエといったヨーロッパの上流階級の人々に贈られる称号にその名を留めている。

新聞記者ヘンリー・メイヒューは、馬飼いとその家族が「まるでローマの隔離居住区に住むユダヤ人のように身を寄せあって」居住用部屋付きの厩で暮らしていると述べている。安ぴか物や脆いナイフ、ナツメグおろし金、ティーポットを荷馬車に積んで売り回る商人は、洗った桶に馬の餌をたっぷり入れ、あるいはその桶に水を入れて自分の顔を洗った。人は一緒に働く馬と同じ病気にかかる危険にさらされていた。一般的な馬の病気である鼻疽にかかり、敗血症を発症して重篤な状態に陥り、数日で死に至る人もいた。

町や田舎の馬飼いは組合を作り、ボーシェが著した馬術指南書や最新の獣医学書に書かれたものとは異なる教えや知識を受けついだ。その教えや知識の大半は、三〇〇〇年前の人々がクセノポンに先んじて唱えた教えと同様に、時の流れとともに忘れさられた。一部は文字ではなく口伝や実演によって伝えられ、二〇世紀の終わりに馬丁や御者や馬に馬鍬を引かせる農夫がほとんど姿を消すと、ジョージ・エワート・エヴァンス、ブライアン・ホールデン、デレク・ホロウズなどの熱心な口述歴史家が記録した。

アストリーやダクロウが曲馬ショーで披露する芸を称賛した人々は、馬の世話をする人が持つ大きな誇りや馬を操る人の高い技術を尊重した。イーストアングリア地方の農夫は、サフォーク・パンチ種のがっしりした赤色の馬をばんえい競走に出場させ、お金を賭けた。ウィリアム・ユーアットは、この地方の人々が誇る「栗毛」の荷馬車馬についてこう記している。「サフォークの馬は……倒れるまで渾身の力をこめて引いた。すばらしい光景だった。サフォークの馬の一団は、御者が鞭を使わずに合図を送るとしばらく跪き、それからあらゆるものを引いた」。農芸展覧会の耕起競走では、太い脚に蹄鉄をつけた各組の馬が畑を一糸乱れず進んだ。鉱山労働者は競馬を開催した。即席の競馬場に大観衆が詰めかけ、競合関係にある鉱山の男たちが鞍をつけずにポニーに跨って駆けた。ポニーは一分の隙もなく手入れされており、馬勒に鈴が吊りさげてあった。オリンピックのような都市の祭典では、「最上の上品な認可されたハンサム型馬車馬」や「最上の上品な行商人のロバ」が、めかしこんで王や皇帝の前にまかりでた。ロバは、額革に針金でカーネーションをくくりつけ、大きな蝶結びのリボンを耳と耳の間につけた。

一八六八年、ウィリアム・J・マイルズはロンドンにおいて、ビール醸造所の一組の馬が貯蔵室の出入り口で樽を下ろす様子を眺めた。一頭の馬は、人から指示されたわけでもないのに「樽を持ちあげ、戻り、綱を引きさげる」という作業をした。すべての樽を貯蔵室に収納すると、並んで待つ他の馬のもとに歩いて戻り、中庭をうろうろしていた一頭の馬がそれに加わった。

馬が動きだし、マイルズはその後からついていった。驚くべきことに、通りに出るまでの間、御者は「馬に少しも触れなかった。ひしめき合う馬車の間を通りぬける間もまったく触れず、長い黒色の棒に取りつけた縄をただ振り動かすだけだった」。「御者は魔術師だ。魔法の鞭を使っているに違いない」と彼は記している。キビナゴを手押し車に積んで売り歩いていた男性は、メイヒューにこう話した。「田舎で馬と一緒に働けるなら、ここはおさらばするよ」

一番の働き手である馬が特異な行動をとることもあった。ビール醸造を手がけるヘンリー・ミュークス・アンド・カンパニー社が所有していた「たいそう立派な馬」は、自由に厩から出て中庭を歩き回ることを許されていた。彼は醸造会社が飼っていた豚を嫌っていた。豚が彼の餌を食べるからだ。ある時、穀粒が混ざった餌をもらった彼は、それを水槽のそばまで運んで地面にばら撒き、豚たちが現れるのを待った。彼らがひもじそうに鼻をフンフン言わせながらやってくると、尾をくわえて彼らを持ちあげ、水槽の中に入れた。そして「いたずらをして愉快がっているらしく、中庭を跳ね回り」、ご満悦の体で厩に戻った。

ケント州からアバディーンにかけての東海岸地域の馬丁や農夫、馬車と荷馬車の御者は馬飼い協会に所属していた。彼らは情報や知識を共有し、様々な呪術や各種の馬の病気に対する対処法を教わった。イーストアングリア地方の会員は、「愚かな者」、「狂った者」、「大酒飲み」、「主人の馬を虐げる者」、「あらゆる女」に彼らの知識を教えないという厳格な誓いを立てた。また、会員全員がこんな風に誓った。「私の妻または私の雌馬が出産を控えている、私が病気である、私が主人から仕事を言いつかっている、といったやむをえない理由がある場合を除き、私から三マイル圏内にいる仲間を助けに行きます」

次の彼らの誓いは、馬が立てた誓いだとも見なせる。「私は、私の喉が馬飼いのナイフによって耳から耳まで切りさかれ、私の体が野生馬によって引きさかれ、天の四つの風によって地の果てまで吹きとばされ、私の心臓が左胸からもぎとられ、その血が絞りだされて砂浜に埋められることを心から望みます。海は毎日、二四時間の間に満ち引きを繰り返し、誠実な仲間は私を思いださなくなるでしょう。私は神に誓ってこの責務を果たします」

科学に基づいて治療をする獣医が増える中、会員は彼ら独自の強壮薬、水薬、「玉」——リコリス、ターメリック、ヘレボルス、クミン、コショウなどの香辛料の粉末を混ぜこんだ大きな丸薬——を使い続けた。ある乗合馬車置き場の責任者は、「一頭の馬に一パイント半のビール、一頭の馬にマスタード、一頭の馬に発泡薬、二、三頭の馬に湿布薬、奥にいる葦毛の馬に少量のウィスキー」を処方した。ある昔かたぎの二〇世紀の馬飼いは、様々な薬を帳面に書きとめた。「厄介な馬を従わせる」ための薬には微量の阿片と銀粉が入っており、彼は鞭と自分の手、馬の鼻孔の周りにその薬をすりこんだ。

馬飼いは自分たちで考えた方法で馬を調教し、ボーシェのような馬術師やジョン・ソロモン・ラリーのような興行師のやり方に倣わなかった。ラリーはオハイオ州からはるばるイギリスにやってきて、「野生馬を慣らす最新の技」を披露した。当時の人の話によると、「身分の高いご婦人方がその技を使ったところ、荒くれのサラブレッドが一〇分後にすっかり手なずけられ、借りてきた猫のようにおとなしくなった」。ラリーはイギリスの上流階級の人々や軍人に人気があったけれど、農夫や曲馬師は騙されなかった。彼らは、ラリーが馬に我慢を強いること、とりわけ御しがたい馬を従わせる際に馬の前脚を縛ることを知っていた。

馬飼いが後世の人のために書き残したものはわずかしかないが、彼らの主人が書いたものは数多く存在する。中流階級の人々や貴族は飼育手引きを作成している。それには、馬丁が上等な飼料をちょろまかして貧しい人々に売ったり、馬丁の不注意によって馬具に馬の皮膚が挟まったり、鞍ずれが起こったりするのでつねに気をつけておかなければならないと書いてある。アイルランドの女性騎手ナニー・パワー・オドナヒューは、乗用馬の世話をしてもらうために雇っていた馬丁を快く思っていなかった。

> 馬丁はだいたいにおいてひどくいい加減だ……蹄鉄が緩んでいても気にしない。彼にとっては何の不都合もないのに、気にする必要などあるだろうか？　彼は、雨の中、ぬかるんだ道を通って馬を鍛冶場まで連れていくことも、鍛冶職人が仕事を終えるのを立って待つことも好まない。厩の扉に寄りかかって仲間と一緒にパイプをくゆらす方がずっといいと思っている。

先輩のやり方を見よう見まねで学ぶ未熟な少年馬丁が、一定水準の専門知識を身につけるには長い年月を要する、と作家のジョン・スチュワートとアンソニー・ベネゼー・アレンは語っている。「もし少年が学びたいと望んでいるなら、または願望が少年の心に湧きおこったら、良い馬丁が管理する厩とその馬丁の仕事ぶりを少年に見せてください。馬の皮膚がどれほど美しく清潔かを、厩がどれほどきれいに片づいているかを、馬の寝床がどれほど心地よく整えられているかを見せてください……順調に行けば、四、五年で少年は熟練者になるでしょう」

馬商人は一番信用されていなかった。彼らは手練手管に長け、あらゆる馬の欠点を隠した。一八三九年九月発行の『スポーティング・マガジン』の中でひとりの「素人」が述べているところによると、ロンドンでは大勢の馬商人が「他の商人と同じく実直に公正な取引をしていた」けれど、「たちの悪い」馬商人もいた。彼らは馬の体の「みみず腫れができにくい部分を鞭で打つ」。すると「馬が尾を立て、鼻の穴を膨らませ、厩から勢いよく飛びだすのでことさら元気に見える――しかし本当は極度に怯えている」

ある馬商人は、背が高く見えるように、囲いの中の少し高くなった所に馬を立たせた。馬が歩きだすと、脚が悪いことを隠すために鞭でぴしゃりと叩いて跳ねあがらせた。馬商人はこの哀れな馬について次のように語った。「ほんの昨日のことですが、この馬は膝を顎まで上げながら一時間で一四マイル走りました……この馬は一〇〇頭分の価値があります――それは確かです」

「馬商人はじつに雄弁だ」と素人は続ける。「よどみなく生き生きと語り、彼らの使う比喩は美しく、言い得て妙である。キケロやデモステネスのような名高い人物が現在に蘇り、空想力を最大限に働かせて馬を褒め称えても、その美辞は、イギリスの最も低劣な馬商人が空想をめぐらせて奏でる鮮やかな言葉の前では色褪せてしまうだろう」

馬商人は実年齢より年上に見えるように（五歳に満たない馬は誰からも求められなかった）、あるいは若く見えるように、馬の歯を削ったり焼いて色をつけたりした。葦毛の馬の毛を染め、貧弱な尾毛に特別なつけ毛をつけた。ある人はこう記している。「夜、厩に入ると、壁にかけられたつけ毛を目にするだろう。泰然としてオート麦を食べる立派な馬の尾毛はきれいに刈りこんである。女中は夜になると貴婦人の頭から上品な髪型の鬘を外し、貴婦人の髪を大きなシニヨンに結う。馬の短く刈られた尾毛はシニヨンのようだ」

　年をとった馬の目の周りが落ちくぼんでいる場合は、切開してから中空針かストローで空気を吹きこんで膨らませ、切開部分を閉じた。この若返り施術の効果は馬を売る時まで続き、再びくぼみが現れる。熱したテレピン油を用いて脚の痛みを麻痺させることもあった。片方の脚に飛節内腫が発症して腫れたら、もう片方の脚の飛節を同程度に腫れるまで叩いた。後脚で跳ねさせるために、皮を剝いた生のショウガを尾の内側に挟みこみ、馬が駆ける時に陰茎鞘が下品な音を立てないように、その部分に槇肌を詰め、おならの音を弱めるために肛門を切った。「轟音を鳴らす」鼻孔には小さなスポンジを詰めた。

　馬を残酷に扱うのは馬商人に限ったことではない。ジョン・スチュワートとアンソニー・ベネゼー・アレンが言うように、馬に対して愛情を持っていない人は少なくなかった。馬を打ち、馬に過度の負担をかけ、重い荷物を背負わせて急な坂道をのぼらせる人もいた。生活がかかっているから馬に情けをかける余裕などなかったのだ。扱いづらい馬や不承不承働く馬のせいで大損害をこうむることもあった。思慮分別をもって馬に接しているけれど、馬とは友達になれないと言う人もいた。一九四〇年代後半、鉄道貨物を扱う荷馬車の御者は、歴史家ブライアン・ホールデンにこう言っている。「馬と一緒にいても楽しいことなんてなかったし、これからもそうだよ」。馬は人の足を蹄で押し潰し、人を打ち倒し、重い荷物を背負って急な坂道を駆けおりるかと思えば、人を蹴り、噛み、動くのを拒否した。こうした行動がいつも許されるわけではない。フランク・バックランドは一八五〇年の出来事について次のように述べている。

ウェストミンスター宮殿のそばの広場にある辻馬車乗り場に、四輪辻馬車がとまっていた。馬は首を垂れて眠りこけ、御者も馬に寄りかかってぐっすり眠っていた。馬が（おそらく寝ながら）御者を蹴ると、御者はぱっと目を覚まして馬を蹴り返した。「この畜生め。俺だっておまえに蹴りを食らわせてやれるぞ」と御者は言い、馬と御者が蹴りあいを始めた——しばらく経っても小競りあいをやめないので、私は止めようと思い、「おい！　御者さん、どこそこへ行ってくれ」と声をかけた。すると御者は「承知しました」と返事をし、私と御者と馬はまるで何事もなかったかのように出発した。

馬主や辻馬車屋、鉄道会社、馬商人にお金を支払わなければならなかったから、御者は懸命に働いた。小説の中で、馬は最も虐げられる動物として描かれている。そして、肋骨を痛め、膝に届くほど頭を垂れて休んでいる馬のみならず、御者も人の哀れを誘う存在だった。アンナ・シュウエルの『黒馬物語』に登場するみすぼらしい御者シーディー・サムは、苦々しげに不平をこぼす。「一日一八シリングで辻馬車と二頭の馬を借りる……えらくきつい商売だよ。馬一頭が一日に九シリングしか稼がない。それで食っていかなきゃならないんだから……馬が動いてくれないと俺たちは飢え死にしちまう」。すると友達が横から言う。「なんとも辛いもんだな。御者はたまに羽目を外すけどそれも無理はない。酒をしこたま飲んだからといって誰が御者を責められるっていうんだ？」

人にとって、馬はもの言わぬ機械と同様に一緒に働く仲間でもあった。農夫の一団は、自分で大鎌を振るう代わりに馬に刈り取り機を引かせ、男も女も馬と一緒にトロッコを引いた。ある行商人は自分で手押し車を押し、ある人は自分の所有する小さなロバに荷馬車を引かせた。馬と一緒に働くことを誇りに思い、馬に愛情を注ぐ人もいた。コヴェントリー駅の貨物置き場で働いていた荷馬車御者の姪はこう回想している。「おじは、タビー（おじの馬）が夜に心地よく過ごせるよう万事整えてからしか家に戻りませんでした」。同じ所で働いていた別の御者はこう語っている。「俺は田舎まで自転車をこいで行き、生垣のそばでナイフを引っぱりだし……みずみずしいひとむらのタンポポを切りとる。厩の扉の前で〝チャーリー！　チャーリー！　さあ、おいで！〟と叫ぶと、老いたあいつは頭を上げて、耳をぴんと立てる。子供が父親の声を聞きわけるように、あいつは俺の声を聞きわけるのさ」

　グレート・セントラル鉄道会社で働いていたある男性は、自分の馬に赤色、白色、青色のバラ飾りをつけ、同僚が荷馬車から失敬してきたトルコ菓子を与えた。『イラストレイテッド・ポリス・ニュース』はこのことについて面白おかしく伝えている。鉱山の坑道は危険でとても暑く、時々真っ暗になった。馬と人はそういった環境のもとで共同して作業した。第二次世界大戦中にノーサンバーランド州の鉱山で働いた男性は、ポニーを「マラス」――「友達」を意味する古代ノルウェー語――と呼んだ。「馬はいい仲間だ。機敏でとても優しい……たいていみんなポニーのことが好きで、かわいがっているよ。鉱山のポニーは暗闇の中、厩まで俺たちを連れて帰ってくれる。ただ尾かたてがみを持ってポニーについて歩けばいいんだ」。鉱山の男たちはリンゴを盗んでポニーに与え、一番小さくて一番こき使われるポニーを一日休ませるために親方に背いた。「賃金をもらえないか、馬の飲み水桶に入れられる」という危険を承知で、ポニーに馬具をつけるのを拒んだ。

　馬と人は似通っている。ある労働者はヘンリー・メイヒューにこう話している。「私たちは辻馬車馬や乗合馬車馬のように働かされます。馬に仕事を取られて首になることもあります。一日の仕事が終わった後の私とロンドンの辻馬車馬の気持ちは、間違いなくまったく同じです」。救世軍のブース大将は、彼が定めた「辻馬車馬憲章」の中で、イギリスの貧民と倒れた辻馬車馬を比較している。「ロンドンの辻馬車馬は皆、三つのものを持っている。夜を過ごす家、腹を満たす食べ物、食べ物を得るための仕事である。〝辻馬車馬憲章〟はふたつの点に主眼を置いている。辻馬車馬は倒れたら助けおこされ、生涯を通して食べ物と家と仕事を与えられる。しかし、現在、私たちの同胞であるこの国の何百万もの男女が――文字通り何百万もの男女が――たったこれだけのものすら手に入れられない状況に置かれている」。人は馬が倒れると、倒れた理由を考えることなく馬を立ちあがらせるが、倒れた人に対して同様の態度をとるべきではないとブースは主張している。

馬の境遇を改善するために法律を制定するよう求める人々は、馬を助けるには労働者の境遇も良くしなければならないと思っていた。彼らの多くは、初めに反奴隷制運動に携わり、奴隷解放が達成されると、動物福祉活動に取りくむようになった。『ジョン・ブル』は、クエーカーの醸造業者トマス・フォーウェル・バックストンの活動に文句をつけている。バックストンは王立動物虐待防止協会の創立者である。「バックストン氏はまず奴隷所有権を問題にしたが、我々は彼の荷馬車馬所有権を問題にしている」。「馬の自叙伝」であるアンナ・シュウエルの『黒馬物語』は、アメリカにおいて「馬版アンクル・トムの小屋」*と呼ばれた。

動物愛護団体は、労働者の日にイギリスの各都市で馬を表彰した。この日のパレードに参加する使役馬は花や羽、ラフィア繊維でできた房飾り、色紙でできた投げ矢、リボン、真鍮飾り、花輪などで飾りたてられた。軛の上に立つ花輪は、カトリック教会の聖画を入れる額縁を思わせた。鉱山ポニー保護協会は

＊　一八世紀の奴隷制賛成論者は、馬商人の手法を使って老いた奴隷を若く見せよう、というたちの悪い冗談を言った。

一九二〇年代に小冊子を発行し、ポニーの労働環境を改善するために手紙運動を始めた。協会会員は、『スペクテイター』に投書したガードナー嬢と同様に、「ポニーの生涯は……苛烈な出来事の連続」だと思っていた。

馬事故防止協会は、馬のために道路改善運動を展開した。王立動物虐待防止協会は公共の場にかいば桶を設置し、馬具の正しいつけ方、荷物の積み方、馬の扱い方を労働者に教え、寄付金で「補助馬」を購入した。補助馬は各都市で一番急な坂の下で待機し、荷馬車馬や教区教会の馬が荷車を引いて坂をのぼる時、引くのを手伝った。

ある巡査は馬のために尽力し、彼の働きによって、馬に対する虐待行為を裁く一〇〇〇件以上の裁判で有罪判決が下された。そのため彼が退職する際、馬の感謝の気持ちを詠んだ詩が彼に贈られた。

私たちが気分のすぐれない時
無力で哀れな私たち四足獣の無言の訴えに
耳を傾けてくれるのは
あなたとあなたのような方だけ

……

だから馬もラバもロバも
「ヒヒン、ヒヒン、ヒヒーン！」といなないて

あなたへの願いを伝えます
「どうか長生きしてください」

四

ヴィクトリア女王の治世下に産業が飛躍的な発展を遂げた。その発展の基礎が築かれた時代に多くの馬が働き手として使われた。ラホールの大きな葦毛の馬をはじめとするあまたの馬が発展の大きな原動力になった。

動物は、青銅器時代から労働力として使われていた。牛や馬が人に代わって重いものを引き、円形の石臼を回して穀物や鉱石、果物をすり潰した。巻き上げ機を回して綱や鎖を巻きとりながら、井戸や坑道から水や物を引きあげ、坂をのぼり、石を引き、荷馬車や船の積み荷の上げ下ろしをした。馬は牛よりも足が速く、汗をかきやすいのでうまく体温を下げることができた――馬が入手しやすくなるにつれて、人は牛の代わりに馬を使うようになっていった。

イギリスが繁栄への長い道を歩み始めた近世に馬の供給数が増し、値段が少しずつ安くなった。当初、馬の大半は乗用馬や農耕馬として使われていたが、馬車や荷馬車を引く馬の数がしだいに増えた。一六〇〇年代前半に「馬巻き上げ機」や「馬原動機」が開発され、一頭あるいは一組の馬が歯車を回してドラムに綱を巻きとりながら、深い炭坑から石炭を引っぱりだし、井戸から水を汲みあげた。

木製の犂よりも優れた金属製の犂が登場すると、人は牛を脇に追いやった。鈍重な牛を使うと金属製の犂の良さを活かせないからである。馬は、人を乗せる、物を引く、畑を耕す、製粉機を回す、鉱物を運ぶといった多様な仕事に従事するようになった。人は、敏捷さよりも重いものを引ける強さを馬に求め、胸幅が広くて脚の太いどっしりした馬の需要が高まった。人文主義者である作家トマス・ブランデヴィルは、一六世紀の荷馬車馬をこう描写している。「背が高く、奥行きのある肋骨と立派な脇腹、強い脚と良い蹄を持っている。身をかがめて働き、大地をしっかりと踏みしめ、鍬を力強く引き、忌まわしいものにも邪悪なものにも動じない」。イギリスの荷馬車馬は、ヨーロッパ北部のドイツやフランドル地方、フリージア地方から騎士用の馬として連れてこられた馬の子孫である――「冷血種」で、スペインの温血種の馬よりも大きく、優美さで劣った。イギリスのなんとかさんが所有する良馬、ポニー、バルブ種の馬、荷馬車馬の血も引いていた。後に裕福な人々がヨーロッパ大陸から立派な黒馬を連れてくると、イギリスの人々は「奥行きのある肋骨」を持つ荷馬車馬と黒馬を交配した。やがて組織的に交配を行うようになり、「優れた性質とたぐいまれな美しさを持ち、山のように背が高く、象のように大きい」とマハーラージャが評した「黒馬」が誕生した。ラホールの大きな葦毛の馬が生まれる土壌は、イギリスの農業革命の黎明期に整っていた。

田舎はゆっくりと姿を変えた。囲い込みによって、より少ない人々がより広い土地を耕し、拡大する国内市場に供給するためにより多くの作物を作った。人々は牧草地を耕地に変え、沼地も水を抜いて耕地にした。長期間畑を休耕するという昔ながらのやり方をやめ、痩せた土にクローバーや根を長くのばすカブの種を植えた。それによって土中の窒素成分やミネラル成分が増えた。そして餌の不足する冬に家畜にクローバーやカブを与えるようになった。だから、冬になる前に家畜の多くを殺すというやり方を続けずに済んだ。

新しいやり方が取りいれられたため、イギリスの家畜の数が増えた。人々は、家畜が与えられた飼料分に見合う高い利益を生むことを期待し、選抜した家畜を交配させて改良を進めた。農業に関する絵の中の豚の顔は、襞状になった首回りの肉に埋もれ、腹は小さな脚にかぶさっている。牛は納屋を思わせる体軀を持ち、角の生えた頭は小さく、膝に肉がたっぷりついている。羊は四角い体つきをしている。丸焼きにして立方体に切りわけるのに都合のいい形である。毛の量はたいへん豊かだ。

人は牛、豚、羊の肉や皮、毛を売って利益を得た。そして、新たな経済活動を進めるために馬を改良した。牽引作業や農作業を担える馬はますます必要になった。

幾枚かの絵に、どこか野暮ったい劣等な馬と「改良馬」が描かれている。改良馬は立派な頭とすらりとした脚、広くて厚みのある胸を持ち、首は胸からほとんど垂直にのびている。この馬は、物を引く時や荷物を背負っている時に腰を落とせるよう改良された。

改良馬はシャイアー種である。作出に寄与したレスターシャー州の農夫ロバート・ベイクウェルにちなんで「ベイクウェル・ブラック」と呼ばれるようになった。一八四二年に発行されたアメリカの農業雑誌によると、彼にとって家畜は「蠟のようなものであり、彼はそれを適当な時期に、思い通りの形に作りかえることができた」。彼はオランダとフランドル地方の雌馬を購入し、イギリスの優れた黒馬と交配した。そして雄馬とその子供、雌馬とその子供、兄弟姉妹——「最高の馬と最高の馬」——を掛けあわせ、さらに、同じ系統に属する馬同士を交配する「系統交配」を行った。

野心的なベイクウェルは水を抜いて肥やした土地で、数世代にわたり交配を繰り返し、忍耐強い巨大な馬を作りだした。ある人は、「K」と名づけられたベイクウェルの馬を「ドイツの画家が空想で描いた軍馬」——アルブレヒト・デューラーが描いた蹴爪毛を持つ有名な「大きな馬」——と言って称賛した。ベイクウェルは極めて好ましい形質を持つ馬を選びだし、その形質を受けつぐ馬を作出した。

「改良者」――サフォーク州の人々は長い年月をかけて、がっしりした赤色のサフォーク・パンチ種を作出した――の中でベイクウェルは一番有名だった。彼がディシュレーで運営するモデル農場には、ロシアなど遠方の地から王族や貴族が訪れた。彼が作出したロングホーン種の牛、レスター種の羊、黒馬をどうしても見たかったからだ。彼は、塩漬けにした肉塊や自分で作りだした動物の頭蓋骨を壁にかけていた。農場ではあらゆるものを計測でき、あらゆることを体験でき、あらゆるものが展示されていた。彼が世の中に与えた影響についてはこれまで議論がなされてきた。自分を宣伝したベイクウェル――政治家ウィリアム・ピットは、「ベイクウェルはたゆまず意欲を燃やしつづける天才だ」と記している――と熱意にあふれる彼の弟子は、戦争に従事する貴族ではなく、商業に従事する新しい時代のブルジョワジーと同じ精神を有していた。彼らの子供が大人になる頃、人々は市場経済の中でやる気に満ち、暮らしをより良いものにするために新しいことを取りいれながら働いていた。貴族による経済支配はとうの昔に終焉を迎えていた。人々はスペイン原産の馬と一緒にピアッフェを演じるわけでも、貴族のように多数の軽量の競走馬を所有するわけでもなく、大きな臀部を持つシャイアー種の馬とサフォーク・パンチ種の馬とともに商業的な繁栄を強化した。

ベイクウェルは雄牛、雄羊、雄馬を貸しだし、その子供を安易に売らなかった。これについて歴史家ハリエット・リトヴォは、ベイクウェルは遺伝的潜在能力をお金に変えたと鋭く指摘している。昔の育種家は血統についてほとんど考慮せず、ただ体格のいい動物同士を掛けあわせ、生活の糧とお金を得るためにできるだけ多くの動物を売った。一方、ベイクウェルや他の農業改良者は、生物学的特許制度とでも言うべきものを作った。リトヴォの言葉を借りれば、「特別な種類の動物を継続して作るための雛形」あるいは「遺伝子資本」を提供するためである。改良者は馬や牛を「自然の世界から科学技術の世界へ」連れていき、自然か神にしか成しえないようなことをやってのけ――正当な利益を得た。

大きな葦毛の馬がラホールへ行く頃、特許対象となったイギリスの使役馬は――少なくともイギリスでは――ヨーロッパのどの使役馬よりも優れた馬と見なされるようになっていた。ベイクウェルの改良馬の子孫は、言わば強い合金を作りだす卑金属である。彼らは、採鉱に携わるずんぐりした重い「坑道馬」を生みだした。シャイアー種の馬の力によって、軽い荷馬車馬が強い脚を獲得し、通りをどしどし歩くようになった。雑貨商人の馬の体格が良くなったのは、オート麦を食べたからではない。ベイクウェルの黒馬は、スコットランドでクライズデール種の誕生にも貢献した。様々な国が、自国の輓馬をより重くするためにイギリスの重い馬を輸入した。チャールズ・ハミルトン・スミスの一八四一年の報告によると、モロッコの皇帝は幾年か前に「イギリスの巨大な黒い雄馬を買った……ロンドンで展示されていた馬だ……背丈は七二インチを越えていた」。この馬を使って作りだされた「すばらしい黒馬は……臣民を驚嘆させた」

農業革命と並行して産業革命が起こり、馬はますます必要になった。製材、脱穀、織布をはじめとする様々な作業で用いる「馬巻き上げ機」や「馬原動機」は改良され、精巧なものになった。産業革命の父であるリチャード・アークライトは彼の最初の工場において、九頭の馬を動力源として一〇〇〇の紡錘を回転させ、羊毛を「ときほぐす」、梳く、毛織物を切る、起毛する、叩く、洗うといった毛織物の製造における各工程で馬の力を利用した。

馬は「こね機」で粘土を捏ねた。これは煉瓦製造における必須工程である。馬は石造りの建物の中で「馬巻き上げ機」を休みなく回し、踏み車を踏み、脱穀機の歯車を回してシャフトと伝導ベルトを動かし、刈りとられた小麦を叩き、篩にかけて藁と籾殻を取り除いた。藁束ね機や製粉機の動力源にもなった。一七世紀後半、旅行家セリア・ファイアンズは馬に横乗りしてフリントを通っていた時、馬が働く姿を目撃した。「馬が大きな輪を回して坑道から水を引きあげていた。放っておいたら、坑道に水が溜まって石炭を掘れなくなっていただろう」

わだちのついた泥道を進む古い荷馬車や駄馬の一隊に代わる輸送機関が必要になり、国中に運河網が張りめぐらされた。船を使えばより速く、安価に、効率良く物を運べた。馬は鉄道網の先触れである運河網の建設に携わり、船を曳いた。二頭の船曳き馬――初期の頃は大きなシャイアー種の馬ではなく、軽量の輓馬やポニー、ロバだった――は五〇ショートトンから八〇ショートトンにもおよぶ船を曳くことができた。二頭の馬が引ける荷馬車の五〇倍から八〇倍重く、駄馬が運べる荷物の四〇〇倍重い。一八世紀後半に道路の建設が本格的に始まると、馬は板を引いて路面を平らにならし、舗装用の石や砂利を運んだ。家や工場を建設し、産業の発展の一助となり、運河や有料道路、駅馬車宿のある新しい風景を生みだし、線路を敷いた。線路は、もともとは馬のために敷設された。鉱山から波止場まで石炭を運ぶ二トンの荷馬車の列は途切れることがなく、荷馬車の車輪が路面から受ける抵抗を減らすために木や石、鉄が敷かれた。

一七一二年に鉱山で馬巻き上げ機の代わりに蒸気機関が使われ始めるが、その後も馬は坑道に下りて鉱物を運んだ。ジェームズ・ワットは、馬の動力の大きさによって蒸気機関の動力の大きさを表した。蒸気機関の力を人々に分かりやすく示すためである。彼は馬と一緒に働く人々から馬について聞き、一七八二年、次のように帳面に記した。「リグレー氏によると……製粉機を回す馬は、直径二四フィートの円の周りを一分間に二回半回る……馬には一八〇ポンドの負荷がかかっている」。リグレー氏の馬は一分間に三三四〇〇フィート・ポンドの力を出すとワットは結論づけている。*

* 後に、馬の動力の大きさが蒸気機関のそれの六割程度しかないことが分かった。

ワットはまず醸造業者に蒸気機関を売りこんだ。クーク・アンド・カンパニー社が最初に二〇〇ポンドで購入し、四頭の馬を蒸気機関に取りかえた。ロンドンのウィットブレッド社が一八一〇年に購入した蒸気機関は「水、麦汁、ビールを汲みあげ、麦芽を挽き、仕込み桶に入れた麦芽を攪拌し、樽を貯蔵室から運びだした。馬七〇頭分の働きをした」。馬巻き上げ機は使われなくなったけれど、鉄道会社や工場は蒸気機関を導入した後も馬を必要とし、馬の品種改良も続けられた。件の紳士が生きていた時代のイギリスでは、馬車馬、乗合馬車馬、辻馬車馬、坑道馬、農耕馬、行商人のロバ、馬車鉄道馬、荷馬車馬、船曳き馬、鉄道会社の馬が首輪をつけ、一丸となって国を引っぱっていた。

一八七一年、都市で飼われていた馬の数は田舎のそれに並び、一九〇一年に三分の一倍から三分の二倍多くなった。使役馬は、イギリスの農夫が作る穀物や干し草をほとんど食べつくした。蒸気機関が登場しても、馬が姿を消すとは誰も夢にも思わなかった。ある発明家は、路面蒸気機関車を馬の姿に似せて作った。それは馬の頭と首、胸を持っていた。排障器の部分に脚があり、耳の間に鈴がついていた。運転室が背中だった。「馬を怖がらせないために」この路面蒸気機関車を作った彼は、馬が通りから消えるなどとは想像だにしなかった。

けれども、蒸気機関が経済発展を加速させるにつれて、馬の時代は終わりに近づいていった。怒涛の勢いで進む世の中で、足の速い馬がどっしりした牛にとって代わったように、燃料を消費しながらシュッシュッと音を立てる蒸気機関が馬にとって代わった。後に蒸気機関は、目に見えない電気、内燃機関、石炭や干し草、オート麦を原料とする黄金色の滑らかなガソリンにその座を譲る。

五

歴史家アン・ノートン・グリーンが言うように、結局「三つのものが馬に代わる原動力になった。長距離輸送に使う蒸気機関、大量輸送に使う電気、自動車である」。馬車鉄道は一八九〇年代に路面電車に置きかえられた。路面電車は馬車鉄道よりも経費がかからない。路面電車と自動車は馬車鉄道に比べて操縦しやすく、操縦訓練も比較的簡単だ。このふたつは馬と違って、怯えたり、自ら穴の中に飛びこんだり、蹴ったり、病気になったり、脚を悪くしたりせず、馬車鉄道よりも速い。自動車の排気ガスは有害だが――雲散霧消してしまうから――馬の糞のように道からこそげ取って処分する必要もない。

多くの人が新しい科学技術の産物に恐怖を覚えた。『ヨーク・ヘラルド』の記事の中でこう述べられている。「辻馬車馬が暴走しても、乗合馬車同士が衝突しても――あなたはそこに存在する。自動車同士が衝突した時、あなたはそこに存在するだろうか？　例えば、グラスゴーで発生した路面電車事故で爆発、炎上、〝沸騰する油などの液体〟の流出が起こったが、これは当然予期されたなんとも快い結果である」。馬を愛する人だけが馬を扱うようになるだろうと良い方へ考える人もいた。馬を粗末に扱う人は、「石油ランプや蒸気釜のかたわらに座り、そのレバーやペダルを操作するようになるだろう」

不信心なD・H・ロレンスは、激越な調子の最後の著書『黙示録論』の中で馬の「最たる象徴」について考え、馬は「私たちを支配者にし……私たちは神にさえなろうとしている」と嘆いている。「人間はこの五〇年の間に馬を失った。今や人間は堕ちた。世紀と力を失い――つまらないろくでなしになった。馬がロンドンの通りを駆けていた頃、ロンドンは生きていた」。ロレンスは一九二九年、結核を患って死に向かいつつある中で執筆した。この年の前後一〇年間に、都市の馬の数は三分の二まで減少している。馬丁は運転手にその座を追われ、厩や居住用部屋付きの厩は車庫に変わった。車庫は当初、「車厩」と呼ばれていた。

景気が後退した一九三〇年代、馬は世話や食べ物を必要とするけれど馬を使わなければ農業は衰微する、という声が上がった。ところがイギリス政府は第二次世界大戦が始まるずっと以前に、食料を自給するためにはトラクターに頼る必要があると判断し、戦争勃発から一か月後、重種馬育成業者に対する補助金交付を停止した。

「石油ランプや蒸気釜のかたわらに座る」方を選んだ人とは違って、急速に進展するガソリンの時代に危うさを感じる人もいた。一九三〇年代に入ってから、複数の運送会社と鉄道会社が貨物自動車の代わりとして馬を再び導入した――どの会社も労働者を安く雇って馬を扱わせた。ある運送業者はこう記している。「短距離輸送の場合は、馬――忠実な生き物――を使う方がはるかに安上がりであり、停止と発進を比較的簡単に繰り返せる。馬は機敏で巧みに動く」

サー・ウォルター・ギルビーは御者の孫であり、先に触れたカムデン貨物駅の厩を所有するワイン商人ウォルター・ギルビーの同名の息子である。彼は父親からワイン販売事業を受けつぎ、父親と同じく重種馬の利用を熱烈に支持した。一九二〇年代の農業不況時には、イギリス中部出身の歴史家キース・シヴァースの言葉を借りれば、まるで預言者の「エゼキエルやエレミヤのように」農地の価値が暴落すると予見した。一九三〇年代、彼はロンドンの通りを走る乗合自動車の数を数え、乗合馬車にとって代わった乗合自動車が交通渋滞の原因であることを明らかにした。そして一九三九年、戦争開始とともに馬の時代が再来したと述べた。この時彼は、「〝それ見たことか〟と言える日を長年待ち続け、ついにその日を迎えた男」のように喜びでいっぱいであり、こんな風に叫んだ。「今、馬は不足している。でも彼らはまた通りを駆けるようになり、誰もがもう二度と彼らを手放せなくなるだろう」

ギルビーの予想通り、イギリス政府は一九四二年、都会と田舎の重種馬育成業者に対する支援を再開した。一九四三年、戦時農業委員会は「馬が牽引できるものをトラクターで牽引しないよう」農夫に勧めた。だが、農夫はやがて小さい首輪を求めだした——使役馬が戦火の中でやせ衰え、大きな首輪が体に合わなくなったのだ。ロンドンの鉄道会社の厩が爆撃された際は馬が通りに逃げだした。ある夜、猛爆を受けて大混乱に陥った街の中を馬が暴走し、翌日、リージェンツ・パークで捕獲された。

一九四五年に戦争が終わり、ギルビーが亡くなると、都市の「馬と関わりを持つ人——馬商人、厩経営者、かいば商人、馬具職人」などは職を失った。キース・シヴァースによると、一九四七年に「一〇万頭、一九四八年にも少なくとも一〇万頭の馬が安楽死させられた」。さらに悪いことに、「殺された馬のうちの四〇パーセントは、間違いなく三歳に満たない馬だった」

馬車馬は自動車にその座を明け渡した。牛乳配達人の馬は一九六〇年代まで従順にパカパカと走り、船曳き馬は一九五〇年代までリージェンツ運河で働いた。鉄道会社は一九四八年時点で九〇〇〇頭近い馬を所有していた。一九六七年に最後の鉄道会社の馬——チャーリーという名のクライズデール種の馬——が列車で産業遺産施設に送られ、開館を祝う宴に参加した。彼にとって代わったのは「機械馬」と呼ばれる三輪トラクターである。鉱山ポニーは一九九九年についに役割を終えた。

都会に続いて田舎でも馬は減少した。一九五〇年代半ばにトラクターが優勢になり、耕作作業の効率を最大限に上げるために、人々は生け垣を取り払って大規模な畑を造成した。一九四四年から一九五六年までの間に、馬の数は一〇八万四〇〇〇頭から一四万七〇〇〇頭に減り、三七万台のトラクターが馬の代わりを務めるようになった。

引退後も馬を飼い続ける農夫もいた。「うちのボクサーを廃馬処理業者に渡すつもりはありません。妻も他の家族も私に従うでしょう」とある農夫がエワート・エヴァンスに語っている。別の農夫は冷静にこう言った。「馬は農場から消えていき、もう戻ってくることはないでしょう。そのうち農耕馬は動物園でしか見られなくなり、あと二〇年もすれば、私があそこで（農夫は自分の家を指さした）、リモコンを使って座ったまま農機を動かす姿をあなたは見ることになるでしょう」

動物園ではなく、産業遺産施設へ向かわされた重種馬は、たてがみをリボンで結んで耕作作業を実演し、真鍮製の装身具を身につけて農業ショーに出演し、華を添えた。醸造業者の馬は、ロード・メイヤーズ・ショーと馬のショーに出るようになった。サフォーク・パンチ種の雌馬はパンジャーブ州にあるモナ馬廠に送られた。大きな葦毛の馬がさかのぼったであろうインダス川の支流を隔てて、ラホールからわずか八七マイルしか離れていないモナ馬廠において、パキスタン軍はサフォーク・パンチ種の馬から立派な小豆色のラバを作出した。重種馬の数は急激に減少し、今やサフォーク・パンチ種は「近絶滅種」、クライズデール種は「危急種」、シャイアー種は「絶滅危惧種」であり、繁殖に適した年齢の雌馬の数も減少の一途をたどっている。サフォーク・パンチ種の馬の現在の個体数は、タヒのそれと同程度だ。

イギリスの使役馬は、この三〇年間でさまざまに姿を変えた。戦艦テメレール号と同じく、彼らは過去の遺物であり、人々の文化的な記憶の中にかすかに残っている。馬と農夫が鉄塔のない風景の中を歩く姿が布巾やカレンダーに描かれ、感傷をそそる。リヴァプールのドックには、馬具をつけた馬の青銅像が立っている。ドックで馬と一緒に働いた最後の男たちがお金を出して作ったものだ。ジェイコブという名の馬も像に姿を変え、ヘリコプターに吊るされてサザークのクイーン・エリザベス通りまで運ばれた。今は、艶やかな藍色の団地のファサードを背にし、たてがみと長い毛をなびかせて大理石の台座の上に佇んでいる。フォース・アンド・クライド運河には、後脚で立つクライズデール種の馬の像がふたつある。高さは三〇メートル、頭部の重さは三〇〇トンあり、ステンレス板にボルトで固定されている。ケアフィリでは、炭質頁岩でできた六万トンの鉱山ポニーが元気いっぱいにのびのびと駆けている。

馬と内燃機関はどちらが経済的かという昔からの議論は時々再燃した。一九八〇年代はまだ、驚くほど多くの地方自治体が重種馬を所有していた。ガソリン機関よりも馬の方が安価だったことが理由のひとつである。馬はダートフォードのサッカー場の芝を刈り、ボルトンの墓地で働き、マンチェスターのごみを集め、グラスゴーの公園の地面をならし、アバディーンでは、一四頭のクライズデール種の馬が自治体の所有するトラックの代わりを務めた。「自動車やトラックは脆弱な町や村に破壊的な影響をもたらす」とある記者が記している。「都市の輸送機関の〝馬化〟を支持する声が聞かれる」

石油危機に直面した一九七〇年代、ハリー・バロウズという名のサフォーク州の老いた馬飼いは、再び馬を使いだした多くの人の考えを次のように代弁している。彼は、馬を扱うための技術と知識を失いたくないと思っていた。「さて……もしも石油が枯渇したら、あなたは馬を使わないなどと言える状況ではなくなり、馬を使うようになるかもしれません。馬と一緒に耕し、牛と一緒に耕すようになるかもしれません。あなたは石油なしでやっていけるでしょうか？　馬を代役として育てるための補助金のようなものがあってもいいのではないかと私は時おり思います。先行きが不透明ですから」

オークニー諸島出身の詩人エドウィン・ミュアには、馬が未来の救世主に見えた。「馬たち」と題された詩の中で、イギリスに核の冬が訪れる。七日間の戦争が終わってから一年後のことだ。「戦争によって世界は止まり」、「私たちは自分の呼吸の音を聞きながら、ひどく怯えていた」。ラジオはただパチパチという音を発し、沿岸を行く軍艦の甲板に「死体が積み重ねてあり」、トラクターは役に立たず、「濡れそぼった海の怪物がうずくまって待ち構えていた」。「私たちは過去の祖国へ戻った」と語り手は言う。生き残った人々が、汚染された土を牛と一緒に耕そうとしたからだ。
そこへ馬がやってきた。

道を進むカツカツという音が遠くの方から聞こえてきた
音は一度やみ、しだいに大きくなり
曲がり角の辺りでくぐもった轟音に変わり
馬の頭が現れた
馬は大波のように押しよせ、私たちは恐れた
私たちは前の時代に馬を売り、トラクターを買った
古の盾や騎士についての本に描かれた立派な馬のように
馬は私たちにとって遠い存在になっていた
私たちは馬に近づくのをためらった
彼らは頑なに、恥ずかしそうに待っていた
私たちを探し、途絶えて久しい交わりを取り戻すために
遣わされたかのように見えた
初めは、この生き物を飼って使おうなどとは思わなかった
群れの中の六頭の子馬は
壊れた荒々しい世界に楽園からやってきたかのようだった
この時から、馬は私たちの犂を引き、荷物を運んでいる

苦役を与えているという事実は今も私たちの心を突きさす

私たちの暮らしは変わった。彼らがやってきて、私たちは動きだした

チェシャー州アルダリー・エッジの赤砂岩の下で、騎士とともに眠りながら戦いの時を待っていた伝説の白馬と同じように、彼らも待っていた。

六

「七五年の歴史しか持たない化石燃料を使い、何千年にもわたって培われてきた技術を捨てさるのは冒瀆です。私が馬と一緒に働くのは、昔に戻りたいからではありません。馬はしっかりした道具ですから、未来のために人類の道具箱に残さなければならないのです」

白髪のジェイソン・ラトリッジは野球帽を深く引きおろし、オハイオ州の七月の日差しを受けていた彼の鷲鼻は影に覆われた。私は、ホームズ郡にあるマウント・ホープ競売所の正門をくぐった時に彼を見つけた。私にとってなじみ深い二頭の馬が彼と一緒にいた。鮮やかな赤色のサフォーク・パンチ種の雌馬ケイトとサディだ。彼女たちはアメリカの田舎の風景に驚いている様子だった。大きな葦毛の馬もラホールの風景に驚いたに違いない。私は、イギリスよりもはるかに多くのサフォーク・パンチ種の馬がアメリカで飼われていることを知った——イギリスの重種馬は姿を消しつつあるのに、アメリカではその需要が高まっていた。私は馬が戻った未来の世界の姿を見たいと思った。けれども、イギリス中部にある産業遺産施設では見ることができない。だから二〇一四年、独立記念日の週末に開催された第二一回ホース・プロ

グレス・デイズに参加した。馬と一緒に働く人々が集う催しとしては世界最大規模のものである。

ジェイソンは話を続けた。「今のやり方を続けるのは無理です。石油はいずれなくなります。それに石油は二酸化炭素を増やし、地球の気候を変化させます。私たちは人にとってより良いやり方を編みだし、それを続けなければなりません。優秀で優しく忠実な馬は私たちの力になってくれます」。彼は自分の言葉を裏づけるかのように、ひとかけらのねじれた大麦糖をくわえたサディの口元に指を当て、そっと押して一歩下がらせ、彼女の相棒の横に並ばせた。

ジェイソンは馬と一緒に農業を営む祖父に育てられ、若い頃に祖父から農業を学んだ。イギリスで軍務に就いた一九六九年、サフォーク州において、少年がモールトン・プリンセス三世と呼ばれるサフォーク・パンチ種の雌馬を連れて小道を歩いているのを見た。その時、「思い出が蘇り……急にホームシックになった」。現在はブルーリッジ山脈でサフォーク・パンチ種の馬を育てている。ヒーリング・ハーヴェスト・フォレスト財団の運営にも携わり、馬を使う持続可能な林業について人々に教えている。「馬は太陽の力で動きます。ですから土にも環境にもいいのです」。二一世紀のエゼキエルの予想通り、馬は環境を変える原動力になっている。ジェイソンの助手のTシャツに「バイオ燃料を生む干し草」と記されていた。

私はジェイソンと助手がサディに馬具をつけ終えるまで、サディの耳を触りながら彼女と話をし、午後に牽引実演を観覧すると約束した。丘の上にある広々とした催し広場に、テントと風通しのいい仮設小屋が点々と立っていた。人でごった返していて、幾組かの馬が人の間を縫うように歩いたり、駆けたりしていた。そびえ立つ薄緑色の競売場は鋼鉄でできており、小屋と厩が周りをとり囲んでいた。

「私たちは馬と一緒に進歩しています。だからホース・プログレス《馬進歩》・デイズという名称をつけました」とデール・ストルツフスは言った。主催者のひとりである彼は、主会場の近くに設けられた壁のない箱形の事務所にいた。「私たちの目的は古い道具を称えることでも、その使い方を伝えることでもありません。私たちは、特殊鋼や革紐の代わりとなるバイオセイン製の帯紐といった新しいものが取りいれられた道具を紹介しています。私たちは未来へ向かっています」。ストルツフスが生まれた一九五九年、農務省はアメリカの農耕馬の頭数調査をしなくなった。「ホース・プログレス・デイズは組織体ではなく、何か大きな業績を持つ人が関わっているわけでもありませんが、きちんと運営されています。ホース・プログレス・デイズはなくてはならないものです。蔑ろにはできません」

木材の切りだし、干し草作り、耕作作業、市場向け野菜作り（この年新しく加わった）、農薬散布機の実演、馬によるパレード、馬心理学の講習、共同体農業プロジェクトの進め方についての講習などが行われ、運営者が発行する新聞に内容の詳細が書いてあった。催し広場のあちこちでセミナーが開かれ、プログラムが用意されていた。セミナーの題名は、「営利を目的とするウサギの飼育」、「土壌の養分バランスの保ち方」、「木の伐採と搬出」、「自分自身の医師であれ」、「作物は何を語りかけているか？」などである。参加者は年々増えている。デールは、二〇一四年の参加者数を一万八〇〇〇人と見込んだ。

ホース・プログレス・デイズはアメリカの中西部と北東部を回る。インディアナ州、ペンシルヴェニア州、オハイオ州は、「質素な人々」であるアーミッシュとメノナイトの人口が多く、彼らが参加者の大半を占める。アーミッシュが多く暮らす地域のひとつであるホームズ郡には、彼らが作りだした昔懐かしい素朴な風景が広がっていた。青空の下の丸みを帯びた緑色の丘、ブロックでできたサイロ、赤い納屋、下見板張りの家、まぶしいほど白い柵のある、児童書に描かれているような風景だ。長く細いタルマック舗装の道路に馬車用の路側帯が設けてあり、そこを四輪馬車が走っていた。馬車を引くこげ茶色の馬は耳を傾け、まるで自動人形のように四分の二拍子で休みなく駆けた。私が乗るレンタカーのトムトム社製のカーナビが信号を受信しなくなり、画面上の車が宙に浮いてしまった。レンタカーは、アメリカンクォーターホース種の馬ときめ細かな皮膚を持つラバに乗った案内係に導かれ、縄につながれて並ぶ馬車馬の横にとまった。アメリカのアーミッシュの人口はおよそ二〇年ごとに二倍になっており——二〇五〇年に一〇〇万人に達すると考えられている——三週間半ごとに新しい共同体が生まれている。イギリスのシャイアー種、サフォーク・パンチ種、クライズデール種の馬とは違い、アメリカの重種馬が消滅するおそれはない。それを使うアーミッシュの数が増えているからだ。

再洗礼派であるアーミッシュは一八世紀にスイスを離れ、アメリカに渡った。一九世紀からあまり変わらない暮らしを送り、現代世界の物事と距離を置いている——孤立に近い状態で暮らさないかぎり、一六世紀にスイスで定めた信条は守れない。彼らは共同体と家族のつながりを保っている。肉体労働と昔ながらの生活によって社会の狂乱は鎮まり、家族の結びつきは強まる。

それぞれの小さな共同体の構成員は、新しい科学技術によって生まれたものが有益かどうかを見極める——時にはそれを取りいれ、有害だと分かれば使うのを拒否する。だから私は、馬車馬とヨーデルを歌いながら油圧式クレーン車を運転するきこりの両方を見ることができた。ある共同体の構成員は自動車を乗り回すようになり、その結果共同体が崩壊し、構成員は散り散りになった。クレーン車は共同体を壊さず、アーミッシュの仕事に役立っている。

馬と一緒に営農する質素な人々は、良し悪しを考えながら科学技術を導入する。彼らは新しい科学技術を用いて、馬が牽引する農耕具や需要が増す一方の巻き上げ機、踏み車、簡単な仕組みの農薬散布機を作った。それらは見本市の会場のあちこちに展示されていた。オハイオ州でアーミッシュが経営するパイオニア・イクイップメント・インコーポレイテッドは、ホース・プログレス・デイズに参加して製品を売りこんだ。五四ページからなる光沢紙を使ったカタログに農機や馬車が載っていた。中にはディーゼル機関を使って動かす農機もあるが、大半は馬や牛が動かすものである。質素な人々のおかげで、農務省が農耕馬の頭数調査をしなくなった一九五〇年代以前よりも今の方が、人と馬はより多くの農作業をこなせるのではないか。

二〇一四年、私は馬の力を探るためにマウント・ホープを二日間歩き回った。私のようにTシャツにジーンズという格好をしている人は少なかった。でも、タイムスリップしたような気持ちにはならなかった。質素な人々のうち、女性とその娘は丈が長く装飾のないワンピースを着ていた。服の色は宝石を思わせる青系の色やサファイア色、マゼンタ色、鴨羽色、濃いピンク色だ。ボンネットはぱりっとしており、ジェームズ・リヴァー社の紙コップのように均一的だった。男性とその息子は簡素な灰色のズボン、ズボン吊り、シャツといういでたちで、陽光を遮るためにつばの広い麦藁帽子をかぶっていた。

私は実演場で大勢の人に混じって、ヨーダー＝エルプ兄弟と一二頭の馬による牽引実演を見物した。六〇頭以上の重種馬による牽引が行われることもあるけれど、私にとって一二頭という数はすごい数だった。私はこの時初めて、ベルジャン種の輓馬を見た。一九世紀に、アメリカがベルギーのブラバント地方の使役馬を改良して生みだした品種である。今はもうブラバント地方の使役馬とは姿形が違う。シャイアー種の馬と同じくらいの背丈で、長毛は少ない。毛色は黄褐色がかった栗毛か淡いこげ茶色がかった栗毛だ。サフォーク・パンチ種の馬の赤色の毛よりも色合いが穏やかである。灰色の斑点があり、たてがみと尾毛は亜麻色をしている。牽引実演をした一二頭の大きな馬は、ベルジャン種の馬の典型だった。彼らはそそり立つ砂岩崖のように屹立し、蹄は芝に半ば埋もれていた。がっしりした脚、幅の広い胸、高くのびた首、白斑のある頭を持ち、蹄から耳までの高さは八フィートだった。

全盛期の競走用サラブレッドの筋肉は輪郭がくっきり浮きでているが、アメリカのベルジャン種の馬の筋肉は、一昔前の怪力男の腹筋と同じく輪郭が見えなかった。縮れた麻の小さな束のような尾毛は尾の骨までの長さに切ってあり、脚の白色の毛は剃りあげられ、傾斜した長い蹄は黄ばんでいた。アーミッシュの青年はボウルカットと呼ばれる髪型にしており、馬のクリーム色のたてがみはその髪型と同様に短く切りそろえてあった。アーミッシュの青年はまるで従僕のように馬に従って足早に歩き、馬を心配そうに見つめ、時々銜に触った。

馬は四頭ずつ横三列に並んで犂を引いた。一番手前にいる馬は耕起された土の上を、他の馬は芝の上を進んだ。それぞれの馬の銜からのびる手綱は首輪についている輪に通された後、四つに分けて束ねられ、それをふたりの農夫が持った。馬は犂をどんどん引っぱり、農夫は犂に据えつけられた金属製の小さな台の上にふんばって立っていた。

一二頭の馬は、頭を上げ下げしながら四八本の脚で進んだ。彼らが引く犂は攻城兵器を思わせた。連結具と飛節の部分にある鎖の立てるガチャガチャという音が鳴り響き、馬が銜を噛み、馬の大きな筋肉が動いた。オハイオ州の土は芝と一緒に犂で深く掘りおこされ、それによってできた黒々と光る溝は連絡船の航跡のようだった。犂が通りすぎると、見物人は掘りおこされた土の上にしゃがみ、首をのばして馬を見やってから真っすぐな溝を眺めた。

マウント・ホープの実演場に、艶のある一台のマッセイ・ファーガソントラクターがとまっていた。歯の細い干し草熊手がつないであり、運転席に座る男性は何かに顎を乗せて眠っていた。馬の後を追うたくさんの見物人がそのかたわらを通りすぎた。カラマズーの農場から初めてやってきた二頭の牛は、小さな折りたたみ式の犂を当惑した様子で引いた。その犂以外のものはすべて馬とラバとロバが牽引した。拡声装置と解説者を乗せた背の高い幌馬車も実演場に現れた。

ハフリンガー種のポニーは屋台のそばで、不機嫌そうな顔をしてぐるぐる回りながら巻き上げ機を動かし、缶の中のアイスクリームを攪拌した。メノナイトの紳士と斑模様の馬は踏み車の実演をした。馬は傾斜した大きな木製の踏み板を間断なく踏み続けた。踏み板は騒々しい音を立て、馬は実演場にいる他の馬に向かっていなないた。「この踏み車は薪割り機を動かし、冷蔵庫を冷やし、洗濯をし、小麦粉砕機を作動させ、バッテリーを充電し、さらには馬の健康を保ちます」と紳士は言った。彼らは一二年間、販売用の踏み車を作っていて、設計に改良を加えている最中だということだった。注文は増えている。あるイギリス人はコンテナひとつ分の踏み車を仕入れたいと思っていた。「遊牧民も大いに関心を示してくれています」と紳士はつけ加えた。「ここで最初に使ったポニーはすぐに踏み車に飛びのりました。以前使った馬は乗るのを少しためらいましたが、乗ったら、周りを見回してから踏みだしました」

農機が展示されている会場の一番高い場所に二頭のアメリカン・マンモス・ジャックストック種のロバがいた。毛色は焙煎したコーヒー豆のようなこげ茶色で、白い斑点があり、脇腹に垂らされた革パネルに「ラバではありません」と金属文字で綴られていた。動物の巣穴ほどもありそうな大きな耳の穴を覗くと、太い静脈が螺旋を描きながら奥までのびていたので私は目が眩んだ。めまいがおさまった時、小型の荷馬車を引く一組の小さなロバが上品な足取りで駆けてきた。彼らはたいへん美しく、つぶらな黒い目と白い鼻づらを持ち、脇腹の毛は鳩の羽のような色をしていた。

会場には幾組かのラバもいた。ラバを見るのは初めてだった。パキスタン軍のラバと同様に、彼らは輓馬と大型のロバを掛けあわせて作出された。体高は一七ハンドで長い耳は鋭く、目は青白く縁取られ、鼻づらは乳色だった。ラバは、昔からアメリカ南部で輓馬として使われており、暑さに強いので馬よりラバの方を好む農夫もいる。ラバは馬より賢いと見なされている。ホース・プログレス・デイズのラバは会場の喧騒をよそに、泰然自若として待っていた。

この週末に私が見た馬とラバとロバは人に慣れていて、とても穏やかだった――ベイクウェルが馬に求めた性質だ。馬が穏やかなら坑道に下ろせたし、シャイアー種の馬の集団が穏やかなら、汽笛を鳴らす機関車のそばに連れていけた。物事をつつがなく進めるのにもってこいの性質ではないか？　チャイナ・ガール、ディック、ドック、チャド、ソニーといった名の馬は納屋の中で、いつやってくるとも知れない主人を信頼して待っていた。彼らの間を駆け回る子供たちは巨大な蹄を恐れず、毛深くて広い頬を撫でた。

会場の一画に広がる畑で、男性が小さな息子と一緒に大きな栗毛の馬に乗っていた。馬は馬具から吊られた長方形の軽い金属枠で囲まれていた。金属枠は尾の後方にある農薬散布機を支えるためのものだ。馬の背中の上の小さな台に、散布機のプラスチック製タンクが据えつけてあり、男性はその前に乗っていた。馬が臀部を動かすと散布機が揺れた。少年が振るう牛追い鞭が立てるヒュッという音、機械が発するブーンという音、パイプから水が噴出する音が響き、時おりラバや牛の大きな鳴き声が聞こえる中、馬は、さながら金属の環に囲まれた惑星といった風情でのんびり歩き続けた。

ふれあい広場に「輓馬のメリーゴーラウンド」が設置されていた――緑色の金属骨組みの大きなメリーゴーラウンドで、八本のアームに重種馬が一頭ずつつながれていた。馬は眠そうな表情を浮かべ、面繋と座り心地の良さそうな西部式の鞍をつけていた。子供たちは、斑模様の馬や栗毛の馬、駁毛の馬、葦毛の馬に踏み台を使って乗った。馬はぐるぐる回り、子供が背中の上で体を左右にくねらせてもさほど気にする様子もなく、リラックスしているので耳が垂れていた。

小さな囲いの中に、膨らみすぎたパンのような一頭の巨大な馬がいた。私はあんなに大きな馬を見たことがなかった。プラスチックバンドで横木にくくりつけられたパネルにこう記されていた。「ハーシュバーガーのビッグ・ベン　二〇〇三年五月生まれ　体高一九・三ハンド　ベルジャン種　ホームズ郡最大の馬」。白色の蹴爪毛は剃ってあり、その合間から桃色の皮膚が見えた。短く刈りこまれたクリーム色がかった白色のたてがみは虹のようにはかなげで、耳の間の毛は不良少年の前髪のように立っていた。品評会で受賞したペポカボチャや赤ちゃんの重さを表示するように、貼りつけられた真新しい黄色の紙片に「三〇〇〇ポンド」と体重が記されていた。

巨体を持つ亜麻色のベンは横木の上から優しげに大きな頭を出し、小さな男の子の手から一切れのリンゴを食べた。目の錯覚によって大きく見えるのではないかと思わせるほど彼は巨大だった。ひとりの年配の男性が、粒状にした干し草の入ったアイスクリームコーンを差しだすと、ベンはゆっくりと品よく口をあけ、ひと口で食べた。エプロンをつけた少女はのびあがり、ヒトデのような手で彼の桃色の鼻を触った。小さな手が彼の大きな鼻孔に入ってしまいそうだった。囲いの門に面繋がぶら下げてあり、鼻革の寸法は私の腰ほどもあった。

七

ジェイソンは二回目の牽引実演を控えていたが、ケイトとサディは寝ぼけた状態だった。彼女たちが引くのは「石船」と呼ばれる金属製の骨組みを持つそりだった。そりは狭い一画の中央に置いてあり、すでに五五〇〇ポンドの軽量コンクリートブロックが積まれていた。ボンネットや麦藁帽子をかぶった大勢の男女が周りに集まっていた。彼らは、二頭の二〇〇〇ポンドの馬と五五〇〇ポンドのそりに驚いているようには見えなかった。ジェイソンは一回目の実演の前に吸っていた手巻き煙草の吸いさしをふかしており、口数が少なくなっていた。彼は薄い唇に挟んでいた煙草を手に持ち、実演での馬の動きに評価を下した。

彼らが行う実演は、北アメリカの各地で開催されているプロによるばんえい競走のような競技ではない——ウィリアム・ユーアットが言及した昔の農夫によるばんえい競走のようなものだ。ただしお金を賭けない。農夫によるばんえい競走では、サフォーク・パンチ種の馬が主人のライバルの馬に勝つために倒れるまで牽引した。賞金が出るわけではないけれど、実演者は競争心を燃やし——馬の誇りにかけて実演に臨んだ。馬とその子供を売るためにも良い実演をしなければならない。

見物人は眩しい日光を遮りながら、カエデ糖で作った綿菓子を分けあって食べた。ジェイソンの赤色の雌馬は他のチームの馬よりも小さく、大きな「駁毛の輓馬」、ペルシュロン種の黒馬、中型のベルジャン種の馬、ベルジャン種の巨大馬がそれぞれ二頭一組でチームを組んだ。ベルジャン種の巨大馬の一方はどっしりしていて、私が会場で見た中でベンの次に大きかった。鍛えられてひき締まった筋肉は土手のように盛りあがっていた。小さな子供なら、彼の首輪を触れずにくぐり抜けられるだろう。

ベルジャン種の巨大馬は出番が来るとそりの方に後退し、遊動棒——輓具を結びつける横棒で、彼らの飛節の後方にある——がひとつの留め金でそりにつながれた。操縦者が大声で号令をかけると、彼らは一瞬後ろに下がった。鎖がたわんでジャラリと鳴り、それから彼らはぐいと引いた。そりは鋭い音を立てながら横滑りした後、白い砂利の上を進みだした。操縦者はそりから落ちたり、足を轢かれたりしないように気をつけながらそりの片側に移動した。操縦者が手綱を握りしめた時、腕の筋肉が緊張した。馬が速力を増すと、見物人は少し後ろに下がった。蹄が踏み鋤のように地面に食いこみ、臀部の筋肉はうごめいた。操縦者が「どーどー」と叫ぶと馬は止まって頭を垂れた。そりが外されて退場する際、馬が手綱を引っぱるので、操縦者は体を反らしてバランスをとった。そりには軽量コンクリートブロックがさらに積まれた。

　駁毛の馬とペルシュロン種の馬のチームは、六五〇〇ポンドのそりの牽引で脱落した。「行け」という掛け声とともに力をふりしぼって引いたけれど、そりはびくともしなかった。「どうもあの四駆トラックのギアは動かないようです」と解説者が残念そうに言い、彼らはただの農耕馬であってプロではありませんとつけ加えた。彼らよりも小さいベルジャン種の馬であるケイトとサディは六五〇〇ポンドのそりを動かした。ジェイソンは解説者から名を呼ばれると、ケイトとサディをそりの方へ導いた。彼女たちは鎖と留め金が立てる音を聞き、引き綱がぴんと張るのを感じながら跳ね、臀部を低く落としてから重心を前に移して進みだした。そりは砂利の上を滑るように動いた。一〇ヤード移動すると、ジェイソンが「どーどー」と言いながらケイトとサディを止めた。その後、彼女たちは群衆の中に飛びこんだ。

　ベルジャン種の巨大な雄馬が首を弓なりに曲げ、ケイトとサディをぼーっと眺めていた。「彼は体重が二七〇〇ポンドあります」とジェイソンの助手が教えてくれた。「ケイトとサディは輓馬ではなく農耕馬です」とジェイソンは言い、ウィンクしながらつけ加えた。「あの大きなベルジャン種の馬は牽引用の蹄鉄をつけています――ケイトとサディがつけているのは平坦蹄鉄です。ケイトとサディは彼の気を散らせることができるかもしれないね」。ベルジャン種の雄馬は、二頭の雌馬に近づこうとはしなかった。すなおで恥ずかしがり屋の男子学生のようだった。

彼と相棒の巨大なベルジャン種の馬は六五〇〇ポンドのそりにつながれると、革と木でできた詰め物入りの首輪の下方にある胸を張り、これこそが自分の務めだとでも言わんばかりに牽引した。あたかも地球のプレートが衝突するように彼と相棒の臀部と胴体がぶつかった。彼は相棒よりも力をこめて熱心に引いた。雌馬を感心させたい、あるいは主人を喜ばせたいと思っていたのかもしれない。ジェイソンはケイトとサディの馬具を何度も点検し、その間二頭の雌馬は力を温存するためにうとうと眠っていた。彼女たちはベルジャン種の雄馬のことを気にもとめていなかった。興奮状態にあった牽引実演の時とはまるで変わっていた。

茶褐色の小さなベルジャン種の馬は、七〇〇〇ポンドのそりの牽引に挑むも、奮闘むなしく落伍した。彼らが退場する時、首輪から汗が滴りおち始めた。再びケイトとサディの番になった。彼女たちはそりの方に後退し、四本の脚を揃えて立った。牽引することが分かっているから、ギャロップにおいて四肢が地面から離れている時の競走馬のように緊張していた。彼女たちは留め金でそりにつながれる前に飛びだし、ジェイソンは水上スキーをしている人のように横に滑った。彼女たちは引き戻されたが、今度は留め金でつながれたと同時にそりを置きざりにして駆けだした。留め金は折れていた。ジェイソンに引かれて退場すると、見物人の後方でたちまち眠りについた。首輪は乾いていた。

巨大なベルジャン種の二頭の馬も、留め金でそりにつながれる前に駆けだし、木々をなぎ倒す竜巻のように見物人を圧倒した。操縦者は彼らを引き戻し、再び鎖を張って留め金をかけ、彼らの後方に回った。すると二頭の馬はものすごい勢いで、深い海の波を押しわけるように進みだした。首輪をつけて懸命に引く姿は、小さな惑星を、いや太陽をも引くのではないかと思わせた。

「私たちは可能性、実用性、有益性を追求しています」とデール・ストルツフスは言った。ホース・プログレス・デイズ――これに参加する馬は穏やかな性質だ――は、特許製品である干し草圧縮機や円盤鋤、型紙、下剤などが載った一九世紀のアメリカのカタログに似ている。この催しに集う人々は、一八世紀のイギリスで野心を燃やしたベイクウェルやアークライトとは違い、自給自足の生活と産業の発展、ささやかな繁栄を願っていた。

彼らは、一八世紀にスイスを離れた質素なアーミッシュの考え方を受けついでいる。しかしアメリカ的な精神も持っている。「政府に農耕馬の数を調査してほしいと思っています。でも、この催しへの政府の関与を望んでいません」とデールはつけ加えた。「草の根によるこの催しのことを政府は知りません。私たちは政府の支援を受けていませんが、それはいいことだとも言えます。支援には規則や規制、義務、非効率なこと、苛立たしいことがついてきますから」

中西部の草原地帯の農夫は大恐慌時代に都会へ移った。その孫の中には、ソーラーパネルを利用して有機農産物を作ろうと志して草原地帯に戻る人がいる。彼らは自給自足型の生活や農業を営むヒッピーに憧れ、『全地球カタログ』をバイブルとして愛読している。ジェイソンたちは彼らに似たところがある。私が購入した装丁の美しい『スモール・ファーマーズ・ジャーナル』は、昔の農場の広告やカート・ヴォネガットの言葉を掲載し、昔の農機取扱説明書の復刻版や読者の詩が載った小冊子を紹介し、クロテッドクリームの作り方や冬用貯蔵食料の使い方、家禽処理場の運営方法を指南している。

ジェイソンたちは、ホース・プログレス・デイズの開催が天然ガス依存からの脱却につながると考えていた。オハイオ州の豊かな黒土の下には頁岩層が広がっており、そこから水圧破砕業者が天然ガスを採取している。私がホームズ郡を訪れる前、八〇マイルあまり離れた場所にあるひとつのガス井戸は四か月間閉鎖されていた。存在の知られていなかった断層を井戸が刺激して、多数の地震を誘発したからだ。地震は近隣の町をグラグラと揺らした。オハイオ州には、向こう一〇年の間に三万八〇〇〇マイルにおよぶパイプラインが敷設される予定だった。化石燃料をなるべく使いたくないと思う環境意識の高い人は増えている。ジェイソンの言うところの太陽の力で動く馬は環境負荷が少ない代替動力源であり、馬を使う小規模農業は、化石燃料に依存する経済構造を大きく変えつつある。

ミシガン州立大学は、一九六三年に廃止された輓馬分野の課程を二〇〇〇年に復活させ、履修者数はあっという間に三〇人に達した。二〇〇三年、バーモント州のスターリング大学は輓馬の管理を学ぶ学位課程を設置した。今では、馬を動力として生産された農産物に、それを証明するマークがついている。ホース・プログレス・デイズにおいて、馬を使った農業を始めたいが経験がないという人のために、三日間ワークショップが開かれた。参入者は増えているものの「風に吹かれる残り火のようなものだ」とデールは用心深く言った。ひとつの動きが馬とともにゆっくりと進行している。

九

マウント・ホープ競売所の競売場のステージは、背の高い鉄条網で客席から隔てられていた——そこに家畜ではなく演説者が並んでいた。後方の壁にかけられたパネルに「トロイヤー・ジェニュイン・トレイル・ボローニャ」、「ヨーダー・ハイブリッズ　信頼の作物」、「ボブ・ピュアーナー——精液と窒素の販売」と書いてあり、ステージも客席も国際会合の参加者でいっぱいだった。世界中の参加者が製品の紹介や簡単な経過報告をしていた。

　ドイツの雑誌『シュタルケ・プフェーアト《強い馬》』を手がけるエアハルト・シュロルは、旧式の犂はアーミッシュが改良した農具にその座を奪われつつあると言った。ドイツでもプフェーアトシュタルケと称される、ホース・プログレス・デイズに似た催しが開かれる。ライナー・ヴァイツォスキという名の実業家は市場の拡大に対応するために、アメリカの輓具をコンテナに入れてヨーロッパに運んでいた。あるフランス人は、ボルドーの六〇〇エーカーのブドウ畑でブルトン種の馬やペルシュロン種の馬と一緒に働いていた。彼の話によると、馬を使って耕した土に植えたブドウの木は、トラクターの重さによる圧力を受けて固まった土に植えたものよりも二年早く実をつける。ブドウ畑のオーナーはそのことを知ると、馬にますます関心を持つようになった。馬だけを農機の動力として使うオランダ人農夫もいた。私の有機農園で六頭の馬と一緒に働きたいと実習生が熱望しています、と彼は語った。あるイギリス人は、所有する馬を農耕馬として使いたいという人々のために農機を輸入していた。

　オクム・ボニフェースは、ティラーズ・インターナショナルというアメリカのＮＧＯのゲストとしてウガンダから来ていた。このＮＧＯはアメリカ人をはじめとする世界の人々のために、蹄鉄術や輓獣を扱う技術といった昔ながらの技術の継承に努めている。技術を教える人はディヴェロップメント・ウォーカーと呼ばれている。ボニフェースはカラマズーのこげ茶色の牛をウガンダに連れていった。彼の同僚ボブ・オケロは、アーミッシュが経営するパイオニア・イクイップメント・インコーポレイテッドと共同して瘤牛用の犂を開発した。折りたたみ式で持ち運びできる犂である。ボニフェースが調べたところ、ウガンダの農夫は小さな畑で落花生、トウモロコシ、大豆やエンドウ豆などの豆類、胡麻、米、キャッサバ、野菜を育てていた。「今、私が住んでいる地域ではどの家も牛を飼っています。だから一年中食べ物にこまりません。村によっては二頭しか牛を持たないところがあります。二頭では耕作作業をこなしきれないから畑は耕されずに放置されます」

世界的に見ると、少なからぬ人が馬を動力として使い、低炭素化に貢献している。世界の「荷役獣」の三三パーセントは馬だ。二〇一一年時点で、発展途上世界の馬の六〇パーセント、ロバの九五パーセントが使役動物として活躍していた。一頭の馬が、五人から一二人で構成される家族が生活するのに十分なお金を生みだす。エチオピアでは、田舎の住人の九八パーセントが少なくとも一頭のロバを所有している。ロバは一度に一〇〇キロの荷物を運べる。タンザニアの輓獣の数は二〇年で二倍になった。ダルフール北部からの難民は、帰郷にあたって必要なものは何かと問われると、まず安全、次にロバですと答えた――ロバは水や食料、薪、建築材料を調達する際に役立つ。使役馬の時代は連綿と続いている。

私は、アップステート・ニューヨークの農夫トマス・ペインが開いたセミナーにも参加した。彼がボローニャソーセージのパネルの下を行きつ戻りつしながら語ったところによると、一〇年ほど前、機械化を進めた彼の周りの小規模農家は皆壁にぶつかった。片や、アーミッシュは滞りなく農業を営んでいた。アーミッシュは小さな畑で多様な作物を育てる。質素な人々は単一栽培が推進される流れの中、輪作を続けている。広大な畑を持たず、化石燃料を原料とする肥料に頼らない。一九八〇年代半ば、アーミッシュの畑の一エーカー当たりの収量が、単一栽培を行うアイオワ州の農家のそれと同じになった。けれども、農業経費はアイオワ州の農家のそれの三分の一だった。アーミッシュの家族は大家族であり、子供も加わって一家総出で丁寧に農作業を行い、成果を上げている。それに馬も一役買っている。

ペインは八人家族だが、家族には農作業をさせていない。彼も馬を使っている。彼は二万五〇〇〇ドルのトラクターを売り、馬と馬を動力とする農機を手に入れた。「最初の年に燃料費を八五パーセント節約できました。それから、自分で育てた馬を売って二万五〇〇〇ドル儲けました」。彼はこう言うと、聴衆である麦藁帽子をかぶったアーミッシュの男性に馬具製造業者の広告を配った。一九一五年に『パシフィック・ルーラル・プレス』に掲載されたもので、「どちらが欲しい？　二五〇ドル、それとも一八五〇ドル？」と問いかけていた。この広告によると、五〇〇ドルのトラクターは五頭の馬の代わりになるものの、五年間使うと二五〇ドルまで価値が下がる。しかし、全盛期の三頭の雌馬と二頭の去勢された雄馬を飼えば、五年の間に一二頭の子供が生まれる。これらの馬は合わせて一八五〇ドルの価値がある。ペインは自分の農場についてこう説明した。「二万五〇〇〇ドルのトラクターは二酸化炭素をどんどん吐きだしていました。価値も下がりました……九年間その代わりを務めた馬は、現在一〇万ドル近い価値があります。二酸化炭素の排出量は九九パーセント減りました」

　学者やペインのような農夫は数十年にわたり、馬とトラクターのどちらがより有用かという議論を交わしてきた。ディーゼルエンジンで動くトラクターが馬よりも速く畑を耕せるのは明白だ。でも、ペインが七〇エーカーの畑で使っていたトラクターと同様にいずれは調子が悪くなり、値打ちも下がる。私は夕方モーテルに戻り、馬とトラクターについて考えた。

　馬はトラクターと違い、伐採作業など他の作業においても使える。どんなに大きな蹄でも、土を容赦なく踏みつけるトラクターのタイヤのトレッド部に比べればかわいいものだ。馬を使って耕した土は浸食を起こしにくい。植生に害を与えにくく、固まりにくい。だから、ボルドーでワインを作る人々が言うように収量の増加につながる。

　トラクターにかかる経費が少なくなるのは、化石燃料の価格が下がる時だけだ。石油価格が高騰した二〇〇八年、テネシー州のある農夫はラバに犂を引かせたので一日に六〇ドル節約できた。いつの日か、最後の一立方メートルの天然ガスが地下から採取され、原油の最後の一滴が吸いあげられる――ハリー・バロウズが一九七〇年代に言った言葉を借りれば、「あなたは石油なしでやっていけるでしょうか?」馬糞堆肥を与え、馬を使って収穫した草やオート麦を食料とする馬は、石油価格の高騰や石油危機の影響を受けない。馬が吐きだすメタンガスの量は牛のそれの三分の一だ。馬が一年間に排出する九トンの糞は優れた肥料に変わるから、天然ガスやリン鉱石、カリ鉱石を原料とする肥料は必要なくなる。

馬は自力で繁殖できる――雌馬は妊娠してからもしばらく働ける。トラクターを作るには、採掘して加工しなければならない鉄鉱石やゴム農園、シリコンチップ、プラスチック工場、機械工が必要だ。ジェイソン・ラトリッジはこんな風に明快に述べている。「ある朝、森でトラクターの赤ちゃんが見つかる、なんてことは起こりえません」。馬の子供は飼ってもいいが、売ることもできる。トラクターは購入した日から価値が下がりだし、売却できるともかぎらない。馬が死ぬと、その肉や骨は肥料に変わり、皮は革になるけれど、トラクターは錆びたスクラップの山と化し、それを再生利用するために大きな労力を費やさなければならない。

六二エーカーから七四エーカーの畑において、四〇年間で馬は二万一一〇〇ドルの利益を生み、トラクターは七万ドルの損失を生むという推計もある。スウェーデンの定期刊行物の詳細な記事によると、一九二〇年代に馬を使った農業で消費されたエネルギーの六〇パーセントは再生可能エネルギーだった。現代のトラクターを使った農業における割合はわずか九パーセントである。

ベルジャン種の大きな輓馬はすでに太陽の力で動いているものの、電気トラクターは開発の初期段階にあり、まだまだ原始的だ。トラクターは採掘された鉱物や無機材料から作られる。バイオ燃料で動くトラクターは、燃料の原料作物を収穫する際に役立つし、甜菜や菜種を原料とする燃料を利用してトラクターを製造することもできる。けれども、トラクターは馬よりも燃料を消費する。あるトラクターは、一組のサフォーク・パンチ種の馬と比べて二倍のバイオ燃料を必要とする。

『アメリカン・ジャーナル・オブ・オルタナティヴ・アグリカルチャー』に二〇〇〇年に掲載された記事によると、アメリカの三億六〇〇〇万エーカーの農地を二三〇〇万頭の馬を使って耕すことが予定されていた。馬は、ムラサキウマゴヤシや穀物、粗飼料を食べて動き、繁殖する。これらの馬の食料を生産するために必要な農地——有機物である良質な馬糞堆肥から養分を得て再生する——は農地全体のわずか六パーセントだ。一方、トラクターを製造して動かすために使う燃料を生みだすには、全体の二六パーセントの農地が必要である。*

二三〇〇万頭の馬！　なんという数だ！　現在アメリカにいる馬の推定個体数——都市の馬は含まれていない可能性がある——の二倍以上である。ガソリンが使いつくされたら、どのようにして田舎から都市に食料を運ぶのか？　何が大都市を走るようになるのか？　馬や電気自動車だろうか？　フランスとベルギーでは、国営飼育場で育てられた重種馬が、荷馬車を引きながら街を回って家庭の資源ごみを収集している。馬が再び都市で大量輸送を担うようになったら、馬の食料を生産するための農地がさらに必要になるだろう——二〇世紀初めのイギリスでは、都市の馬が国内で生産される小麦をすべて消費した。世界は昔の姿に戻るだろう。アメリカは今生きている人のほとんどが知らないアメリカ——かつてないほど多くの馬とロバとラバが国土を駆けていた一九二〇年代のアメリカに戻るだろう。

* 馬を使った農業への回帰にはひとつの問題がある。人の数が増え続ければ、人と使役馬の食料を生産するためにより多くの農地が必要になる。その時、何が起こるだろうか？

より多くの馬が動力として利用されるようになるという予測もあった。ところが、この頃を境に田舎から都会に出る人の数が年々増加の一途をたどった。第一次世界大戦以前は、アメリカ人の一〇人に四人が農業に従事していたのに、現在は一〇〇人にふたりもいない。アメリカの小麦畑で馬がコンバインを牽引するようになれば——二〇世紀初めは三六頭からなる馬の一団が牽引していた——資本集約的農業の推進によって減少した農夫の数が増えるだろう。このことが、『全地球カタログ』をバイブルとする人々や理想主義者が輓馬に魅力を感じる理由のひとつである。荒廃した畑や工場式農場の不愉快な肥育場が広がる風景ではなく、馬が耕す豊かな畑が広がる農村の風景を彼らは求めている。

人々はカエデ糖の綿菓子を食べながらホース・プログレス・デイズを楽しんだ。私はマウント・ホープ競売所を後にし、モーテルのそばにあるダイナーで夕食をとった。私が食べたサラダに入っていたほうれん草は、クラフト紙を思わせた。農場レストランを真似たそのダイナーは、「農家直送」のグレージュ色のターキーソーセージや色のついた卵白のオムレツを提供していた。絵のように美しい大きな農場の写真が飾られていたが、なぜか二頭の乗用馬の他に動物は写っていなかった。目の前のテーブルの上に地元紙『アクロン・ビーコン・ジャーナル』が広げて置いてあり、水圧破砕法、抵当流れになったがらんどうのショッピングモール、ヘロインによる死亡事故に関する記事が載っていた。

ラバに犂を引かせるという行動にテネシー州の農夫を向かわせた経済危機の後、景気がなかなか回復しない中、人員削減や新しい科学技術の導入によって経済が変容した。時給制やアウトソーシング、無人レジが取りいれられ、倉庫の棚からロボットが取りだした商品をドローンが運び、消費者は購入したものを3Dプリンターで複製するようになった。だから労働者階級や中流階級の人々が仕事を失った。独立独歩を好み、自力で荒野を開拓することを望むアメリカ人の目には、天候や馬の気分に左右される不安定な生活の方が魅力的に映るのかもしれない。

一〇

「私はニューヨークの郊外で育ちました。一九九〇年代に子供から一〇代の若者になったのですが、その頃から環境史にとても関心がありました。一〇代後半になると、色々な深刻な環境問題を解決する有効な方法はないかと模索しました。環境のことを考えるととても憂鬱になり、子供だった私は心が押し潰されそうでした。だからしばらく社会から離れたのです」。マサチューセッツ州で馬と一緒に農場を営むデイヴィッド・フィッシャーは笑いながらこう言った。彼は母屋のキッチンのテーブルで昼食をとっていた。つばの広い麦藁帽子の下からのぞく長い顔は日焼けしており、顎髭は渦を巻き、一本の歯が抜けていた。

「一七歳から二一歳までバックパックを背負ってあちこち旅をし、スキーインストラクターやハイキングコース管理員として働きました」

一九九〇年代半ばに西部を旅し、「ぞっとするようなモデル農場――ひとつの作物を大規模に栽培し、牛を肥育し、化石燃料から作った肥料を使う農場」を目の当たりにした。その後、ニューハンプシャー州の大学が運営する有機農場で働き、続いて北西部に移動し、木造の家で自給自足に励む共同体の中でしばらく生活した。ある年の秋にキャッツキル山地へ戻り、ひとりの男性のもとで働き始めた。その男性は、農業用のギグ馬車とノルウェーフィヨルド・ホース種の馬の一団を使って林業と市場向け菜園を営んでいた。

「そこでの日々は、それはそれは楽しく心弾むものでした。私はまたとない時間を過ごしました。馬にじかに接するという経験は良い糧になりました。それまでに経験したどんなこととも異なっていたのです。私は、柔らかな毛に覆われた温血種の大きな馬と強い協力関係を築きました。馬と協同して仕事を成しとげるというのは本当にすばらしいことです」。デイヴィッドは話すのをやめ、窓の外の畑に目をやった。七月の畑は信じられないほど青々としており、その先に納屋が立っていた。デイヴィッドと彼のもとで働く人々が農場で製材したマツでできた納屋である。

ホース・プログレス・デイズが終わった翌週、私は北東部にあるニューイングランドに向かった。馬を利用する農場の現代における姿を自分の目で確かめるためだ。パイオニア・ヴァレーにはホームズ郡と同じように爽やかな緑色の畑が広がっている。畑には低木の生垣があり、暗緑色の森が点在する。生垣のそばに、パイプラインを谷の上方に敷設する計画を知らせる看板が立っていた。パイプラインは、水圧破砕法を用いて採掘した天然ガスをペンシルヴェニア州から運ぶ。私は丘の上にある小さな木造の家に泊まった。夜は大地を潤す大嵐になり、雷鳴が轟いた。ベッドに横になっていたら、都会では聞いたことのない音が聞こえた。何か生き物が立てた音らしかった。

デイヴィッドが再び話し始めた。昼食を終えたら、彼は仕事に戻らなければならなかった。「私たちは内燃機関の代わりに動物の力を使って仕事をし、動物の力を使って育てた作物を動物に食べさせていました。それは環境問題の解決につながる行動だと思います。温暖化や汚染、原油の採掘による弊害が起こっている地球に生きる私にとって、環境問題は決して軽いものではありません」

デイヴィッドの家族経営農場ナチュラル・ルーツは、六月から初霜の降りる一〇月まで地域支援型農業（ＣＳＡ）プログラムを実施している。火曜日と金曜日に農産物直売所を開き、ＣＳＡの加入者はそこで購入したものを布製のバッグに入れる。ナチュラル・ルーツには一〇〇エーカーの森と二〇エーカーの牧草地、七エーカーの畑があり、畑の半分は、農場で飼っている採卵鶏の糞や被覆作物であるベッチやジギタリス・プルプレアから養分を得ていた。

実りの季節だったから、谷間の農場は活気に満ちていた。小石底の浅い川の一方の岸にCSA直売所である納屋と洗い場があり、もう一方の岸の先に野菜畑が広がっていた。その辺りは氾濫原だ。採卵鶏——黒色と白色が混ざったツイードのような羽を持つ見事な鶏——は、時には日の当たらない鶏小屋でうずくまり、時には体をきれいにするために泥浴びをして目を細めた。

農場の他の建物は、氾濫原と道路から森で隔てられていた。建物に通じる小道は木に覆われているのでひんやりしていた。シダやギシギシ、イラクサが生えており、馬の糞が点々と落ちていた。緑色がかった茶色の真新しい糞から草の繊維だけになった乾いた糞まで様々だった。新築の黄金色の納屋とバーモント州出身の前の農場主が建てた古い納屋があり、デイヴィッドと彼のパートナーであるアンナ・マクレイ、彼らの子供レオラとガブリエルは古い納屋を住居として使っていた。前の農場主は、納屋の裏手の小屋に古い馬の首輪や錆びついた鈴、そり、農具を入れたままにしていた。デイヴィッドが農場を購入した一九九八年当時——この地域の小さな農場は一九八〇年代に売りに出された——農具はまだ使える状態だった。

温室で苗が育てられていた。自家用の畑にはハーブが植えてあり、小道や花壇、温室の屋根などあちこちに黒くて長いクワの実が落ちていた。日よけのある囲いに二頭の羊——農場で働く人々の食料——がおり、もうひとつの鶏小屋に赤鶏が住んでいた。一部が木でできた豚の囲い場の中を黒色と生姜色の混ざった四頭の豚がのんびり歩き、背の低い電気柵のそばに人が来ると、まるでおもねるように電気柵に沿って走った。彼らは入りくんだ木の根を掘りおこし、若木に体をこすりつけた。

野菜畑の先に広がる牧草地で五頭の馬が草を食んでいた。そのうちの四頭は栗毛のベルジャン種だった。「二〇代半ば」の貴婦人のようなレディ、「二〇歳かそこら」の去勢馬パット、「ほとんど毎日元気に動く」頑固なガス、一二歳のまぬけなティムである。残りの一頭は、ペルシュロン種とスタンダードブレッド種の血を引く鹿毛の雌馬だ。スターという名のその雌馬はティムと同い年だった。

馬、羊、鶏、豚、野菜、牧草地、干し草畑、森が五人の大人――デイヴィッド、アンナ、実習生である二〇代のローレン、ネイト、エミリー――と子供たちを支えていた。日焼けした子供たちは裸足で走り回り、割りあてられた雑務をこなし、川の泳ぎ場で泳いだ。

朝の六時、実習生が牧草地で一晩過ごした馬を新しい納屋に連れていった。馬は暗くて涼しい納屋の中で器の水を上品に飲み、山のように積まれた自家製の干し草をモグモグ食べた。井戸の水が自動で器に入る仕組みになっていた。あくびをしたり、干し草を食べたりしている馬の足元に緑色がかった茶色の糞が溜まっていた。実習生は糞を熊手ですくいあげ、豚の囲い場まで運び、その中に入れた。豚は長い鼻で馬の糞をほじくる。それによって乾燥した糞を馬を使って畑に撒く。

ローレンは、干し草の収穫作業の様子を携帯電話で撮影した動画を見せてくれた。大きな干し草の塊を積んだ荷馬車が庇の張りだした納屋までロープで引かれ、切妻屋根が設けられた納屋の戸口から干し草の塊が搬入され、二階にどんどん運びあげられた。その際、干し草のくずが舞った。動画には、納屋の後ろで馬に干し草を引かせる幼いレオラの姿が小さく映っていた。

私は四日間、皆について回り、色々なことを書きとめ、質問し、時々ナチュラル・ルーツの仕事を手伝った。隣の列に向かって勢いよくのびるメロンの吸芽を脇に退け、トマトの蔓を格子垣に這わせ、鮮やかな橙色の丸々としたコロラドハムシを探して潰し、黄変した葉をちぎりとり、緑色の縞模様のあるズッキーニを薄く切り、黄色いフライングソーサー・スクワッシュを蔓から切りとった。昼になると、実習生やデイヴィッド一家と一緒に庭に置かれた長い木製のテーブルにつき、皆で静かにお祈りをしてから、農場の畑や鶏小屋から調達された食材を使った料理を食べた。また、ローレンと一緒に母屋のそばの木陰の芝生に座り、苗床の土にあけられた小さな穴の中にレタスの種を親指で押しこんだ。その間、白地に斑模様のある、やけに人懐っこい猫が私の膝に乗りたがった。猫は、近くの大きな区画に植えられたキャットニップのにおいに興奮していた。私は仕事の合間に皆と話し、農場のことを少しずつ知った。

デイヴィッドは谷に自分の農場を開くと、小屋で暮らしながら自分で食べるものを作り、幾らかの作物を農産物直売所で売り、そのかたわら街で非常勤の仕事をこなした。農場の規模はしだいに大きくなった。力のいる作業をする際は隣人からトラクターを借りていたが、馬を使うべきだという思いが日々募り、コネチカット州の仲買人から数頭のベルジャン種の馬を四〇〇〇ドルで購入した。「彼らは引退したアーミッシュの馬でした。とても穏やかで——じつにゆったりと構えていました。私にたくさんのことを教えてくれましたし、私に対していつも寛大でした」。彼は農場を開く時、一万二〇〇〇ドルから一万四〇〇〇ドルを投じた。CSA直売所を運営するために国から支援金の支給を受け、地域の人々の力を借りて川に橋を架けた。「今まで一度も銀行からお金を借りていません。私たちは借金を作ることなく順調に成長しました」と彼は言った。農場は初めからほぼ自立していた。

馬について尋ねると、彼は「一頭では済みません」と苦々しげに言った。「一頭の馬の力でできることは限られています。だから馬は二頭になる。力は二倍になる。ところが片方の馬が脚を悪くして一週間動けなくなり、作業——耕し、植え、種を蒔く作業——の予定が大きく狂う。だから予備として三頭目の馬を手に入れる。そしてこう思う。おお、三頭の馬。彼らに砕土機と犂を引かせよう。こうして三頭の馬に頼るようになる。元気を失った年長の馬を引退させなければならなくなり、四頭目の馬を借りる。ところが、年長の馬は貧血を起こしているだけだった。そのことが分かって鉄補給剤を与えると——あっという間に——元気を取り戻す。馬は四頭になり、私たちは二頭一組にして、干し草を自分たちで作り始める。その後、同じことが繰り返される。一頭の馬が脚を悪くし、予備として一頭の馬を手に入れる。だから馬は五頭になる。私たちは、宝の持ち腐れにならないように五頭の馬を活用する。ここまでくると、もっと馬が欲しいと思うことはほとんどありません」。務めを果たした馬は養老牧場で余生を送る。

普通、実習生は農閑期に馬の使い方を学ぶ実習を行う。でも、この年の冬は納屋を建てるのに忙しく、ローレンはまだその実習を始めていなかった。彼女とネイトとエミリーは、納屋の裏手の森に立つ設備の整った小屋に住んでいた。実習期間は一年から二年で、その間複数の農場で学ぶ。デイヴィッドも一九九〇年代に実習に励んだ。実習生は学び、農場を評価し、自分がどこで何をしたいのか探りだす。すでに馬と一緒に働いた経験のある実習生が増える傾向にあり、デイヴィッドはそれに気づいていた。「馬の力への回帰が進んでいます」とデイヴィッドが考え深げに言った。「その勢いにはすごいものがあります。馬を使って農業をする若者は、この地域だけでなくアメリカ各地に大勢いるようです。私が農業を始めた頃と比べて数が増えています」。彼のもとで学ぶ実習生は皆、将来馬と一緒に農業をしようと考えていた。彼がかつて受けいれた実習生も、ニューヨーク州やペンシルヴェニア州、マサチューセッツ州で馬とともに農業を営んでいる。この動きは着実に広がりを見せている。

私は緑あふれる農場でちょっとした作業を手伝った。農場はたいへん穏やかではあるものの、ストレスを引きおこす要因が少なからず存在する。干し草の収穫はホース・プログレス・デイズが開催される前に終わっていた——干し草の収穫時期は、デイヴィッドたちにとってとりわけ気を揉む時期だ。突然の雨や激しい雨に見舞われると収穫が遅れ、干し草がだめになることもある。代替飼料は農場の運営予算をかなり食う。

ある年の八月の最終日にハリケーンに襲われ、農場の三・五エーカーの畑の作物が全滅した。川が増水して堤防が決壊し、畑とＣＳＡ直売所をつなぐ橋が流された。直売所を運営しているため、アンナは決算を行い、二〇〇人のＣＳＡの加入者を満足させなければならない。牛肉やアイスクリーム、味噌、カエデの樹液が入った手作り石鹸などを売りにくる地元の人と交渉する必要もある。馬もストレスの原因になる。荷車につながれてＣＳＡ直売所のそばで待機していた一組の馬がいきなり駆けだしたことがあった。彼らは川の浅瀬を越え、畑を横切って森に入り、轅が木に引っかかってようやく止まった（一頭はガスだった）。

実りの季節だったから、干し草の収穫の他にもやることがたくさんあった。馬は納屋と畑の間を行き来した。二頭で荷馬車を引くこともあれば、一頭で農薬散布機を引くことや四頭で砕土機を引くこともあった。実習生はマウンテンバイクであちこち移動した。デイヴィッドは秋野菜の列の間の土をハイホイール耕耘機で耕した。矢の形をした耕耘機の爪が土を掘り返し、根こそぎにされた雑草は日光に当たって数時間で萎びた。耕耘機を引くガスとスターは、野菜の列の端まで行くとそろそろと方向転換した。エミリーは農薬散布機につないだパットとレディを連れて、コロラドハムシを退治しに向かった。三つ編みにした腰まであるブロンドの髪が肩の間で揺れていた。

ネイトと私は荷馬車に乗り、野菜の列の端に置いてある、収穫したばかりの野菜が入ったプラスチック製の箱を粛々と集め、野菜の新鮮さを保つために、湿らせた粗布をすべての箱にかけた。箱を荷馬車に積みおえた私たちは馬に引かれて川の浅瀬を渡り、坂をのぼった。ＣＳＡ直売所に到着すると箱を荷馬車から下ろし、洗い場に運びいれた。馬は虫を踏みつけたりしながら立ったまま待っていた。

私たちは、大きなプラスチック製の桶の中で野菜をきれいに洗いあげた。根菜は、回転ブラシのついたガタガタ音を立てる洗浄機で洗った。それから、汚れが残っている野菜を荷馬車で豚の囲い場に運んだ。馬が柵のそばまで行くと豚はおずおず近づき、デイヴィッドがたくさんの大根と傷んだレタスを囲いの中に放りこむと、興奮してブーブー鳴いた。豚は大根を好まないようだった。

私たちは作業を終えた。直売所に並ぶ野菜の入った木製の箱は、豊穣の角を思わせた。壁のように積みあげられたルビー色の丸いビーツ、絡みあう薄緑色のニンニクの芽、手のひらのような平らな葉を持つケール、縦に割られてフリルのような中心部が露わになった白菜、品のある白色の大根、束ねられた土臭いコリアンダー、水滴のついたエンダイブ、葦のような分葱。開店から一時間後、これらの野菜はほとんど売れてしまい、残ったものがそこここに散らばっていた。客は、直売所の前に置かれた日を浴びるベンチに座って過ごしたり、庭に植えられたハーブを摘んだり、子供と一緒に泳ぎ場までぶらぶら歩いていったりした。

金曜日、私はデイヴィッドと一緒に円盤鋤に乗った。複数の円盤が枠に垂直に取りつけられていた。重しとして革帯で枠に縛りつけてある石は、原始家族フリントストーンの主人公フレッドが採る石のようだった。私たちは円盤鋤で被覆作物を倒した。この作業をすると畑を耕せる。三フィートから四フィートの高さまでのびた被覆作物が所々に生えていた。円盤鋤を動かすには四頭の馬が必要だった。私とデイヴィッドは円盤鋤に設けられた小さな台の上に立っている間、手前にある金属棒を握っていた――「後ろに落ちたら円盤に轢かれますよ」とデイヴィッドは言った。目の前にガス、パット、スター、レディの尾毛が並んでいた。尾毛の色はそれぞれ黄金色、栗色、黒色、黄金色がかった栗色である。彼らの飛節の後方にある遊動棒は、ガスに大きな負荷がかかるように調整されていた。ガスはそんなことは何のそのといった感じで前のめりになって引いた。

私たちはパープルベッチやイエロークローバーの抵抗を感じながら進んだ。馬がそれらを踏み倒し、円盤が潰した。連結用の鎖は中央の棒に当たるたびにジャラリと鳴り、円盤鋤はガタガタ音を立てた。潰されたベッチから飛びだす小さな虫が鼻に入ると、馬が鼻を鳴らした。ツバメは虫の大群を突っきって急降下し、オオクロムクドリモドキは私たちが通った跡に虫を求めて集まった。

デイヴィッドは仕事に没頭する馬に絶えず話しかけた。「じー、スター、じー、レディ、いいぞ、ガス、いい子だ、パット」などと言いながら馬を進ませ、被覆作物の列の端まで行くと、「どー」と声を上げた。「じー」は馬を右に曲がらせる際にかける掛け声である。左に曲がらせる際は「ほー」と声をかける。デイヴィッドと馬は協力して仕事をしており、デイヴィッドが馬を操っているようには見えなかった。四頭の二〇〇〇ポンドの馬の頭はデイヴィッドの手から一〇フィートほど先にあり、馬に伝わる彼の力はそれほど強いものではなく、馬は大勒や鼻革をつけていなかった。デイヴィッドは鞭も拍車も使っておらず、手綱はたわんでいた。馬は自分の仕事とデイヴィッドの言うことを理解し、精一杯働いた。列の端まで行った時、ガスが駆けだそうとしたのでデイヴィッドがどーと言ってガスを抑えた。「馬はどこが畑の端なのか分かっているのでしょうか?」と尋ねると、デイヴィッドは馬を見つめながら「たぶん」と答え、彼らを制御し、再び背の高いベッチの列の上を進みだした。

ベッチが倒れると水滴が跳ね、それが馬の脚の飛節の下方について光った。畑の中を行ったり来たりしているうちにガスの膝の裏から汗が噴きだしてきたけれど、ガスは相変わらず熱心に引いた。デイヴィッドは以前にこう言った。「ガスと他の馬の足並みが揃うように工夫しています。ガスは不思議な馬です。

引っぱるのが大好きで、ひたすら前へ進もうとします。私はそれをガスの良さとして捉えるようになりました」。パットは気を抜かずに働いた。「パットをティムと組ませると、この農場で一番足の遅いチームになり、ガスと組ませると一番足の速いチームになります。若い馬と組む時、パットは年寄りに見られたくないと思っているのかもしれません」

デイヴィッドは列の途中まで進むと「どー」と叫び、少し休憩するために音を立てながら進む円盤鋤をゆっくり止めた。私は円盤鋤からひょいと飛びおりた。ガスの体から水滴と汗が滴りおちていた。デイヴィッドは金属棒に寄りかかり、黙って馬を眺めていた。私は畑を後にした。

ホース・プログレス・デイズが終わった後、トマス・ペインは私の質問にメールでこう答えた。「馬の力を使うなんて正気の沙汰じゃないと思う人は大勢いると思いますが、その種の力を使わないなど正気の沙汰じゃないと私は言いたい」。アメリカは国民を食べさせるために、本当に二三〇〇万頭の馬を使って土を耕すだろうか？　そんなことはありえないように思える――大きな組織に対する反抗心から人々が馬を使い始めているようにも思える。でも、馬を使った農業は自力で着実に成長し、根を張りつつある。農夫は実習生とともに土を再生し、小さな共同体に食料を供給している。石油はいつ枯渇し、太陽の力で動くトラクターはいつ登場するのか？　馬が道を進むカツカツという音がしだいに大きくなり、くぐもった轟音に変わって馬が現れるのを誰もが待つようになるのだろうか。

私は日が傾いて夕暮れが迫る頃まで、実習生としゃべりながら納屋の中をぶらついた。レディ、ティム、パットはようやく馬具から解放され、音を鳴らしながら夜ごはんを食べていた。アンナは川向こうにある直売所を閉めようとしていたけれど、スター、ガス、デイヴィッドはまだ畑の一区画を耕していた。泳ぎ場からは歓声が上がた。ローレンは、訪ねてきた友人のダニエルを手助けしてパットに乗せた。彼女はティムの汗ばんだ広い背中に乗り、片方の手でレディの端綱を握った。馬は畑の先にある牧草地に向かってゆっくり進んだ。馬の脇腹の両側にあるローレンたちの踵はぶらぶら揺れていた。馬は忍耐を厭わず、どこまでも穏やかにローレンたちに従った。私は後ろ髪を引かれながら森を抜け、畑の脇を通りすぎ、手を振ってから橋を渡り、とめていた車に戻った。

肉

アメリカ人は馬を食べない

彼の滑らかな柔らかい肌を得意げに撫でながら、私たちは彼の将来の姿であるステーキについて考えるだろう。

(『テンプル・バー　町と田舎の読者のためのロンドンの雑誌』、一八六六年一二月)

一

茶色の雌馬は諦めていた。彼女は三本の脚で立ち、左前脚を内側に曲げていた。膝は丸莢のように腫れ、頭は垂れ、目はどんよりしていた。凍結烙印という方法によって、たてがみの根元にW５６９１という識別コードが施されており、臀部の両側にステッカーが貼ってあった。一方のステッカーの中央にバーコードが記され、もう一方のそれに５９２という競売番号が書かれていた。彼女を競売所に連れてきた人は彼女の頭から無口頭絡を外し、プラスチック製の青色の撚り紐を使った粗雑な端綱をつけた。

彼女の片方の肩と一番手前の膝は生々しくえぐれ、左前脚に幅二インチから三インチほどのぱっくり割れたまっ赤な傷があった。脚を曲げていたのは体重に耐えられないからである。新しい傷ではなく、血は出ていなかった。貝殻の形をした白いものが少し突きでていた——折れた骨か損傷した腱鞘と思われた。私はそれらをまともに見られなかった。彼女は手を差しだされてもにおいを嗅がず、写真を撮られても動じず、狼の餌食になっても構わないと言っているように見えた。彼女はまだ何日も同じ状態で過ごさなければならなかった。

　アメリカの他の競売所と同じく、この競売所の小屋には、木の板で構成された囲いが入りくんだ通路に沿って並んでおり、彼女はそのうちのひとつの中にいた。囲いは私の目の高さまであり、馬が歯で削った跡が板に残っていた。神経過敏な馬が長年にわたって繰り返し削ったのだ。床は汚れていた。尿の跡は黒っぽくなり、おがくずと乾いた古い糞が散乱していた。囲いの上方に狭い通路があり、バイヤーや物見高い人々がそこから馬を眺めながら品定めした。幾つかの囲いは馬一頭がかろうじて入れるほどの広さしかないものの、他の囲いは広く、警戒の色を見せる馬や諦め顔の馬でいっぱいだった。壁に設置された大きな扇風機の風が、馬の背中の上に漂う七月の熱い空気を押し流していた。金属屋根に施された断熱材は切れ切れになって垂れさがり、埃をかぶった蜘蛛の巣があちこちに見えた。光沢を失ってだらりと広がっている巣もあれば、塊になって垂れているものもあった。すべての囲いに干し草と水が用意されているわけではなく、茶色い雌馬はそれらを欲しがっていたけれど、彼女の囲いには用意されていなかった。彼女の近くにある複数の小さな囲いに二頭、三頭、あるいは四頭の馬が押しこめられていた。馬の多くはおとなしかった。

　悲しい経験を持つ馬は、茶色の雌馬の他にもたくさんいた。私は馬を見て、彼らの経験の一端あるいはすべてを知った。案内役の説明によって知ることもあった。案内役は、馬の福祉に関する調査を行う素人調査員で、競売所の中で監視の目を光らせていた。知る手がかりとなるのは、例えばポニーの血にまみれた鼻、鼻孔から流れでる血、眼球が入っていない眼窩である。五頭の老いたアーミッシュの馬車馬は囲いの中で、黙々とむさぼるように干し草を食べていた。長年馬車につながれていた彼らの脇腹は、肋骨が浮きでているので波打っていた。飛びだした背骨は、イルカが海中から踊りあがる姿を思わせた。

馬具で擦られて毛がなくなった部分、長い間鼻革が当たっていたためできた白い傷、出血している首のかき傷、老いた使役馬の脇腹の白くなった毛。幾頭かの馬の蹄は蹄冠部近くまで割れ、先端が広がっていた。他の馬の蹄には健康な蹄の持つ貝殻のような艶がなく、表面は、分厚くがさがさした象の皮膚のようだった。蹄は岩石層のように馬の歴史を物語っていた。

小屋の裏手にある囲いに一〇頭ほどの馬が入っており、そのうちの一頭は大きなベルジャン種の雄馬だった。浮きでた胸郭は、大聖堂の身廊の上方にあるむきだしの梁のようであり、骨盤部分は窪んでいた。たてがみは嚙みきられたのではないかと思われた――馬は飢えていると他の馬のたてがみや尾毛を食べる。彼はそっと佇んでいた。かたわらにいる馬は干し草をおいしそうに食べているのに、彼は何も食べなかった――歯が悪かったのかもしれない。

馬の大半は静かだったけれど、安らいでいるわけではなかった――見知らぬ場所に連れていかれることにも見知らぬ馬に会うことにも慣れていたから動揺してはいないものの、警戒心を持っていた。脚を休ませていても、耳を立てていなくても、あらゆる動きを黒い目で追った。そわそわする馬もいた。一頭のよぼよぼした黒色のラバは、がっしりした魅惑的な雌馬に見惚れていた。彼女は栗毛の輓馬で、囲いの中をぐるぐる回りながら他の馬を蹴った。黒鹿毛の雌馬は、たてがみがぼろぼろになった痩せた雌馬に寄りそっていた。痩せた雌馬の背中の上に首をのばし、彼女たちの肋骨を覆う薄い皮膚を歯で裂いた馬が近づいてくると攻撃した。

小屋には陰気でぞっとする雰囲気があり、それを醸しだしているのは、小屋で働く人や上方の通路から見下ろす人ではなく馬だった。人々は馬の臀部をパチパチ叩き、馬を追い、囲いの板の間から手を入れて馬を撫でた。数日後には馬が囲いからいなくなり、牛がその中に入り、翌週、神経過敏な痩せこけた馬が再びどっと流れこむ。同じ馬がやってくることはめったにない。

小屋の隣に地味な色で塗られた木造りの競売場があった。マウント・ホープ競売所の競売場より小さく、非国教徒の礼拝所と同じように傾斜した長椅子が並んでいた。私がマウント・ホープ競売所の競売場で開かれたホース・プログレス・デイズのセミナーに参加し、馬を使った農業やボルドーのブドウの木の成長速度などについて話を聞いたのは数週間前のことだった。茶色の雌馬の所有者は、数千ドル投じて彼女の傷を治療する、あるいは数百ドル払って彼女を安楽死させて加工業者に渡すという道を選ばず、彼女を幾らかのお金に換えられる場所に連れてきた。

淡く光るアルミニウム合金製の長い牛運搬車が駐車場にとまっていた。この日売れた馬の大半が、運搬車でカナダかメキシコの廃馬処理場に運ばれる。そこで殺され、関節から切りわけられ、ヨーロッパやアジアに輸送され、燻製肉、ステーキ肉、ソーセージ、ひき肉となってスーパーマーケットの棚に並ぶ。

馬肉は神聖な肉、不浄な肉、禁忌とされる肉、貧者を救う肉、攻城戦などの戦闘時の飢えをしのぐための肉、まがい物の肉、王のごちそう、ペットの餌である。今日、世界で一〇億人が馬肉を食べている。おもな消費地は中国、ロシア、中央アジア、メキシコ、オランダ、スイス、イタリア、日本、ベルギー、アルゼンチンだ。世界全体の馬肉消費量は一九九〇年に比べて二七・六パーセント増加している。

馬が産業機械や農業機械として使われると、必然的に馬肉が発生する。ナチュラル・ルーツのレディ、パット、ガス、ティム、スターは働けなくなったら放牧地で余生を送るだろう。しかし、人が現代の世界に必要な使役馬の数を試算する場合、使役馬が老いたら放牧地ではなく肉屋に送られるだろうと考えるのが普通である。現在、エチオピアで使役されたロバは最後に中国の食卓にのぼる。ヨーロッパの国々は使役馬の代わりに内燃機関を使うようになると、実利的に、国が所有する馬を他の「畜産動物」と同様に食肉にした――牛の肉はビーフ、豚の肉はポーク、馬の肉は「シュヴァリーヌ」と呼ばれる。もし家畜を飼うなら死んだ家畜を抱えることになるだろう、という言い習わしがある。家畜が死んだらいかに処理するかを考えなければならない。食用として育てられる馬はほとんどいない。馬は平坦ではない道を歩み、その末に食肉になるという第二の務めを担う。

二一世紀において、馬を食べる国は馬肉食を嫌悪する国から馬を輸入している。フランス系の住民が多いカナダ、キューバ、メキシコはアメリカから、ベルギー、フランス、オランダはイギリスから、日本、インドネシアはオーストラリアから輸入し、馬を食べない国は自国の馬を喜んで輸出する。アメリカでは連邦議会において、馬を食用として殺すことの是非が議論の俎上《そじょう》にのせられた。他の動物がこのような議論の対象になったことはない。大統領選挙の争点のひとつにもなり、戦争の勝者、忌まわしいこと、毒、アメリカ人らしからぬ姿勢、馬の救済といった言葉が論戦の中で飛びかった。この問題はテロ攻撃の誘因ともなっている。

二〇〇五年、アメリカの連邦政府は馬肉検査に対する補助金を停止した。廃馬処理場は費用をすべて負担して検査することを許可されていたが、二〇〇七年に許可が取り消され、馬を食用として殺すことが事実上禁止された。個人が飼っている馬を食用として殺すことは多くの州で認められているものの、その肉が州境を越えてはならない。幾つかの州では馬肉の販売は違法である。ニュージャージー州に廃馬処理場がひとつだけ残っており、そこで解体された馬は動物園の動物の餌になる。馬は様々な方法で処理される。埋立処分場や所有者の家の敷地に埋められる馬もいる。火葬される馬はごくわずかだ。多くの馬が工業製品や農産物を作るために利用されている。堆肥を作る場所を有し、かつ神経が太い人は馬の死体で堆肥を作る。

今でもアメリカは、ベルギーやフランス、オランダの多国籍企業が主導する世界の馬肉業界の一翼を担っている。膝を骨折した件の茶色の雌馬や、食べることもままならない飢えた大きな栗毛の馬は食肉に変わる。年間一〇万頭以上のアメリカの馬が廃馬処理場送りになっている。工業型農業において、馬肉は牛肉や豚肉、鶏肉、羊肉の陰に隠れて目立たない存在であり、多くのアメリカ人は馬肉が存在することすら知らない。人は二六〇万年間ずっと馬を食べ続けてきた。それなのになぜ、アメリカは食用として馬を殺すことを禁止したのか？　人が馬を踊らせ、馬に牽引させた期間はわずか五五〇〇年である。馬は豚と何が違うのか？　ナチュラル・ルーツの赤褐色の豚は、養老牧場ではなく冷凍庫に入る運命にある。なぜアメリカ人は、馬肉食は下賤なことだとでも言いたげにややこしい結論に至り、馬を殺して食べる人々のもとへ馬を送るようになったのだろうか？

二

馬肉は色が濃く、牛肉や羊肉より多くの血を含み、脂肪酸とビタミンが豊富だ。先史時代の狩人や馬を飼っていたボタイの人々はそのことを知っていた。馬肉の脂は消化しやすい。また、馬肉は脂が少なく、獣臭さがあり、甘い。人は何百万年も前から馬を捕って食べてきた。しかし、馬を捕まえるのは容易ではなかった。人はステップで馬を飼って食べるようになるが、家畜化が始まってから一〇〇〇年後、中東に到着した馬はまるで異なる扱いを受けた。彼らは人の食料と見なされなくなった。

紀元前七世紀にバビロニアで作成された文書に、楔形文字で「私は食されない」と記されている。これはある馬が語った言葉だ。この馬は誉れ高く、「戦いにおいて勇名を馳せ」、高価な銅製の鎧を身につけ、「ライオンの心」を持つと信じられていた。彼が牛のように食用に供されることはなかった。彼は高級な輸入馬であり、普通の農夫ではなく王によって使われ、戦争中は戦車を引いた。訓練された馬は耕作作業用の雄牛の二倍の価値があり、訓練されていない馬は雌牛の二倍の価値があるとミタンニの調教師キックリは述べている。この馬の飼育費用は小さな羊の群れのそれに匹敵した。その理由のひとつは彼が軍務に就いたことだが、彼の消化能力やステップの草の質も関係している。彼は反芻動物である牛よりも食物を消化する能力が低く、その上、彼が大量に食べる中東のステップの草は質が悪かった。だから大麦などの高価な穀物で補わなければならなかった。

旧約聖書は馬を食べることを禁じている。「イスラエルの人々に言いなさい。『地上に生きるすべての動物のうち、あなたたちの食べていい動物は次の動物である。割れた蹄を持ち、反芻する動物はすべて食べていい』」と『レビ記』に書いてある。キリスト教徒なら『レビ記』に従うだろう。でも、聖書には抜け穴がある。聖書はラクダを食べてはならないと述べているものの、馬についてははっきりと言及していない。洪水の後、神はノアにこう言っている。「命あるすべての動くものはすべてあなたたちの食べ物である」。だから、『レビ記』が禁忌とする食べ物も食べていいのだと考える人もいる——後にキリスト教徒は豚やウサギを喜んで食べるようになった。

イスラム世界では、馬は預言者を運ぶという崇高な役目を務め、キックリが生きていた時代と同様に戦時中は重宝された。コーランは馬に乗ることや、それによって力を誇示することについて言及しているけれど、馬肉食については触れていない。馬肉はハラーム（イスラム教において禁止されている物事）ではなくマクルーフ（イスラム教において忌避すべきとされる物事）だ――好ましくない不快な肉――と一部の学者は主張している。「その日、私たちはハイバルで馬とラバとロバを殺しました。アラーの使者はラバとロバを食べることを禁じましたが、馬を食べることを禁じませんでした」とハディース（イスラム教の始祖ムハンマドの言行を記録したもの）に書いてあるから馬肉食は許されていると考える学者もいる。レオ・アフリカヌスが一六世紀に著した本によると、北アフリカの人々は野生馬を食べた。現在、草原が広がる中央アジアに住むイスラム教徒は、何のためらいもなく習慣的に馬肉を使ったソーセージを食べ、アラブ人は馬肉食に嫌悪感を示す。

イタリア半島とギリシアでは馬肉文化が根付かなかった。ローマ人はヤマネからダチョウまであらゆるものを食べた。これは子供にとっては忘れられないような事実だが、ローマ人も馬肉文化に対しては中東の人々と同じ態度をとり、困窮した時だけ馬を食べた。馬肉は肉屋では手に入らないため、廃馬処理業者――馬の死体を扱う者であり、幾分不浄さを感じさせた――から購入した。

ローマ人は北方と西方へ領土を広げた。ローマ人が征服した土地には馬を狩って食べ、馬を狩る様子を洞窟の壁に描いた人々の子孫や、はるか昔にステップやカフカス地方から西方へ移動し定住した人々の子孫が住んでいた。この子孫は馬を象徴として扱い、馬に関する神話を有し、馬を生贄にした。フン族、西ゴート族、チュートン族、スラヴ人、ヴァイキング、バルト人、ケルト人などは、人が亡くなると馬を殺して一緒に埋葬し、葬送の宴で馬肉を食べた。ローマ帝国では当初馬肉食は許容されていた。けれども、キリスト教が普及すると、非文明的で野蛮なこと、神聖ではない異教的なことと見なされるようになった。

キリスト教徒は勢力を拡大し、『レビ記』が禁忌とするものを食べるようになった。ところが、どういうわけか、『レビ記』が明確に禁忌としていない馬肉を食べることを禁止した――馬肉はキリスト教会が禁止した唯一の食べ物である。七三二年、ローマ教皇グレゴリウス三世は、異教徒のゲルマン人を改宗させるべく奮闘する聖ボニファティウスにこう書き送った。「まだ野生馬を食べる者がおり、家畜馬を食べる者は大勢いるとの由。敬愛すべき兄弟よ、これからは彼らの行いを許してはなりません。その行いをキリストの助けを借りて何が何でも禁じ、不浄で忌むべき行いを悔い改めさせなければなりません」

一〇年後、聖ボニファティウスは、ゲルマン人がまだ馬を食べていますとローマ教皇ザカリアスに不平を漏らしている。ヨーロッパ中にキリスト教を広め、馬肉食をやめさせるのに数世紀かかった。馬肉食は野蛮だという考えは民話や文学作品、教会を通して広まった。ノルウェー王朝史『ヘイムスクリングラ』では、異教徒の農夫がノルウェー王ホーコン一世に馬のスープを差しだし、王が飲むのを拒むと、攻撃すると脅す。ある豪族は「馬肉を茹でた際に蒸発した脂がついているやかんの取っ手に口を寄せる」という妥協案を出す。でも、王が口を寄せる前に取っ手にナプキンをかけたので「両者とも不満だった」

ノルウェー王オーラヴ二世――死後に列聖された――はアイスランド人をキリスト教に改宗させ、馬肉食は邪魔になった子供を置きざりにして死なせるというアイスランドの風習や異教信仰と同類だと断じた。オーラヴ二世は四人の族長の息子を人質にして譲歩を迫り、馬を食べるために殺した者は死刑か四肢切断刑に処すると言った。アイスランドの法書『グラーガース』にはこう記されている。「人民は馬、犬、狐、猫を食べてはならない……これらの除外された動物を食べた者は一部法益剝奪刑を免れない」。熊（ヒグマとホッキョクグマ）、セイウチ、アザラシは食べてもいい動物だった。もしも飼っている豚が老いた乗用馬の死体を食べたら、豚を三か月間飢えた状態に置き、その後三か月かけて太らせなければならなかった。その豚の肉は馬の肉を一切含んでいないので食べることができた。ロシアでは一二世紀と一三世紀に禁令が発布され、ステップで暮らすタタール人は一九世紀まで、野蛮な馬食い族と呼ばれ続けた。

聖職者ギラルドゥス・カンブレンシスは一二世紀にアイルランドを旅した。アルスター地方のケニル・カニルという僻地では、王の即位式で白色の雌馬がひとつの役目を務めた。カンブレンシスは、その役目について身の毛もよだつ詳細な報告をしている。

王子は人でなしである。彼は王ではなくならず者になる。彼は四つんばいで皆の前に現れ、私は浅はかで恥知らずな獣です、と言う。その後白い雌馬が直ちに殺され、切り刻まれ、茹でられ、煮汁が浴槽に張られる。彼は浴槽に入って座り、運ばれてきた馬の肉を食べ、周りに立つ者もその肉を食べる。彼は彼が浸かっている煮汁を飲む。器や手ですくって飲むのではなく口でペロペロと飲む。

この儀式とインド・ヨーロッパ語系諸族の間で行われていた馬を生贄として捧げる儀式は関係がある、と指摘する歴史家がいる。馬を生贄として捧げる儀式については『リヴ・ヴェーダ』に記されている。カンブレンシスの報告は、アイルランド人は未開の異教徒だと人々に思わせるためのプロパガンダだと言う歴史家もいる。カンブレンシスもその歴史家も、馬肉は受けいれられないものだと思っていた。馬を食べることは人間以下の存在になるということであり、不浄な煮汁を犬のようにペロペロと飲む異教徒と同様に動物に成りさがるということだった。だから善王と呼ばれるホーコン一世は、馬のほんのわずかな一部と自分との間にナプキンを置き、聖人になったオーラヴ二世は馬を食べるアイスランド人を罰した。異教徒もキリスト教徒も、人が食べるもの——とくに動物——は体の一部になるのみならず心の一部になると信じていた。異教徒にとって馬は力と生殖力をもたらすものであり、キリスト教徒にとっては穢れをもたらすものだった。

時代が下っても馬狩りは続けられ、ヨーロッパの一部の地域の人々は一七〇〇年代まで狩ったターパンを食べた。おそらく家畜馬と野生馬を別物と見なしていたのだろう。ヨーロッパの贖罪規定書はしばらくの間禁止を解いた。ただし馬肉食を習慣にしてはならなかった。イギリスでは、農業革命と産業革命が進められた時期に使役馬の数が増え続け、それと並行するように馬肉食を忌避する傾向が強まった。使役馬としての務めを終えた馬は、処理されて不浄な肉に変わった。馬を処理する作業はどこか闇を感じさせるものだった。

馬の皮と毛は利用され、肉はおもに犬と猫の餌になった。馬の死体を溝に置き、犬やカラスなどに食べさせるという処理方法もある。それについて言及した文献は多い。廃馬処理業者は肉屋と区別され、馬やその皮の処理を誠実に行っても蔑まれた。一七三〇年、ある兵士がインヴァネスの近くで馬の死体を購入した。皮と猟犬の餌用の肉が欲しかったからだが、兵士は通りで子供に追いかけられ、石を投げつけられた。廃馬処理業は「絞首刑執行人だけにふさわしい仕事」と見なされた。

馬の幾つかの部位の肉は、牛肉や鹿肉として食卓にのぼった。飢えた農民は働き手だった馬が死ぬとこれ幸いと食べた。馬の赤い肉を捨てることなどできなかった。イタリアでは老いた使役馬はジャーキーに姿を変え、スペインでは闘牛場で殺された馬が食肉になった。「アカシカ」の肉として樽に収まり、スペインの水夫が長い航海中にそれを食べた。攻城戦や飢饉の時は、必然的に飢えた人々の食料になった。非常事態に陥ると、兵士も一般人も――必ずではないけれど――馬を食べた。アイスランドでは、大飢饉に見舞われた一七五四年、司教や司祭が教区民に対して生きるために馬を食べるよう促している。大きな反発は起きず、飢饉が続いたので一七五七年に禁制がさらに緩められた。

社会秩序が崩壊した時、無政府状態の時、体制が転覆した時、教会や権力者が失墜して強制力を行使できなくなった時、人々は馬を食べた。フランスでは一六二九年、四旬節中に馬肉を食べた馬丁が死刑に処せられた。ゲリニエールが校長を務めた馬術学校でルイ一六世が裁かれる一〇〇年前、馬肉の不正取引がきっかけとなり、馬肉食の禁止の徹底を目的とする四つの勅令が発せられた。フランスの肉屋――アンシャン・レジーム下で食肉の処理と販売を仕切っていた――は、馬肉がおおっぴらに食べられるようになれば、卑しい廃馬処理業者が使役馬の安い肉を貧者に売るだろうと心配した。

一八世紀が終わる頃、フランスをはじめヨーロッパ各国において、使役馬と都市の貧者の死体の数は増える一方だった。

三

私たちは競売所の小屋の入口で待った。男性たちは世間話をしていた。山の高いつば広の麦藁帽子をかぶり、顎髭を生やしたアーミッシュもいれば、カウボーイハットに格子縞のシャツ、ジーンズといういでたちの、腹の出た白髪の「イギリス男」もいた。彼らは駐車場で車から馬を下ろすと、入口まで連れてきて書類を提出した。そして馬の臀部にステッカーが貼りつけられた。競売所のオーナーと「殺しのバイヤー」――馬肉食反対を唱えるアメリカの活動家がバイヤーにつけた呼び名で、イギリス人なら「肉買い」とでも呼ぶだろう——がいるわ、と案内役の自称ジェインが教えてくれた。

馬の競売はアメリカ各地で開催されている。競売で扱われる馬は、西部ではアメリカンクォーターホース種の馬やロデオ用の馬が多く、東部ではアーミッシュの馬車馬や農耕馬が多い。各地の廃馬は、競売所の円形場を経由して北方または南方の国境を越え、馬肉になる。私はアメリカの廃馬が集まる場所を見るためにテキサス州に行くことも考えた。二〇一二年には、ブラックフライデーと呼ばれる日にアップステート・ニューヨークの競売所の侘しい円形場の席に座り、美しい——でも脚がひどく不自由な——ベルジャン種の輓馬が売られていく様子を眺めた。

アメリカの牛、羊、豚の数はアメリカ合衆国農務省（ＵＳＤＡ）の調査によって把握されている。一方、生涯において複数の役を務める馬は調査の対象から——完全に——外れている。二〇一〇年に正式な登録簿の作成が検討されたものの実現しなかった。だからアメリカの馬は未だ調査の対象外で、無名のままだ。去勢肉牛は、人工授精によって生まれてから食肉処理場の床の上で家畜銃によって殺されるまで去勢肉牛としての役割を務めるだけだが、馬は人から幾つかの役割を任じられる。農務省はその統計をとっていない。馬は去勢肉牛よりもずっと寿命が長く、競走馬、馬術競技用の馬、マスタング、失敗作、駄馬、希望の星、大事なＤＮＡを持つ馬、農耕馬として生きた後、トレイルライド用の馬、セラピー用の馬、期待外れの馬、馬車馬、救われた馬、牧草地のお飾り、ペット、馬脂に変身する。経済社会において選別機にかけられた馬の中には、自分が何であるかを示すもの——血統書や名前や履歴——を忘れられてしまう馬もいる。正体不明の存在になり果てる馬が少なくない。

膝を骨折した茶色の雌馬の名は、この日の夜、インターネットでＷ５６９１という識別コードから調べたらすぐに分かった。彼女はブリージー・ノル・アニーという名のスタンダードブレッド種で、二〇〇〇年に生まれた。俊敏なノーフォーク・トロッター種の血を引いていた。イギリスの農夫は一八世紀から一九世紀にかけて、ノーフォーク・トロッター種の馬をトロットで競争させていた。競走場所は泥道だった。この競走では馬をキャンターで走らせてはならなかった。ノーフォーク・トロッター種とサラブレッドを掛けあわせて作出された馬は、ヨーロッパ諸国で繋駕速歩競走に使われた。アニーは一四回競走に出場したけれど勝てなかったので、選別機にかけられて馬車馬になった。彼女は道路を走っている時に膝を骨折したのだろう。農務省の動植物検疫局（ＡＰＨＩＳ）は彼女が廃馬処理場までの輸送に耐えられないと判断したが、彼女の臀部にはステッカーが貼ってあった。それは彼女が売りとばされて一ポンド四五セントの肉になることを意味していた。

「廃馬処理業者は自分たちの罪を隠していると思います」とジェインは言った。彼女は一〇年にわたり、本名を伏せたまま競売所で廃馬処理業界の動向を監視していた。彼女は馬に親しみながら育ったが、一九九六年にトラック運転手として働きだすまで廃馬処理業界について何も知らなかった。カナダとの国境付近をトラックで走りながら様々な人と無線で雑談を交わし、雑談から知識を得た。一九九〇年代後半にコンピュータを手に入れ、インターネットを始め、彼女と同じ考えを持つ人々が廃馬処理業者に対して行動を起こしていることを知った。アメリカの廃馬処理業者の数は当時すでに減りつつあった。ジェインたちはアメリカ全土において、競売で売られて廃馬処理場送りになった馬の追跡調査をしていた。ジェインはすべてのバイヤーと馬の輸送を担当する運転手の顔を知っていた——カナダまで後をつけることも珍しくなかった。

ケベック州までは車で一三時間から一四時間かかる。カナダの肥育場と解体処理場の大半がケベック州に集中している。アルミニウム合金製の運搬車は風通しが悪い。仕切りがないから、押しこめられた馬は互いにぶつかり、蹴り、嚙みつき、踏みつけ、傷つける。ジェインは、馬が喧嘩して運搬車が揺れるのを目にしたことがある。

「トラック運転手の連続運転時間は一〇時間が限度です。農務省は、家畜をトラックに入れたままにしておける時間の上限を二八時間としています」とジェインは言った。「農務省は連邦当局と連携していません。トラック運転手が一〇時間以上連続運転したら、連邦自動車運輸安全局は罰金を科し、会社と運転手が違反したと記録します。でも、農務省は違反を見逃すでしょう」。だからジェインは、トラック運転手を動物福祉法違反ではなく交通法規違反で訴える方がいいと思っていた。

「私はここで警官に面と向かって、訴える気があるのか尋ねました」。囲いの中にいるブリージー・ノル・アニーを見つめながらジェインはつけ加えた。彼女はある競売所の小屋で開放骨折を負った馬を見つけた。競売所の人はもとより地元の獣医や警官も何もしなかった。彼らは土地の規則――安楽死処分を行ってはならないという規則――があると主張した。ジェインは動物愛護団体と農務省に相談したけれど知らん顔された。その後、農務省の職員が電話をかけてきて、なぜか囲いの入口が開いていたので馬が行方知れずになっていますと告げた――ミンクを毛皮工場から逃がす人々と同じようにジェインが馬を逃がしたのだと言わんばかりの口ぶりだった。ジェインはこう言葉を返した。「三本の脚でどこへ行けるというのですか？」

「あの馬は処理場に連れていかれたのです。救うことだってできたのにと思うとやりきれませんでした」とジェインはため息混じりに言った。彼女はブリージー・ノル・アニーの体の状態を見て腹を立てた。警官を呼んでもむだだと悟っていたから、ただ傷の写真を撮り、識別コードと競売番号を書きとめた。活動家は、国内の馬肉取引を永久に禁止し、国際取引から完全に手を引くよう国に要請した。馬福祉連合会やアニマルズ・エンジェルといった市民団体は、情報公開を求めながら証拠をこつこつ集め、報告書をまとめた。

この年、アニマルズ・エンジェルは肥育場と輸出馬用の小屋の様子を撮影した写真を公開した。屋根のない場所に留めおかれる輸出馬も少なくなく、中にはそこで数か月間過ごす馬もいる。調査員は、飢えた馬や病的なまでに太らせられた馬を目にした。太った馬は横たわり、痛ましいほど張った腹から脚がまっすぐ突きでていた。ある馬は傷を負い、ある馬の骨は砕けていた。二〇一二年、調査員はカナダの肥育場において、一頭の雌馬の陰門から死んだ胎児が飛びだしているのを見た。二〇一三年には、別の肥育場で腐乱した馬の死体を目の当たりにしている。

廃馬処理場に乗りこみ、中で行われていることを記録する活動家もいる。毎年、新しいドキュメンタリーやニュースが放送され、隠し撮りした薄暗い映像がユーチューブで公開されている。映像に映る馬は不安定な床の上で滑り、家畜銃で繰り返し撃たれてもなお小さくいななきながら立ち続ける。

カナダとメキシコは廃馬処理場の検査を実施しており、欧州委員会も定期的に検査している。しかしアメリカは、傷ついた馬がアメリカで最後に過ごす場所——その掃きだめのようなところから馬はよその国へ送られる——の実態をきちんと調べていない。動植物検疫局はメキシコとの国境を越えるトラックと書類を調べるが、馬を調べない。各州は家畜競売所の検査において互いに異なる基準を設けている。競売開催時に州家畜検査官や連邦政府公認の獣医がいない場合、どの馬が売ってもいい馬で、どの馬が売ってはいけない馬かを競売所のオーナーが決める。オーナーは抜きうち検査が実施されないことを願っている。私が訪れた競売所のオーナーは小屋にいる馬を食用として売り払った。競売所では、馬伝染性貧血の検査をする獣医が役人の代わりを務めていた。書類も何も持たない馬が肥育場に送られたのだろう。

獣医が到着すると、私は茶色の雌馬に注意を向けさせようとした。獣医は、馬が円形場から出る際に使用されるスロープのそばに立っていた。私は囲いに寄りかかって言った。

「あそこにいる馬は……」

「分かりました」

「脚から骨が突きでています」

「分かりました」

「脚が体重を支えきれないようです」

「分かりました」

「ただお教えしておこうと思ったんです。ひどい状態なので」

「分かりました」

獣医は私と目を合わせず、雌馬を診察するとも言わなかった。若い女性の助手は私をじっと見ていた。会話はそれで終わった。

検査官は、馬の表面の検査をし忘れる、あるいは怠るだけではない。一〇〇種類の一般的な動物用医薬品のうちのひとつかそれ以上の医薬品を投与された馬の肉はしばらく、あるいは永久に市場に出してはいけない。例えば、現代の駆虫薬、潰瘍治療薬、鎮痛薬が投与された馬は食用馬にならない。「馬用アスピリン」であるフェニルブタゾンは馬伝染性貧血感染を招くおそれがある。軟膏に含まれるニトロフラゾンは発がん物質だ。少し前に、ある競売所でステッカーを貼りつけられた幾頭ものサラブレッドは、まだアルミニウム製の軽い蹄鉄をつけていた——最後の勝つチャンスを逸し、レース終了後そのまま連れてこられたのだ。彼らは抗炎症薬、利尿薬、ステロイドを数年にわたり投与されていた。本来なら馬房で休むか引退すべき馬である。

フェニルブタゾンを含む馬肉による死亡例はないが、欧州委員会は残留基準を定めるのではなく、フェニルブタゾンが残留する輸入肉と国産肉の販売を禁止した。しかし、名前や履歴、血統書と同様に馬の治療記録は失われやすく、カナダとメキシコが検査を徹底しているようには思えない。二〇一〇年、馬福祉連合会の会員が、廃馬処理場送りになったアメリカの馬の馬身分《EID》証明書の写真を見せてくれた。馬身分証明書には日付入りの署名が走り書きしてあるだけで他には何も記されておらず、馬は医薬品を投与されていないという項目にチェックが入っていなかった。

二〇一二年一〇月、欧州委員会は残留薬物に関する報告を受けて、馬の体内に残る薬物に対する懸念を表明した。するとケベック州の廃馬処理業者は、殺しのバイヤーが購入した馬を引きうけるのを拒み始め、馬肉の供給が滞り、欧州委員会と廃馬処理業者は責任を押しつけあった。しばらくすると供給は元通りになり、欧州委員会は、二〇一三年からEU加盟国において馬を食用に供する場合は生涯記録を作成しなければならないと定めた。

それから数か月後、私はアップステート・ニューヨークの低級な競売所の円形場で、殺しのバイヤーがサラブレッドと思われる馬の唇を心配げにめくりあげているのを見た。彼らは、登録競走馬につけられる固有番号が歯茎に刻まれているかどうか確かめていたのだ。固有番号を持つ馬は売れなかった。馬の食肉処理に反対する人の中には、ヨーロッパ諸国の介入によって少なくとも競走馬が食用として殺されることはなくなるだろうと思う人もいたけれど、私が夏に訪れた競売所では、それらの競走馬がどこへ行ったか知れたものではないという声が聞かれた。

「たぶん競走馬は闇取引されたのでしょう」とジェインは言った。「競馬場に出入りできる仲介人がいます。夜、競馬場の前にトラックがとまり、次の日の朝には馬はいなくなっています」。競走馬は選別機の奥深くに消えてしまった。

四

一九世紀になると、すでに国際取引されていた馬の処理が工業的に行われるようになった。馬には事欠かなかった――衰弱した辻馬車馬、乗合馬車馬、馬車鉄道馬、馬車馬が通りにたくさんいた。五頭の馬の死体が積まれた廃馬処理業者の荷馬車を馬が処理場に向かってゆっくりと引く姿は、人々にとって見慣れた光景だった。馬を回復させて売り、利益を得る廃馬処理業者もいた。すぐに殺されない馬のうちの少なからぬ馬が、処理場の裏庭で哀れにもひもじい思いをしながら最後の日々を過ごした。彼らは野菜くずと雑草を食べた。ヘンリー・メイヒューによると、ロンドンの廃馬処理業者は「数年で引退して大農場主に転身した」

馬はまずたてがみと尾毛を根元から切られた。それは椅子の詰め物や弁護士のかつら、弓の弦、釣り糸になった。次に馬は頭を強打された。あるいは喉を切りさかれ、心臓を突かれた。血は肥料生産業、ボタン製造業、精糖業、養鶏業において利用された。馬の死体は梁から吊りさげられ、皮を剝がされた。皮は鞣され、ドイツ騎兵の尻当てやロンドンのハンサム型馬車の屋根、御者用の鞭になった。

馬の体は前四分体、後四分体、骨、喉、首、肩、背中、肋骨まわり、腎臓、肝臓、肺に分けられた。肉と内臓は、猫と犬の餌にするために直径九フィート、深さ四フィートの銅鍋で煮られた――猫には生煮えの肉、犬には一時間以上煮た「くず餌」が与えられた。老馬の肉や病気の馬の肉は少なくとも二時間煮る必要があった。肉の一部は干し草や藁をかぶせられ、肉に発生した蛆虫は猟場管理人が飼育する雉の餌や釣り餌、鼠をおびき寄せる餌になり、捕獲された鼠は殺され、皮を剝がされた。

腱は接着剤の原料として利用された。蹄鉄に打たれていた古釘は製鉄所に戻され、金属製の古い蹄鉄はベルリンから中国に輸送され、のばされ、研がれ、剃刀になった。蹄は煮られ、接着剤、櫛、玩具、紺青に姿を変えた。骨は扇風機製造業者、旋盤師、刃物師、黒色顔料製造業者、塩化アンモニウム製造業者のもとへ運ばれた。「砕骨」された骨は蒸解釜に入れられ、脂が抽出され、石鹸や蠟燭の原料になった。人々は脂を荷車の車輪にさす潤滑油として使い、脂で革を柔らかくし、エナメル製品やガラスを磨いた。アルブミンは写真フィルムの製造に利用され、脂を抽出した後に残った骨は肥料に変わった。

産業が発展した近代社会において馬は大いに役立った。馬は動力になり、馬の糞や骨や血は馬が食べる作物を育てた。馬は馬の革が使われた辻馬車を引き、辻馬車の車輪にはおそらく馬の脂がさされていた。辻馬車側面のランタンの中に立つ蠟燭や御者がまとう大きな外套のボタンには馬の一部が入っており、車輪のそばを走る犬は馬の肉を食べていた。馬は余すところなく利用された。小さな労働者集団が廃馬を社会に還元していた。今で言うリサイクルである。

一七八六年、フランスの医師マテュー・ジローは、良質な赤肉である馬肉を食べずに犬と猫の餌にするのはもったいないという考えを示した。フランス革命が起こる数年前のことである。工業化の進む都市で馬の数が増えているという事実を受けて、学問のある医師が合理的な根拠に基づき馬肉食を推奨すると、節約のために老いた農耕馬を食べる農民が増えた。さらに戦争をきっかけとして、忌避されていた馬肉食がヨーロッパで広まった。

コペンハーゲンがナポレオン軍に包囲された時、市民は生きるために辻馬車馬や個人所有の厩を襲った。一八〇七年、デンマークは他のヨーロッパ諸国に先駆けて、馬肉の食用としての販売を合法化した。同じ年にプロイセンで行われたアイラウの戦いにおいて、フランス軍の軍医バロン・レレイは馬肉を食べ、尻ごみする患者に火薬入りの馬肉スープを飲ませた。すると患者の傷が早く治った。馬肉は壊血病の初期症状に効いた。翌年、アイスランドは囚人と貧者に馬肉を与えることを決定した。ハンブルクとジェノヴァの市民も包囲攻撃を受けた際に馬を食べている。ナポレオン軍は一八一二年にモスクワから撤退した。道中は悲惨で、兵士が飢えをしのぐために自分の乗る馬を殺して食べる光景が見られた。

その二年前、フランスの主席裁判官が委員会を設置して馬肉の可能性を探り、馬肉は安全で栄養価が高い――国民は迷信にとらわれているから馬肉を食べない――と全員一致で結論づけた。ところが「迷信深い」国民は馬肉に心惹かれなかった。フランスでは、廃馬処理場の近くに住む人は馬肉を食べていたかもしれないが、馬肉は一般家庭の食料貯蔵室に似つかわしくないものと見なされていた。

フランス人は馬肉を食べるのを嫌がったけれど、馬肉を食べる異教徒が最後まで残っていたドイツと北欧諸国では、一八四〇年代に馬肉を食す宴が催された。開催者は各地の医師などである。彼らは、もし馬が食用として利用されるなら、肉質を向上させ柔らかくするために人々が馬を優しく扱うようになるだろうと主張した。廃馬処理場の庭にいる無残に痩せさらばえた馬が肥えた馬に変わるのだ。

ドイツは一八四一年に馬肉の食用としての販売を認めた。オーストリアとベルギーがそれぞれ一八四七年と一八五四年にそれに倣い、ウィーンでは二週間で三万二〇〇〇ポンドの馬肉が消費されるようになった。スイス、ノルウェー、スウェーデンも続いた。ベルリンでは一八四八年に一四七頭の老馬と負傷した馬が殺され、その馬の六万一〇〇〇ポンドの肉が消費された。その一方で、馬肉を提供するレストランが肉屋に襲撃されるという事件も発生している。ドイツでは一八四八年から一八四九年にかけて革命が起こるが、その時ある獣医学の教授は、祖先が神聖視した馬の肉を食べれば、国民はアルミニウスが率いた戦士のように強くなれるだろうと述べた。医師は、健康のために、子供を異教徒の王と同じように馬の煮汁に浸からせたらどうだろうと提案している。

これらの国の人々は昔から、戦争や競技、スポーツにおいて相棒を務めた馬を称え、芸術家は馬の気高さと美しさを賛美してきた。だから馬肉食に反対したけれど、実際的な人や腹をすかせた人は馬に対する考え方を柔軟に変え、馬を新たな栄養源として食べることを受けいれた。ヨーロッパ諸国のうちフランスとイギリスの二か国は馬肉食を認めなかった。ジローの意志を継いだ医師は馬肉食推進活動家としてフランスで精力的に活動した。

パリの自然史博物館長で動物保護協会の会員だったイジドール・ジョフロワ・サン＝ティレールは一八五七年、論理的かつ統制的に取りくむべき時が来たと述べた。彼は著書『栄養、とりわけ馬肉の栄養に関する書簡』の中で次のように問いかけている。多くの労働者が肉を食べるという喜びを味わえていないことを知っていますか？　身近にある馬肉から好ましい栄養を得られるのに、なぜ国はそれを労働者に与えず、不平等を放置しているのでしょうか？　フランスの馬肉食推進活動家は、イギリスの活動家と同じく国に頼れなかった。彼らは博愛の精神に基づいて活動していたが批判の対象になった。

> いつの日か、馬は牛と同じ待遇を受けるようになるでしょう……私たちに力を貸した後、私たちに肉を与えるよう求められるでしょう。いつの日か老いて、革、毛、骨炭、少量の骨粉、二二四キロの肉になり、売られるでしょう。私たちは馬に対する態度を改めなければなりません。私たちは馬を休

ませ、馬に夜を過ごす場所を与え、馬が弱らないように食べさせるべきです。そして何よりも、馬を叩いてはいけません。叩けば馬が悲しみ、私たちは損害をこうむるかもしれません。馬という商品をだめにしてしまうかもしれないのです。

フランスのアルフォールにある獣医学校とロンドンのランガム・ホテル、パリのグラン・ホテルにおいて趣向の凝らされた晩餐会が催され、ジャーナリストや科学者、著名人が招かれた。グラン・ホテルには作家のフローベールや「二四人の医師、八人の獣医、一六人の編集者、名士など」総勢一二九人の「極めて有名な文学者や科学者」が集まった。彼らは「三五フランの一一歳の馬、二〇フランの一八歳の馬、四〇フランの二二歳の馬」の計三頭を食べている。ただし、これらの馬はとても痩せていたから十分な肉がとれなかった。

フランス軍の獣医エミール・ドクロワは、彼に仕える元軍人の料理人をロンドンに赴かせ、晩餐会で腕を振るわせた。料理人は二頭の荷馬車馬と、健康体だった頃は七〇〇ギニーの価値があった一頭の馬車馬を使い、ペガサスのフィレ、アモンティリャード酒とともに供される「軍馬のピューレスープ」、芽キャベツを詰めた「ケンタウロス風」サーロイン、チェリー・リキュールと「茹でた鼈甲《きこう》」とともに供される蹄の煮こごりなど二九種類の凝った料理を作った。ロブスター用のマヨネーズには無色の「ロシナンテ（ドン・キホーテの愛馬）の脂」が使われていた。最後に、ロンドン塔護衛兵が正装して「古きイングランドのローストビーフ」をトランペットで演奏する中、重さにして二八〇ポンドの大きな一塊のバロン（腰からももにかけての肉）が四人の料理人の肩に担がれて会場に登場した。

それから馬の写真が客に配られた。客の反応は様々だった。ひとりの客は「私は馬肉と高級牛肉の味の区別がつかない」と記している。フランスの巧みな料理人が靴用の革にソースをかけたら、革は牛肉のような味になるだろうと言う人や、イギリスの牛肉と違って馬肉はどこか胡散臭いと感じる人もいた。

フランスで馬肉食に反対する声が上がった。ジャン・ロビネ博士は著書『馬肉食に関する書簡』の中で、馬を食べるのは野蛮ですと述べている。「人が種々の動物、とりわけ馬を食べるのをやめたのは、経済に疎いからでも、それを食べると吐き気を催すからでもありません。仕事の相棒をむさぼり食うという原始的な野蛮さからかけ離れた存在になるためです」。一部の人はこんな風に思った。馬を食べる人はいずれ犬を食べるようになり、さらには――おそらく――人間さえも食べるようになるのではないか？　画家オーレ・ドーミエは、馬肉食に関する風刺画の連作を制作した。そのうちの一枚にひとりの男性と一頭の馬が描かれている。男性はベッドの上で恐怖におののき、馬は怯えた目をして悲鳴を上げながら男性の胸に立っている。鼻疽が馬肉から人に感染するのではないかと危惧する人もいた。

ドクロワは周囲の声をものともせず、馬肉レストランを開業する人に二〇〇フラン、馬肉店を開業する人に三〇〇フランの資金を提供した。また、貧者に馬肉を試食させ、馬肉を率先して食べるよう司祭を促した。一八六〇年代半ば、パリにブーシュリー・シュヴァリーヌ《馬肉店》が現れ始め、パリ市議会は馬肉店の売上税の納税義務を免除することを決定した。他のヨーロッパ諸国と同じく、フランスでも馬肉に関する規制が強化された。馬肉は馬肉店でしか販売できず、人々が惑わされないように、馬肉店は読み書きができる人にもできない人にも馬肉店とはっきり分かる看板を掲げなければならなかった。新しく設立されたローラン社は厩と牧草地を所有し、六〇頭の馬を育てた。ローラン社が蒸気機関で動く機械を使って製造した馬肉ソーセージは、料理コンクールで称賛された。

馬肉は効用をもたらす肉だった。でも、多くの人が馬肉を受けいれず、主人が馬肉を好んで食べない場合、使用人も低級な肉である馬肉を食べなかった。当時のフランスには、馬肉のレシピを紹介する料理本はほとんどなかった。しかし、パリが包囲された一八七〇年に飢えた人々が馬肉を食べた。ヴィクトル・ユゴーは包囲下にあった時、詩人ジュディット・ゴーティエにこう書き送っている。「おお、称えるべき美しい人よ、もしもあなたが（夕食を食べに）来ていたら、私はペガサスを殺し、その翼を料理してあなたに食べさせたでしょう」

ドクロワは、ロンドンで最初に誕生した馬肉店にメダルと一一〇〇フランを贈った。けれどイギリスでも馬肉は不人気だった。一八六六年、『レイノルズ・マガジン』の記事の中で次のような不平が述べられている。「富裕階級と特権階級の人が牛肉と羊肉を独占し、政治の蚊帳の外に置かれている貧しい労働者は馬肉で我慢している」。極貧者は馬肉をありがたがった。おそらく彼らは元から食べていたのだろう。一八八九年、ある廃馬処理業者が『ペル・メル・ガゼット』の記者にこう語っている。「浮浪児が一切れの乾燥した馬肉を買って、それとふたつのパンの欠片でサンドウィッチを作って食べる姿をちょくちょく目にしました！」ただし、馬肉は必ずしも経済的な食べ物ではなかった。馬を太らせるには多くの餌が必要だから、安価な肉ではなくなるのだ。

一九世紀の良識ある高名な医師は宴を催すなど様々な試みを行い、馬肉食を推進した。しかし古代ローマ時代から、馬肉は貧者の食べ物、筋が多い肉、きめが粗い肉、出所不明の不潔な肉、樽で塩漬けにされる犬と猫の食べ物、飢えた人——ペガサスのフィレは彼らの口に入らない——の食べ物と見なされており、馬肉食推進活動家が貧者に馬肉を与えるべきだと主張したので、馬肉は貧者の食べ物だという認識が強まった。活動家の「攻撃的な論調」は功を奏さず、負傷した使役馬が食肉になるという事実に関心が集まった。

五

一八七〇年、アメリカのシンシナティの肉屋が馬肉で作ったソーセージを販売したことが発覚した。その事件を受けて、評論家が新聞記事の中でこう述べた。「私たちは、美しきフランスに一から十まで倣っているわけではない……私たちはまだ、牛肉の代わりに馬肉を使う気はない」

ヨーロッパ諸国が馬肉食を認めると、アメリカは熟考し、馬のバロンを食卓に出そうという意見も一理あるけれど馬肉食は認めない方がいいという結論に至った。アメリカ人は馬肉を嫌い、フランス人やイギリス人は辻馬車馬などの馬の肉に頼るようになった。アメリカは建国初期から――最上級の肉がつねに安価であることを願いながら――大量の食肉を生産していた。アメリカの大地は果てしなく続くかと思われるほど広く、豊かだ。南北戦争によって荒廃するも、それはほんの一時のことである。戦後、西部で牛の大規模放牧が始まり、国民は牛肉をこよなく愛するようになった。牛は切り身になり、シカゴやシンシナティなど東部の都市の包装工場を経由し、鉄道によって冷凍の状態で各地に輸送され、国民の食料品室に収まった。

牛は西部の清潔な牧場の青々とした放牧地で草を食べ、上質な肉となって巷に出回った。一方、いつも汗をかいたり排泄したりしながら街を歩き回る馬――ヨーロッパの馬肉食推進者もこのことを認めていた――は食欲をそそる代物ではなかった。ニューヨークでは毎日四一頭の馬が街中で死に、死体は、四万ガロンの尿と肥料として使われる四〇〇万ポンドの糞とともに処理された。一八七五年、ある記者は『ニューヨーク・タイムズ』にパリ通信を寄稿し、読者にこう伝えている。「馬は汗をかき、牛は汗をかかない。馬の肉には汗のにおいが染みこんでいるようだ」。かつてキリスト教徒は異教徒が馬を食べることに嫌悪の念を抱いた。アメリカ人は、街角で見かけた馬の死体のひとつが食卓に上るのかと思うと胸が悪くなった。

アメリカは、旧世界が行う馬肉食や豪華な晩餐会、馬肉店、廃馬処理場に俗悪な好奇心を抱いた。新聞には、ウィーンの馬肉料理の値段に関する洒落っ気のある寸評や、ペン画の挿絵付きの長く詳細な記事が数多く掲載された。それらにサン゠ティレールやドクロワのことが書かれていたから、彼らが何者なのかは説明するまでもなく知れ渡っていた。作家イーダ・ターベルはパリが包囲された後、パリの「陰鬱」な廃馬処理場を訪れた。一八九〇年代のことである。その「戦慄の部屋」を見た彼女は「画期的な刑務所やギロチンを見た時より震えた」。作家フランク・G・カーペンターは一八九三年、ベルリンからこう報告している。「ドイツ人は人間にとって最も崇高な動物を殺し、料理し、食べる。そのスープを大量に喉に流しこむ」。彼は、「立派な黒色の馬車馬」を死に至らしめる様子を「まるで殺人のようだ」と表現している。馬肉店の近くで、子供が「馬骨スープ」を「むさぼるように」飲んでいた。挿絵に描かれている馬肉店の主人の妻は奇怪だ。小さな目と円錐形の頭を持ち、黒っぽいソーセージと鋭いナイフを両方の手に握っている。彼女の「頬は馬肉を食べているから丸々としていてバラ色だ」。カーペンターはさらに「脳のマヨネーズ」のレシピを紹介し、ネズミイルカ革と称される靴用の革は実は馬革だと明かした。だから彼の報告はいっそう恐ろしいものになった。

馬肉を嫌悪する旧世界では戦争、革命、社会の崩壊が起こった。フランス革命、ナポレオン戦争、パリに対する包囲攻撃の後、フランスには無秩序な混乱による影響が汚染物質のように残り、その影響が馬肉にも及んだ。アメリカの報道によると、一八七〇年にパリで起こった暴動の際、馬肉店が急に肉の価格を上げたため、女性が店に馬肉ソーセージを投げつけた。ロシアでは、共同生活を送る学生が馬肉を買って食べており、「馬肉を食べる学生集団は政府に告発されるだろうとたいへん多くの虚無主義者が思っていた」。一九〇二年の報道によると、サンクトペテルブルクの学生とタタール人は「馬肉中毒」に陥った。日露戦争が終わった一九〇五年、ケンタッキー州の新聞はこう伝えている。「馬肉を控えてよりたくさんの米を食べ、ウォッカを控えてよりたくさんのお茶を飲めば、ロシア軍の兵士は今よりもずっと良い兵士になるだろう……という確信が、今やヨーロッパとアメリカにほとんどあまねく広がっている」

食堂と食料供給地の間の距離が離れていたから、アメリカ人は様々な食品の鮮度を疑うようになった。一八七〇年代に食品の「新鮮さを保つ添加物」が開発され、見た目で判断するのが難しくなった。また、幾つかの不正事件が起こったため人々は不信感を募らせ、ことに食肉業界を信用しなくなった。食肉業界は肉の価格を上げるばかりか腐った肉や違法な肉でソーセージを作っている――「忌まわしい」馬肉ソーセージを販売したシンシナティの肉屋と同類だ――と思っていた。

こうした雰囲気の中、貧者や飢えた人の食べ物と見なされていた馬肉はさらなる逆風にさらされた。一八七〇年、『シンシナティ・ガゼット』の記者はパリで試しに馬肉を食べ、次のような記事を書いた。「夜、コレラと悪夢と船酔いにいちどきに襲われた。馬肉を食べてから一二時間経っているのに、馬肉について書いているとげっぷが出て吐きたくなる。今はもう肉が全部、筋が多く、きめが粗く、固く、消化の悪い馬肉に見える――おえっ、私は生きているかぎり、もう二度と馬肉のことを書かない」

イギリスでは、余り物のバターに色と味を良くする「薬」と馬の骨が混ぜてあるらしいという噂や、コーヒーとマッシュルームケチャップに乾燥させた馬の肝臓をすりつぶしたものが入っているらしいという噂が流れた。ある記者はヒステリックな論調の社説の中で、「老いぼれ馬」の蹄から作られた糊が封筒のフタに塗ってあることを暴露した。老いぼれ馬は「糊製造業者に蹄を譲り渡した。〝ゴム糊〟には馬の毒が潜んでいる。それを舐めた人は、自分の追悼カードを送るための黒色で縁取られた封筒がすぐに必要になるだろう。そしてその封筒を他の誰かが舐めるのだ」

馬肉は、いかにもアメリカ的な心地よい家の入念に整えられた夕食の食卓に明らかにそぐわない肉であり、普及しなかった。

六

しかし、一九世紀にアメリカの発展の原動力となった人々――起業家精神を持つ人や大量の移民――の試みによって馬肉産業が生まれた。アメリカでも、獣医大学やブルックリンの「奇人クラブ」、好奇心溢れる医師の家で馬肉を食す晩餐会が催された。晩餐会で出されたのは家庭的な味のもの――軍馬のピューレスープやロシナンテの脂が使われたマヨネーズではなく、「荒馬と金塊」やケチャップ――だった。ドイツやフランス、オーストリア、スイスからの移民は廃馬処理場を建て、屋台を出した。馬肉店やそれに類する店を開くことを違法と見なす州もあったが、それを知らずに開業する移民もいた。「愛国心の強いフランス人」ヘンリー・ボスは一八八九年、ロングスカートのニュータウン川のほとりに清潔な廃馬処理場を建て、そこでふっくらした四角い「ブーランジェ・ソーセージ」や「ロレーヌ・ソーセージ」、重さが一五〇ポンドある「芸術のソーセージ」を製造してフランスやベルギーに輸出した。苦情が出て地元の衛生委員会委員がやってくると、パフォーマンス好きの彼は生のサーロインを薄く切って食べてみせた。委員たちは皆食べるのを拒んだ。

彼はすでに、三か月後によそへ移るという約束をさせられていた。地元の農場主は、飼っている馬が小さな廃馬処理場から「一マイル以内の場所」に入ろうとしないと報告し、「衛生委員会はとにかくあの場所を清掃すべきだ」という世論が湧いた。『ニューヨーク・サン』は、レストランからのソーセージの需要が減っていると報じている。「今の世にあっては、繊細な嗜好の持ち主にソーセージについて話してもむだである」

ドイツから移民してきた「若き倹約家」ヘンリー・ブルクマンは一八九〇年、シカゴ近郊の運河沿いの静かな場所で、家族や隣人のために馬を殺して馬肉の燻製を作っていた。それを知った衛生検査官は、他の肉と偽って隣人に売ったわけではないという彼の訴えに耳を貸さず、馬肉に灯油をかけて燃やした。彼の妻はこんな風に抗議した。「でも近所の奥さんは、毎朝ステーキ肉を買いに使いをよこしていました。彼女の子供たちを見てごらんなさい。みんな丸々としていて健康ですよ」。ブルクマンは僕に非はないと言った。彼はアメリカに来たばかりだった。「良かれと思ってやったことです。自由の地にそれを禁じる法律があるなんて思いもよりませんでした」

馬肉を嫌うアメリカで起業家精神を発揮できる道がひとつあった。馬肉を缶詰にして馬肉を食べる人々のいる国に輸出するという道だ。獣医や牧場主の主張によると、西部で肉牛と同様に草を食む二〇〇万頭あまりのマスタングや、都市と農場に供給するために西部の放牧地において放し飼いで育てられた使役馬の良質な肉が缶詰にされた。路面電車がガタンゴトンと走り、自動車が唸りを上げるようになると、馬が通りから姿を消し始めた。それと時を同じくして北西部に缶詰工場が出現し、何千頭もの放牧地育ちの馬やマスタングが缶詰工場の門を通った。生きている時は三ドルでしか売れない馬も、缶詰にする場合は三〇ドルから四〇ドル分の価値があると缶詰業者は述べている。缶詰業者の中には、アメリカでは缶詰を販売しないという約束を信じてもらうために一〇〇〇〇ドルもの保証金を払う人もいた。

一八九六年、連邦政府が検査制度を導入し、馬肉用の特別な認証印を使うようになるも、馬肉産業は芽生えてからわずか数年で死に体になった。アメリカの衛生基準は甘いとヨーロッパの人々が見なしていたからだ。それに、新鮮な馬肉が手に入るため、彼らは塩漬け馬肉など食べたくないと思っていた。南アフリカで第二次ボーア戦争が始まると、イギリス軍の代理人がアメリカ西部で騎兵用の馬を購入した。その結果馬の価格が跳ねあがり、生き残っていた缶詰工場はさらなる大打撃をこうむった。

後に馬肉産業で成功者になる人々は耐え、第一次世界大戦が勃発すると、アメリカの馬肉産業に運が向き始めた。牛肉を愛するアメリカ人がついに馬肉を食べるようになり、さらに、ヨーロッパ諸国がアメリカの衛生面を気にしてなどいられない状況に陥ったので馬肉の輸出量が増加した。商店のカウンターの上から肉がなくなると、アメリカ合衆国食品局局長ハーバート・フーヴァーは肉の配給制を実施せずに済むように、「肉なし月曜日」を設定した。『イヴニング・ワールド』は「元気を出せ！」と国民に呼びかけている。「馬肉なし日を定めるとは誰も言っていないではないか」

セントルイスは一九一七年に馬肉市場を開いた。「馬肉を食べた主婦は繰り返し足を運ぶようになり」、市場は活況を呈した。牛肉の価格が上がった際に暴動を起こした人々も、赤肉である上に安い馬肉を一切れ食べ、それほど悪い肉ではないと思った。馬肉は、昔から安価なステーキ肉を求めていたアメリカ国民の希望に見合う肉だった。けれども、軍馬としてヨーロッパに渡らなかった西部の小さなマスタングや放牧地育ちの馬を国民が食べてしまうと、空いた放牧地で真の赤肉である牛肉を得るために牛が飼育されるようになり、肉の配給制が終わると国民は安堵の吐息をついた。

戦後、アメリカの最初の馬肉王フィリップ・チャペルは、ケネルレーションと名づけたドッグフードの缶詰を作り始めた。彼は戦後一〇年の間に、他に先駆けて馬肉を工業的に加工した。最高級の馬肉の切り身を冷凍状態でヨーロッパに輸出し、残りの肉をアメリカの犬のために缶詰にした。何千頭ものマスタングを鉄道貨車に詰めこみ、イリノイ州ロックフォードにある工場まで運び、政府検査官の監視とはためく星条旗のもとで加工した。十分な数の馬を確保できなくなると、世界で一番大きな肉用馬の群れを「アメリカで一番豊かな一六〇万エーカーの放牧地」で育てた。彼が製作した広告はこう謳っている。「世界で唯一、馬の繁殖から飼育、加工までを一貫して行うドッグフードメーカー」が「あなたの犬の好みに合う肉を供給するために科学的な方法で育てた……とびきり健康な肉畜です」。彼は馬肉に着せられた「不潔な肉」という汚名をすすごうと努力し、国民の馬肉に対する嫌悪感は薄れた。ところが今度は、馬を食べるのは倫理的に良くないという意識が広まった。

一九二五年の秋、工場と家畜置き場で何度かぼや騒ぎが起こった。そこに引きこまれた側線には貨車が入っていた。火はすぐに消しとめられた。事件後、チャペルは警備員を雇って武装させ、新しく設置した高さ一〇フィートの柵の周辺を巡回させた。でもそれでは不十分だった――一一月に工場で大きな火の手が上がり、警備員が駆けつけると、ひとりの男がいた。フランク・リッツという名のモンタナ州のカウボーイだった。彼は炎に囲まれ、スーツケースに入れた七五ポンドのダイナマイトを爆発させようとしていた。警備員は逃げだした彼を追いかけ、鳥撃ち用の散弾銃で撃った。彼は消え、一六時間後に近くの畑で発見された。血を流し、追いつめられると警備員の目に唐辛子をかけた。警備員は彼を連行した。火事によって翼棟が全焼し、損害額が八万ドルにのぼった。

裁判中、リッツは二度法廷から逃げようとした。精神障害者と見なされた彼は、それを否定してこう言った。「馬を殺すのは非人道的で、聖書の教えに反する」。彼が働いていたモンタナ州リビングストンの牧場は、ロックフォードの缶詰工場に馬を供給していた。「ここにいる連中のように馬を殺すくらいなら、俺とおふくろが挽かれて肥料にされる方がましだ」。彼は馬を救うべくヒッチハイクでイリノイ州まで来たのである。ほどなくして触法精神障害者を収容する州立病院に送られた。一九二六年に病院を脱出し、缶詰工場を破壊するためにロックフォードへ向かったけれど、一九二七年後半にロックフォードの刑務所の女性看守に見つかり、拘束された。近くにある軍の基地から彼が苦労して盗みだした一五〇ポンドのダイナマイトが、積みあげられた木材の下に置かれていた。彼は逃げず、逮捕された。一九三一年には脱獄するも、壁をよじ登っている時に銃で肺を撃たれた。彼は一九三八年にこの世を去った。

七

フランスで馬肉の合法化を唱えたサン＝ティレールはこう記している。「健康な馬の肉が登録された肉屋によって監視下で売られているのではなく、〝怪しい肉〟が密輸業者、娼婦、門外漢のいかがわしい者たちによって屋根裏や地下室でこそこそ売られている」。アメリカでは馬肉産業が合法化されても、同じこと――牛肉の配給制が敷かれた時や価格が上がった時に、その代わりとして馬肉を食べるということ――が二〇世紀の終わりまで繰り返され、チャペルの努力もむなしく馬肉と馬肉産業がこうむった汚名は消えず、馬肉に関する外国のおぞましい話や戦時中に食糧難に陥って馬肉を食べたという記憶、かつての改革者が言うところの何百年間も信じられてきた迷信は残った。第二次世界大戦が終わった後も牛肉の配給制が続いたため、共和党員はトルーマン大統領に「馬肉ハリー」というあだ名をつけ、彼が再選されたらハンバーガーを食べられなくなりますよと主婦に語りかけた。

政府が取締りを強化しても、「いかがわしい者たち」は馬肉を「こそこそ」売り続けた。テキサス州では、ヒューストンの学校の児童が牛肉と偽って売られた馬肉を食べていたことや馬肉に亜硫酸塩が添加されていたことが調査によって明らかになり、一九四九年に馬肉の販売が禁止された。調査中にひとりの重要証人が発砲されたが、銃弾は辛うじて逸れた。ふたりの証人は家に火をつけられ、使用人のひとりは酸をかけられた。シカゴでは、ジョー・シチリアーノという名のギャングのボスが、闇のネットワークを通じて「牛ひき肉」を売っていた。彼は一九五〇年代初め、その肉を買おうとしないレストランを爆破している。彼の子分は、馬肉と牛肉を混ぜたひき肉を使った四五〇万ポンド分のハンバーガーをイリノイ州全土で売りさばき、彼に買収された州の食料酪農局局長はそれを見逃した。闇の馬肉ネットワークにおける重要人物の行方が杳として知れなくなり、別の重要人物が疑わしい自動車事故で死ぬという出来事も起こっている。

　リッツやロビネ博士に共感する人々は、友である馬を食べるなんて考えられないという思いを強くした。ネヴァダ州の牧場主ヴェルマ・ブロン・ジョンストン——野生馬のアニーという愛称を持っていた——は粘り強く運動を展開し、その結果、連邦政府は苦境に置かれているマスタングを廃馬処理場に送らずに保護することを決めた。一九七〇年代前半に石油危機が起こり、馬肉の消費量が再び増えると、動物福祉団体や政治家が馬を食用として殺すのをやめるよう求めた。食肉になるという務めから解放された使役馬に代わって娯楽用の馬やトレイルライド用の馬、アマチュア選手が乗っていた障害飛越競技用の馬、バレル・レーシング用の馬が廃馬処理場に送りこまれるようになったものの、アメリカ国民は「ベルモントパーク競馬場を駆けていた馬のステーキ」や馬肉のパイから少しずつ離れていった。一九八〇年代に入ると牛肉がとても安くなり、馬肉は隙間商品になるだろうという予想は外れ、一九九〇年代には馬肉ペットフードの製造も下火になった。馬肉の輸出は続けられたが利幅は減り、それが当たり前になった。

一九九七年七月二一日月曜日、オレゴン州レドモンドのキャヴェル・ウェストと呼ばれる廃馬処理場が爆発炎上し、地元の消防士が消火にあたった。損害額は一〇〇万ドルである。馬肉が入った冷蔵庫に穴があけられ、そこからゼリー状の爆薬が注入されており、近くの建物にも一〇ガロンの爆薬が仕掛けてあった。さらに、空調設備の通風孔から塩酸が注ぎこまれていた。電子爆破装置が作動し、冷蔵庫の中で発生した火花が引火し、轟音とともに火柱が噴きあがって夜空を赤く染めた。馬は怖がって囲いの中を走り回った。

同じ年の一月、『ロサンゼルス・タイムズ』は「馬の行きつく先　殺戮」と題する記事を掲載した。記事によると、土地管理局（ＢＬＭ）の職員が書類を偽造したため、キャヴェル・ウェストでおよそ三万頭のマスタングが食肉として加工された。土地管理局局長は辞任した。審理は、重要証人が姿をくらましたので進まなかった。廃馬処理場を攻撃したのは、誰かが馬の仇を討たなければならないと思った動物解放戦線と馬・シマウマ解放ネットワークである。彼らは「非動物性ゼリー」を使って「キャヴェル・ウェスト馬殺害場」を燃やし、紙上に犯行声明を発表した。「数知れない抗議の声も手紙を出す運動も止められなかったものを我々は止めた……あなたたちは知っているか？　馬が嫌がっていないことを」

同年一一月末、彼らはオレゴン州バーンズにある土地管理局の施設を標的にした。夜中に、まず門の錠を壊して四〇〇頭の馬を放ち、建物を爆破した。それによる損害の額は五〇万ドル近くにのぼる。さらに一九九八年、ワイオミング州ロックスプリングスの土地管理局施設からマスタングを逃がした。仕掛けられた爆薬は不発に終わっている。二〇〇一年にはカリフォルニア州リッチフィールドの土地管理局施設から馬を逃がした。この「環境破壊阻止活動家」は数年の間に製材所や政府の森林管理所、精肉包装工場、

SUV販売店、警察署を攻撃し、二〇〇四年に一三人の活動家が起訴された。そのうちの四人を除く被告人の活動による損害の額は四八〇〇万ドルであり、そのことが二〇〇五年に明らかにされている。

被告人は、テロリストとして断罪されるか、検察当局に協力するかという二者択一を迫られた。ウィリアム・ロジャース被告は二〇〇五年一二月、アリゾナ州フラッグスタッフの拘置所で自殺した。彼が残したメモにはこう書かれていた。「私はすべての野生のもののために戦った……私はこの戦争の新たな犠牲者だ……でも私は今夜脱獄する——私の生まれたところ、故郷である土に還る」。キャヴェル・ウェスト廃馬処理場の操業が再開されることはなかった。

動物解放戦線とは違って、過激な手段によらずに運動を展開した活動家もいる。キャスリーン・ドイルはカリフォルニア州で運動の先頭に立った。彼女は一九九八年、馬を食用として殺すことを禁止し、馬肉を販売することを犯罪と見なすよう求め、「第六号議案」が六〇パーセントの票を得て議会を通過した。彼女は、ある殺しのバイヤーの証言を録画したものを証拠として提出した。証言によると、バイヤーは「ニッケル項目別広告」を通じて、不法に捕獲されたマスタングを入手し、契約を履行するために複数の競売所を回った。彼は馬を運搬車に乗せて一六七五マイルの距離を移動し、その間馬に休息も水も与えなかった——時には、高温の車内に馬を三六時間入れっぱなしにしておいた。「車をひたすら走らせるのです」と彼は言っている。雌馬が彼を蹴った際は目を殴っておとなしくさせた。馬が噛みついた場合は針金で口を縛った。購入したマスタングが高熱を出したこともあった。彼らは熱を下げるために水に頭を突っこんだ。バイヤーはペニシリンを投与し、余計な出費を避けるために急いで輸送した。彼の地元にある三つの会社は馬肉を売って一儲けしようと目論んだものの、うまくいかなかった。「これがもっと儲かる商売なら、もっとたくさんの人が参入するでしょう」。アメリカ合衆国農務省が提出を要請した報告書には、怪我を負った馬を殺しのバイヤーに売った飼い主に対する非難の言葉と、廃馬処理場の従業員が馬を殴打したことを示す証拠があることが書かれている。「馬を叩けば馬が悲しみ、私たちは損害をこうむるかもしれません。馬という商品をだめにしてしまうかもしれないのです」とサン゠ティレールは記している。しかし馬は保護されていなかった。

二〇〇六年には、イリノイ州デカルブとテキサス州のフォートワースおよびカウフマンに三つの廃馬処理場が残るのみとなった。これらはベルギーの会社が所有する廃馬処理場で、六五〇〇万ドル分の馬肉を輸出していた。何十年もの間、住民の怒りの声にほとんど耳を傾けず、デカルブの廃馬処理場は度々排出枠を超えて汚水を排出した。フォートワースのベルテックス廃馬処理場は下水道を詰まらせ、その結果小川に馬の血が流れだした。この処理場が一年間に納めた連邦所得税はわずか五ドルである。処理場がもたらす金銭的利益に比べて処理場に費やされる市費ははるかに多かった。カウフマンのダラス・クラウン廃馬処理場は一九八〇年代、下水道に馬の血を強引に流した。そのため住民の家の浴室やトイレに馬の血が溢れだした。この処理場は九か月間市の検査官を敷地に入れず、罰金を一切払わなくなった。処理場の柵の杭には禿鷹がとまっていた。

カウフマンの市長ポーラ・ベーコンは、テキサス州が一九四九年に制定した馬肉販売を禁じる法律の適用を図った。市長は住民の支持を難なく得て、ふたつの廃馬処理場の業務が非合法になった。二〇〇七年、イリノイ州は馬を食用として殺すことを禁止し、最高裁判所はデカルブの廃馬処理場の上訴を認めなかった。

「馬を殺す――新たなテロリズムなのか？」アメリカ馬屠畜防止法案が下院に提出された二〇〇六年九月、ダグラス・ウォーラーという人物が『タイム』誌上でこう問いかけている。「高騰する燃料費、イラク戦争、数千万人にのぼる国民の医療保険未加入、連邦政府の借金の膨張――これだけ問題が山積みなのに」、なぜ馬肉に関する法案だけが下院で審議されるのか？　法案起草者である共和党のジョン・スウィーニーは、馬を食用として殺すことは「今日アメリカで行われている極めて非人道的で残酷でいかがわしい業務のひとつだ」と言い、法案は二六三票対一四六票で下院を通過した。上院では可決されなかったものの、二〇〇七年三月、馬肉検査に対する連邦政府の補助金が完全に停止され、六角形をした緑色の馬肉用認証印は廃止され、廃馬処理場を新たに設立することができなくなった。

　こうしてアメリカの馬は選別機にかけられ、馬肉会社が待ち構える、はるかかなたのメキシコとカナダに運ばれ、活動家がその後をつけるようになるのである。

八

　アメリカでは、一年間に一〇万頭の馬が食用として殺されることを免れている。もし活動家の望み通りにカナダとメキシコへの道が断たれたら、それらの馬はどこで生きるのか？　老いた馬車馬に誰が干し草を与えるのか？　ブリージー・ノル・アニーのぱっくり割れた傷を縫う獣医や痩せたベルジャン種の輓馬ののびた歯をやすりで削る歯科医、割れた灰色の蹄に処置を施してビタミン剤を与える装蹄師に誰がお金を払うのか？　アメリカはいったい何頭の「放牧地のお飾り」を受けいれることができるのか？　まだ需要のある健康な馬が殺しのバイヤーの運搬車に乗せられることになるのではないか？

馬救済活動家は、虐待された馬や放置された馬を保護した。インディアナ州、ヴァージニア州、ノースカロライナ州の馬救済活動家の報告によると、連邦政府が馬を食用として殺すことを禁止してから金融危機が起こる二〇〇八年までの間に、彼らが一年間で保護する馬の数が二倍に増えた。住宅産業と同様に活気づいていた馬産業は急速に勢いを失った。二〇〇八年に入ると金融危機の影響で干し草の価格が跳ねあがり、所有者が干し草を買えないので馬が痩せた。保護馬用厩の数は二〇〇七年には三〇〇棟だったが、二〇一一年にはその二倍以上の七〇〇棟に増加している。組織立った厩の管理が行われていたわけではなく、駆虫費や削蹄費などの費用を賄えるだけの資金が確実に手に入るわけでもなかった。「良い馬の家を探しています」という広告や――「ニッケル項目別広告」のみならず項目別広告サイトであるクレイグスリストも利用された――競売所の円形場の中を回る馬の数が増加した。

ロシナンテのように痩せ、ぞっとするような風貌になりはてた馬が各地で目撃されるようになった。ロサンゼルス郊外に住む人々が朝起きて家の前の道路を見ると、飢えた馬が横たわっていた。二〇一二年一月、カリフォルニア州道六五号線脇で三〇体から四〇体の馬の死骸が発見された。壊れた冷蔵庫や古いテレビ、家庭ごみのそばに投げすてられており、コヨーテが死肉を食べていた。囲いの中にいる馬はまるで幽霊のように見え、毛むくじゃらになり、蹄の表面は剝がれて巻きあがり、所有者は困窮しているからと警察に言い訳した。ふたりの人物は大型ハンマーで馬を殺そうとし、土地管理局の管理下にある囲いの中で死ぬマスタングが増えた。

何とも異様な馬の群れが度々現れるという報告が各地から寄せられた。老いた馬、若い馬、無傷の馬、脚の不自由な馬、痩せた馬などからなる群れである。彼らの蹄壁には釘穴があいており、臀部や首に焼印が押されていた――焼印が押された部分の皮膚を切りとろうとしてできた傷を持つ馬もいた。こうした群れが、テキサス州ではメキシコとの国境付近をうろつきながら、わずかな草と水たまりの水で命をつなぎ、ケンタッキー州では鉱山跡地で繁殖した。ネヴァダ州、オレゴン州、ワイオミング州、コロラド州ではマスタングの群れに加わり、道路に入りこんでトラックにはねられ、ピューマに襲われた。ミズーリ州では、大恐慌時代に捨てられた馬の子孫の群れに合流した。国境近くの肥育場まで殺しのバイヤーに連れていかれたけれど引きとってもらえず路頭に迷ったと思われる馬もいた。

　これらの馬——ぶざまな姿の馬、痩せた馬、野生化した馬、寄生虫を宿す馬——について激しい議論が繰り広げられた。二〇一一年、会計検査院（ＧＡＯ）は報告書において、馬を食用として殺すことを禁止したため望まれない馬が増加していると指摘した。馬福祉連合会は丹念に調査して報告書をまとめ、会計検査院の指摘を一蹴し、馬の飼育費が六年にわたって増え続けているからだと主張した。農務省は廃馬処理場に対する資金援助の禁止を解き、七つの州において新しい廃馬処理場の設立が提案された。

　両陣営とも様々な行動を起こし、時にはヒステリックに、時には建設的に論じあった。動物の倫理的扱いを求める人々の会（ＰＥＴＡ）のある会員は、アイオワ州の小川に日本語で「禁断の馬肉」という名をつけようとした。ニューメキシコ州の男性は動物権利活動家を罵りながら馬を銃殺し、その様子を撮影した「ティム・サッピントンから動物権利活動家へのメッセージ」と題する動画をユーチューブで公開した。土地管理局は雌のマスタングの卵巣を取り除いて「骨抜き」にし、牧場から送られてきた馬を入れるための「強制収容所」を作っていると過激なマスタング保護活動家は非難した。ある殺しのバイヤーが一七〇〇頭のマスタングを廃馬処理場に運んだというニュースも流れた——バイヤーは、マスタング一頭当たりにかかる飼育費が数千ドルにのぼるから「アメリカ国民のために一肌脱ぎました」と言った。

　二〇一二年、ブラックフライデーと呼ばれる日にアップステート・ニューヨークの競売所を訪れてから一週間後、この狂乱状態に陥った最中、私は馬主連合のリーダーのひとりと話すためにワシントンＤＣに赴いた。馬主連合は、再生したアメリカの馬産業の振興を図る公的組織である。

九

私は、ホテルのロビーを出てすぐのところにあるワシントンＤＣの賑やかなスターバックスで、ワイオミング州選出の共和党議員スー・ウォリスに会った。ウォリスは五〇代半ばの大柄な女性で、茶色の髪を後ろでまとめ、ターコイズを使った小さなインディアンジュエリーを身につけていた。自由を推進し、大きな政府に反対する気骨あふれる西部出身者であり、相互不干渉主義者でもあり、生乳と妊娠中絶、医療大麻、同性婚に関心を寄せ、そのすべてに賛成していた。私は、彼女の名刺と「馬の約束」と題する馬主連合のパンフレットを受けとった。外は暗くなっていた。私たちは音声レコーダーに覆いかぶさるようにして、べたべたする小さなテーブルについていた。彼女は予行練習をしたのか、いったん口を開くと滔々と——心から——話し続け、言葉を挟む間もなかった。

全米人道協会（ＨＳＵＳ）や動物の倫理的扱いを求める人々の会などの動物権利団体は、「農場主と牧場主と食肉加工業者は皆、馬とその他すべての動物をただ虐待して殺したいだけの極悪非道な悪人だ」と国民に思わせようと躍起になっていると彼女は言い、活動家は単にお金目当てで動いているという考えを示した。「馬は生きながら切り刻まれていると彼らは言いますが、とんでもない誤解です」。彼女は、動物行動学者テンプル・グランディンが制作したドキュメンタリーを観るよう勧めた。死体が痙攣するという奇妙な現象について説明されているからだ。

馬の処理における技術的問題と医薬品残留問題について尋ねると、食品安全検査局が解決してくれると請けあった。「食品安全検査局は解決を約束しました。年末までに検査を実施するでしょう」。テンプル・グランディン*が唱える人間革新からひらめきを得た人物が、彼女の生徒の監督のもとで新しい廃馬処理場を設計することになっていた。工業的な馬の処理にまつわる恐ろしい噂など信じてはいけないと彼女は言った。「基本的にアメリカとEU加盟国は文明国です。アメリカの馬は世界でもとりわけ厳しい基準に従って処理されています」

馬主連合の計画は、市場を考慮せずに立てられた非現実的なもののように思えた。馬主は馬主連合の監督下で、自分の馬を「非処理」全国登録簿に登録できるようになるそうだ。登録簿があれば、馬が盗まれて廃馬処理場に送られても盗難馬だと分かるから、馬主に連絡できる。これまで実現されなかったこの制度をどのようにして導入し、関係行政機関がどのようにして資金を調達するのかは不明だ。オレゴン州ハーミストンに「回復・訓練・教育センター」という選別機が設立され、望まれない馬はそこに送られる。馬はセンターの獣医による健康診断と治療を受け、役に立つ馬へと変わる。センターにおいて、「感情的、身体的、精神的な問題を抱える人」のための乗馬療法プログラムや青少年向けのプログラムに携わる。新しい技を身につけて良馬として売られる馬も現れるだろう。センターは近くに建設される廃馬処理場と連携関係を結ぶようなことはしないと馬主連合は約束している。ただし、時には馬が両者の間でやりとりされる。廃馬処理場に送られた馬でも、回復の見込みがある場合はセンターで訓練を受けた騎手に引きとられる。センターに送られた馬でも、手の施しようがないなら、最後に有効に活用されるように運搬

＊ ウォリスは、グランディン本人が廃馬処理場を設計すると述べて混乱を招いた――グランディンは事実ではないとはっきり否定した。

車で近くの廃馬処理場に運ばれる。センターという選別機は、正しく、極めて人道的な方法で馬の運命を決める。

馬の数や規制の話をするうちにスーはしだいに興奮し、ティーパーティー運動活動家の愛国心のような偏執的な愛国心が顔をのぞかせ始めた——私がインタビュー前に事前調査をした際もそのような愛国心が垣間見えた。馬主連合はユーチューブで公開した動画の中で、「急進的な動物権利活動家」の脅しは食肉業のみならず「乗馬文化、アメリカの遺産、馬を所有する自由をも破壊している」と主張した。全米人道協会の暗黒郷では馬を食用として殺すことは許されないから、生活保護を受給しながら無益な三〇年を過ごす馬のために税金を納めなければならない。馬主連合が人々に送った文書の中の言葉は、一九三〇年代のドイツ社会の様子を思いおこさせる。「マルティン・ニーメラー牧師と同様にあなたがある朝起きると、あるいはすでに、彼らがあなたの生業を破壊しにやってきているだろう……あなたに味方してくれる人は誰も残っていないだろう」

ワシントンDCのスターバックスの中で、スーの話はヘリウム風船のように大きくなっていった。生まれてくる馬の子供の数がすでに七〇パーセント減少していると言いながら、彼女は指でテーブルをトントン叩いた。「何世代にもわたって受けつがれてきた貴重な遺伝子が失われています。彼らの言う通りに馬を繁殖させることも、馬を食用として殺すことも、馬の取引をすることもすべてやめてしまったら一世代後には、死んだ馬——私たちは皆死ぬべき運命にあります——に代わる馬がいないという事態に陥ります。新しい廃馬処理場の開設は、馬福祉を充実させるための最善の策です。私たちの子供や孫も馬と遊べるようになるでしょう。これは私の生涯の使命です」。彼女は熱い口調でこう語るとテーブルの上に身を乗りだし、断固たる言葉で締めくくった。「そしてその使命を果たしつつあります」

一〇

スー・ウォリスに再びインタビューすることは叶わなかった。二〇一四年、彼女は故郷で急逝した。この年すでに、廃馬処理場開設計画の大半が中止に追いこまれていた。ハーミストンの市長と市議会——かつて化学兵器庫を受けいれた——は、回復・訓練・教育センターの設立について馬主連合と話しあうことすら拒否した。開設が予定されていた廃馬処理場のオーナーは、押しこみ強盗を働いて有罪判決を受けた過去を持っていた。廃馬処理場反対活動家によってそれが暴かれ、別の廃馬処理場のオーナーが借金を抱えていることも明るみに出た。ミズーリ州の市民の会は「ベルギーへ帰れ！」を合言葉にし、廃馬処理場は覚醒剤製造所や子犬工場と同じ穴の狢だと非難した。

廃馬処理場反対活動家はさらに、食品衛生の観点から「米国食品輸出安全保護法」に基づいてとどめを刺そうとした。ところが、理由は謎だが、下院と上院に提出された同法の法案は何年経っても成立しなかった。二〇一五年、欧州委員会はメキシコからの馬肉の輸入を停止し、「信頼性を欠く書類、不備のある書類、偽造書類」に関する「重大な懸念」をカナダに伝えた。ＥＵ加盟国から拒絶された馬肉はロシアとアジアの市場に歓迎され、馬は銀色に光るトラックや運搬車でカナダとメキシコに運ばれ続けている。

二〇一三年、ヨーロッパの馬産業は馬肉混入事件に揺れた。馬肉の歴史を振り返れば、起こるべくして起こった事件だとも言える。不況のあおりを受けて低級な馬肉の価格が下がり、牛肉の価格は高騰し、一九世紀に出回っていたいかがわしい缶詰やソーセージのように、馬肉が秘かに使われた安いハンバーガーや電子レンジで調理できるラザニアがスーパーマーケットの棚に並んだ。サン＝ティレールが生きていた時代と変わらず、「怪しい肉がこそこそ売られていた」。私は過去二世紀の間の多数の新聞記事や食品衛生マニュアル、声明書、法律を読み、馬肉業界が堂々巡りをしていることが分かった。馬肉は今も昔も、精肉店に並ぶ牛肉や豚肉、羊肉、鶏肉に仲間入りできない肉であり、汚染された安っぽい肉、罵りを受ける負傷した痩せ馬の肉、博愛の精神によって広められながら「密輸業者」や「いかがわしい者たち」の懐を肥やしている肉である。

二〇一四年七月のあの日、ジェインと私は早朝から午後遅くまで競売所の小屋にいた。競売が始まった時、私たちは上方にある狭い通路から囲いの中の馬を眺めていた。馬は動揺していた。彼らは六頭から七頭ずつ、円形場のある競売場の扉に続くスロープを通り、待機場に入った。一組の馬が、相手を安心させようと必死になって互いに毛づくろいをしあい、首を絡ませて相手の鬐甲に顎を乗せた。順番が来ると、耳をピクピクさせながら待機場から出た。他の馬は板で押し戻され、怒鳴りつけられた。あたかも袖から舞台へと向かうかのように扉から円形場に入り、私たちの視界から消え、競売人の単調な掛け声が聞こえてきた。

一分もしないうちに別の扉が開き、同じ馬が円形場から駆けでた。馬は狭い通路の下を通り、大きな囲いが並ぶスロープに入ると立ちどまった。円形場で競売参加者の目に突然さらされ、そこから飛びだしたものの、どこに行けばいいのか分からなかったのだろう。一〇代のアーミッシュの少年ふたりが、先端に旗のついた長くしなやかな鞭を馬の脇腹に当てながら前に進ませた。彼らは囲いの扉を開け、馬を中に入れ、扉を閉めた。

馬は続々と戻ってきた。少年は跳ねる馬や駆ける馬を静かにさせ、食用にならない馬をふたつの小さな囲いに入れ、殺しのバイヤーが購入した馬を大きな囲いに入れた。囲いは鯉でいっぱいの池さながらの状態になり、馬はぐるぐる動き回った。二〇フィート四方の囲いに一五頭の馬が入った。すると、少年が囲いの中の馬をすべて廊下に出し、蹴りあったり甲高く鳴いたりする彼らを小屋の裏手にある幾つかの大きな囲いに入れた。

　馬は、競売人の単調な掛け声が響く中、殺しのバイヤーによって一〇〇ドルや五〇ドルで落札され、囲いに入り、囲いから出ていった。まるで川の流れのように競売所の小屋に入り、囲いに入り、スロープを抜けて円形場に入り、私たちの下を通り、殺す馬、殺す馬、殺さない馬、殺す馬、殺す馬といった具合に分けられ、再び囲いに入った。小競りあいをしていた馬が囲いに当たって囲いの板が外れ、大きな輓馬がよろめきながら、彼をしたたか蹴った馬を蹴り返そうとした。時々一頭の馬が大きな鳴き声を上げ、他の馬が唱和するようにいなないた。馬は残酷にも次々と競られ、囲いは馬でいっぱいになっては空になり、いっぱいになっては空になった。

　アメリカが馬を食用として殺すことをやめてから七年後の七月のあの日、膝に傷を負ったブリージー・ノル・アニーや飢えたベルジャン種の馬、魅惑的な栗毛の雌馬、痩せたラバ、競走馬、マスタング、老いたロデオ用の馬、骨折したアメリカンクォーターホース種の馬、痩せた馬車馬は競売所にやってきた。茶色の馬、鹿毛の馬、栗毛の馬、斑模様の馬、葦毛の馬の小さな流れは、やがて大きな流れとなって世界中の市場に向かう。選別機にかけられた馬はベルギーや日本、ロシア、中国において、名もない暗赤色の円形の切り身や桜肉の刺身、タルタルステーキ、ベシバルマックになる。

富

騎士になる夢と天馬

天馬たちがやってくる
はるか西からやってくる……
私は天界の門にたどりつくのだ
私は黄金の宮殿を見るのだ
（「生贄の賛歌」漢王朝、アーサー・ウェイリー訳、紀元前一〇一年）

一

今日、中国に運ばれるのは、冷凍されたアメリカの馬車馬の肉だけではない。産業社会が生む負傷馬の肉の他に、エクウス・ルクスリオススも運ばれている。エクウス・ルクスリオススは二〇世紀に中国本土から消えようとしていたけれど、現在、この優れた技を持つ馬は中国で地位を築きつつある。飢えに苦しむ貧しい国だった中国は、資本主義をうまく取りいれ、三〇年で経済成長を遂げた。中国の大富豪はお金の使い道を探しており、世界の馬産業界は彼らのために、パッドを張ったコンテナにエクウス・ルクスリオススを入れ、麺料理用の安価な馬肉と一緒にジェット機の貨物室に積みこむ。

エクウス・ルクスリオススとはどんな馬なのだろうか？　この馬は、荷馬車も馬車もトロッコも引かない。馬丁よりいいものを食べ、イチイの古木のように大切にされている。身につけるのは一万ドルする特注の子牛革製鞍やチタン製鐙、エルメスを意味する「H」が織りこまれた一三〇〇ドルのカシミア製馬衣である。メソポタミアに最初に到着した馬がそうであったように、この馬に与えられる貴重な穀物と同じくらい価値がある。この馬の中には、ヴェルサイユ宮殿の厩舎に住むスペイン原産の馬やイギリスのサラブレッド、モロッコ原産のバルブ種の馬と同様に、外来の馬の血を引くものも多い。光沢のある桃色や黒色の被毛は柔らかいブラシで手入れされ、艶を出すために紅花油が塗られる。この馬はプールで泳いだ後、彼らのために特別に作曲された音楽の流れる日光浴室で体を乾かす。

この馬は、いい香りのする中国の乗馬クラブやポロクラブにいる。これらの場所では「最高級の世界」が約束されており、「新興貴族」が一六万五〇〇〇ドル払って王のスポーツを学ぶ。この馬は大富豪のステータスシンボルである。大富豪は空調設備の整った厩の床を蹄で蹴るこの高価な馬をいくらでも購入できる。この馬は娘が身につけるバラ飾りのようなものだ。大富豪のお金は、革ケースに入った手作りのウィスキーボトルや酸味のある辛口のシャンパン、イタリア風の邸宅、馬に化ける。

中国において、これらはミエンズ《面子》の維持に役立つ。ミエンズは「成功の誇示」によって保たれる体面あるいは「メンツ」である。ルネサンス期のイタリアの貴族はスプレッツァトゥーラを重んじ、中国の新興富裕層はミエンズを重んじる。二〇一三年、中国人のわずか二パーセントが世界の高級品の三分の一を購入した。新興富裕層は物笑いの種にもなっており、トゥーハオと呼ばれている。いい意味の呼び名ではなく、トゥーには野卑、ハオにはいばり屋という意味がある。莫大なお金を消費し、内装に翡翠を用いたロールス・ロイス、二〇〇万ドルのチベタン・マスティフ、金製のアイフォンを所有する富豪は中国経済にとって良いのか悪いのかという問いを新聞は提起した。中国の富豪は外国の土地やカジノ、油絵、ナパのブドウ畑に元をつぎこんでいる。

甲午の年が間近に迫る二〇一三年の秋、私は中華人民共和国政府から短期滞在ビザの交付を受け、トゥーハオが暮らす北京に飛んだ。中国の長い歴史には、馬が家畜化されて以来多くの共同体で発生した問題の典型的な事例があったからだ。働かない馬——あるいは馬が象徴する繁栄——は幻のような儚いものである。つねに求められ、資源を消費する。エクウス・ルクスリオススはヴェブレン財——高価であるということに価値が置かれるもの——だと言える。馬の大半は自らの生の価値を知ることなく老いて死ぬ。上海でオークションにかけられるルノワールやピカソの絵とは違って、空調設備の整った厩で暮らす馬も永遠には生きられない。一〇〇〇万ドルの馬も一〇ドルのポニーと同じように脚を折る。よく言われるように、手っ取り早く馬で一〇〇〇万ドル儲ける方法は、まず初めに一〇〇〇〇万ドルつぎこむことである。

漢王朝の将軍である馬援の言葉を借りれば、馬が「軍事力を支える国の重要な資源」だった頃、どの国にとっても、多くの人民と広大な領土を守り、統治できるだけの十分な数の馬を手に入れるのは経済的に難しかった。これは馬とお金にまつわる問題のひとつである。軍馬は使役馬とは違い、国の財政運営に直接貢献するわけではない。大所帯の騎兵隊の質を維持するには莫大な費用がかかる。兵站馬車を引く馬や伝令を乗せて帝国を駆ける馬を勘定に入れないとしてもそれは変わらない。モンゴル帝国以外のあらゆる国がこの難題を抱えていた——ヘンリー八世はいつも軍馬不足に悩まされ、馬の輸出を禁止し、ヨーロッパ各国の君主に対して数千頭の馬をいちどきに渡すよう要求している。プロイセンは一九世紀、馬の自給をめざして種馬の生産体制を整えた。これから述べるように、中国はこの問題をより深刻に受けとめたが、それも当然である。中国に最初の家畜馬が到着してからずっと、馬はステータスシンボルであり、異世界へ行くための切符であり、異国の高級品であり、政治上必要不可欠なものであり、たとえ法外な値段であっても手に入れなければならないものだった。

中国は、何百年経っても変わらず優れた軍馬の不足に喘ぎ続けた。軍馬はいつも西方から中国にやってきた。軍馬に相当する中国語はロンマーである。翻訳すると「西方の異人の馬」という意味になる。ロンマーは――中国が馬上スポーツにおいて世界の舞台に立つために使われる現代の競走馬や障害飛越競技用の馬、ポロ用のポニーと同じく――高価だった。そして、中国政府はロンマーを思うままに作りだせなかった。人々が定住農耕生活を営む中国において、ロンマーはのんびり歩きながらのんきに草を食み、資源を消費した。放牧地をロンマーでいっぱいにしてステップにいる敵との長い戦いに勝つために、中国は多くの絹と茶を幾度となくロンマーと交換した。必然的にロンマーは優先すべきものになり、争いのもとにもなった。馬と富と権力は中国の歴史を通じて交錯してきた。

二〇一三年、私は何もかもが変わっているようで変わっていないことを知った。

二

青銅器時代、ステップの遊牧民は広大な草原から西方のヨーロッパ大陸へ向かい、そこで受けつがれていたものの形を変え、遺骸と一緒に馬車と馬を埋葬した。東にも向かい、現在の中国最北部にあたる地域から黄河上流域に侵入した。そこに住んでいた斉家人と呼ばれる人々は、馬の顎骨、シベリアの西部と南部で作られた金製の装身具、銅鏡、柄のついた青銅製の斧を仲間の遺骸と一緒に埋葬した。この馬が家畜馬なのか、彼らが斧や鏡と一緒に手に入れた馬なのかは不明である。勢力と高い文化を有した商族も墓に馬を埋葬した。商族は黄河をたどって南と東からやってきて斉家人を征服した。

商は、半ば伝説的な夏王朝の後に興った中国の二番目の王朝である。商王朝の時代、城壁で囲まれた都市には大きな宮殿があり、腕のいい金属細工師や農夫、坑夫、精製業者、鋳造業者が住んでいた。彼らは都市の周辺で暮らしている騎馬遊牧民から多大な影響を受け、貴族は権力の証として墓に馬を埋葬するようになった。商王朝の都が置かれていた殷にあるひとつの墓には三七頭もの馬が埋葬されている。車輪の大きい木製の馬車が埋葬された墓もある。その馬車には赤い漆が塗ってあり、軍旗、金箔、タカラガイ、鐘、牛の尾の先端が施されている。戦闘用ではなく狩猟用の馬車で、戦場において高みから指揮を執るために司令官が乗ったのかもしれない。

古代、定住農耕生活を営む中国人（「種をまく人」）は、ステップで馬に乗って暮らす異人と出会った。異人は、数千年にわたって中国を特徴づけるものをもたらした。異人と彼らが大切にする馬は、現在の内モンゴルにあたる黄河北方に広がる草原、モンゴル、西方のチベットから繰り返しやってきた。中央アジアから初期のシルクロードを通ってやってくることもあった。シルクロードは、現在の新疆ウイグル自治区にある東西一〇〇〇キロにおよぶタクラマカン砂漠の北縁と南縁に沿って走っていた。

ステップの異人と種をまく人は交易を行った。交易品は食べ物や様々な物資、そしてもちろん馬である。両者は馬をめぐって争うこともあった。ステップの異人はたくさんの馬を持っており、種をまく人はステップにいる敵から身を守るために馬を必要とした。種をまく人にとって、馬は外からの脅威と発展の両方を象徴するものとなり、馬は彼らを被征服者にも征服者にも変えた。

「我々はマーファンとの戦いを始める。上帝（商の神）は我々を助けてくださるだろうか？」これは、殷で発見された商王朝時代の「甲骨」に甲骨文字で記された言葉だ。マーファンは文字通り「馬の国」――陝西北部にある異人の国――である。馬を意味する甲骨文字は馬をかたどっている。この「馬」は大きな目、枝分かれした尾、曲がった耳を持ち、後に馬という漢字へと変化した。商王朝はおそらくマーファンに勝ったのだろう。しかし、新しい戦い方をする周軍がステップから現れた。甲骨には記されていないが、紀元前一〇四六年の牧野の戦いにおいて、商王朝の一七万の軍勢が周の四万八〇〇〇の軍勢にうち負かされた。周は、三〇〇の白檀製の軽馬車に戦斧と短剣を携えた射手を乗せて戦場に送りこんだ――周は馬車を戦車に変えた。周は戦いに勝利し、周王朝が誕生した。この三番目の王朝は、中国の歴代王朝の中で最も長く続いている。

周王朝の貴族と王は、戦車に虎の毛皮で屋根をかけ、ジャンジャン鳴る青銅製の鐘を軛に吊るし、彼らのために戦う馬に金色と緋色に塗った馬具をつけた。馬は貢ぎ物としても重用された。周王朝の穆王に贈られた「龍馬」は一日に一〇〇〇里走ることができ、目の上に小さな角のようなものがあった。* 周王朝の王は中国において初めて戦車を走らせ、毎年春には「馬の祖先」に、夏には「最初の騎手」に供物を捧げた。

周王朝は馬と深く関わりあい、長らく権勢を誇った。そして、北方と西方の遊牧民から度々攻撃された。紀元前七七一年に中央アジアの遊牧民の侵入を受け、王室は東遷を余儀なくされ、周王朝は混乱に陥

＊ 一里の長さは三二三メートルから六四五メートルで、時代によって異なる。一里を五〇〇メートルとすると、「千里を走る馬」は一日に五〇〇キロ走ることになる――これは少々非現実的だ。現在、最も距離の長い国際エンデュランスレースは一六〇キロを走るレースである。世界で最も距離の長いオーストラリアのシャザーダ・レースは四〇〇キロだが、この距離を五日間かけて走る。モンゴル帝国の郵便配達人は馬に乗って一日に二〇〇キロ走った。

り、諸国が相争う春秋戦国時代に突入する。この時代に孔子が生まれ、彼の説いた思想は中国の主導的な思想となる。次々に誕生する国が覇を競いあう中国では、四頭立ての戦車が衝突する音が響き、戦車が王の優劣を左右した——後に、皇帝を意味する中国語ファンディを表すのに、「馬車を操る人」を意味する文字が使われるようになった。

諸国は独自に馬の育成に取りくんだ。とても重要な事業だったから、王が自ら監督することも多々あった。けれども、中国の中部と南部には、骨を強くするカルシウムに乏しい土壌や湿地、耕作地が広がっており、良い馬を数多く育てるのは容易ではなかった。だから交易は続いた。中国は馬を必要とし、作物の栽培に向かない乾燥した吹きさらしのステップに住む遊牧民は作物を必要とした。遊牧民は秋になると馬を中国に連れていき、中国の品と交換した。馬、かいば、作物、武器、絹、高級品の取引が誠実に行われる時もあれば、両者が争う時もあった。中国は数においてつねに勝り、一方、遊牧民は馬——交易品であり武器でもある——を使って中国を悩ませ、中国の力を削いだ。

他国の例に漏れず、中国の有力者も思索に耽った。良い馬とはどんな馬なのか——馬をどのように従わせ、育て、動かすべきか? 彼らは理想の馬の青銅像を作り、本物の馬と比べた。「馬の頭は王であり、四角い。目は宰相であり、輝く。背骨は将軍であり、強い。腹と胸は城壁であり、幅広い。四肢は地方官吏であり、長い」と賈思勰は五四四年に述べている。良馬を意味する中国語「ジー」には貴人という意味もある。「チェンリマー」は、穆王の龍馬のように一日に一〇〇〇里走ることのできる馬だ。「千里の馬は、力があるからではなく徳があるから称えられる」と孔子は強調している。チェンリマーは従順であり、この馬——あるいは良い人物——を見いだすには、有名な騎手ポー・ルーのような人材が必要だった。

紀元前五世紀、ステップの新たな勢力が中国に再び動揺をもたらし、馬を手に入れるのがますます難しくなった。北西から、馬に乗った射手が戦乱の続く中国にやってきた。馬に乗った射手は素早く攻撃し、撤退した。馬を疾駆させながら、鞍に座ったまま体をねじって四方八方に矢を放った。鎧兜などの装具は軽かった。彼らは幼い頃から馬の扱い方と乗り方を学び、弓を持てるようになると狩りを覚えた。小さな集団を作り、中国の村々を昼夜を問わず攻撃し、馬、牛、食べ物をかっさらい、村に火を放ってから去った。時にはずらりと並んで矢の雨を降らせた。中国がまだひとつの王朝の支配下に置かれていなかった混乱期に、北方の異人は幾度となく奇襲を加え、戦いを仕掛けた。

モンゴルの匈奴は残酷だった。歴史家の司馬遷によると、彼らの子馬は生後三日で母親を飛びこえることができた。数百、数千もの射手と、中国の馬よりも強く、速く、優れた馬を擁する匈奴は、ステップと中国を隔てる山々をものともしなかった。彼らに続いて現れた各集団はもっと残酷で野蛮であり、匈奴を中国北部の平らな放牧地へと追いやった。中国人と融合する集団も多く、その子孫が王朝をうち立てることもあった。一八世紀になるまで、騎馬遊牧民は脅威であり続けた。

中国は、生き残るために異人を受けいれ、理解し、認めなければならなかった。戦国時代、趙の武霊王は、異人のようにズボンと毛皮の帽子を身につけて騎射の練習をするよう臣民に命じ、ローブをまとって戦車に乗っていた臣民はしぶしぶ従った。武霊王は、記録上中国最古の弓騎兵部隊を擁する軍を率い、征服した異人を特殊部隊に編入した。やがて秦が乱世に終止符を打った。文明化された中国の辺境で暮らしていた秦の人々は、乗馬に長けていることで知られていた。秦は遊牧民の勢力圏にも侵入し、好戦的な諸国を征服して中国を統一した。

残忍さを持つ秦の始皇帝は強力な騎兵隊を組織し、内モンゴルの草原の深奥部、南方の広東、ヴェトナム最北部まで領土を広げた。交易と軍需品の輸送を円滑に進めるために広範な道路網を構築し、度量衡、貨幣、文字を統一した。しかし、この最初の皇帝も匈奴を倒せず、匈奴の侵入を防ぐために長い城壁を築いた。

始皇帝は、首都咸陽を再現した地下の墓に埋葬された。帝国の姿を模した墓は豪華で、罠が仕掛けられていた。とても広大なこの墓の発掘調査は現在も続けられている。俑坑の中に多くの馬がいる。始皇帝の墓から一番近い俑坑には白色に塗られた青銅製の馬が並び、その後ろに潰れた馬車、銀箔と金箔が施された馬具がある。墓から一・五キロ離れたところにある俑坑の軍は、数百頭のテラコッタの馬を擁している。軍馬は黒色あるいは茶色に塗られており、胸を張っている。たてがみはタヒのそれのように逆立ち、前髪はふたつに分かれて耳の方にくるりと曲がっている。九八の馬厩坑には、帝国の厩に住んでいた馬の本物の骸骨があり、髭のない若いテラコッタの馬丁がそばに身をかがめて控えている。革製の端綱、陶器、餌や水を入れるための鉢が馬の頭のかたわらに置いてある。それらは破片になっている。

始皇帝の短い治世の後、覇権争いが起こった中国を漢が再び統一した。ステップの弓騎兵がしばしば姿を現す境界地域――三〇万にのぼる軍勢がいちどきに押しよせてきた――は、いつ争いが勃発してもおかしくない不安定な状況にあった。漢王朝と匈奴は絹と馬を交換し、争いになると匈奴が勝利した。匈奴は漢王朝に数ではかなわなかったものの、彼らの騎兵と武器は漢王朝のそれより優れていた。匈奴は草原で馬を育てた。漢王朝は騎兵隊を維持するための穀物を必要とした――六人家族の一日分の食料と同量の餌を一頭の馬が毎日食べた。

漢王朝の初代皇帝である劉邦は、フゥチン《平和な結婚》という方法をとった。漢王朝の王女、紹興酒、穀物、絹と引きかえに平和と馬を手に入れるという方法である。遊牧民の首長のもとに嫁いだある王女は、故郷から北西に三〇〇〇マイル離れた土地でこう嘆いている。「ああ、今やゲルが私の家　フェルトの壁に囲まれている　私は生の肉を食べ、馬乳酒を飲む　故郷が恋しくてひねもす胸が疼く　茶色い雁になり、飛びさってしまいたい」。この結婚によって、漢の王室は一〇〇〇頭の馬を獲得した。また、平和を保つという取りきめを守るよう約束させた。劉邦と交わしたこの取りきめを匈奴が破ってばかりいたからだ。

漢王朝は小作人から馬を取りあげた。そのため馬を所有する小作人は少なかった。軍馬が住むなだらかに起伏する草原は、丁寧に耕された農地とは違い、帝国の人々を養う食料を生みださなかった。貴族と裕福な商人は、遊牧民の馬のように耳の穴の部分に宝石をつけ、刺繍の施されたフェルト製の鞍敷きを背中に掛けた馬に乗った。小作人は彼らを見て眉をひそめ、腰を曲げて鍬を振るい、雄牛に鞭を当てた。

後代に生まれた次の民話は、中国の姿をよく示している。ある村が不作に見舞われる。村の小作人は木の皮や掘りおこした木の根で飢えをしのぎ、金持ちの地主は穀物でいっぱいの倉を見張っている。ひとりの悪知恵のある小作人が、一頭の痩せた醜い駄馬の尻の穴に小さな銀塊を入れ、木綿で栓をし、馬を地主のもとに連れていく。小作人は、この馬は銀を生みますと言いながら皿を尾の下まで持っていき、木綿の栓を抜く。すると皿の上に銀塊が落ち、小作人は仰天するけちな地主に銀塊を渡す。

地主が馬と引きかえに何が欲しいかと尋ねると、金ではなく六〇〇キロほどの穀物をくださいと小作人は答える。地主は小作人に穀物を与え、宝物のような馬を家に連れて帰る。地主がまだかまだかと待っていると、馬の体から黄金色の澄んだ尿が勢いよく飛びだし、絨毯がすっかり濡れてしまう。一方、小作人は穀物を植える。穀物が育てば、それを食べ、次の季節にその種を植えられる。中国人の大半を占める小作人にとって馬は偽の富であり、穀物とそれを植える土地は金よりも価値があった。

三

漢の文帝の時代、中国の辺境に住むひとりの男がうっかり馬を逃がしてしまった。馬は異人が暮らす草原の中に姿を消した。男の父親は待っていれば戻ってくると言い、果たして馬は駆け戻ってきた。しかも、その馬よりもずっと良い馬が一緒にやってきた。それから幾年か経ち、武帝の世になり、ゴビ砂漠の中にある敦煌で一頭の美しい馬が発見された。その馬はタヒの群れに混じって草を食べていた。タヒや中国の一般的な軍馬より背が高く、足が速かった。

ひとりの兵士が、馬勒をつけた作り物の馬を水場に置き、その後ろに隠れた。美しい馬が作り物の馬に慣れて近づくと、兵士は美しい馬の頭部にすばやく馬勒をつけた。そして、武帝の宮廷に送った。兵士が水場で捕らえた美しい馬は臆病で敏感だった。「果樹」のようなまっすぐな脚を持ち、疾駆する時や不安な時に血のような汗をかいた。* 宮廷に仕える官吏は、汗血馬《かんけつば》という優れた馬が存在することを外交官の張騫の報告によって知っていた。美しい馬はまさにその馬だった。汗血馬は、フェルガナ盆地のムラサキウマゴヤシが生える放牧地で大宛《だいえん》の人々によって育てられていた。大宛はアレクサンドロス大王の子孫が作った国だと一部では信じられていた。汗血馬は大同の世の天来の馬であり、神々しい馬である――この千里を走るティエン《天》シァマー《馬》は「自由を望み」、「すいすいと軽やかに……流れる雲とともに駆ける」。そして「龍の友」である――中国の神話の生き物の中で最も力のある龍は皇帝や子孫繁栄、不死の象徴だ。永遠の命を願う武帝はこの馬を得て歓喜した。

---

* この話は奇妙に思えるが、多乳頭糸状虫に寄生された馬は血の汗を流しているように見える。多乳頭糸状虫はステップにおいてありふれた寄生虫である。

武帝はすでに、宮廷に仕える呪術師の助言に従って、崑崙山脈の中にあるという黄河の源流を見つけるため、大金を投じて一団を派遣していた。崑崙山脈はタクラマカン砂漠の南に位置する。黄河の源流の辺りに黄金の宮殿があり、そこで暮らす神仙は、龍の肝や熊の手といった珍貴な食べ物を食べていた。武帝は神仙に倣い、金製の器だけを使って飲み食いした。そんな武帝が、不老不死の神仙が住む崑崙山脈へ連れていってくれる馬を得たいと願わないはずがない。

武帝は一〇〇〇枚の金貨と彼の金色の馬を使節に持たせて大宛に遣わした。ところが、大宛の王は使節に対してつれない態度をとり、漢はあまりにも遠いから、武帝に届ける道中であなたは馬を死なせてしまうだろうと言って使節の首を刎ねた。武帝は次に将軍李広利を向かわせた。李広利は六〇〇〇騎の騎兵とその他の二万人の兵士を率いて砂漠を抜けた。けれど、領主からの度重なる攻撃を受けて漢軍は兵力を失い、飢え、天馬を手に入れられないまま撤退した。

天馬を求める武帝は三倍の兵士と糧食を揃え、再び李広利を送りだした。この遠征では、李広利軍の兵士のうち半数しかフェルガナ盆地にたどりつけなかった。しかし、四〇日間にわたって執拗に包囲攻撃を加え、その結果、大宛王の臣下が謀反を起こして王を殺し、三〇〇〇頭の馬と三〇頭の天馬を将軍李広利に差しだした。さらに、毎年二〇頭の天馬を武帝に贈ると約束し、植えて育てられるようにムラサキウマゴヤシの種を渡した。タクラマカン砂漠を抜ける過酷な道のりを越え、一年後、三〇〇〇頭の馬のうち一〇〇〇頭が武帝のもとにたどりついた。

武帝は永遠の力と命を願う賛歌とともに、生きのびた天馬を迎えた。

天馬たちがやってくる

はるか西からやってくる
異人を征服するために
流れる砂漠を越えて
水のあるところから
天馬たちがやってくる
二頭の天馬は虎のような背中を持ち
精霊のように姿を変える
天馬たちがやってくる
草のない荒野を越えて
一万里の東への道を
懸命にたどってくる

……

時のあるうちに門をひらけ
馬は私を立たせ
崑崙の神の山へ私を連れていく
天馬たちはやってきた
やがて龍もやってくる
私は天界の門にたどりつくのだ
私は黄金の宮殿を見るのだ

どこか神話めいているけれど、大宛への遠征は史実である。天馬についてははっきりしたことは分からない。武帝の騎兵隊のために購入された馬だと考えるのが最も現実的だが、どの戦記にも天馬のことは記されていない。フェルガナ盆地から来た一〇〇〇頭の普通の馬は、中国の新しい騎兵隊の中核をなしたのかもしれない。中国学者アーサー・ウェイリーの信じるところによれば、天馬は儀式用の馬であり、武帝は天馬が不死をもたらすと本当に思っていた。ウェイリーは、天馬が黒い頭を持つ葦毛の「宝馬」の子孫である可能性を示唆している。宝馬は、赤子の釈迦をルンビニから父親のいる宮殿まで運んだ。アレクサンドロス大王がペルシア帝国で手に入れた白色あるいはこげ茶色のニサエアン種の聖なる馬の血を引いていると信じる人もいる。聖なる馬の子孫は、大宛でアレクサンドロス大王の孫息子とひ孫息子によって育てられたという。天馬は中央アジア原産のアハルテケ種の馬の祖先だという主張はよく聞かれる。アハルテケ種の馬の空洞のある毛は光を屈折させ、えもいわれぬ金属的な輝きを放つ。

　武帝は、天馬に乗って崑崙山脈にある黄金の宮殿に行くことも、神仙と一緒に熊の手を食べることもなかったものの、前例のない五四年という長きにわたる治世を築いた。そして、廷臣に呪われているという妄想を抱きながら老いて亡くなった。埋葬された武帝は金糸で綴った翡翠の衣をまとい、八〇頭の馬に守られている。

四

二〇一三年の秋に私が赴いた北京の郊外には、多くの天馬がいた。昔の人は、西からタクラマカン砂漠を通る長い道のりを旅した。現代の熱心な外国人は、中国の首都にジェット機でひとっ飛びにやってきて、君主のもとに馬を届けたかつての臣下のように、トゥーハオのもとに最高級の馬を届ける。中国の経済革命に伴い、馬で一攫千金を狙う人々が中国に押しよせるようになった。二〇一二年、中国の馬産業は毎年二〇パーセントずつ成長していると言われた。外国の馬商人や仲買人は、底知れない可能性を秘める市場に熱い視線を注いでいる。欧米諸国の良馬は、輸入費用と検疫手数料を支払えるトゥーハオに提供されている。

私はコンベンションセンターを訪れ、音の反響する会場に並ぶ仮厩の前をぶらぶら歩いた。参加者は、扉の金属製の格子から中をのぞいていた。光沢のある黒色の被毛を持つ長身のフリージアン種の馬、幾頭ものスペイン原産の純血種の馬——かつて王室で飼われていた馬が、今は中国の新興富裕層のもとへ運ばれる——オリンピックの障害飛越競技用馬として北欧で育成された力強い鹿毛の温血種の馬などがいた。宣伝用のチラシがあり、たてがみを翻すアイルランド原産のジプシーバナー種の馬、オーストラリア原産のサラブレッド、フランス原産の乗用馬、ドイツ原産のアラブ種の馬が載っていた。山東省の「バイオテクノロジー企業」は「フェルガナの汗血馬」の精子を販売していた。その汗血馬の正体はアハルテケ種の馬である。

「出足は低調でしたが、今年はすでに六〇〇頭の馬を売りました」。ロイヤル・ダッチ・ウォームブラッド協会のブースでチラシを見ていたら、協会の女性がこう言った。「中国の乗馬クラブは皆、黒か白の馬を二五頭といった具合に馬を注文します。彼らはこのふたつの色の馬を好みます。私たちのブランドは大人気です」。かつては後脚で立つライオンと冠が描かれた紋章のブランド《焼印》が馬の腿に施されたが、彼女はそのことを言ったわけではない。

中国にはおよそ三〇〇の乗馬クラブがあり、八〇万人が乗馬を趣味として楽しんでいる——この数はイギリスのそれの二〇分の一だ。新しい中国の乗馬界は、ミエンズを守るために外国の乗馬クラブを模倣し、凌ごうとしている。中国の乗馬クラブの多くは、タヒの血を半分引く馬や香港の引退競走馬を幾頭か持っているだけで割に地味だが、外国産の血統のいい馬で厩をいっぱいにしている乗馬クラブも存在する。江陰市の海瀾国際乗馬クラブは、三〇頭のリピッツァナー種の馬にカドリーユを踊らせた。馬に乗る若い女性に完璧な化粧を施し、軍服風の緋色の衣装を着せた。馬場は、ウィーンの冬季乗馬学校の馬場の二倍の広さがあり、天井から一二の金色のシャンデリアが下がり、緑色と紫色のきらめく光が地面を照らした。次の年、スポットライトの当たる馬場に登場したのは、スペイン原産あるいはポルトガル原産の白色の純血種の馬や黒色のフリージアン種の馬である。馬場を埋めつくさんばかりの多くの馬が、まるで万華鏡のようにぐるぐる回ったり、蛇行しながら進んだりした。

私は足を止め、ニルス・イズマー博士と話をした。彼の家族は、一九五〇年代からブレーメンの近くでアラブ種の馬を育てていた。「中国には二〇〇頭から三〇〇頭ほどのアラブ種の馬がいます。もちろん私たちは新しい市場が大きくなることを願っています」と彼は言った。「今はおもに中東市場を相手にしていますが、中東ではもう大きな市場拡大は望めません。ですからここ中国で新しい市場を広げていきたいと思っています。中国の市場は有望です」

彼は、彼のアラブ種の馬——古い品種で美しく、黒く縁取られた目を持ち、祖先であるベドウィン族の軍馬の体軀を受けついでいる——の大部分が中国のレジャー市場に流れこむだろうと思っていた。中国人がエンデュランス馬術競技に夢中になっていることが大きな理由である。中国最大の乗馬系ウェブサイトの女性編集者も（「障害飛越競技よりも安全だからお金持ちが好むのよ」と語り）中国人がこの競技に傾倒しつつあるという考えを示した。「中国には馬に乗る文化があります」とイズマー博士は続けた。「でもこの四〇年間、馬はおもに使役馬として使われました」

実は、中国はアメリカに次いで世界で二番目に多くの馬を飼っている。でも、その四分の三は中国の北部や北西部——とくに、かつて異人が暮らしていた地域——にいる。中国に併合されて久しい内モンゴル、チベット、新疆などだ。これらの地域では中国の昔ながらの馬文化が受けつがれている。人々は農作業で馬を使い、タヒやチベタン種のポニーに乗って広々としたステップを何十マイルも走る「庶民の競馬」を行い、お金を賭けて雄馬同士を戦わせる闘馬に興じる。これらの地域の騎手は、乗馬クラブが出した乗馬人口統計に含まれていない。シリンゴル種の馬や錦州馬といった中国の在来馬の大半にタヒかロシアの在来馬の血が混じっており、背丈が一五〇センチを超える馬はほとんどいない。一九五〇年代からの中国共産党の取りくみによってこれらの馬は少し改良されたものの、国際競争には向かないし、高級品ではない。

イズマー博士は中国の古い文化を認め、オランダの協会の女性広報担当者は、彼女たちの温血種の馬にとっての「出発点」について語った。シリンゴル種の馬や錦州馬は、中国の新世代の騎手をオリンピックに連れていけない——だから欧米諸国の優れたロンマーが必要であり、まったく新しい基盤を構築しなければならない。二〇一〇年当時、中国には馬専門病院が存在しなかった。中国の馬医は皆、内モンゴルか香港に拠点を置いており、主要な乗馬クラブはニュージーランドやヨーロッパ諸国から馬医を連れてきていた。馬丁も内モンゴルからやってくることが多かった。装蹄所の数は少なく、ムラサキウマゴヤシの種と同様に大量のかいばを輸入に頼っていた。同年にオランダ大使館が作成した報告書によると、多くの乗馬クラブにプロの騎手が所属していたが、騎手を雇っている乗馬クラブの所有者はたいてい異なる事業

――おもに工場の経営――に携わっていて、乗馬経験がなかった。

現代の中国における馬上スポーツの発展には根と枝が欠けている。「私たちは馬を売り、知識を売っています」とオランダの女性広報担当者が言った。ヨーロッパの高等教育機関と獣医大学は、中国の大学と協力関係を結んでいる。古くからあるイギリスのポニークラブの手引書は中国語に翻訳されている。

一九世紀、ヨーロッパやアメリカでは、力をつけたブルジョワジーが新たに獲得した「余暇」を過ごすために馬を購入した。一方、中国は経済の長い停滞とそれに続く急激な悪化に見舞われた。競馬とイギリス式のポロが植民地主義者とともに中国に入ってきたけれど、それらは大半の中国人にとってほとんど関係ないものだった。二〇世紀に入ると、毛沢東が政権を握ってからほどなくして競馬を禁止した。競馬は外国の不道徳なスポーツであるという理由からだ。そして、ゲリニエールの馬術学校が国民議会の会議場に変わったように、上海の競馬場が人民広場になった。ポロは禁止されなかったものの、中国の代表チームは、中国中心部ではなく内モンゴルに住む人々によって構成され、障害飛越競技など他の馬上スポーツをするのはおもに軍と中国在住の外国人だった。少数の軍事基地でスポーツ用の馬が飼われていたが、一九七〇年代半ばにそうした軍事基地の数が減った。

新しい中国に流れこんでトゥーハオを魅了する大きなヨットやロールス・ロイスとは違い、件の二五頭の温血種の黒馬にはGPSもローンチコントロールも搭載されていない。ルネサンス期のヨーロッパでは、馬の血統と釣りあう技術を持つ騎手が称賛された。そうした技術は、時間をかけて熱心に練習し学ぶことによってのみ身につく。貴族や裕福な人の中には、ステップの異人のように幼い頃から乗馬に親しむ人が少なくない。ジョージナ・ブルームバーグ、アシーナ・オナシス、ザラ・フィリップスといった人々は、生まれてから間もなく、鞍をつけた血統の良いシェトランドポニーに乗り、一流の騎手になるために学んでいる。現代の天馬は不安定な立場にいる。乗馬技術は一朝一夕に習得できるものではないし、馬は他の高級品やゴルフなどのスポーツと競合しているからだ。

私は、各ブースを回りながら手に入れた分厚い高級乗馬雑誌や小冊子を高く重ねて腕に抱えていた。これらは、闘馬や庶民の競馬とまるで異なる外国の馬文化へトゥーハオを誘う。中国の子供は、ハンプシャー州の寄宿学校に入れば、一九世紀のマナーハウスで暮らしながらAレベルを取得し、乗馬訓練を受けられる。トゥーハオはモンタナ州の牧場でカウボーイのまねごとができ、チェコ共和国では狐狩りを体験できる。私はひとつのモニターの前で立ちどまった。アイルランドの体をひき裂かれた狐や、赤色と緑色が混ざった上着を着た騎手を乗せた馬が土手を飛びこえる姿が映しだされていた。「狩りを紹介するのは今年が初めてです」とブースの責任者が言った。「中国の方は狩りをする理由を知りたがり、狼を狩るのかと聞いてきます」。二列に並んで馬術を披露するスペイン人騎手の体が白馬の上で弾む様子を捉えたスローモーション映像も流れ、次のような字幕が出た。「馬の背中は羽毛の玉座ですから、トロット時もギャロップ時もあなたを安全に運びます」

不思議なことに、トゥーハオではない庶民も嬉しそうにブースを見て回っていた。彼らは雑誌の表紙を飾る馬を眺めながら、鎧をまとう騎士やビロードの乗馬服を着て横乗りする令嬢になった気分を味わっていた。彼らは羽毛の玉座には座れない。ただ馬を見るために訪れたのである。

アンダルシア地方の伝統衣装に身を包んだ男性が、ダーク・エンジェルという名の斑模様のある葦毛の馬を馬房から連れてくると、人々が周りに集まった。もう一頭の葦毛の馬には、ショッキングピンクと黒色が混ざったフラメンコ衣装を着た女性が乗っていた。男性は緑色の羅紗が張られた床の上で、ダーク・エンジェルにピアッフェとレヴァードを演じさせた。それを眺める人々のカメラのシャッター音が鳴り、十数台の携帯電話の明るい画面に踊るダーク・エンジェルが小さく映っていた。眼鏡をかけたひとりの青年は前かがみになり、写生帳にさらさらと馬を描いていた。

五

中国では、唐王朝が興った六一八年から九〇六年の間に馬がとりわけ活躍した。唐王朝の初代皇帝李淵は、中国の北西に住む遊牧民の同化を図った貴族の子孫である。長年にわたり、遊牧民と中国人は知識や馬、王女を交換し、互いに影響しあっており、新しい王朝においてもそれは変わらなかった。フェルガナの天馬を得るために遠征部隊を派遣した武帝や穀物を馬と交換した漢王朝以上に唐王朝は馬を求めた。唐王朝は北西地域で遊牧民をうまく退け、シルクロードを発展させた。

唐王朝は馬を愛した。北方の広大な草原地帯を長期間支配したから、馬を数多く育てられた。当初五〇〇〇頭ほどだった馬は、チベットとモンゴルの間に広がる放牧地において、わずか五〇年で七〇万六〇〇〇頭まで増えた。皇帝は五万頭にのぼる馬を家臣に献上させた。また、戦争に従事する貴族に対して馬を生産するよう命じ、それによって軍馬から郵便輸送用の馬まで、あらゆる種類の予備の馬が増えた。官吏は生産目標を課され、割りあてられた草原で馬を生産し、目標より一頭でも少ないと竹棒で三〇回打たれた。馬は役割や力を示す焼印を押された。「飛翔」と「龍」という焼印は良馬に用いられ、「先駆」は軍馬か郵便輸送用の馬であることを示した。皇帝は自らの権威を高めるために、職人と商人が馬に乗ることを禁止した。

家臣が献上する馬は、ブハラやキルギス、サマルカンド、ホータンから、馬丁とともにシルクロードを通ってやってきた。この四つの蹄を持つ富の化身は、アラブ種の優れた馬やトルクメニスタン原産のアハルテケ種の馬、羊頭の軍馬などである。インドの象牙、ペルシアの銀、バルト地方の琥珀、宝石、毛皮、スキタイ地方の金、ビザンティウムのガラス製品が馬と一緒に運ばれた。一枚の絹布に描かれている献上用の葦毛の馬は、刺繡が施された鬘のある鞍敷きにほとんど覆われ、滑稽なほど毛深い顔のふたりの「タタール人」に引かれており、龍の仮面をつけている。献上された馬から選りすぐられた馬は宮殿の厩に住んだ。「龍を呼ぶもの」や「天の園」といった伝説の馬や歴史上の名馬にちなんだ名を持つ馬の仲間入りをした。

献上される馬だけでは不十分だった。だから唐王朝は、百万反というとてつもなくべらぼうな量の絹を一〇万頭の馬と交換した。蚕は馬と同じチー《特質》を持ち、それゆえ馬の害になると信じられていた。蚕は馬と関わりが深い。唐代によく語られた四世紀の民話がある。ひとりの貴族が娘と一頭の雄馬を残して戦争へ行く。娘は馬の世話をする。父親の留守が長引くにつれて生活が苦しくなり、娘は戯れに馬に言う。「父さんを見つけて連れ帰ってくれたら、おまえと結婚するわ」。馬は飛びだし、娘の父親を見つけて戻り、娘は大喜びする。褒美として厩にかいばが山と積まれるが、馬は食べようとしない。娘が厩の前を通ると、「やにわに激情して後脚で立ちあがり、娘の方へ体を伸ばす」。父親がいったいどういうわけだと尋ねると、娘が事情を明かす。ぞっとした父親は矢で馬を殺し、剝いだ皮をなめすために中庭に置く。「おまえは獣なのに人間の奥さんが欲しかったの?」と娘は言い、皮だけになった馬を嘲る。すると剝ぎとられた皮が動きだし、娘を追い、包みこんで連れさってしまう。父親は幾日も探し、とうとう娘を包んでいた馬の皮を見つける。それはクワの木の枝にかかっており、娘と皮は蚕に変わり、せっせと繭を作っている。

この奇妙な話は、銀を生む小作人の馬の話よりも解釈が難しい。女性は絹の生産に携わってきた。絹を発見したのは、商代以前の時代の神話上の君主である黄帝の妻だと言われている。ある文学的な説話によると、彼女がクワの木の下に座ってお茶を飲んでいたら、落ちてきた繭がお茶の中に入った。彼女は繭から糸を繰りだし、絹を発見した。彼女は「蚕の母」として崇拝された。四世紀の民話の中の雄馬に連れさられる娘は、マートウニアン《馬の頭を持つ娘》と呼ばれるようになった。この民話の中の蚕の頭は長くて先が細く、「目」は離れ、鼻のあたりに剛毛が生えている——馬にそっくりである。繰り返し語られるある民話では、異人の国の王子に嫁ぐ中国の王女が、髪の中に蚕の卵とクワの種を隠して王子のもとへ向かう。こうして自分の新しい家に養蚕を持ちこむ*。娘を捕まえて蚕に変えた件の不気味な馬の皮は、漢王朝や唐王朝の王女を手に入れた北西の異人を思いおこさせる。中国は馬を得るために女性を手放し、食料にならない絹を作ることを農婦に強いた。

唐王朝が絹と交換した馬は、俑坑の中にいるがっしりしたテラコッタの馬よりも脚が長く、タヒあるいはチベタン種のポニーとアラブ種の馬、フェルガナの馬、トルクメニスタン原産のアハルテケ種の馬などの血を引いている。石製、銀製、陶製の唐代の馬の小像は皆たくましく、ある馬は鞍敷きをつけて警戒する様子で立ち、ある馬は姿勢を低くして疾駆する。兎頭の馬は踊っている。形のいい小さな耳の間の額、逆立つたてがみと首、短い背中、リンゴのような臀部、感嘆符のように直立する尾がひとつの深い曲線を描いている。彼らは人を乗せて山々を幾日駆けても、力尽きることなどないのではないか。八世紀の詩人杜甫はこう詠んでいる。

体は槍の穂先のように細く

---

* 「繭糸」という言葉は、色情を表す際も用いられる。

ふたつの耳は竹釘のように尖り
四つの蹄は風から生まれたかのように軽い
果てなき世を駆ける
真に身を託せる馬

石灰岩でできた皇帝太宗の墓に施された浅浮彫りに、六頭の軍馬が描かれている。どの馬にも名があり、それぞれの馬を称える詩が添えてある。彼らは実在した馬である。後に神になり、墓の外にある祭壇において崇められた。サールズ《秋の露》の胸には矢が刺さり、太宗に仕える将軍チウ・シンゴンが矢を抜こうとしている。将軍は遊牧民の衣装であるチュニックのような外衣とズボンに身を包み、帽子をかぶり、顎髭をたくわえている。馬は震え、体を少し引いているものの、耳をぴんと立て、痛みを覚悟している。皇帝の宮廷詩人はサールズについてこう詠んでいる。「三つの川のほとりで恐れられ　あまねくいくさ場で敵を畏怖させた」。斑模様の馬チン・ジュェイは「稲光のように速く走り　生気に満ちていた」。バイ・ディ・ウー《白い蹄を持つ鳥》は「風とともに駆けた」。騎手を瞬く間に勝利に導くため、騎手は彼を「見るや国に平和をもたらした」

唐代の馬は、戦争と郵便輸送だけに従事したわけではない。ポロがいつ中国に伝わったのかは定かではないが、ポロは唐代に最も盛んになった。貴族や司令官、皇帝は、軍事演習や宮廷儀式、スポーツ、お祭り騒ぎとしてポロを行った。ポロはシルクロード沿いの地域かステップから中国に伝来した――イランで世界最古のポロのゴールの棒が出土しており、おそらく、馬とともに生きていた他の地域の遊牧民も同様の騎馬競技をしていたのだろう。遊牧国家の兵士が戦闘技術を磨くため、あるいは牧夫が楽しむために、木製の中空の球やヤギの死体（ブズカシという騎馬競技で用いられた）などの球に見立てたものを追っていたのだろう*。

唐代のポロは一六人で行われた。ゴールの幅は三分の一メートル、高さはその一〇倍から二〇倍である。太宗皇帝は、横棒に金色の龍をあしらったゴールを作らせ、球がゴールに入ると銅鑼を鳴らさせた。徳宗皇帝に仕える将軍のひとりは、一二枚の硬貨を地面に重ねて置き、その脇を通るたびに硬貨を一枚ずつ高く打ちあげるという得意技を持っていた。徽宗皇帝は、四川に駐屯する守備隊を誰が率いるかを決めるため、四人の将軍にポロの試合をさせた。唐王朝の後代のある皇帝は、自分が即位した場所である祭壇を壊し、そこにポロの競技場を作っている。

宮廷で客を歓待する馬もいた。ペガサスが登場し、スパンコールでかたどった蛇や金色の布で飾られた馬がカドリーユを踊るカルーゼルがヨーロッパで初めて催されるはるか以前、唐王朝の馬は、ユニコーンの角、鳳凰の翼、貴金属製の馬具をつけてチベットの使節団を迎えている。玄宗皇帝は百頭の踊る馬を所有していた。彼らは「帝国の愛馬」、「王室の寵児」といった名誉ある肩書きを持ち、金銀装飾が施された馬勒をつけ、たてがみと尾毛を真珠と翡翠のビーズで飾っていた。詩人が龍または天馬と呼ぶ彼らは「力をみなぎらせ……前には進まず、千の蹄を踏み鳴らした」

「傾杯」という馬の踊りはことに有名だった。馬は、三階建てくらいの高さがある花の描かれた舞台を「目が眩むほどの速さで旋回し」、「音楽に見事に合わせて……頭を反らし、尾を振りあげる」。一二の動きが終わると傾いた杯を口にくわえ、杯を「干し」、「酔って」横たわる。ある怪力男は、馬をのせた長椅

＊ 二〇一五年、羊の皮に物を詰めて作られた球とL字型のスティックが新疆で発見された。紀元前八世紀のものである。

子を高く持ちあげるという芸を披露した。*

馬を愛した唐王朝は、遊牧民と分かちがたく完全に融合したわけではない。唐王朝は歴代王朝と同じ道をたどった。しだいに衰微し、退廃し、策謀に苦しめられ、遊牧民の文化に目くじらを立てるようになった。唐王朝の皇太子李承乾は、フェルトでできたゲルを所有していた。それを狼の頭が描かれた旗で飾り、ゲルの中ではテュルク語で話し、盗んだ羊を焼いた。宮廷の女性は、新疆に住むウイグル人の髪型をまね、遊牧民風のズボンとふくらはぎの部分がゆったりしたブーツをはいて威勢よくポロをした。詩人の元稹はこんな風に思っていた。

西方の馬飼いが汚れたつまらぬ馬を育てはじめてからというもの
下品で悪臭のする馬の毛皮や馬毛が県にはびこるようになった
女人は西方の化粧の仕方を学んで西方の婦人を気取り
芸人は西方の音楽に心酔して西方の音を奏でる

遊牧民文化を好む中国人と儒教あるいは道教を信奉する落ちつきのある廷臣は、ポロに関して相反する考えを持つようになった。道教のある道士は「ポロは乗り手と馬の力を損なわせる」と不満を述べてい

---

* この踊りを踊った馬は、「果樹の下の馬」と呼ばれる朝鮮原産のグオシア種のポニーかもしれない。歴史家エドワード・シェーファーによると、彼らは「華やかな飾り」をつけ、「春の花の盛りの頃、酒宴の開かれる唐の首都の庭園まで、金ぴかに着飾った若者を乗せていった」。漢の時代も彼らは宮廷に彩りを添え、宮廷の女性のために乗り物を引いていた、と信じる人もいる。

る。* さらに悪いことに、ポロは宮廷社会で陰謀の道具として利用されたようだ。宮廷や軍内で幅をきかせていた幾人かの人物はポロの試合中、敵対する相手の乗る馬に踏みつけられ、まんまと失脚させられた。穆宗皇帝は、試合の最中に不仲な関係にある人物から一撃を食らっている。

タラス河畔の戦いが始まる七五一年頃、唐王朝は新たな騎馬戦士——イラクを拠点とするアッバース王朝の「黒装束のアラブ人」——の登場によって、シルクロード沿いの一部の地域における支配力を失いつつあった。騎馬戦士は槍と弓を携えており、チベット人からの助けを受けていた。唐王朝は、女真族をはじめとする北方の遊牧民と長期間にわたり断続的に戦った。女真族は度々敗れたものの、決して屈しなかった。独自の交易網と自ら育てた膨大な数の馬を持っていたから、彼らには力があった。

北部で起こった反乱によって、唐王朝は傾きだした。七五五年、玄宗皇帝の寵姫の養子である将軍安禄山が蜂起し、自ら皇帝に即位した。黄河北岸の広い地域を支配していた彼は一〇万以上の兵を擁し、幾年もかけて秘かに良馬を集めていた。戦いは七年間続き、玄宗皇帝は宮廷から追いだされた——彼はかつて、恩知らずな安禄山のために宮廷に美しい屋敷を設け、白檀製の長椅子や金製の装飾品をしつらえた。唐王朝は中央アジアとチベット周辺の土地、唐王朝の蚕の多くが集中する河北地方のクワ園、多くの馬用の放牧地を失った。

「国力を支える」馬はさらに高価になった。新疆に住むウイグル人は増長し、一頭の馬と引きかえに三八

* 道教を信奉する人々は馬を使うことを快く思っていなかったようだ。騎手のポー・ルーは馬の毛を刈り、馬を厩で飼い、馬を無理やり走らせ、馬をだめにしている、という不満が四世紀の文書の中で述べられている。易経にはこう書いてある。「国に道がある時、馬は駆けず、自らの糞で土を肥やす。国に道がない時、軍馬は城壁脇の神聖な塚の上で育てられる」

反の絹を要求した。零落した唐王朝は、借金が膨らんだため飼育場の蚕を躍起になって増やし——七六二年に二〇〇万反近い絹を持つに至る。八四二年、中央政府は収入のおよそ一五パーセントを馬につぎこみ、その結果、唐王朝はウイグル人に対する攻撃を成功させた。けれども馬不足と国庫逼迫の解消にはつながらなかった。国は裕福な商人に対して、彼らの財産の五分の一に相当する金額分の絹を要求し、腐敗し堕落しているとして仏教寺院を攻撃した——国は寺院が所有する土地や宝物を狙っていた。唐王朝は揺らぎ、崩壊し、再び戦乱の世となった。

六

一〇月のある日、北京の空気はいつになく澄んでいた。黄金週が終わってから二週間しか経っていなかったからだろう。黄金週の期間は中国全土の工場が操業を停止し、一三億の中国人が休暇を楽しむ。良き休日の名残とでも言おうか、工場が休業していた時のきれいな空気がまだ漂っていた。北京には七つの環状道路があり、第四環状道路のそばに朝陽公園が広がっている。公園の上空は真っ青で、爽やかな心地いい風が、公園に続く道沿いに並ぶシラカバの梢を揺らしていた。

私と通訳は、ビーチバレー場の前にある仮設スタンドの中に車をとめた。ビーチバレー場は一万二〇〇〇人収容できる円形の競技場で、二〇〇八年のオリンピックで使用され、栄光の数週間の後、しだいに荒廃した。北京の空気と同様に——少なくとも表面上は——五年前の栄光の名残を漂わせており、表面が剝がれた壁に、三階建てくらいの高さのある広告が貼ってあった。ダイヤモンドとルビーが施されたロレックスの広告だ。審判席の後方にまだ五輪マークが掲げてあり、聖火台も残っていた。私たちの目の前に立つもうひとつの競技場において、国際馬術連盟傘下の中国障害飛越競技連盟が主催する小規模な競技会が開催されていた。騎手は、緋色と黒色が混ざった細身のハンティングジャケット――イギリスの諸州で発展した狩猟服のようなこのユニフォームには、ライクラという合成繊維よりもさらに新しい素材が使われている――と穴のあいたプラスチック製のヘルメットを身につけていた。馬が縞模様のバーを飛びこえる際に騎手の体が浮いた。私たちの後ろにある巨大スクリーンで競技の様子が生中継されており、国営スポーツチャンネルのアナウンサーが、赤色のズボンに流行りのスクエア型眼鏡といういでたちで解説していた。穏やかなバックグラウンドミュージックが流れ、馬と騎手がバーを飛びこえるとジャズ風のファンファーレが鳴り響いた。

「僕が障害飛越競技の選手になりたいと思った理由は全部で五つあります」と私たちのもとにやってきたユアン・マオトウが言った。「ひとつ目の理由は兄が調教場を経営していることです。僕は兄の影響で馬に乗りたいと思うようになりました。ふたつ目は、僕が子供の頃、家族が馬を育てていたこと。でもほんの小さな馬で、乗用馬ではありませんでした」。ユアンは北京の南東に位置する山東省の農村に生まれた。「三つ目は、中国代表としてオリンピックに出場したいと思っていたこと。四つ目は、子供の頃に騎士を夢見ていたこと――僕は騎士になる夢を持っていました」。通訳が彼の言葉を私に伝えると、ユアン・マオトウは頷きながら微笑んだ。「五つ目の理由は、家が貧しく、馬に乗らないなら働かなければならなかったことです」

ユアンは試合がない間は馬を訓練した。「馬を訓練するには、助けてくれるチームが必要です」と彼は説明した。「試合で戦うには自分の馬を持つ必要があります。スポンサーも必要です」。彼のスポンサーは大柄で柔和な実業家ウー氏だ。北京で三つの乗馬クラブを経営するウー氏は、ユアンのためにフランス原産の黒鹿毛の馬を購入した。馬の名はブカジである。ユアンとブカジはラウンドを見事にやり遂げ、出場したクラスで優勝したばかりだった。表彰式では、襞飾りのついた白いドレスと毛皮のボレロをまとった、すらりとした三人の若い娘がレッドカーペットの上に立ち、その横でブカジが得意技――ワイルド・ウエストと呼ばれる後脚で立つ技――を披露した。ユアンは嬉しそうににこっと笑い、ブカジを指さして拍手を促し、ウイニングランを行った。彼らがつけている菊のようなリボン徽章は厚みがあり、銀製のトロフィーは後脚で立つ馬の姿をかたどったものだった。

ユアン・マオトウは、幸運にもウー氏というスポンサーを得た――中国には障害飛越競技選手を支援する基金が存在しない。中国南部の広東省で生まれたリー・ツェンチアンは、オリンピック参加資格を得た最初の中国人障害飛越競技選手である。「農民の王者」と呼ばれる彼は、自分の採石会社を売り払い、キャメロットと称する乗馬クラブを設立した。水泳や体操といった主要な正式競技を統括する組織とは違い、国営中国馬術協会は二〇〇八年のオリンピックに参加するチームに資金を提供しなかった。ツェンチアンは、ジュムピー・デ・フォンテーヌという名の一〇〇万ユーロもするフランス原産の雄馬を購入するためにお金を借り、彼の故郷の人々が借金を穴埋めした。オリンピックに参加した他の中国人障害飛越競技選手はスポンサー企業から資金を募り、ある選手は裕福な実業家の父親から援助を受けている。選手の成績はまったくふるわなかった。新疆出身の女性選手は馬場馬術個人戦で予選を通過したが、四六人中四一位という結果に終わった。ロンドンの郊外にあるイートン校の卒業生でイギリスに拠点を置く選手は、三日かけて行われる総合馬術競技の予選を通過したものの、クロスカントリー競技で失格した。

ウー氏は両手を腿に置き、若手選手が競技に臨む様子を満足げに眺めた。彼はひどい落馬事故に遭ってから馬に乗っていない。二〇〇三年に競馬好きの友人と一緒に最初の乗馬クラブを設立したと彼は語った。「障害飛越競技は賭博ではありません。みんな純粋に観戦を楽しんでいます。中国では、この一〇年で乗馬が人気になりましたが、まだ始まりにすぎません。私の乗馬クラブにはおよそ四〇〇〇人の会員がいます。大半が中国人で——そのうちの五〇パーセントは一〇代の若者です。プロの騎手になることを夢見ている若者もいます。彼らは乗馬の他にダンスやスケートも習っていました。でも最後は乗馬一本に絞りました」。残りの会員の多くはユアン・マオトウと同じく三〇代だ。「男の子よりも女の子の方が多く在籍しています。一〇代の男の子よりも一〇代の女の子の方が大人だからでしょう。女の子は優雅な乗馬を好みます。この年頃の男の子はやんちゃ盛りですから、ひとつのことに集中させるなんて無理です」

中国には経験や技術を持つ指導者がいなかったので、ウー氏はオランダの指導者を雇った。彼らは、代々馬術に携わってきたヨーロッパの家系に生まれた。複数の乗馬クラブを掛けもちし、季節に応じて東と西を行き来する。馬の専門家であり、三代にわたって受けつがれてきた高度な技術を駆使するため、脚は引きしまり、しなやかに曲がる。毎春、数多くの高価なスポーツ用の一歳馬に接し、自分の子供が競技会でポニーを操って優勝する姿を見てきた彼らの顔には、品のいい皺が刻まれていた。

彼らの指導を受けるには相当な費用がかかる。ウー氏の騎士団乗馬クラブの年会費は一万一八〇〇元から二万九八〇〇元である。二〇一三年の中国の平均的な家庭の所得は一万三〇〇〇元だ。彼の乗馬クラブの会員は、「裕福な若者」向けのサービスアパートメントに住んでいるのではないだろうか。北京にその広告が掲げられていた。

「男の子は騎士に憧れるものです」とウー氏は言った。ユアン・マオトウは、仮厩にいるブカジの様子を見るために中座していた。「だから私のクラブは騎士団乗馬クラブという名前になりました。私のクラブの騎士は、騎士道精神を持つヨーロッパの騎士です——馬に乗り、勇敢で、私心がなく、忠実です」

ウー氏は、将軍を意味するダー・シエあるいはシエ・クー、放浪の騎士や無法者を意味するシアではなく、ヨーロッパの騎士を意味するチー・シという中国語を使った。ヨーロッパの騎士と同じく、中国の将軍や騎士はしばしば、詩の中で実際よりもはるかに気高く描かれる。シアも時々、高貴な生まれではない無法者ながら立派なところがある人物として描写される。シアは信心が薄く、女性を敬わずに蔑み、下品な態度をとる。儒者ではなく、彼らの多くは北の地方で生まれている。ロビン・フッドのような人物でもあり、貧者を助け――少なくとも物語の中では――「不名誉よりも死」を選ぶ。ミエンズにこだわらず、高潔の士というリエン《顔》を持つ。

騎士にとって馬はなくてはならない存在だ。詩人の庾信はこう詠んでいる。「放浪の騎士が馬を集め金色の鞍が柳の枝に隠れる……騎士は賑やかに飲んでほろ酔い気分になり　汗に濡れた馬はなおも堂々と佇む」。楚の将軍項羽は、敗北を喫した垓下の戦いにおいて、烏騅《黒毛の馬》という名の黒馬に乗っていた。敵兵に囲まれた項羽は、絶望の淵で次のように詠んでいる。「……形勢は不利であり　烏騅は走らない　烏騅が走らないのに　私に何ができるというのか」

中国の騎士は、歴史の表舞台から消えてから長い時間を経た後に人気者になるようだ。騎士についての詩が初めて作られたのは漢代である。有名な詩はたいてい戦国時代の騎士を詠んだものだ。歴史に埋もれていた騎士は、民話や歌舞劇、小説の題材にもなった。トゥーハオが登場した中国では、人々がお金を出してポロや障害飛越競技を行い、騎士になった気分を味わう。毛沢東時代が終わると、世界のエリートの仲間入りをする実業家は、ミエンズを保つためにスポーツ用の馬と高級品を手に入れた。唐王朝に続いて興った宋王朝の人々は、ミエンズを保つためではなく、高潔の士に憧れて「騎士になる夢」を持った。この動乱の時代、シアは騎士を象徴する存在であり、人々の郷愁を誘った。

　モンゴルとシベリアにまたがる契丹国から度々攻撃された宋王朝は、現在の内モンゴルにあたる地域の北東部を支配する女真族の国「金」と協力して契丹国の脅威を退けた。ところがその後、金は北京と、中国最古の王朝である商王朝の領土だった黄河流域に侵攻した。北方の牧草地帯をあっさり占領し、宋王朝の一万頭の馬を手に入れ、さらに首都開封で徽宗皇帝とその家族を捕らえ、北方に連れさった。それからほどなくして、徽宗皇帝は悲嘆のうちに世を去る。ある年代記編者によると、息子の欽宗は、契丹国の最後の皇帝とともにポロの試合に出場させられた。球を打っていたら弓騎兵に襲われて落馬し、馬に踏みつけられた。

　宋王朝は中国南部で防備を固め、財政を切りつめた。まだ中国人の大半と敵も羨む肥沃な農地を支配していたが、かつて唐王朝が馬を育てていた放牧地を失った。南部で育てられた馬は質が悪く、数も少なかった。一〇六一年の戦争の際、宋王朝の騎兵のうち馬に乗れたのは六人に五人である。四川の太守はこう述べている。「敵（金）はたくさんの馬を持っているから強く、私たちは馬を持っていないから弱い。身の丈が三尺ほどの幼子でも、強者と弱者はどう違うのかを知っている」

　宋王朝の王族は馬の代わりに輿に乗り、危険なポロの試合をするのを控えるようになった。唐王朝の女性はゆったりしたブーツをはき、ウイグル人風に髪を結い、馬にまたがってポロの競技場を駆けた。一方、宋王朝の女性は足を縛って小さな靴をはいた。ポロの試合中、孝宗皇帝の乗ったポニーが近くに立つ建物の中に駆けこみ、皇帝が梁に飛びついて難を逃れるという出来事があった。だから皇帝の相談役は、ポロをしないよう皇帝を説きふせた。ポロを「軍事訓練として行っても役に立たない……打棒を勢いよく振ったり、やにわに馬を止めたりすれば大事が起こりかねない」と相談役は思っていた。

馬不足に悩む宋王朝の官吏は解決策を考えだした。でもそれは過酷なものであり、最後には騎兵や多くの農民を悲惨な状況に追いこんだ。中国には馬があまりいなかったけれど、お茶はあり、多くの馬を持つ国は黒茶と緑茶を求めていた。中国は茶葉を固め、煉瓦状の塊にして運んだ。主要なシルクロードは宋王朝の領土外にあったが、茶馬古道は領内を通っていた。茶馬古道は中国南西部にそびえる壮大な山々を抜けてチベットの王国に至る道である。

チベット――そこに住む「野獣」のような人々は「じつに臭く、近くに寄れない」――は中国に残された唯一の馬の供給源であり、お茶と馬を交換するという取引を持ちかけるしかなかった。四川茶馬司はただちにお茶の専売制を敷き、茶馬司が設定した価格で生産者からお茶を買いあげ、その大半をチベット人のためにとっておき、残りを商人や小売業者に売った。お茶を欲するチベット人は一枚上手だった。彼らは黒茶と緑茶の塊を受けとり、質の悪い馬や宋王朝の官吏の予想より少ない数の馬を渡した。馬にわずかしか餌を与えず、検査官がやってくる時だけ、元気に見えるようにたっぷり食べさせた。宋王朝のお茶の生産者は要求を満たすために汲々とした。彼らや商人には重税がのしかかった。

宋王朝の馬の運び役は十分な数の馬を手に入れることもあった。しかし、馬の扱いに慣れていない上、中国に帰るには油断ならない国々を通らざるをえなかったから、苦労して得た馬の五頭に一頭を失った。岩がちな道を歩くので馬は蹄を痛め、渓谷には草地がほとんどなく、早瀬を筏で下る途中で馬が流れの中に落ちた。そして誰も、病気になった馬を手当する方法を知らなかった。一一七三年、ふたつの馬の集団が夜中に喧嘩して「その半分が死んだ。脇腹は裂け、腸が飛びだし、槍や投げ槍で刺されたかのような有様だった」。お茶の生産者は暴動を起こし、お茶の価格は急落し、宋王朝は絹や金襴を弱い馬と交換するようになり、しまいには、銀をさらに弱い馬と交換しなければならなくなった。

一二一一年、チンギス・ハーン率いるモンゴル軍が行動を起こした。モンゴル軍はまず金に侵攻し、北部を征服した――金の将軍のひとりは、兵士を鍛えようとポロの試合に明け暮れていた。しばらく不安定な情勢が続いた。そしてチンギス・ハーンの孫フビライ・ハーンが宋王朝との全面戦争に勝利し、南北を統一した。彼は北京――チンギス・ハーンによって破壊され、後に再建された――に首都を置き、夏は内モンゴルの上都《ザナドゥ》で過ごした。

フビライ・ハーンは元王朝を建て、それから一〇〇年間、遊牧民であるモンゴル人が中国を支配した。彼らの駐屯部隊は中国の農民が作るものをことごとく消費し、中国人は、モンゴル人はおろか中央アジアの他の異人よりも低い地位に置かれた。元王朝は多くの馬を要求した――その数は中国人が生産できる馬の数をはるかに上回っていた。マルコ・ポーロによると、フビライ・ハーンが所有する馬のうち一万頭は白馬であり、白馬の乳は王族のためだけに蓄えられた。中国人は、自分の馬を育てること、軍事訓練と狩りをすることを禁止された。これらを続けるのを許されたのは、元王朝の軍に所属する中国人将軍と宮廷に仕える中国人官吏だけである。

戦国時代のシアの物語が人気を集めたのは、宋王朝が風前の灯火となった頃だ。中国人は、腐敗した政府とステップから侵入する異人に抵抗する騎士のことを思って自らを慰めた。元王朝後期に書かれ、後に四大奇書として知られるようになる小説のうちふたつは、古い詩や民話、伝説に基づいたもので、騎士になる夢を持つ人々に読まれた。どちらの小説も、まだモンゴル人に侵されていない頃の中国を舞台にしている。

このうち片方の『水滸伝』は、実在の無法者である宋江にまつわる伝説を下敷きにしている。宋江は、忌み嫌われる存在となる宋王朝の前期の政府に抵抗し、捕らえられた。一方、小説の中の宋江は「鳳凰を思わせる目」を持つ「正義の守護者」、教養人、手練れの闘士であり、権力者にはむかう。『水滸伝』の読者は、この権力者のせいで中国がモンゴル人の手中に落ちることを知っていた。『三国志演義』には、漢王朝が崩壊した後の時代が描かれている。新たに興った三つの王朝が六〇年にわたり戦いを繰り広げた時代だ。小説の中で、魏、蜀、呉という三つの王朝は衝突し、同盟を組み、袂を分かつ。そして関羽という英雄が活躍する。関羽は、赤兎馬と呼ばれる半ば伝説的な軍馬に乗っている。将軍曹操は関羽を配下に引きいれるために、翡翠や金襴、屋敷、一〇人の美女などミエンズ《面子》にこだわる人が欲しがるようなものを関羽に贈る。けれども、関羽は赤兎馬の方を尊ぶ。これらの長大な小説は、献身、本格的な対決、英雄的行為――その多くは馬に乗って行われる――に彩られている。

ふたつの小説は毛沢東の時代にも広く読まれた。毛沢東は『三国志演義』に関する詩を詠み、『水滸伝』の宋江と山賊を、領主の味方ではなく小作人の味方と位置づけた*――中国の放浪の騎士は、円卓の騎士ランスロットよりもロビン・フッドに近いから中国共産党のイデオロギーに沿う。豪華な贈り物をもらっても曹操になびかなかった関羽は、ミエンズにこだわらない高潔の士の典型である――彼が高級品や美女よりも赤兎馬を尊んだのは、赤兎馬なら、助けを必要としている「義兄弟」劉備のもとへあっという間に連れていってくれるだろうと思ったからだ。

ウー氏とユアン・マオトウは「騎士になる夢」を持っていると語った。彼らの言う騎士とは、ヨーロッパの騎士あるいは小説に登場する、中国共産党も認める中国の実在の騎士のことである。中国のテレビ視聴者が中国人騎士として思い浮かべるのはたいてい、赤色のジャケットを着た障害飛越競技選手では

* 宋江は帰順して皇帝のために戦った。そのため毛沢東は後に宋江を批判した。

なく、『水滸伝』と『三国志演義』を題材にした長編テレビドラマに登場する英雄である。テレビドラマは一九九〇年代に政府の資金によって制作され、大ヒットした。『三国志演義』のドラマの出演者数は四〇万人、制作費は一億五〇〇〇万元、総放送時間は八四時間だ。一〇〇の戦いの場面が盛りこまれており、何度も再放送された。中国は騎兵隊が登場する場面を演出するために、五〇頭のニュージーランド原産の馬を購入している。中国原産の馬はかつての中国の馬と同じ大きさではあるものの、ドラマで使うには小さすぎると思ったからだ。北京では、テレビ視聴者の半数以上が全話見たそうだ。

テレビドラマの中で、策略に富む曹操は、赤兎馬——立派な栗毛のサラブレッドが演じている——を関羽に贈る際に「馬は武人の魂だ」と言い、「この馬はおまえにこそふさわしい」とつけ加える。『三国志演義』を題材にしたビデオゲームも制作された。ゲームの中の赤兎馬は、鼻を鳴らしながらピクセル化された敵を踏みつける。炎をかたどったお面をつけており、目は緋色に輝いている。

私は北京で開催された馬市に行った。「遊牧の風」と題されたブースがあり、周りに集まっている若者が皆興奮していた。そこではひとりのモンゴル人が馬頭琴を弾いており、若者は、人形に着せてある革鎧や壁に重ねて立てかけられた弓と矢、大きな枝角を持つ鹿が彫られた木製の盾などを写真におさめていた。世界で知られるハンガリーの馬弓の達人ラヨシュ・カッシャイが二〇一二年に中国を訪れ、それ以来、中国人が馬弓に興味を持つようになった。* カッシャイはひとりの中国人を弟子として迎えた。もしもウー氏が、騎士団乗馬クラブの数を増やしてトゥーハオ以外の中国人を会員として募りたいと思うなら、私は、障害飛越競技場に馬弓用の的と天幕を設置するよう勧めるだろう。そうすればゲーム機を親指でい

* カッシャイはマット・デイモンに馬弓を教えるために中国を訪れた。デイモンは不可解な理由から、万里の長城の建設が進められていた時代の中国を舞台にした映画で馬弓を行うことになっていた。

じっていた北京の人々が、両端の反り返った弓に弦を張り、土埃を上げながら赤兎馬を駆るようになるだろう。

七

次の日、埃をかぶった大型トラックがガタガタ走る多車線道路を通って万里の長城へ向かった。北京の七つの環状道路や延々と続く高層ビル群は遠ざかっていった。運転手のマークも街を出るのを喜んでいた。「北西にある長城は風水的にいいと思います」と彼は言った。「清浄な空気は北西から流れてきます。北京の南部には貧しい人がたくさんいます」。大きな黄色の丸石が散らばる平原の先に岩の多い山がそびえ、灰色の長城が山の起伏に沿ってローラーコースターのように目まぐるしく上下していた。長城は修復されており、銃眼がきちんと並んでいた。

私たちは万里の長城を越えて平らな草原に入った。そこは、元王朝に続いて興った明王朝の時代に再び中国の領土になった。明王朝は、自らの支配を確実なものにするために唐王朝を手本にした。この王朝は、馬を巧みに操る野望に満ちたモンゴル人、朝鮮人、ティムール帝国、女真族――華北を占領して宋王朝に屈辱を与え、金を建てた民族――に対処しなければならなかった。現存する長城の大半は明代に築かれたものである。膨大な数の煉瓦と敷石が使われているが、中国の初代の皇帝である始皇帝が作った傾斜のある城壁は土でできていた。歴代王朝と同じく、明王朝も宮廷の儀式に遊牧民の文化を取りいれている。王族の従者の中にはモンゴル人がいた。夏至の前に開催される端午祭でポロの試合が行われ、選手は順番に「ヤナギを射た」――馬に乗ってヤナギの枝の周りを回りながら、それに向けて矢を放つのである。皇帝は異国の客や軍人、廷臣に馬と絹を贈った。

一七世紀に入っても、モンゴル人との馬の取引はうまくいかなかった。騎兵隊を維持するためには一〇万頭のロンマーを輸入する必要があったけれど、政府が茶馬貿易を独占しても、それだけの数の馬を手に入れるのは容易ではなかった。宣徳皇帝は馬の獲得を「最優先事項」として掲げ、馬は足りていますと家臣が言っても「決して手を緩めようとしなかった」

チベット人のにおいのようなモンゴルの「羊肉の悪臭」を漂わせる馬は不健全な影響をもたらす、と考える宮廷関係者もいた。明代の後期、正徳皇帝と一緒に狩りをする宦官は宮廷の礼節を軽んじ、身の程をわきまえないと言って貴族は警鐘を鳴らした。明王朝が過度に馬を用いるので農民は迷惑をこうむった。正徳皇帝と廷臣からなる大所帯の狩りの一行は行く先々で、人と犬、鷹、馬のために食料を差しだすよう農民に命じた。ある大臣は、「真珠、翡翠、犬、馬、珍しい鳥、異国の獣」によって「清らかで無欲な心」が失われますと景泰皇帝に語っている。

明王朝の騎兵隊の馬は「武勇の精神にはなはだ欠けていて、タタール人の馬がいななくだけでも逃げてしまう」とイエズス会の司祭マテオ・リッチは述べている。明王朝が農民の反乱や大規模な飢饉、洪水、辺境における争いに対処していた一七世紀半ば、女真族の末裔である満州族が彼らの住む満州から南進し、小さな戦闘を繰り返した末に清王朝を興した。

長城の反対側に、コンクリートビルが林立する陰鬱な北京とはうって変わって延慶区の農地が広がっていた。収穫されたものが一か所に集めてあり、農家の母屋の庭に針金で編んだ円柱形の容器が置かれていた。干し草の山ほどの大きさの容器で、トウモロコシの穂軸がある程度の高さまで入っていた。黄金色の秋の陽光を浴びる野原の草は茶色く枯れ、綱でつながれた脚のひょろ長い馬が落ちた穀粒や草を食べていた。道沿いに立ち並ぶヤナギとシラカバの葉は黄色く染まりだしており、あちこちにある葦に囲まれた池が雑木林の木々の合間から見えた。時々、マスクをつけて枝ぼうきで道を掃く人の横を通りすぎた。

典型的なふたつのゲルと馬に乗る人物が描かれた看板があり、「康熙帝草原」と書かれていた。康熙帝草原は、北京の人が馬に乗り、馬乳を飲み、ゲルの中でモンゴルの歌を歌い、戦士のまねごとをするキャンプ場だ。ここでは康熙帝の精神が尊重されている。康熙帝は中国最後の王朝である清の第四代皇帝であり、名君だ。彼は遊牧民として育てられ、毎年三か月間、私が通った長城の北側に広がる草原で狩りをして過ごした。六一年の治世の間に、広大でつねに厄介を抱えてきた中国に安定をもたらし、チベットと行う茶馬貿易にとりわけ力を入れた。彼は、ひとつの有名な祈りの文を作らせている。それは天馬の獲得と不死を願うものではなく、馬の繁栄を願う現実的な祈りの文である。

おお天帝よ、おおモンゴルの君主よ、満州の皇子よ、私たちは駿馬のためにあなたに祈ります。あなたの御力により、彼らの脚が高く上がり、たてがみが翻りますように。彼らが駆けながら風を呑み、霧に浴しながら艶を増しますように。彼らがかいばを得て、健やかで丈夫でありますように。彼らが根を食み、長生きしますように。溝と崖下に落ちないよう彼らを守り、盗人から彼らを遠ざけてください。おお天帝よ、彼らをお守りください。おお神よ、彼らをお助けください！

清王朝は、漢族の武官を八旗や行政組織に組みいれ、満州族の女性と結婚させたが、漢族の大多数は社会的地位が低く、漢族の男性は、前頭部を剃って長い三つ編みを垂らす満州族の髪型を強要された。清王朝は二世紀半にわたり、漢族が馬を育てることを制限した。この頃、ヨーロッパでは馬を所有する人が増えている。満州族は四五頭の馬を育てることができたけれど、八旗に所属する漢族が育てるのを許された数は七頭であり、一般の漢族は馬を持つことを禁止された。清王朝は支配体制を固めると、北西に軍を進めて新疆を占領し、現在の中国にあたる地域を版図に収め、一八世紀後半に最盛期を迎えた。そしてその後、「馬に乗って帝国を征服することはできるが、馬に乗って帝国を統治することはできない」という格言通りになった。他の王朝と同様にしだいに腐敗し、新たな異人の国――イギリス帝国――から侵食されていった。

清王朝は一世紀半にわたり強力な騎兵隊を擁した。清王朝が滅びた一九一二年当時の馬の数は、人口が大幅に増えているのに、康熙帝時代のそれよりも六〇〇〇頭ほど多いだけである。よくある話だが、軍馬を育てるのに適した北部の農地を徴用して農民を追いだすと、作物の収穫量と税収が減る。満州旗人にとって、放牧地を農地に変えて農民に作物を作らせる方が経済的に得策だった。そのため満州旗人は彼らが所有する馬の数について中央政府に嘘の報告をした。一八五〇年代、反乱軍である捻軍の騎兵の数は清軍のそれを上回っていた。中国の東部と中部で蜂起した捻軍は山東省、河南省、江蘇省、安徽省で、馬の数において劣る清軍に打撃を与えた。

中華民国が清王朝にとって代わった際、荊州の漢族は敗れた満州族に向かって嘲るようにこう言った。

「今やおまえたちは馬に乗らず、支配者たる私たちは馬に乗る。おまえたちが再び馬に乗ろうとするなら、支配者たる私たちはおまえたちを打ちのめす」

延慶区にサニー・タイムズ・ポロクラブがある。淡い山吹色の平屋の家の内部は、イギリスのドーセット州の古びたカントリーハウスといった趣だった。三本の交差した剣がついた盾が暖炉の上部に飾ってあり、マントルピースに様々なものが置かれていた。幾つかの馬の小像とトロフィー。セントレジス国際大会で使用されたポロの球。それは打球槌の小型模型を組んだ三脚の上にのっていた。カウボーイの青銅像、ラクダ色の毛皮で覆われた馬の模型、ギリシアの馬の置物、唐代のものに似た生き生きとした磁器小像。壁には、狩りの様子を描いたイギリスの陳腐な連作絵画が掛けてあった。生垣や赤色の上着、シルクハットが絵に描きこまれていた。部屋の中にラブラドールレトリバーやチャウチャウはいなかった。私は北京で、このふわふわの厚い被毛に包まれた「ライオン犬」が喘いでいるのを見た。

私は木製の長いテーブルに向かって座った。年配の女性が私の前に置かれた立方体型のグラスにお茶を注ぎ、微笑みながら、部屋から続くキッチンに小走りに入っていった。キッチンからにおいが漂ってきていた。北京の学生の一団がぺちゃくちゃ喋りながら予定表を見比べ、チェックリストを使って確認すると、木製の階段を駆けあがって二階へ行き、しばらくして戻ってきた。ポロクラブでは、第五回国際トーナメントが開催されていた。賑やかな催しの中心人物は、私を招いてくれたクラブのオーナー、シア・ヤンである。彼は部屋にいなかった。彼のために湯気を立てるティーポットとチェックリストが用意されていた。

ニュージーランドのオールブラックス、ブリティッシュ・エグザイルス、バルセロナのロイヤル・ポロクラブ、シア・ヤンのチャイニーズ・アルジェンティニアン・チームの四つのチームがトーナメントに出場した。シア・ヤンのチームは彼と彼のコーチ、気難しい顔をした三人のアルゼンチン人などからなり、アルゼンチン人のうちのひとりはワールドカップで優勝した経験を持っていた。一回戦はクラブの競技場で二日間にわたり行われ、決勝進出チームは土曜日に、クラブから一キロ離れた場所にある新しい競技場で戦いに臨んだ。

私の後方に三つの大きな花柄のソファーが置いてあり、上品な中国人通訳者とブリティッシュ・ポロ・デイのぽっちゃりした若い代表者が座っていた。ブリティッシュ・ポロ・デイは世界各地で活動するスポーツ団体である。高級ブランドが運営しており、シンガポールやメキシコ、モロッコなどで開催されるトーナメントのスポンサーを務めている。現代のポロはお金を食う――四人の騎手とそれより多い馬で構成されるチームを維持するには途方もない費用がかかる。ブリティッシュ・ポロ・デイは、傘下のブリティッシュ・エグザイルスとラクダ色の馬をひき連れて中国にやってきた。この団体の宣伝用パンフレットには、スパニエルを乗せたランドローバー、羽の描かれた王室紋章が刻印されたエッティンガー社の革ケースに入ったウィスキーボトル、ハケット社の珊瑚色のポロシャツを着た、青い目を持つ巻き毛の青年、テタンジェ社の泡を立てるシャンパン、金色の浮きだし模様のある便箋、パークレーンホテルなどが載っていた。

シア・ヤンが姿を現した。彼は、ポロ用の白いズボンとアメリカポロ連盟の青いセーターを身につけ、幾人かの秘書と学生通訳者に囲まれていた。笑みを絶やさず、周囲の様子を見て楽しんでいるようだった。眼鏡をかけており、そばかすのある幅の広い鼻を持ち、髪を短く刈っていた。「サニー・タイムズは贅沢ではなく安らぎを味わうための、イギリスの家庭のようなところです。私は、皆さんにここに来てくつろいでほしいと思っています」と彼は言った。彼は建築家から不動産開発業者に転身して財を成し、「高級品およびサービス研究所」の評議員も務めていた。彼はサニー・タイムズに一四〇万元投じた。でもパンフレットに載る高級ポロクラブの運営費に比べれば雀の涙ほどでしかない。後で分かったことだが、彼のクラブではトゥーハオらしさは歓迎されない。

キッチンのそばにある扉の向こうから、馬のかすれたいななきとコンクリートの床を蹄で掻く音が聞こえてきた。「私は、愛してやまない馬とひとつ屋根の下で暮らしています」と彼は続けた。事実その通りで、厩の扉は居間に続いていた。シア・ヤンは昔の騎兵将校や貴族に劣らず馬に首ったけだった。彼らにとって馬は「最も美しく誠実で勇敢な獣」である。家とクラブの敷地のあちこちに馬の彫像が置かれていた。

通訳者は、シア・ヤンのことを三人称で呼びながら彼の言葉を伝えてくれた。「彼は一九九六年に初めて自分の馬を持ちました。馬の名はイーリーです。イーリーは六か月後に国内のレースに出走して記録を塗りかえました」。イーリーはサラブレッドとロシア原産の馬の血を引く新疆の馬である。一九九〇年代の終わり頃、短期間ではあったものの、中国において競馬は合法だった。競馬熱の高まりを受けて五つの競馬場が建設され、人々は結果を予想する「推理ゲーム」を楽しんだ。やがて取締りが行われるようになり、ある競馬場の最高経営責任者は不正行為を働いたとして投獄された。その頃シア・ヤンは、チャールズ皇太子がブルネイの国王とポロの試合をする様子を想像したり、金製の鞍をつけた馬にまたがる騎士や唐代の小像のことを考えたりしていた。

中国の馬には競馬よりもポロの方が向いているし、ポロをすればトゥーハオが洗練されるとシア・ヤンは思っていた――彼はある記者にこう語っている。「ヨーロッパではポロは貴族のスポーツだと言われています……中国には貴族はいませんが、大勢の成金はいます。彼らに紳士になってもらいたい。ポロをすれば紳士に近づけます」。彼は、伝統衣装をまとって馬にまたがるチベット人の姿を見た時に初めて、馬に乗りたいと思ったそうだ。そばに置いてあったポロ雑誌のひとつにそう書かれていた。騎士道精神について尋ねると彼は笑った。「馬に乗ると英雄になったような気分になります――騎士道精神にあふれる英雄です。かつての多くの英雄や将軍が騎士道精神を持っていました。中国人は彼らのようになりたいのです。彼らは憧れの的であり、力を与えてくれる存在です」

ヤンはオーストラリアでポロを学び、二〇〇六年にサニー・タイムズを設立した。「クラブはたちまち関心を呼びました。三歳から六五歳までのお母さん、お父さん、子供がここでポロをしたり、馬に乗ったりします。中国で一番本格的なポロクラブですから、ポロをしたいという中国人が集まっています」

私たちは数人の学生通訳者と一緒にクラブの敷地を歩いて回った。クラブには一六〇頭の馬がいますと学生が説明した。土がむきだしになったふたつの大きな囲いがあり、片方に一歳未満の子馬、もう片方に一歳馬が入っていた。物珍しそうに近づいてきたと思ったら、子馬は恥ずかしげにかいば桶の方へ戻ってしまった。中国の北西部から連れてきた馬ですと学生が言った。学生は子馬に対して畏敬の念を抱いている様子だった。子馬は輸入されたエクウス・ルクスリオススではなく、中国の在来馬とロシア原産の馬、アラブ種の馬の血が混じった馬である。丸い囲いの中にいるひときわ立派な雄馬が雌馬に向かって甲高く鳴いた。雌馬の姿は見えないものの、においがするから、二〇〇〇エーカーの敷地のどこかにいることが雄馬には分かっていた。別の囲いの中にクラブの子供会員用のポニーがいた。柔らかい被毛を持つイギリスの在来馬である。白キャベツと層状の茶色いタマネギが菜園で育てられていた。そのかたわらに、久しく使われていない黄ばんだ発馬機があり、ひんやりした白い厩の中で、その日活躍した馬がうたた寝していた。ハニーという名の小さな葦毛の馬はヤンのお気に入りだ。短く刈られたたてがみが逆立ち、頭部はタヒのそれに似ていた。ハニーは近寄ってきて、私の伸ばした手をクンクンと嗅いだ。すると通訳者がクスッと笑った。「あなたのことをずいぶん気にいったようですね」とヤンは言い、誇らしげにつけ加えた。「彼はとても足が速く、ポロを愛しています」

馬に乗って新しい競技場まで行ってみませんかとヤンが提案してくれたけれど——「新しい競技場は一万人収容できます。ここの競技場の収容人数はたったの一〇〇〇人です」と彼は説明した——乗馬服がないから断るしかなかった。時間が来ると、ヤンは握手をしながらいとまを告げ、練習に向かった。

クラブにはゆったりした雰囲気が漂っていた。この日の午後、私は古いフィールドの端から端まで連なる木製観客席に座り、陽を浴びながら試合をのんびり眺めた。私の周りにいるチームの関係者やまとめ役が試合の展開を予想した。予想通りに試合が進む時もあれば、そうでない時もあった。ブリティッシュ・ポロ・デイの人々は「市場シェア」について話していた。新しい競技場の芝は三週間前に敷かれたばかりだった。「それが中国だ！」と誰かが言った——競技場が忽然と現れる！　踊るユニコーンと竜馬がいる！　内モンゴル出身の無口な馬丁が元気なポニーと一緒に待機しており、ポニーたちは待ちきれないといった様子で駆け回っていた。彼らの尾毛は唐代の馬の像のそれのように棒状に固まり、選手が身につけている色と同じ色の包帯が脚に巻かれていた。鮮やかな黄色、赤色、白色、黒色である。私は馬と話をするため、離れた場所にある小さな囲いまでひとりでぶらぶら歩いていった。そのそばに立つ馬丁の宿舎は、広い窓のあるこぢんまりしたバンガローで、鉄製フレームのシングルベッドが五つ置いてあった。モンゴル人よりはるかに背の高いほっそりしたイギリスの青年が、馬を集めていた。白いシャツの上に帯を締め、探検帽のようなヘルメットをかぶっていた。

試合は、ポニーが一か所に押しよせると混沌とした様相を呈した。選手に促されて、三頭のポニーがぎこちない様子で球の周りに集まり、競りあった。選手があまり意味のない打球を繰り返す間、押しあいへしあいするフラミンゴの脚のようにポニーの脚が交差した。「球！」、「走れ！」、「そっちじゃない、あっちだ、あっちへ行け！」などと選手は叫び、スペイン人選手がしわがれ声で悪態をついた。幾頭かのポニーが耳を後ろに倒して鼻を鳴らしながら、飛びのいたかと思ったら球に近づき、他のポニーも近づいた。その瞬間、交差するポニーの脚に囲まれた球をひとりの選手が打球槌で打ちあげ、すべてのポニーが遠くにあるフィールドの端に向かって全速力で駆けていった。まるで、騎兵隊が小さくて丸い白兎を追いながら退却しているように見えた。

彼らは壁のように立ちこめるスモッグの中に消え、観客はそっちの方に視線を移した。もう競りあっていないようだった。木々の枯れ葉が風に吹かれてカサカサ鳴り、囲いや放牧場にいる馬は、小さな囲いにいる雄馬のいななきに呼応して、詩を詠うかのように互いにいななきあった。遠くの方で風が渦巻き、冬を待つ草原の上空を雁が鳴きながら飛んでいた。私は並んだポニーの周りを歩いた。黄色い包帯が巻かれたポニーの脚をテントウムシが登っていた。馬丁のひとりが、鞍をつけたまま横になっていたポニーを蹴った。でもポニーはどこ吹く風といった風情だった。私たちは土曜日に再会した。打球槌を携えた選手とうたた寝していたポニーは二日間にわたり試合を繰り広げ、チャイニーズ・アルジェンティニアン・チームとニュージーランドのチームが決勝に進んだ。

シア・ヤンは彼の彫刻作業場——競技場の入口に立つ白いビニール製のテント——を見せてくれた。彼は時々テントの幕をピンでとめ、競技場にいる馬の姿形を観察する。彼が三か月かけて制作した最新作は、トーナメントで贈呈品として使われた。学生から聞いたことだが、それは青銅像で、決勝戦が行われた土曜日に、ドバイ首長国のアミールであるシェイク・ムハンマド・ビン・ラーシド・アール・マクトゥームが派遣した使節に贈られた。シェイク・ムハンマドはアラブ首長国連邦の副大統領兼首相でもあり、「砂漠の奇跡」と呼ばれるゴルフコースや超高層ビル、メイダン競馬場を作った。競馬場には一二億五〇〇〇万ドルが投じられている。彼はゴドルフィン・レーシングチームのオーナーでもある。

テントの中央に、ジャリルという名のサラブレッドの未完成の像が立っていた。それはほぼ実物大だった。ジャリルは槍の穂先のように細く、肩は傾斜し、半分に割れた鋳型が両側に転がっていた。美しくがっしりした蚕が羽化するように、ジャリルは鋳型から現れでたのである。

八

中国馬術協会のリー・ニエンシ氏が記録機を使い始めたので、私はお詫びを言いながら机の上に音声レコーダーを置いた。私は北京の第五環状道路の西側にある無名の大学のキャンパスを訪れていた。リー氏の事務所には、馬を意味する商代の甲骨文字が大きく書かれたものがあった。「これは馬の姿を表していますが、分かりますか？」と彼は尋ねた。私が甲骨文字の下側の払いの部分を指さして「ここは尾ですか？」と言うと、「たぶんそうです！」と彼は答えた。

リー氏は五〇代で、髪に白髪が混じっていた。縁なし眼鏡をかけ、アディダスのトラックスーツに身を包み、シャツのボタンを一番上までとめていた。机の上に、鹿毛の馬が跳ねる姿をかたどった小像とニュージーランド産のミネラルウォーターが入ったペットボトルが置かれていた。彼は話好きでおもしろく、社交的な人物だった。私は、独自の馬文化を持つ中国の共産主義政権が高級ポロクラブと一〇〇万ユーロもする天馬を受けいれた理由を彼から教えてもらうつもりだった。競馬に関する謎にも答えてもらおうと思っていた。他の団体の人は誰も、その謎に答えてくれなかった。競馬は世界的に衰退傾向にあり――今はインターネット上で多種多様な賭け事ができる――サラブレッドはソーセージに変わっている。

そして私が中国に行く前に読んだ威勢のいいプレスリリースや提灯記事には、競馬の「本場」である西洋が、ドバイ首長国のシェイク・ムハンマド率いる蘇ったアジアとオーストラレーシアにお株を奪われるといったことが書かれていた。革ケース入りのウィスキーボトルやヴィンテージ赤ワイン、ロールス・ロイスのように、外国の競馬文化が元という強い通貨を持つ国に入ってきても何ら不思議ではない。

リピッツァナー種の馬が長江のほとりで踊り、ポロ用のポニーが天津にある空調設備の整った厩に住んでいるのに、なぜ古い歴史を持つ外国の競馬は中国に入ってこないのか。その理由を知りたかったけれど、まずはオリンピックにおける政府の支援についてリー氏に尋ねた。

「馬は、昔は内戦時などに軍馬として使われましたが、今は農業や、ヨーロッパのように馬術競技で平和的に利用されています」とリー氏は説明した。新しい中国では、全国スポーツ協会がポロ競技と馬術競技を統括している。ヨーロッパと同じく、初期の頃の選手は軍人だった。喜ばしいことに、この一〇年の間に馬術競技の人気は着実に高まりましたと彼は言った。とくに人気なのは障害飛越競技で、他の競技がそれに続いている。「昨年の全国競技会では、馬場馬術を観戦する人たちで競技場が埋まりました」

中国はスポーツ選手に英才教育を施すので、私はこんな風に尋ねた。中国政府は、体操選手や水泳選手と同じように若い騎手に英才教育を受けさせるために、特別な学校を作るでしょうか？　するとリー氏はクスクス笑いながら作らないだろうと言った。けれども、若手騎手を支えるための馬術競技の全国組織が誕生しつつあった。「いずれはポニークラブのような組織が設立され、教育プログラムが組まれるかもしれません。中国経済のように馬術競技も急速に発展しています」

サウジアラビアの王室は、障害飛越競技の代表チームのために巨費を投じて「五〇頭の世界の名馬」を購入したそうだ。中国政府は馬にお金をつぎこまないのですか？　私がこう質問すると、彼はまた笑った。「中国馬術協会は馬を買いません。馬の大半は個人所有の馬です。国力が上がり、実業家が資金援助をしてくれるようになったから、以前より多くの馬をヨーロッパから輸入できるようになりました。状況は良くなってきています」

「中国で馬の需要がどんどん高まるようであれば、私たちは自分で馬を育てる必要に迫られるでしょう」。リー氏は「私たち」と言ったが、それは中国政府という意味ではない。イズマー博士によると、山東省のある会社は、一九世紀から二〇世紀にかけてプロイセンで活躍した馬のような温血種の馬を中国で生みだそうと取りくんでいる。モンゴル、ソビエト、ベルギーの冷血種の馬の血を引く渤海馬に輸入したスポーツホース種の馬を交配させているそうだ。

私の後ろにある本棚に置かれた額入りの写真に、見慣れた馬が写っていた。高価な革製の端綱をつけたアイルランドのサドラーズウェルズである。この白斑を持つ血統の良い栗毛の馬は一流の競走馬であり、史上屈指の成功種馬でもある。

リー氏は競馬について何も話さなかったけれど楽しげに私に尋ねた。「この馬のことを知っていますか？」馬の名を正確に答えると彼は喜んだ。これをきっかけにして私は質問を切りだした。

中国で再び競馬を合法化しようという動きがあると様々な新聞が報じていますが、本当のところはどうなのでしょうか。世界最大の競馬市場が劇的に誕生すると新聞は書きたてています。でも合法化が進んでいるようには見えません。それについて説明していただけますか？　私が尋ねるとリー氏の態度が変わった。彼は窓の外に目をやり、重々しい調子でしばらく話した。彼が話し終えると通訳者が私の方を向いて微笑み、英語で明るく言った。「彼は質問には答えていません。もう一度聞いてみましょうか？」リー氏はそれまでとはうって変わって口数が減り、手で口を隠した。

「外国の競馬が導入されるでしょう。国民は喜んで観戦するでしょう」。彼はただこう言った。

もちろん中国の人々は競馬を喜んで観戦するだろう。でも競馬場で博打をしたいとも思うだろう――そのことが政府の頭痛の種となっていた。中国人は食べ物と赤色が好きだ。賭博好きだともよく言われる。香港とマカオでは競馬は合法だ。特別行政区政府の管理下に直接置かれており、胴元である香港ジョッキークラブは税金を払い、売上金を慈善事業に寄付している。その額は一年間に数十億ドルにのぼる――競馬の売上金は香港政府の歳入総額の一〇パーセントを占める。毛沢東が「不道徳」な賭博を禁止したため、中国本土で賭け事をしたいと思う人は、つまらない国営スポーツくじで我慢するか違法賭博をするしかない。トゥーハオはジェット機でマカオやシンガポール、フィリピンまで行き、カジノで遊ぶ。

私が訪れた馬市に『レーシング・ポスト』がブースを出していた。そこで、アクション映画に登場するコンピュータおたくといった雰囲気の熱心な青年――髪を立て、黒色のトレンチコートを着ていた――が、『レーシング・ポスト』の中国語版は完全に合法になりますと私に請けあった。競馬法について政府に詳しく尋ねるよう読者を促すでしょうとも言った。同紙から情報を得るのはもちろん、競馬好きや、外国に拠点を置く競走馬を所有する中国人である。

投資家は、中国人馬主が中国本土で自分の馬の走る姿を見る日が来ることを望んでおり、大金を出す用意があった。武漢市、南京市、成都市、通州区、天津市の競馬場には莫大なお金が費やされている。プレスリリースによると、複合施設である天津競馬城は、競馬場に芝を敷き、鳳凰をかたどったガラス製の観客席を建て、四〇〇〇頭の馬――施設内で生産し、施設内で開催される競り市で売られる――に施設内で育てたものを加工した餌を与え、敷地内にある大学で訓練を積んだ獣医と馬の専門家に馬の世話を担当させる計画を立てていた。それに加えて、幾つものホテルを建設して数千人を従業員として雇い、乗馬クラブ、馬術ショーを行う施設、高級集合住宅を作るつもりだった。五か年計画において実施される天津競馬城建設事業は、フーバーダム、長江大橋、万里の長城、皇帝の地下墓地の建設事業に匹敵するものであり、事業費は二〇億ドルから四〇億ドルほどだ。

マレーシアの富豪、チャイナホースクラブ、シェイク・ムハンマドのもとで豪華な競馬場の建設を担ったドバイ首長国の開発会社、地方政府、天津国営農企業集団が共同で天津競馬城の開発に取りくんだ。後に、サドラーズウェルズを所有していたクールモアグループも加わることになっていた。シェイク・ムハンマドは、騎手訓練プログラムとフライングスタートプログラム——取得する学位は、言わば競馬の世界におけるＭＢＡである——を支援し、最初の中国人修了生のうちふたりはチャイナホースクラブで働く予定だった。北京滞在中、天津競馬城が最初の競馬大会を開催するという話を聞いたので、それについて関係者に尋ねたけれど返答がなかった。

中国は競馬場に巨額を投じ、記者会見を開き、金色の紋章をあしらったウェブサイトを作り、世界のエリートという地位を約束した。ところが、競馬場の命運は不気味なほど次々に暗転した。広州市と通州区の競馬場は、賭博に関する法律に背いたとして閉鎖され、通州区でおよそ一〇〇頭の馬が安楽死させられた。それから四年後、地価が上がったため、競馬場に土地を貸していた村人が土地の返還を求め、二〇〇〇頭近くの馬が住む厩の入口前を占拠した。この一件により三〇頭の馬が餓死している。武漢市の競馬場のコースは二〇一三年に板で封じられ、南京市の競馬場は駐車場に変わり、成都市では競馬ではなく馬術フェスティバルが開催された。さらに、二〇一三年より全国競技会から伝統競馬が外された。サラブレッドの血が混じる馬が使用されたため、伝統競馬が本来の姿を失って西洋化したと見なされたのだ。

そしてどの地方政府も支援から手を引いた。いったいなぜだろうか？

二〇一一年に腐敗と汚職の撲滅を掲げた第一二次五か年計画が発表され、二〇一二年、習近平――「毛沢東主席以来の最も独裁的指導者」――が政権の座に就き、五か年計画をさらに強力に推し進めた。毛沢東と同じく習近平も騎士になる夢を持ち、高潔の士である宋江を賛美した。宋江は退廃した王朝の打倒をめざした『水滸伝』の英雄である。最初の標的となったのは役人だった。彼らの使う交際費の予算は乾燥したトウモロコシの穂軸のように縮小し、汚職役人に対する裁判が数多く開かれた。誇り高き共産主義国である中国とは対照的に西洋諸国は腐敗堕落しているとされ、高級品の売上が二〇パーセントから三〇パーセントほど落ち、血統書付きのチベタン・マスティフは食肉として売り台に並んだ。ゴルフは、役人の腐敗を助長し、違法賭博の温床になるものと見なされた。毛沢東はゴルフを禁止している。ポロクラブは解散させられ、中国では以前と比べてポロの人気が落ちたようだといった内容の記事が外国の新聞に載るようになった。習近平は、外国での賭博行為を厳しく取りしまると正式に発表し、マカオ、シンガポール、フィリピンのカジノからトゥーハオが消えた。

　天津競馬城は二〇一三年の秋に最初の競馬大会を開催したが、それは光輝くガラスの鳳凰の羽のもとではなく、内モンゴルのがらんとしたステップで行われた。刺繍が施された白色と緋色のゲルが競馬場のそばに立てられ、大会に出場するサラブレッドは検疫による制約から「片道切符」で入国し、その後、競り市で売られた。

　ドバイ首長国では、石油が出るうちはマクトゥーム家が競馬を支え続けるだろう。タクラマカン砂漠の東にあり、草原の南にある中国の中心部では、富豪が、繊細な脚を持つ一歳馬や二五頭の温血種の黒馬を揃える乗馬クラブ、会員数が減ったポロクラブにお金を際限なくつぎこみ続けるだろうか？　ゴドルフィンやクールモアグループは、いつまでたっても実施されない競技に関心を持ち続けるだろうか。エリートが従事する産業とマスメディアから呼ばれ、政府の支援を得られない脆弱な馬産業が生き残れるのか？「農民の王者」リー・ツェンチアンは、二〇一三年に同様の懸念を示している。ミエンズを重んじる新興貴族が抱く夢は輝かしくも儚く、無謀で、国の重荷になっているように思えた。

九

サニー・タイムズ・ポロクラブが主催するトーナメントの最終日は、ドライアイスの煙が巨大扇風機の風に吹きとばされたかのように濁った灰色の煙霧が晴れた。新しい競技場の上空に青い空が広がり、優しげな白い雲が浮かんでいた。私は、黄金色の草原を囲むようにそびえる山々を初めて目にした。淡い深緑色の草が生えた場所があり、そのそばに、消えて久しい小川の流れによって削られた光沢のある岩がごろごろ転がっていた。競技場に続く小道はカバに縁どられ、道沿いに張られた青色の垂れ幕がはためいていた。私はＳＵＶやランドローヴァーが置いてある門の外でタクシーから降りた。スクーターや三輪タクシーもとめてあり、赤色と白色のサクランボの入ったビニール袋を持った地元の農夫が立っていた。

私はアーチ形の門をくぐった。門の片側に中国の高級ブランドの名が掲げられ、もう一方の側にイギリスのそれが掲げられていた。学生ボランティアのひとりが、唸りをあげるセグウェイを興奮気味に乗り回しており、私は危うく轢かれそうになった。ポロクラブの山吹色の平屋の家や小道には田舎の穏やかさが漂っていたけれど、緑色の鉄条網の内側はそうではなかった。小さな蜂が頭上をブンブン飛び、警備員が歩き、セグウェイの他にゴルフカートも走っていた。タンノイ社製のスピーカーから軍歌が鳴り響き、抽選結果を確認してくださいというアナウンスが定期的に流れた。一等賞の景品は、サンモリッツ行きのファーストクラス航空券二枚と五つ星ホテルの二週間分の宿泊券だった。パンダの衣装を着たふたりの人物がおどけた調子で跳ねる姿が見え隠れした。彼らの行為の理由は不明である。

　中国の催し物のスタッフは少々多すぎる。サニー・タイムズ・ポロクラブのトーナメントのスタッフも同様で、私が手袋を捲ってリストバンドを見せようとしたら、三人の学生がいっせいに寄ってきた。笑みを浮かべたスタッフから手渡されたギフトバッグには、唐代のポロ競技の様子が描いてあり、「雅とロマンに彩られた上質な暮らしを楽しみましょう」という文句が入っていた。フィールドの芝——三週間前に敷かれたばかり！——は眩いばかりの深緑色で、黄色の丸まったカバの葉が、一〇月の強い風に吹かれてくぼみの上を転がっていた。

　フィールドに沿って並ぶ白いテントの前部は、ドールハウスのそれのように開いていた。私は歩きながら各テントを覗いた。中では準備が進められており、ある人はレンジローヴァーが置かれた金属製の台を四つんばいになって磨いていた。食事用のテントではブリティッシュ・ポロ・デイの経営者が、配膳スタッフは客用の席に座ってはいけませんと上品な通訳者に伝え、その後方で、カメラマンがシャンパンやラベンダー色のマカロンを飲み食いし始めた。彼らは、早い時間に北京からやってきた白人駐在員と一緒にいた。一列目のテントの後ろに立つ小さなテントの中では、コック帽をかぶった一〇人のシェフが、天井にとまった蝿を布巾で必死に叩き落とそうとしていた。

　大型テントのそばで、シア・ヤンが金襴の乗馬ズボンをはいた女性からインタビューを受けていた。彼が制作したジャリルの像を含む幾つかの青銅像がテントに置いてあった。馬、クラブ、チーム、トーナメントから喜びを得る彼はまるで少年のようだった。彼が着ている赤色と黄色が混ざったシャツに「ピアジェ・チャイナ」と記されていた。その言葉は、スポンサーであるスイス時計メーカーに対する敬意の印である。大型テントの隣に賓客用の場所があり、ミンクの毛皮のような色合いのビロードを張った金色の椅子とヤシの葉がいっぱいさされた鉢が置かれていた。賓客はまだ到着していなかったけれど、真珠のような光沢のあるダークグレーの人民服に身を包んだ若い儀仗兵が、赤ワインや白ワイン、オレンジジュース、シャンパンをのせたトレイを持って立っていた。

一五〇メートルほど離れたフィールドの向こう側で、奇妙な光景が繰り広げられた。大きな一団が隊列を組んで行進し、幾人かはポスターらしきものを持っていた。一団は白いテントの前まで進むと止まり、整然と席についた。私は目を細めてその様子を眺めた。彼らはとても遠くにいたので、隔離されているように見えた。彼らは誰ですか？　地元の人ですか？　ヤン氏の助手は私の問いかけに答えず、ピアジェ社のロゴが全面に施された黒い箱形の建物に入るよう私を促し、ここで「贈呈式」が開かれますと言った。

建物の中には、いかにも北京人らしい服装をした若いエリートがいた。彼らが身につけているものはどこか仮装衣装っぽかった。紫色のビロードのトラックスーツ、ジーンズ、中折れ帽、ピンク色のプリーツスカート、毛皮のベスト、ファシネーター、ベール付き帽子……。美形の青年は、ケンゾーの野球帽に肩部が尖ったジャケットといういでたちだった。ヒールのある靴、ウェッジヒールの靴、厚底の靴をはき、もこもこしたカーペットの上をたどたどしく歩く人もいれば、翡翠色のマニキュアを塗った手でスマートフォンを操作する人、うっすら光る黒色のサングラスをかけた人もいた。彼らはピアジェ社のギフトバッグを腕にかけており、照明が当てられた周囲のガラスケースに、ダイヤモンドを散りばめた時計が入っていた。「若い連中は何を考えているんだか」。その日の朝、タクシー運転手のサンが私に言った。「あいつらはいかれてる」。彼らは乾燥した延慶区にそぐわない花――例えばラン――であり、フィールドの上よりもスポットライトが降り注ぐ黒い箱の中にいる方が居心地が良かったのだろう。

　青白い肌と黒髪を持つ、緋色の口紅を塗った女性はとりわけ美しかった。ガラスケースの合間を縫って歩く彼女は、さながら森の中をさまよう白雪姫のようだった。銀色の帯が巻かれた白いドレスをまとい、絹で作った紅白の花を頭の片側につけていた。ひとりのカメラマンが腰を少しかがめ、へりくだった様子で後ろ向きに歩きながら、彼女のさりげない動きのひとつひとつを撮影した。肩にかけられたカメラはチョウチンアンコウの提灯のように見えた。人々は彼女のために道をあけた。彼女はアンジェラベイビーという名の香港のモデルで、ピアジェ社の新しいコレクションを紹介するために来ていた。床まで届く長さのガウンを着た女性インタビュアーが小さな壇の上で待っていた。隣にいるハンサムな男性は鉛筆のように細い口髭を生やしており、彼の服装は『モガンボ』でクラーク・ゲーブルが見せた装いに似ていた。彼は、中国で最も有名なモデルであるフー・ビンだった。

　アンジェラベイビーとフー・ビンはインタビュアーに対して――展示されている腕時計のことなどについて――代わる代わる語った。彼らは腕時計のベルトの部分を持っており、その腕時計はスーパーヒーローが使う光線を放つ武器を思わせた。写真撮影の時間になると、シア・ヤンが彼らに加わり、暗い色合いの服を着たピアジェ社の社員の横に賓客が並んだ。北京の若い男女がプロのカメラマンに肘で突かれ、音を発していたスマートフォンを仕舞った。女性インタビュアーが命令するような口調で「左へ！」と叫ぶと、ヤン氏、アンジェラベイビー、フー・ビン、ピアジェ社の社員が左の方に体を向けた。次に「右へ！」という言葉とともに右の方に向き直った。「正面へ！」という言葉に従った彼らは正面から眩いフラッシュを浴び、それまで非の打ちどころのなかったアンジェラベイビーが美しい顔をこわばらせた。

試合開始に先立ち、馬に乗った各チームの選手が列を作って入場した。馬はギャロップで走り、チームのリーダーは大きな国旗を持っていた——チャイニーズ・アルジェンティニアン・チームは中華人民共和国の五星紅旗とピアジェ社の社旗を掲げた。その後ろから、ヤン氏が飼育する若い馬、引き綱に引かれたポニー、子馬が小さな列をなして続いた。ポニーにはクラブの年少会員が危なっかしげに乗っており、子馬は跳ね回って列を乱した。

フィールドの端に設置された巨大なデジタルスクリーンにランドローヴァー社の広告が流れた。上品なラクダ色のコートを着た白人男性が豪華なホテルから出ると、忠実なラブラドールレトリバーのように彼のSUVが待っていたという内容の広告である。私は遠くのテントの中にいる件の人々のことを考えた——彼らのいるところからは入場行進も広告もよく見えないのではないか。ブリティッシュ・ポロ・デイの退役軽竜騎兵中佐は、シア・ヤンを「現代中国ポロの先駆者」と呼び、ポロは「馬文化の魂であり神髄であり……生けるスポーツです」と述べた。「このトーナメントは意義深い北京のスポーツイベントです。美しい風景に恵まれ、聡明な人々が暮らすこの場所で遊牧と農耕が出会います」。ステップの異人と種をまく人がピアジェ社の旗のもとに集まるのだ！　「馬は文化をつなぐ懸け橋です。両者がひとつになるのに、万里の長城のそばに広がるこの美しい土地ほどふさわしい場所はないと思いませんか？」泰然とした山々と揺らめくカバを背景にして立つスクリーンに、シャンパンが注がれる様子と職人が革を扱う姿を映したモンタージュ映像が流れた。

列の最後方に、思いがけなくもジャリルがいた。私はそれまで幾頭もの馬を天馬だと思って見ていたけれど、彼こそ天馬と呼ぶにふさわしい馬だった。選手が通りすぎると、馬市にもいた背の高い黒色のフリージアン種の馬と温血種の鹿毛の馬がテントの前を進んだ。彼らは馬丁におとなしく引かれていった。

そして、手綱を取る調教師とともに堂々たるジャリルが現れた――「束縛を嫌い、力をみなぎらせ」、傲然とした調子で前へ前へと進んだ。手入れされた黒鹿毛の被毛は艶やかだった。ジャリルは史上五番目の高額一歳馬だ。九七〇万ドルで取引され、その時はまだ出走経験がなかった。ギニーステークスやダービーステークスで活躍するだろうと目されていたが、西洋諸国ではなくドバイでふたつの小規模なレースに出走して優勝し、数十万ドルを獲得した。ジャリルは、富者が良馬の血を受けつぐ馬だと信じて数世紀にわたり繁殖させた馬のうちの一頭である。

天津競馬城開発計画が推し進められていた二〇一一年、シェイク・ムハンマドはジャリルともう一頭の種馬を贈り物として中国に運ばせた。この西洋の馬の子供が、新しく建設される競馬場を走るだろうと期待された。ところが、確かなものが何もない新天地に足を踏みいれたジャリルは、地方の育種家に売却された。

モンゴルのポロ用のポニーは耳をぴんと立てていた。フリージアン種の馬は凡庸に見え、温血種の馬は荷馬車馬のようだった。ジャリルはサイドラインに沿って跳ねながら進んだ。北京っ子は彼にほとんど関心を示さず、駐在員にとって彼は一介の馬にすぎなかった。ジャリルは自分の青銅像と向きあい、頭を高く上げて鼻孔を広げた。彼が青銅像から離れるとカメラのフラッシュがたかれ、人々が拍手を送った。ジャリルは、柔らかな毛を持つシェトランド種のポニーやポロ用のポニー、どこかにいる雌馬に向かっていななき、再び列に加わり、フィールドを横切って馬運車に戻った。

決勝を制したのは、ピアジェ社がスポンサーを務めるチャイニーズ・アルジェンティニアン・チームだった。人々は雑談したり、シャンパンをすすったりしながら観戦した。ふたつのチームの選手は遠くの方で競りあい、新しく敷かれた芝から埃が舞いあがり、やがて日が傾き、くぼみのあるフィールドに影が長くのびた。表彰式では、シア・ヤンが嬉しそうに、テタンジェ社のシャンパンをアルゼンチン人選手に浴びせ、キャノン砲を用いて紙吹雪が飛ばされ、深紅のバラの花束が贈呈された。その後方で、サニー・タイムズ・ポロクラブの馬丁のひとりが三輪タクシーに乗り、フィールドに点々と散らばるリンゴほどの大きさの馬の糞を回収した。山々は再びスモッグに隠れ、フィールドの向こう側にいた正体不明の人々はすでに姿を消していた。

私が帰る時、セグウェイは相変わらず唸りを上げて行ったり来たりしていたけれど、勢いよく走っているわけではなかった。幾人かの繊細そうな北京の娘が仮設トイレの前でためらっていた。そのうちのひとりが扉を開き、しゃがみ式トイレを見ると皆がぞっとした表情になった。日はすっかり傾き、駐車場にとめてあったＳＵＶがカバの立ち並ぶ道を走っていた。私は豪華な門から出た。サクランボ売りはいなくなっていた。道端に立つ男性が私のブーツを指さしながら「ポロをやったのかい？」と言ったので、私は頭を振った。彼は背後に広がる平原の方を指さし、馬に乗るかいと聞いた。一頭の萎びた鹿毛の馬が木の下につながれていた。一〇月の風を受ける被毛は冬毛に変わっていた。面繋として使われている平紐はぼろぼろで、耳の周りにかけてあり、銜につながっていた。鞍の前縁部分は金属でできており、あおり革の全体がすり減っていた。鞍の下に敷かれたゼッケンの番号は、ラッキーナンバーである１８１だった。

戦　馬は戦士か？

馬と人は混じりあっている。
（バルトロメウス・アングリクス『事物の諸性質について』第一八巻）

一

はるか昔、ステップの南からメソポタミア地方を流れる川の流域にかけて広がる土地で、農夫は馬を使わずに古代小麦であるヒトツブ小麦やエンマー小麦、大麦を育てていた。トロス山脈とザグロス山脈の麓に住む人々は、陶窯を利用して銅を精錬する方法を発見し、ピンク色を帯びた光沢のある銅を作り、メソポタミア地方の穀物と交換した。やがて彼らは銅に砒素を混ぜて合金にし、銅に錫を混ぜて青銅を作るようになった。青銅は鋳直すことのできる丈夫な金属である。彼らは青銅で作った耐久性の高い武器や道具をより多くの穀物や種々の品と交換した。青銅器時代になると、それまで小競りあいや小戦闘をしていた人々が軍隊を組織し、大量の武器を製造し、馬に乗って戦うようになり、記録に残る最初の大規模な戦争が起こった。

銅と錫を混ぜて作る青銅は、古代の農夫が開いた東西南北にのびる交易路を通って運ばれた。この金属は、輸送に使われた馬車鉄道と同様に物品の流通を促した。古代メソポタミアの都市の人々は取引を記録するために世界最古の文字——楔形の文字——を考案し、爪や尖筆で粘土板に刻んだ。人々が動物を使って畑を耕すようになると穀物の生産量が増加し、畑の価値が上がり、耕作に携わる農夫や小作人、奴隷の数が増えた。階級がはっきり分かれ、富者と貧者の差が広がり、力を持つ一族が何世代にもわたって土地を支配するようになった。メソポタミア地方の支配者は築いた富を利用して交易と金属の生産を牛耳り、市民や奴隷ばかりでなく鉱山の周辺に暮らす人々も支配下に置き、さらに多くの穀物、権力、金属、都市、支配力を手中に収め、さらに多くの戦争をした。そして様々な工夫によって馬を制御できるようになると、戦争の形態と歴史の流れが変わった。

紀元前四〇〇〇年紀の末、ステップの人々は、近東地域の人々が牛に引かせていた雑な作りの荷車を使い始め、やがてそれを馬に引かせるようになった。馬が引く荷車——戦車——は紀元前二〇〇〇年頃、ザグロス山脈の東に広がるイラン高原に伝わり、商王朝時代にステップを通って黄河流域に伝播した。考古学的記録によると、当時の馬の歯は摩耗している。馬が銜をくわえていたからだ。ほどなくして、メソポタミア地方の川の流域において「山のロバ」が「馬」と呼ばれるようになり、近東地域では馬がロバやラバに代わって軽戦車を引くようになった。

鋳造された金具が使われた戦車は滑らかに走った。金属製短刀、剣、矢じり、槍の穂先と一緒に馬を操るための銜も鋳造された。ヒッタイト人は青銅の精錬と鋳造を始めてから数千年後、キックリが戦車用の馬の調教に関する指南書を書いた頃に製鉄技術を発展させた。製鉄技術を持つステップの遊牧民が、ステップを貫く一〇〇〇マイルにおよぶ交易路をたどって国境付近に現れた時、漢王朝の人々はすでに戦車を使っていた。アルタイの金属はステップの交易路を通って西方に運ばれ、中国が一世紀に開発した製鋼技術も同じ交易路を通じて伝わった。

　青銅器時代と鉄器時代は戦争が絶えなかった。バビロニア王国は戦車に乗ったカッシート人と、ミノア人はミュケナイ人と戦った。牧野の戦いで商王朝の軍をうち負かした周軍の「白檀製の戦車は光を放ち四頭の馬がそれを力強く引いた」。ホムス湖のほとりに位置するカデシュでは、エジプト軍とヒッタイト軍の五〇〇〇の戦車が相まみえた。『リグ・ヴェーダ』、『変身物語』、『古エッダ』に登場する様々な土地や時代、文化において、神聖な戦車や荷車は神秘的な駿馬に引かれて空を渡り、丸い太陽を天国に運び、壺や鏡、宝石、馬具とともに埋葬された死者を来世に連れていく。

　高価な軍馬は王にとってなくてはならない存在であり、たいそう大事にされた。キックリの指南書によると、戦車用の馬は高級なオイルを使ったマッサージを受け、穀物をたらふく食べた。バビロニア王国の「食用に供されない」ある軍馬は牛に対して優越感を抱き、こんな風に自慢している。「私は窯で焼いた煉瓦が敷かれた道を歩きます　私の厩は王と相談役のおわす所のそばにあります　世話係は私のために草地を用意し……私の壮麗な水飲み場の手入れをします」。古代インドでは王侯貴族だけが軍馬を持てた。軍馬は蜂蜜に漬けた根菜を食べ、戦闘前にワインを飲んだ。

　戦車ではなく馬に乗って戦う人々もいた。鐙が発明されると、矢を放つ時や敵の剣をかわす時に上体を大きく傾けることも、槍で突いた時の衝撃に耐えることもできるようになった。鐙は革製や金属製である。樹皮や角、革で体を防護する騎手や馬も現れた。黒海の北に広がるステップで勢力を振るったサルマタイ人は、馬の蹄を削った薄片を馬の腱で縫いあわせて作った鱗状の鎧を着た。ギリシアの地理学者パウサニアスは、その鎧が「ドラゴンの鱗」や「モミの緑色の球果」に似ており、剣や矢を通さないと記している。後にサルマタイ人と彼らの馬は銅や青銅の薄片を用いた鎧をまとった。

騎兵は歩兵よりもお金がかかった。しかし、騎兵は威厳を感じさせるため、戦闘で役に立たないこともあったものの、軍は騎兵に資金をつぎこんだ。アリストテレスは『政治学』の中で「古の都市国家」に関してこう述べている。「もしも周辺地域が騎兵戦に適しているなら、寡頭制が敷かれるだろう。市民の安全を騎兵に委ねなければならないにもかかわらず、富者しか馬を飼えないからだ」

地位を得た騎兵――ステップには女性騎兵もいた――は戦場での働きによって地位を確固たるものにした。彼らは神話の英雄に鼓舞されて勇敢に戦い、語りつがれる存在になった。一七世紀、ニューカッスル公爵は軍馬の地位について次のように述べている。当時、軍馬の地位はほとんど変わらなかった。「人は軍馬よりも高い地位にあり、軍馬は他のどの動物よりも高い地位にある。人とその他の創造物の中間あたりに位置している」

時代とともに軍事技術が進歩し、戦争の形態が変わり、騎兵の新しい戦闘方法が考案され、あるいはお金のかからない歩兵がより効果的に運用されるようになり、それに伴って軍馬の数は増えたり減ったりした。戦車は姿を消し、弓騎兵が現れた。次に槍や広刃剣を携えた重装騎兵、粗雑な作りの火器を装備する胸甲騎兵と火縄銃騎兵、最後に槍やサーベル、ライフル銃を携えて純血種の馬を操る騎兵が現れた。騎兵は時には極めて効率よく戦い、時には壊滅的な損害をもたらした。

馬が担った軍務は多岐にわたる。荷物を運ぶ丈夫な馬は軍にとって不可欠だった。ラバやロバは、農場の荷馬車やロンドンの乗合馬車を引くようにカノン砲や兵站馬車を巧みに引いた。チンギス・ハーンが率いる軍の伝令役の馬は中継所間の四〇マイルの道のりを駆け、タヒは戦利品になり、フェルガナ盆地の馬はタクラマカン砂漠を抜けた。クセノポンが慎重に選んだ馬は戦勝パレードにおいて、主人の栄光を称えるために跳ねながら進んだ。アストリーが兵士だった頃に贈られたスペイン原産の馬は舞台の上で戦闘場面を演じ、チェタックは、ハルディガーティの戦いでラージャ・マーン・シングの乗る象に向かって跳ねあがった。『ラトレル詩篇』の中の馬は盾を構える騎士の従者を蹴り、東ゴート王トーティラの黒馬は、王が槍を手から手へ投げる際に踊った。アイラウの戦いでは哀れにも死後にはらわたを抜かれた。おぞましいことに、ナポレオン軍の兵士はロシアの寒風を防ぐために馬の死体を風よけとして使っている。戦争において馬は人を支えた。そして気高く美しい英雄的な行動をとり、血なまぐさく恐ろしい戦争の現実を知らしめた。

二

軍馬は人と身も心も結びついている、と人々は昔から思っていた。『ヨブ記』の中で、神は全能であることを示すために、貧しく無知なヨブに馬の創造について話す。

あなたは馬に力を与えたか？
あなたはその首にたてがみを施したか？
あなたは馬をイナゴのように跳ねさせられるか？
馬の鼻息はすさまじい
馬は谷間で地を掻き、力のあることを喜び

武器を持つ者に立ちむかう
恐れをあざ笑い、たじろがず、剣から逃げない
馬に向かって矢は飛び、槍と盾は光る
馬は激しく猛々しく地を呑みこまんばかりに
ラッパの音とともに進み
ラッパが鳴るたびにハ、ハと声を上げ
遠くから戦いの気配を感じとり
司令官の大きな声と鬨の声を聞く

軍馬と主人の関係は親密だ。グリム兄弟によると、ゲルマン民族の英雄と彼らの乗る馬は「欠くべからざる分かちがたい関係」にあった。「あなたは、馬の勇気と運にあなたのそれを賭する」と哲学者ミシェル・ド・モンテーニュは記している。「馬が傷つき、あるいは死ねば、あなたは同様の危険にさらされ、馬が恐れ、あるいは激情すれば、あなたは無分別者あるいは臆病者と言われ、馬があなたを貶し、あるいは拍車を当てても反応しなければ、あなたは名誉を失う」。神話や現実の世界において戦士は馬に話しかける（馬は時々口答えする）。両者はともに進み、ともに土地のものを食べ、おそらくともに野営地で眠り、そして――分かちがたい関係にある彼らは――ともに死に臨む。

博物学者の大プリニウスによると、ブケパロスは主人であるアレクサンドロス大王以外の人を乗せることを拒み、あるスキタイ人の馬は主人を殺した敵を踏みつけて亡き者にした。主人が帰らぬ人になると泣き、悲しみにやつれ、敵に乗られるや敵もろとも絶壁から飛びおりる馬もいた。「これらの馬はとてつも

ない知能を有している」と大プリニウスは記している。「投げ槍を使う者は、彼が槍を投げやすくなるように馬が力を尽くし、しなやかに体を動かすことをよく知っている」

　後世の人々は大プリニウスに倣って軍馬のことを潤色して伝えた。軍馬と人は心を合わせ、馬は人の力になり、人は馬の力になった。哲学者ラモン・リュイは一三世紀に著した『騎士道』の中でこう述べている。「馬は苦難に耐えられる最も立派で勇敢で強い動物であり、人に仕える最も有能な動物である……フランスでは、馬はシュヴァルと呼ばれ、イギリスでナイトと称される騎士は馬にちなんでシュヴァリエと称される。最も気高い動物が最も気高い人に与えられたのである」。彼の同時代人であるバルトロメウス・アングリクスは「馬と人は混じりあっている」と述べている。一八世紀のフランスの博物学者コント・ド・ビュフォンは、馬は戦争好きだと思っていた。「馬は主人に負けず劣らず豪胆で、危険をものともせず、死に直面しても勇ましくふるまい、武器のぶつかりあう音を好み、その音に鼓舞され、熱心に断固として敵を追う」

　軍馬を気高いものとして伝えたのは、騎士道を奉じるヨーロッパに限ったことではない。ソマリ人の様々な氏族は襲撃時に使う馬――主人は軍馬のために、棘のある低木の茂みの中を這い回って草を探した――を称える詩を作った。詩に詠われた軍馬は「高潔」で、「最愛の兄弟」、「神聖な天からの授かりもの」である。サイイド・ムハンマド・アブディルという人物はこう詠んでいる。「もしも馬にしばらく会えないなら　私は馬に思いこがれ　恐怖に苛まれて死なんばかりになるだろう　私の愛しき馬よ！」ラージ・ウガースという人物が作った「比類なき馬」という題名の詩にはこんな一節がある。「馬は四肢を突く槍と大きな鉄の柄から　空を切って振りおろされる恐ろしい連接棍棒から」主人を守る。「馬は聖なる人とともにある尊きものなのだろうか」

古代ガーナのカヤマガ王朝の王族は軍馬を宮殿に住まわせ、軍馬の寝床に敷物を置いた。馬丁は三人で一頭の軍馬の世話をし、軍馬の尿を銅製の鉢で受けた。モンゴルの人々は軍馬が役に立たなくなってもそれを食べず、放牧地で飼った。主人と一緒に埋葬することもあった。デカン戦争、ボーア戦争、ナポレオン戦争、第一次世界大戦、第二次世界大戦における東部戦線および太平洋戦域で戦死した軍馬を記念する像も存在する。剝製や骨格標本にされて博物館に収蔵された軍馬もいる。ワーテルローの戦いで活躍したウェリントン公爵の愛馬コペンハーゲンは丁重に葬られ、墓石にはこう刻まれた。「神に使われる慎ましき一介の馬は　輝かしきあの日の栄光をともにする」。第一次世界大戦の時、カナダ軍のある将校は西部戦線で砲撃を受け、荷馬車を引く一組の馬と御者を失った。彼は「人が馬を愛するようになることを知っていたから、御者の両側に馬を横たえて葬った。彼らは今、イーペル突出部のあった地に眠っている。馬の名はフレンドとフォウである」

一九五〇年代、アメリカ海兵隊はレックレスという名の雌馬にふたつの名誉戦傷章を授与し、一九丁の銃による一斉射撃を行い、二〇〇〇人近くにのぼる兵士が彼女に向かって敬礼した。レックレスは雌馬として初めて二等軍曹になり、朝鮮戦争において、たった一頭で前線に荷物を運び続けた。第一次世界大戦でカナダ軍第一師団の従軍牧師を務めた詩人フレデリック・ジョージ・スコットは、戦時中に乗ったダンディのことを次のように回想している。ダンディは背中の丸い栗毛のサラブレッドで、膝を痛めていた。「時には私が彼の背中に乗り、時には彼が私の背中に乗り、私たちはいつも一緒に宿所に戻りました。彼は戦地で得た親友です」。戦争が終わると、スコットはベルギーでダンディを競売に出すよう命じられたが、ダンディが「戦士として馬の天国に昇る」ことができるように彼を射殺した。

実際に戦士として戦った軍馬もいた。中世のロチェスター動物寓意譚には、二頭の軍馬が戦場においてノウサギを思わせる様子で蹴りあう姿が描かれている。詩人ウサマ・イブン・ムンキズによると、第一回十字軍遠征においてふたりの騎手が相討ちして死んだ後、彼らの馬は互いに攻撃し続けた。一四九五年にパルマ近くで行われたフォルノーヴォの戦いでは、軍馬は「人間さながらに蹴りあい、噛みあい、体をぶつけあった」。北欧のサガの中やエリザベス朝時代のイギリスの街では、馬は人の代わりに馬や他の動物と戦っている。フランスの従軍記者ディク・ド・ロンレイによると、コサックの軍馬は一八七七年に「憤怒もあらわにたてがみを振りたて、鼻を赤くし、猛り狂ったように敵の馬を蹴り、噛んだ」

中世の神学者大アルベルトゥスは、軍馬に去勢を施すべきではないと述べている。「去勢されていない軍馬は、戦場で行く手を阻むものを臆することなく飛びこえ、隊列を組む敵を歯で噛み、蹄鉄をつけた蹄で踏み潰す」からだ。アラブ世界では雌馬も軍馬として使われた。雌馬は雄馬よりもおとなしいが忠実だと称賛された。モンテーニュは、奴隷軍人であるマムルークの軍馬は主人が落とした武器を拾いあげるという話を信じていた。マムルークの軍馬は「生まれた時から……敵かどうかを見分ける方法を教わり、言葉か合図に従って口と蹄で敵を攻撃する」。三世紀の中国の騎手ポー・ローは、蹴り癖のある馬を購入したと語っている。エリザベス一世の軍馬の調教師クラウディオ・コルテは、軍馬が時宜を得て敵を攻撃したら褒美を与えるよう助言した。

蹄を持つ動物兵器である軍馬の中には、敵と味方と見分けられず、戦いにおける決まり事を知らないものもいる。軍馬は抜刀した敵を攻撃するよう訓練されていた。しかし、モンテーニュはこう述べている。「馬が敵ではなく、仲間を襲うことも度々だった。馬が戦い始めたら為すに任せず、制御しなければならない」。マムルークの軍馬は負傷しても駆けたが、獰猛さで名高く、味方にも危害を加えた。

軍馬は王や馬丁の少年を蹴り、彼らの肋骨や頭蓋骨を折った。ワーテルローの戦いにおいて、ウェリントン公爵はコペンハーゲンに一七時間乗った後、疲れきった彼を撫でた。すると彼に襲いかかられ、危うく殺されそうになった。クセノポンは厩にいる軍馬に口輪をはめるよう勧めている。中世の軍馬は戦場から離れると、青銅製の華美な口輪をはめさせられた。ある口輪には、双頭の鷲と木の葉の装飾が施され、聖書の言葉が刻まれている。

　勲章や立派な馬具、馬を記念する像が何なのか、どんな価値があるのか馬に分かるはずもない。第一次世界大戦の記録写真に写る馬やラバは、フランドル地方のぬかるんだ戦場で憔悴しながらも戦っている。パオロ・ウッチェロが描いた『サン・ロマーノの戦い』の前景には青色がかった灰色のルネサンス期の軍馬が倒れており、周りに折れた槍の穂先が散らばっている。バラクラヴァの戦いが描かれた愛国的な絵の中の白っぽい目をした軍馬は口を開き、シュッと空を切るサーベルに怯えており、主人がサーベルをよけさせようとしている。戦争に幻滅した兵士にとってだけでなく、これらの軍馬やフレンド、フォウ、ダンディにとっても戦争は苦しく、恐ろしく、心を混乱させるものだった。

　一八一五年、ワーテルローの戦いで二万頭の軍馬が戦死し、一四四八年のカラヴァッジョの戦いで一万頭、一九一六年のヴェルダンの戦いでは一日で七〇〇〇頭が命を落としている。戦場において、軍馬は苦痛をもたらすものや前後左右からふいに現われるものに猛然と立ちむかった。槍や斧槍が使われたフリーゼ・ド・シュヴァー《フリージアン種の馬》と呼ばれる防御柵や有刺鉄線にも向かっていった。ばらまかれた撒菱や大釘の上を駆け、槍に腹を裂かれ、落とし穴に落ちた。蹄で死体を踏んでよろめき、矢、槍、投げ槍、矛、槌矛、剣、銃剣、銃弾、砲弾、ロケット兵器を体に受けた。フランドル地方でマスタードガスを吸いこみ、それによって皮膚や肺に水泡ができた。

　騎手は長い突起のある手の込んだ作りの拍車を踵につけた。拍車は武器にもなった。軍馬は長い銜枝のある大勒銜をつけ、銜からのびる鎖を顎に巻いた。腕のいい慎重な騎手は銜を正確に操作した。混沌とした戦場で騎手が軍馬を制御するために手綱を強く引くと、軍馬のうなじや顎、口は傷つき、舌が圧迫された。大勒銜を装着するために歯を抜かれる軍馬もいた。

ワーテルローの戦いに参加した軍馬は「腐敗臭を嗅いで悲鳴を上げた」。ブルゴーニュ地方出身の年代史家ル・ベルによると、一三四六年のクレシーの戦いで軍馬は「一腹の子豚のように」四散した。一八七〇年、フランス軍はサトリで行った新兵器ミトラィユーズ砲の実演において、近くの廃馬処理場から連れてきた三〇〇頭の馬をわずか一八〇秒で殺し、翌日には五〇〇頭を半分の時間で殺している。

とても不思議で心を打つ話もある。ワーテルローの戦いに従事した近衛騎兵隊の軍馬が、退役後競売にかけられた。王の侍医を務めるサー・アストリー・クーパーは重傷を負った一二頭の軍馬を購入し、ヘメル・ヘムステッドにある自宅ゲイドブリッジ・ハウスに連れて帰った。そして使用人の助けを借りながら、彼らの皮膚と筋肉から銃弾やぶどう弾を丹念に取り除き、王族に対するように丁寧に治療し、彼らが回復すると庭園に放った。

ある日の朝、クーパーが庭園を眺めていたら、一二頭の軍馬が肩を並べて一列に整列した。次に合図もなしに前方へギャロップで駆け、何歩か進むとくるりと回り、後退した。彼らはさながら訓練中の軍馬のようだった。その後隊列が崩れ、彼らは上機嫌で自由に駆け回った。体に点々と残る傷跡に白い毛が生えていた。その日以来毎日、近衛騎兵隊の軍馬はこの謎めいた行動をとった。まるで一緒に戦争に向かっているように見えたが、彼らは煙と恐怖に満ちたベルギーの浅い谷ではなく、そこから遠く離れたロンドン周辺の州に広がる涼しい緑地にいた。

私はモンゴルに赴いて野生馬を見た。ヴェルサイユで踊る馬に会い、オハイオ州とマサチューセッツ州で使役馬に、北京でエクウス・ルクスリオススに、陰気な競売所で食肉と革に変わる運命にある馬に会った。では、二一世紀前半の現在、どこに行けば安全な状況下で戦う馬に会えるだろうか。人がいかにして馬を戦いに向かわせ、ともに突撃させ、戦わせ、冷静に恐怖と向きあわせたのか、そしてなぜ、馬——捕食者から逃げるために草原を疾走していた目の大きな動物——が戦えたのかを知ることができるだろうか？

三

ポルトガル原産の葦毛の雄馬は闘牛場の円形の砂場の端にじっと佇み、赤茶色に塗られた細い柵に黒っぽい飛節をつけ、耳を立て、隠された開き戸をまっすぐ見つめていた。開き戸は同心円が描かれた砂場を挟んで反対側にある。その奥の薄暗い入口はひな壇状の二等席の下に位置し、そこに馬の来るべき敵が控えていた。敵の立てる音は馬に聞こえたのだろうか？　敵のにおいは馬に届いたのだろうか？

ローマ鼻を持つ葦毛の馬は、私がヴェルサイユで会ったクリーム色の小さなウッチェロと同様にルネサンス期の軍馬の面影を宿していた。顎を少し内側に入れ、耳を前に向け、脚を柱のようにすっと伸ばし——頭を上げ、緊張し、警戒の色を見せていた。たてがみは白色と鮮やかな青色の小さな布で飾られており、布はトーナメント会場のパビリオンに掲げられる旗を思わせた。四肢の付け根を覆う白色の毛の間から石板色の皮膚がのぞいており、筋肉には陰影があった。

馬は観客には無関心だった。夏の夜の息詰まるような暑さの中、観客はプラスチック製の小さなうちわであおいでいた。熱波に見舞われていたから、日中、むっとする空気が釜状の闘牛場の中に沈み、砂場を囲む細い円柱とムーア様式のアーチの間を漂い、暗くなった空に小さな星がまたたき始めても不快な熱気は残っていた。私は赤茶色の柵からほんの数メートル上方、そしてほんの数メートル後方にあるプラスチック製の座席に座っていた。座席は傾いていて、汗まみれだった。

闘牛士は五〇代の恰幅のいい剛毛の男で、一八世紀頃の衣装をまとっていた。炭色の上着には光沢があり、胸の部分と裾にきらびやかな金色の花の刺繍が施されていた。白いシャツの袖口に薄いレースがついていて、三角帽子の頭頂部は脆そうなダチョウの羽で飾られていた。イギリス人の目から見ると、シンデレラの無言劇に登場する立派な服を着たハードアップ男爵のようであり、今にもシンデレラを砂場に呼びだして、舞踏会に行ってはならんと言いそうな風情だった。彼は高い前橋と鞍尾の間のカーブが深い鞍にしっかりと腰を下ろしていた――鞍に腰を沈めている騎手を槍で突きおとすのはそう容易ではない。

彼も表面の滑らかな柵の開き戸のある方を見つめていた。葦毛の馬の脇腹辺りに位置する金属製の角ばった鐙にかけた足は動いていたけれど、体の他の部分は微動だにしなかった。彼は馬よりも生気を放っていた。馬は尾を上げ、蹄を移動させずに固い糞を砂の上に落とし、開き戸の方を見据えたまま尾をピクピク動かした。闘牛士は手綱を握る左手を腹の前に置き、前に伸ばした右手で汚れた槍を垂直に立てて持っていた。鋼鉄製の槍の柄に巻かれた赤色と白色のフリルは、カクテルスティックにつける飾りや骨付き牛肉につけるペーパーフリルのようだった。葦毛の馬の右肩の真横にある尖った穂先は砂場を向いていた。彼らは待った。闘牛士の足は動いていた。鮮やかなピンク色の上着にぴったりしたズボンというでたちの若いバンデリジェーロ《銛打ち士》が彼らの左側に立っていた。バンデリジェーロは後方の砂の上にきれいに広げられた半円形のケープを引きずって動かした。彼がかぶっていた小さな黒い帽子は丸く、両側に突きでた部分があり、それが彼の耳の上に乗る格好になっていた。

叫び声とともに開き戸がぱっと開いて柵にバタンと当たり、黒い牛が出てきた。牛の秘められた力が湧きあがり、細い臀部に溝ができた。角は人の手首よりも太く、先端が切断され、革で覆われていた。目は小さく、鼻づらは湿っていた。牛は砂場をぐるりと走り、彼にみなぎる力は音波のような波動を生じさせた。ピンク色の上着姿の若者が牛をよけた拍子に柵に倒れかかった。

この時を待っていた葦毛の馬は、低い姿勢で容赦なく突進してくる大きな牛と相まみえるためにひらりと前方へ飛び、体を丸く縮めた。それから耳を前に傾けてキャンターで駆け、彼の胸に向かって突きだされた角まで一フィートに迫ったところでふいに左に曲がり、牛をぎりぎりでかわした。闘牛士が鞍から身を乗りだし、牛の太く短い首と傾斜した肩の間にある筋肉に槍を突きさして打撃を与えると、葦毛の馬は耳を立て、トランペットが奏でられ、観客が拍手喝采した。細い槍は折れ、長い柄が牛の背中に当たっていた。闘牛士が持つ色鮮やかな竿に、スポンサーのロゴが入った小さな白旗がついていた。

牛は方向転換し、頭を下げて角を突きだし、キャンターで駆ける馬を追った。闘牛士は鞍の上で跳ねながら体を後ろに倒し、牛の気を引くために白旗を後方になびかせた。馬と牛は縦に並んで円形の砂場を走った。馬の尾は、牛の角から数インチしか離れていなかった。けれど馬は自制を保ち、闘牛士は、油断なく牛との間合いをはかりながら牛をからかった。時々、牛が幾本かの馬の尾毛を角で跳ねあげ、その度に馬は尾を体にぴたりとつけた。牛があまりにも接近すると、闘牛士は少しだけ速度を上げるよう馬に指示した。牛から離れすぎないように気をつけていた。馬は耳を前にも後ろにも動かした。牛の姿は馬の視界に入っているに違いなかったが、馬は闘牛士に従った。奇妙な追いかけっこが続いた。一周半回ると、闘牛士が荒々しく馬を三六〇度回転させた。馬が一八〇度回転したところで馬の目と牛の目、馬の耳と牛の角が向かいあった。馬の顔の半フィート先に牛の顔があった。馬は、蹴爪の下方にある蹄で砂を踏みしめながら後脚の方に体をねじ曲げ、半ば跳ね、半ばキャンターで進みつつ牛から離れ、半回転した。牛は再び前に進みだした。

闘牛士は馬をギャロップで走らせ、叫びながら拳を突きあげ、観客に同意を求めた。でも観客は同意を渋った。牛は馬の行動に――あるいは目の眩むような馬の輝き、尾、飾り、大きな目、残酷にも自分の体に突きさされた槍、背中を打つ槍の柄に――面食らったのか、止まって辺りを見回した。厚みのある肩からどろりとした血が流れ始めた。ピンク色の上着姿の若いバンデリジェーロがチームの仲間と一緒に柵を飛びこえ、牛に向かってケープを振り、砂場の反対側にいる闘牛士は観客と主催者長に身ぶりで拍手を求めた。バンデリジェーロが退場すると、闘牛士は目を眩ませられた牛のいるところまで葦毛の馬を戻し、追いかけっこが再開した。

闘牛場で繰り広げられることは、人を興奮させるし危険だが、闘いと言うよりも儀式である。闘牛には騎士道精神も息づいている。ただし、騎士道精神は牛に対しては発揮されない。牛は勝つことを許されていない。私はポルトガルで、馬に乗って行うトウラーダ《闘牛》を観戦した。騎馬闘牛は、スペインではレホネオと呼ばれている。ポルトガルの闘牛場で牛が殺されることはない。牛の背中に十分な数の槍を刺すと、サッシュベルトをつけ、ぴったりしたズボンをはいた八人の若いフォルカド《闘牛士》が歩いて砂場に入り、弱った牛を挑発し、まるでラグビー選手がタックルするように牛の頭に組みついたり、尾を引っぱったりする。その後牛は退場させられ、茶色の牛の小さな群れに合流し、槍を携えた地元のふたりの男性に連れられて囲いに入る。男性はストッキングキャップをかぶり、美しく着飾っている。囲いの中で肩に刺さる槍が切り払われ、おそらく幾日か後に、牛はどこか見えないところで食用として殺される。一九世紀、闘牛場で牛を殺すことは罪と見なされ、一九二八年から厳しく禁じられるようになった。ただし、闘牛を開催しているポルトガルの一〇〇の町のうちの幾つかは、今も禁止を免れている。カヴァレイロ《騎士》と呼ばれるポルトガルの騎馬闘牛士は、リスボンのカンポ・ペケーノ闘牛場などで牛を殺したら投獄される。私は二〇一三年のむっとするほど暑い七月、カンポ・ペケーノ闘牛場で観戦した。

騎馬闘牛士はマタドールよりも古い歴史を持つ。トウラーダの起源は定かではない。信用できる資料に最初に登場する闘牛は、先述した中世の馬上試合やカルーゼルで貴族や王族が演じた闘牛である。彼らはがっしりした馬に乗り、槍でとどめを刺すために牛に向かって突進した。スペインのレホネアドール《騎馬闘牛士》のチームはカドリーラと呼ばれているが、これはカドリーユに由来する呼び名である。イベリア半島のキリスト教徒とムーア人の槍兵が行っていた牛狩りや古代ローマ時代に円形闘技場で繰り広げられた猛獣との決闘をトウラーダの起源とする説もある。エダツノレイヨウのような角を持つ牛――ヘック兄弟が蘇らせようとしたオーロックス――が洞窟の壁に黒っぽく描かれた時代の、世に知られていない異教の儀式や牛を豊穣の象徴とする聖牛崇拝が起源だと言う人もいる。

イベリア半島の王族やローマ教皇は、牛を殺すことを幾度も禁じている。しかし、しだいに洗練されていった闘牛は何世紀もの間、スペインとポルトガルの貴族にとって、馬を所有する富者、戦士、騎士、騎手であることを示すための格好の手段だった。ブラガンサ家出身の一七世紀のある人物は、自分の所有する八頭の鹿毛の闘牛用馬に銀製の蹄鉄をつけていた。

バンデリジェーロは砂場に入ってケープを振り、牛を騎馬闘牛士から離れさせる。スペインでは、こうした役目を担う騎馬闘牛士の助手がマタドール――徒歩で牛と戦う労働者階級の英雄――になり、一八世紀に入ると騎馬闘牛が衰退した。ポルトガルでは貴族によって続けられ、マリアルヴァ侯爵は槍で刺す動きやパセ（ケープなどを用いて牛を操る技）を様式化している。私がカンポ・ペケーノ闘牛場で最初に見たカヴァレイロは、葦毛の馬に乗った老練のジョアン・モウラである。裾に刺繍が施された彼の上着や羽で飾られた三角帽子は、マリアルヴァ侯爵が生きていた時代のカヴァレイロの衣装に倣ったものだ。

アリストテレスの言う寡頭制下の騎兵隊の将校と同様に、騎馬闘牛士には相当なお金が必要だ。一試合で六桁稼げるとしても、幾頭かの調教された馬と調教中の馬を養い――一頭の馬にかかる費用が数十万ユーロにのぼる場合もある――バンデリジェーロや馬丁に給料を払わなければならない。牛の育種家や有名なヴェイガのような馬の育種家、カヴァレイロからなる世界はまるで王朝のようだ。私がカンポ・ペケーノ闘牛場で観戦した夜に戦ったモウラの息子も高名なカヴァレイロである。モウラと一緒に試合に出場した童顔のマヌエル・リベイロ・テレス・バストスは四代目カヴァレイロだ。彼の祖父は、一九七四年に起こった革命によって所有する土地をすべて失ったが、闘牛場で活躍して再び財産を築いている。スペインのマヌエル・マンサナレスは「マエストロの中のマエストロ」ホセ・マリア・マンサナレスの息子である。マンサナレスはハイウエストのズボンと革製のズボンカバー、丈の短い上着を身につけ、派手な三角帽子の代わりにつばの広い平らな灰色の帽子をかぶっていた。彼の衣装はトラッヘ・コルト――アンダルシア地方の牛飼いの服――と呼ばれるものだった。

紳士であり、華やかなクジャクを思わせるカヴァレイロは、一晩で最大六頭の馬に乗る。パセイージョ《入場行進》の時、馬は跳ねながら進み、観客のために高等馬術を演じる。闘牛士が主催者長に紹介され、吹奏楽団が高らかに演奏する。試合の初めの場面で戦う馬は、件の葦毛の馬のように、まだ無傷で元気な牛をかわせる俊敏さを備えていなければならない。カヴァレイロは、牛が頭を持ちあげられなくなるまで筋肉を傷つける。マタドールが主役を務める試合ではピカドールがこの役目を担う。初めの場面が終わると、カヴァレイロは馬を取りかえて一組の短い槍を持ち、バンデリジェーロはケープを振って牛を煽る。この段階で馬に求められるのは、足の速さやしなやかさではなく勇敢さである。血を流し、動きが鈍くなり、惑乱した牛あるいは怒り狂った牛に近づかなければならないからだ。最後の場面に登場する馬には度胸と従順さが必要である。馬は牛のすれすれを通り、その際にカヴァレイロが身を乗りだし、六インチの短い槍を牛に深く突きさす。

スペインの闘牛のテルシオ・デ・ムエルテ《死の場面》では、とりわけ勇ましい馬が登場する。レホネアドールは銛に似た槍で牛を刺し殺そうとする。うまくいかない場合は馬から下り、よろめく牛にとどめを刺す。牛は衰弱しきっていて、突進することなど到底できない。

モウラの二番目の馬は黄金色がかった鹿毛で、編まれたたてがみは緑と赤で彩られていた。馬は跳ねながら入場し、牛を驚かせた。手負いの牛は馬の方にくるりと向き直ったけれど、用心深くなっていて突進しなかった。牛は佇み、パタパタ動く観客のうちわから馬、バンデリジェーロ、ケープへと視線をさまよわせた。牛が攻撃を始めるまで牛を刺してはならないというルールがあるため、モウラは腕を上げて槍を振り回し、牛の気を引くために「ふー！　ふー！　へい！」と叫んだ。すると牛が馬に向かって突進したので、モウラはファンファーレに合わせて槍を刺しこみ、馬をキャンターで走らせた。でも牛は馬を追わず、観客はうちわであおぎながらぶつぶつ言った。

三番目に登場したモウラの馬はアラブ種の血を引いているらしかった。深い青銅色を帯びた栗毛で白斑を持ち、上がった尾の毛がもつれていた。その馬にはモウラは重すぎるように見えた。馬が牛の周りを回りだすと、モウラが体を乗りだした。その際彼がふらついたので、私はバランスが崩れるのではないかと心配した。血に染まった牛の滑らかな肩からすでに幾本もの槍がぶらさがっていた。それらはレース針を思わせた。牛が蹄で地面を掻き、観客は失望のため息をついた——真っ向から勝負せずに、蹄で地面を掻いて馬を威嚇する牛は臆病だと見なされる。栗毛の馬が踊り終え、モウラが十分な数の槍を牛に刺すと、バンデリジェーロがケープを使ってモウラから牛を遠ざけ、モウラは砂場をさっと一周した。それから一輪車を押して出てきた男性が糞を回収し、モウラと栗毛の馬に続いて退場した。

カヴァレイロは元気な牛と戦う。試合が始まる前、牛と育種家の名、牛の体重が記されたものを持った人が砂場を一周する。牛の体重は六〇〇キロ以上ある。牛は馬よりも重く、足が速い。体の前部がどっしりとしていて、ずんぐりした脚が胴体からのびている。砂場に立つ牛は、小さな池に仕掛けられた水雷のようだ。牛の動きはしだいに鈍くなる。一方、馬は背が高く、軽く、敏捷で訓練されており、踊ったりくるくる回ったりしながら牛をからかう。モウラの葦毛の馬は牛と違って試合を経験しており、柵の後ろから牛が走りでてくることを知っていた。一方、牛は二〇分もすると正面から戦おうという姿勢を見せなくなり、観客の顰蹙を買い、恐れ——まもなく死んでしまう。

闘牛場で戦う馬は、大プリニウスが伝える軍馬と同様に、騎手を助けるために「力を尽くし、しなやかに体を動かす」から称賛される。牛の角の届かないところまで騎手を——もちろん自分自身も——移動させる。有名なレホネアドールであるパブロ・エルモソ・デ・メンドーサはエステラという名の雌馬に乗る。牛と戦うことがエステラの天職だと彼は述べている。スペインで開催されたある試合において、エルモソ・デ・メンドーサが乗った馬は、虫の息になった牛を歯で噛みながら押し倒し、コサック騎兵の狂乱した馬さながらに牛の皮を剝ぎとった。エルモソ・デ・メンドーサは観客にこう伝えた——私の馬は私を守ってくれる！　馬は闘牛士の指示に従って戦い、闘牛士が牛を槍で刺す音を聞くと自分が牛を刺したように感じる、と多くの人が思っている。レホネアドールのアルバロ・ドメックは、彼の雌馬エスプレンディダについてこう語っている。「彼女は私の代わりに殺されることを望みました。彼女は誠実さと忠義の見本のような馬です。私を心底理解していました」

牛は角で馬を刺す。馬はそれを知っている。先端が切断されていない角やカバーで覆われていない角で刺されると死ぬおそれがある。あるウェブサイトに、一年間に死傷した一二頭の馬の名が掲載されている。インペリアル、フシレロ（肺を刺されたが一命を取りとめた）、ロマンセ、スルバリン、ブリート、サウゲイロ。バランシンはピラール祭において角で刺され、一時間後に息絶えた。「牛が馬をやっつける」見るに堪えない動画もユーチューブで公開されている。ある馬は角で突かれて倒れ、保護されていない腹を深々と刺された。オロンゴは心臓を貫かれた。砂場をギャロップで駆ける一頭の馬は誰も乗せておらず、ピンク色の絹のパラシュートのような袋状の内臓が脇腹から飛びだしていた。

人類学者キリリー・トンプソンは、アンダルシア地方のレホネオについて研究している。あるレホネアドールは彼女にこう語っている。「馬は牛が角を持っていることも、角で刺されれば死ぬことも知っています」。闘牛士は馬の師あるいは指導者となるべきであり、「馬が自分を統制できるように導く」ことが闘牛士の務めである。強運と技術を持つカヴァレイロは、牛と戦うための様々な動きを馬に行わせる。牛が突進してこない場合、馬と闘牛士は複雑な高等馬術を演じる。通常は入場行進の時にのみ演じるが、凶暴な牛を前にしても自分を律せられるということを示すために、スプレッツァトゥーラを心がけながら、牛の鼻先でピアッフェやクルベットをする。馬が攻撃されることは闘牛士にとって恥辱である。トウラーダにおいて、闘牛士は野性味のある牛と「野性味のない」馬に対して力を行使する。

リベイロ・テレスの対戦相手であるディアブロは、数本の槍を刺されると攻撃しなくなった。彼が喘ぐたびに、手が物をつかむかのようにお腹が動き、ぶざまに開いた口から突きでた固そうな舌は青く、巻いていた。彼には口を閉じる力もないようだった。

　テレスは牛に向かって槍を振ってから馬の臀部を牛の方に向けた。馬は赤茶色の柵の下方の白い横木に前脚をつけ、耳を立てて観客をみやった。テレスが三角帽子を脱いで馬の頭にのせた瞬間に牛が動き、テレスの乗った馬はひらりと身を翻して牛に向き直り、テレスは帽子をぽんとかぶった。牛は攻撃をしくじり、テレスは槍を刺しそこねた。

　観客は牛との戦いに冷めた反応を示した。牛が当惑し、踊りながら刺す相手を積極的に攻撃しないことが大きな理由だった。休憩後、三人のカヴァレイロはそれぞれ二頭目の牛と戦った。ディアブレテは、関心を失いつつあった観客を沸かせた。二〇〇九年に生まれた体重六一〇キロのディアブレテはモウラの二番目の対戦相手で、跳ねながら登場した。日が暮れて、屋根の縁の内側にぐるりと取りつけられた照明の放つ光が強くなった。ディアブレテは、長い顔を持つ賢い葦毛の馬を追った。角はまるで邪悪なものを追うかのように、馬の臀部の後ろにぴたりとついていた。バンデリジェーロからケープで叩かれると、牛は跳ねあがった。主催者長が――モウラの奮闘ぶりを認めて――演奏するよう促し、吹奏楽団の奏でるトリルが甲高く響いた。モウラは黒鹿毛の馬に乗って再び現れた。馬は砂場をキャンターで斜めに進み、ジグザグに横切り、牛の前に回りこんで後脚で立った。けれども牛はドーシードー（スクエアダンスの動き。背中合わせになって回る）で応えるようなことはしなかった。観客はうちわであおぐのをやめ、体を乗りだした。牛は突進し、槍を刺しこまれ、馬とモウラを追った。馬は牛の鼻先で一回、二回、三回――おまけに――四回回った。馬と牛は蛇行しながら砂場を横切ってから一周した。牛が止まると、モウラは黒鹿毛の馬を二回転させた。馬のたるんだ頬は赤く、額の血管が浮きでており、脇腹を汗が流れおちた。モウラは刺し損じたものの、前に刺した槍のうちの一本が神経に損傷を与えたらしく、牛の舌は青く変色していた。牛は馬を追わなかった。

モウラは喝采を浴びた。立ちあがって拍手を送る観客もいた。モウラと同年配の男性が花やスカーフを投げ、モウラはスカーフを触ってから投げ返した。フォルカドが挑発しても牛はなかなか攻撃しようとせず、モウラと馬は退場した。

最後に戦った六頭目の牛はドゥララである。あの暑い夜、私は観戦し続けることに耐えられなくなりつつあった。試合はもうお腹いっぱいだった。胸焼けしそうなほどで、私はうんざりしていた。マンサナレスと斑模様を持つ黒みを帯びた葦毛の馬が牛の入場するのを待った。馬は牛に向かってしわがれた鳴き声を発し、準備運動として、大きな円と小さな円を描くようにギャロップで走り、砂場を横切った。その姿は規則正しくストレッチをする運動選手を思わせた。準備運動を終えると、馬は開き戸を正面にして立った。

ドゥララはとりわけ獰猛で、水面から躍りでるシャチさながらに、開き戸からしなやかに飛びだした。平らな被毛の下にある筋肉が盛りあがっていた。彼は怒涛のような勢いで砂場の端を駆け、バンダリジェーロを追いちらし、マンサナレスの馬を緊張させた。観客は期待を抱いて声を上げた。ところが、期待は粉々に打ち砕かれた。ドゥララはよろめき、ばたりと倒れた。他の牛と同様に倒れた上に、立ちあがれなかった。彼の中の何かが壊れたのだろう。彼は激しくのたうち、走っているかのように空中で脚を動かし、ごろんと転がって膝を地面につけ、角で突くようなしぐさをし、後脚をばたつかせ、必死で前に進み、鼻で砂を掻いた。観客はブーイングを浴びせ、マンサナレスと黒みを帯びた葦毛の馬は退場した。ロープを持ったふたりの男性が、悶えるドゥララにびくびくしながら近づき、観客は殺せと叫んだ。彼は瀕死の剣闘士のようにふらつきながら立ちあがり、開き戸から茶色の牛の群れが入ってきた。黒色のドゥララは仲間に伴われ、よろよろとした足取りで砂場を後にした。

四

「牛がいるということが嫌なのでしょう」。カヴァレイロの馬はなぜ牛と戦うのかと尋ねると、動物行動学者でもあり調教師でもあるルーシー・リースはこう言った。「私は、優れた闘牛用の馬の子供をスペインからイギリスに連れていきました。そして〝子馬を放牧地に入れてください――隣の草原にはロバがいます〟と言われたので、その通りにしました。ロバを見た子馬は怖がり、柵を越えてロバに飛びかかりました」。彼女はにこっと笑い、目にかかる長い白髪を払いのけた。「筋道を立てて考えるということをしない馬なら、ロバから一番離れた隅っこですくみあがるでしょう。でも子馬は攻撃するためにロバに向かって跳ねました。柵の向こう側にいてほしくないと思ったのです」

　私たちは、ルーシーの小さな家のキッチンと寝室と居間を兼ねた部屋にいた。スペインのエストレマドゥーラ州にある丘の中腹に家は立っている。部屋にはレモンが入った袋やストーブ用の薪の山があり、ルーカス、ガト、スモ、テスという名の四匹の犬がうたた寝していた。彼らは地元の狩人に捨てられた後、ルーシーに救われた。壁一面に本――動物の行動に関する本や馬の歴史に関する本、マビノギオン（ウェールズに伝わる神話や伝説をまとめた書）（鼠に半ば食われていた）、小説――や白くなった動物の骨が並んでいた。骨は、グレドス山脈の裾にある乾燥した岩がちな丘でルーシーが見つけたものである。梁の上に、土でできたツバメの巣が幾つかあり、あけ放たれた三つの窓から出たり入ったりするツバメは、雛に与える虫をくちばしいっぱいにくわえていた。

　ルーシーは七〇代前半で、数十年前から、スペイン原産およびポルトガル原産の馬にドーマ・ナトゥラル《自然な馬術》

の技を教えていた。高名な馬を引き合いに出し、ＤＶＤや「飛び跳ね防止」馬具や「人参棒」に頼る人々とは違い、馬の行動研究に基づいた方法を用いる。彼女は動物行動学者として長きにわたり研究している。

ルーシーは、傾斜したサクランボ畑を見おろす自宅から一五分のところにある三〇〇〇エーカーの土地で、白黒斑のポトック——ピレネー山脈の麓に位置するバスク地方原産の半野生のポニーで立派な四肢を持つ——の群れを飼っていた。そこは広々とした荒れ野で、野生のラベンダーやワラビがたくさん生えていた。ポトックはかつてタヒやターパンと一緒にヨーロッパに住んでいた野生馬の子孫だ、と信じている人もいる。ラスコーの大きな洞窟の壁に、ポトックに似た小さくて太った白黒斑の馬が描かれている。その馬は鹿毛の馬やこげ茶色の馬と一緒に駆けている。ルーシーの指摘によると、白黒斑の馬は氷河期の環境に適応した馬だ。雪が降り続く氷河期において、白黒斑は幻惑迷彩であり、白い背景と見分けがつきにくい。彼女は学生や馬に携わる人、科学者のために、馬の行動を観察するポトック・ピオマル・プロジェクトを実施しており、彼女のポトックは観察対象である。

カンポ・ペケーノ闘牛場で私が深く理解したことといえば、馬が感じる恐怖と人の力だけで、なぜ馬が闘牛場という戦場にすなおに向かい、人の要求に応じるのかという謎は残った。その謎を解くために彼女のもとを訪れたのである。

その日の朝、イベリコが蹄で石を蹴る音で目が覚めた。イベリコはルーシーが飼っている二五歳のルシターノ種の雄馬である。彼は開いた表戸から頭を突っこんであくびをし、キッチンの背の高いベッドの上で眠るルーシーを見つめながら、彼女が目覚めるのを待った。私は起きてジーンズをはき、リュックサックの底から引っぱりだしておいたドライフルーツを差しだした。彼はそっと受けとり、白髪が生えている柔らかな鼻づらの下側を撫でていたら、立ったままうとうとしだした。彼は牛を攻撃しない。ただ追ったり、集めたりするだけだ。ルーシーの家の周りに広がる野原で日がな一日草を食み、時おりルーシーの顔を見にキッチンへやってくる。ルーシーはこんな風に言った。「ある人が〝彼は言葉が話せないだけですね〟と言いました。でも、彼は言葉を必要としません。そうでしょう？」

「闘牛用の馬の大半は、調教される前に選抜された馬です」とルーシーは言った。ストーブに置かれたやかんのお湯が沸いていた。「優れた闘牛士はどんな馬でも操れますが、馬を調教します。闘牛用の馬として育てる子馬を選ぶ際、闘牛士はまず子馬を大きな調教場に入れ、子馬に向けてトウリニャ――自転車の前半分のような一輪車に二本の角をつけたもの――を突進させます。当然ながら、最初子馬は逃げます。二回目も三回目も逃げます。そして〝やめて。嫌だ〟と訴えだします。それでも突進させると〝やめてったら〟と言います。さらに数回繰り返した時に子馬が闘牛士に飛びかかったら、闘牛士はその子馬を選びます。調教時はおとなしい牛を使います」。昔ルーシーが世話をしたルシターノ種の馬は、彼女が野原に車を乗りいれたら、車に向かって突っこんできてワイパーを引っこぬいた。

「私は闘牛用の馬が住む様々な厩を訪れました。馬の調教の仕方や闘牛士の姿勢は千差万別です」。湯気を上げるお湯をマグに注ぎながらルーシーは続けた。「パブロ・エルモソは、馬にはしっかりとした調教を施さなければならないと思っています。〝こちらの意のままに動かす〟ためにとても強力な馬具を使う人もいます。セレタは馬の顔を傷つけます」。ルーシーは顔をしかめた。セレタは歯状の突起のある鼻革である。力が加わると突起が馬の顔に食いこむ。

神経を病んだ闘牛用馬にリハビリを施すよう依頼されたことがあるかと私は尋ねた。「ええ、あります。一頭の雄馬は、牛の角で突かれたせいでお尻に穴があいていました。人が乗ろうとすると、それはもうひどく怯えました。乗馬レッスンで彼に鞍も馬勒もつけずに人を乗せ、引いて歩かせたら、彼はすっかり落ちつきを取り戻しました」

「馬はほとんど何にでも慣れます」。ルーシーは肩をすくめた。「相手が自分に危害を加えないと分かるまでは相手を信用しません。生後一日目の馬はバッタや蝶やウサギに驚きます。でも、それらから一生逃げ続けるわけにもいきませんから、窮地の時に助けてくれるもの、従うべきもの、無視していいもの、悪いものをただちに区別します。こうして慣れていくのです」

人は何世紀にもわたって軍馬を物事に慣れさせる方法を開発し、物事に慣れた軍馬は戦場で「勇敢さ」を示した。ジョン・クルーソは一六三二年に著した『騎兵のための軍事教練』の中で、ひとつの方法について述べている。まず、馬に与えるオート麦をドラムの皮の部分に置き、棒に鎧を取りつけ、鎧に向かって馬を走らせる。すると馬は「鎧を倒し、蹄で踏み潰す。(その結果、危害を受けないということが分かり)馬は鎧に果敢に立ちむかうようになる」。ゲリニエールも、拳銃の発砲音に慣れさせる訓練をする際に餌を利用した。訓練中に「恐怖のあまり、耳をまっすぐ立てて目をぐるぐる回し、震え、汗をかき、餌を口いっぱいに含んだままかいば桶に体をぶつけ、柵を飛びこえる」馬もいた。調教場の二本の柱の間に馬を立たせ、それらに馬をつないで訓練することもあった。ゲリニエールはまず馬に拳銃を見せ、撃鉄を起こし、拳銃を見慣れさせた。次に馬から離れたところで発砲し、硝煙のにおいを嗅がせた後、少しずつ近づきながら発砲した。そうすると、馬上から射撃できるようになった。第一次世界大戦の時、フランドル地方において、馬は耳をつんざく砲撃音にすぐに慣れ、家も道も人も消えた泥だけが残る戦場で荷馬車を引き続けた。

ルーシー・リースは一九六〇年代にロンドンで動物学を修め、サセックス州で大学院生として神経生理学、神経解剖学、動物行動学を学んだ。四年間学究的な生活を送ってから、北ウェールズの山の中で暮らし始めた。その理由について彼女はこう言った。「当時の人は、動物には感情があるということを認めませんでした。動物は〝拒絶反応を示す〟だけで恐怖を感じないと思っていました。だから動物に対してやりたい放題でした。最初に動物を機械と見なしたのはデカルトです」

リースはウェールズで、馬の世話をするよう友人に頼まれた。そして、地元の子供から馬に乗せてとせがまれたのがきっかけで、人々に乗馬を教え始め、馬の調教も手がけるようになった。山で育った半野生のポニーを調教し、乗馬レッスンでは、鞍も手綱もつけていない馬に生徒を乗せ、馬を引いて丘をのぼった。人々は、容易には回復しそうにない馬を彼女に託した。マエストーソ・シトニツァ三世と呼ばれるリピッツァナー種の雄馬は、ユーゴスラヴィアの馬場馬術練習場を皮切りに、エリート馬としてヨーロッパ各地の練習場を転々とし、イギリスにたどりついた。

マエストーソの頭には傷跡があった。彼は噛みつき、乗られることを拒んで逃げた。ルーシーはまず、一頭のロバと数頭の豚と一緒に小屋に住まわせ、次に数頭の雌馬と一緒に住まわせた。室内練習場の中だけで過ごしてきた彼を小屋から誘いだすために、幾人かの彼女の友人が雌馬に乗り、小屋の前に間隔をあけて一列に並んだ。ルーシーが乗ると、彼は数回荒々しくクルベットをしてから小屋から飛びだした。ルーシーは彼を駆けさせ、室内練習場に閉じこめられて心を病んだ哀れなマエストーソはやがて穏やかで社交的な馬へと変わった。彼は二日で一〇〇マイル走り、三日目もまだ元気いっぱいで、喜んで外に出た。

ルーシーは自分の経験と研究に基づいて、『馬の心』を執筆した。動物行動学や馬の世話について書いてある手引書で、シェイクスピアやジェームズ・ボズウェルの作品中の言葉が盛りこまれており、世界中で売れた。出版されたのは一九八四年だが古さを感じさせず、出版後に「自然な馬術」を行う調教師が数多く誕生しており、現在も、大学の馬術研究用図書目録に載っている。ルーシーはマエストーソの立場から考えた。手引書も馬の立場に立った書であり、馬が本当に必要としているものや、馬の信頼と興味を得るための最良の方法について述べられている。

ルーシーの馬術の技には馬場馬術の正式な技も含まれているが、馬は自由に飛び、自由に脚を動かす。騎手は、馬が協力者となるように巧みに馬を誘導する。「〝うちの馬は仕事をしようとしない〟と人は言います。そりゃあ、馬はプロテスタントの労働倫理を持って生まれてくるわけではないんですから。馬は仕事をしているのでしょうか？　〝仕事〟などしていません。ただ動いているのです。馬を動かすには馬の興味を引かなければなりません。さもないと四六時中、とんでもない圧力を馬にかけ続けることになるから、馬はこう思うでしょう」。彼女は声を落として囁いた。「〝いいかげんにしろ〟。もっと遊び心が必要なんです」

クセノポンと同様に、ルーシーは馬が「他の馬の前で気取る」ことを望んでいる。調教中の馬が高等馬術の技を自ら披露するのを待っている。彼女は、幾頭かの雌馬の前で若い雄馬にパッサージュをさせる。それぞれの雌馬の前を通る直前にパッサージュをするよう雄馬に合図を送るのだ。そのうち雄馬は雌馬が見ていなくてもこの技を演じるようになる。馬は牛の群れに混じり、牛を避けたり集めたりしているうちにピルエットをし始める。ある休日、ルーシーとイベリコは丘をめぐった。鼻づらに白髪が生えるほど老いているのに、イベリコはしきりにパッサージュをしたがった。どの道を通るかで彼と意見が分かれる際に起こることについてルーシーはこう語った。「初めに私の視界から地面が消え、次に彼が後脚を蹴りあげて伸ばします」。老いた彼が感情を爆発させてカプリオール――教えられていない技――をするのだ。ルーシーは笑った。「農夫はみんな恐れて生垣の陰で縮こまります！」

離婚後、ルーシーはウェールズを離れて旅をした。おもにアメリカをめぐり、訪れた先で働いた。「どんな状況にいても馬を扱っていました。競走馬、ポロ用のポニー、ホーストレッキング用の馬、狂った馬」。彼女は色々な考え方や乗馬方法を学ぶうちに嫌気がさした。「すべてに正しさが求められました。私は考えに考えぬいて、馬は馬だという結論に至りました。大きくても小さくても馬はエクウス・カバルスだと思い、野生馬への興味が深まりました」

ルーシーは、ベネズエラで半野生馬の群れの研究に参加した。研究は、ベネズエラ北部のオリノコ川の氾濫原で行われていた。オリノコ川は、リャノと呼ばれる大草原を流れている。そこは一年のうち六か月は極度に暑い。残りの六か月は雨が降ると川の土手が決壊し、浸水の深さが一メートルになる。「馬はおびただしい数の蚊やその他の種々の刺す虫の餌食になります。過酷な環境で生きています」とルーシーは言った。彼らはピューマに頻繁に襲われる。リャノで牛の世話をするバケーロ《牧童》に困らせられることもしょっちゅうだ（バケーロは「ある意味ではピューマのような存在」である）。動物行動学者は世界中で半野生馬や野生馬を研究しているが、捕食者に対する彼らの反応を本格的に観察できる機会は少ない。ルーシーの言葉を借りて言えば馬は「餌になる動物として有名」だ。

「群れの馬が何かに驚いて同時に逃走する姿を幾度も見ましたが、群れの中で何が起こっているのかてんで分かりませんでした。一〇頭の群れも二〇頭の群れも、一〇〇頭の群れも、一五〇頭の馬と牛からなる群れも同時に逃げます。何らの指示も出されていないことが明らかになると、なぜ同時に逃走するのかという疑問が湧きました」

コンピュータアニメーション制作者クレイグ・レイノルズのおかげで、ルーシーは目から鱗が落ちた。レイノルズは一九八〇年代、鳥の群れの動きをシミュレーションするプログラムを作った。群れの動きを作りだすのは画面に映る個々の「鳥もどき」で、彼らは三つの規則に従って動く。ルーシーはこう説明した。「恐ろしい物事が発生すると、鳥は互いに近づき、シンクロします――他の鳥と同じ動きをするのです。でも、鳥同士がぶつかることはありません」。一連の数字を入力すると、画面に映る鳥もどきはプログラムによって、まるで生きているかのようにざわめきながら群れになって動く。

「馬も鳥と同じように動いているのではないかと思って見てみると、やはりそうでした」とルーシーは続けた。「私はだんだん分かっていきました。一頭の雄馬が何かに驚いて警戒心を示すと、雌馬が皆それに気づいて彼の後ろに集まります。それから雄馬がくるりと向きを変えて走りだします。その時すでに雌馬も向きを変えていて、走りだします。雄馬がトロットで進めば雌馬もトロットで進み、雄馬が速度を落とせば雌馬もそれに倣います。雄馬が指示を出しているわけではありません――家畜馬の群れには雄馬がいない群れが多いですが、雄馬不在の群れも揃って同じように動きます。雄馬が危険の兆候を感じとると、テストステロンという男性ホルモンが多く分泌されて、雌馬よりも強い警戒心を示します」

鳥もどきと同じく、馬も他の馬と適度に距離をとりながら動き、自分の空間に入ってくるものを時には受けいれ、時には拒絶する。「怖がっている馬に一メートルの距離まで近づくと空気が重くなります」と言いながら、ルーシーは自分の周りに両手で円を描いて範囲を示した。馬はいっせいに逃げる際も距離をとる。

ルーシーは、ベネズエラの半野生馬を撮影した動画を見せてくれた。馬は膝を高く上げながら、浸水した場所をトロットで進んでいた。「彼らが体の側面を見せている時はごちゃごちゃと並んでいるように見えますが、こちらを向くと、距離を保って美しく並んでいることが分かります」。ラップトップパソコンの画面に映る鹿毛の馬や栗毛の馬、葦毛の馬は右から左に動いていたが、何の前触れもなく二、三頭がふいにビデオカメラの方を向き、トロットで進んだ。どの馬も見えたり見えなくなったりする自分の空間の中にいた。彼らの動きは、バルタバスが手がける舞台で馬が見せる動き――不規則なようでありながら規則的で、形式ばっていないながら流れるような動き――に似ていた。

逃走する場合のみならず、他の場合も馬が本能的に反応し、集まり、シンクロし、距離をとることも徐々に分かった。

「馬はいつも集まり、シンクロします。人は気づいていないだけで、その様子を度々目にしているのです。馬は通常、同時に食事をします。ただし子馬は、時には一緒に食べずに寝ています。大人の馬よりも長い睡眠を必要とするからです。子馬が寝ている間、大人の馬が見張ります。馬はお気にいりの休息場所に行って揃って休み、揃って行進します。彼らはいつもシンクロします」。サー・アストリー・クーパーが治療した近衛騎兵隊の軍馬は、拍車を当てられたわけでも大砲がそばにあるわけでもないのに、訓練をするかのように揃って動いた。馬は仲間と調和するのが好きなのだ。

馬の行動を研究する人や一般的な馬術の世界に身を置く人の多くが、優位な地位に立つ馬のもとに他の馬が集まるという考えを持っている。鶏のように序列を形成すると考えている。ノルウェーの科学者トルライフ・シェルデラップ＝エッベが一九二〇年代に行った実験において、鶏の社会に順位が存在することが認められた。それは「つつきの順位」と呼ばれている。このような考えを持つ人々は、馬が群れの他の馬に対して脅しの表情を向ける回数や飛節を上げる、蹴るといった敵意に満ちた行動をとる回数を数えた。ウズベキスタンの雄のタヒを「スルタン」と見なした一九世紀の博物学者と同様に、彼らは雄馬を群れのリーダーと見なした。雄馬が後衛に回り、「上位の雌馬」が群れを率いる場合もあるとも考えた。しかし、マスタングやニューフォレストポニー、ロソ《野生馬》と呼ばれるカマルグ種の馬に関するデータから、これらの馬の群れが家父長制も家母長制も敷いていないことが判明した。例外は次々と見つかった。

ルーシーはリャノの各群れを観察し、どの馬が群れを率いているかを突きとめようとした。そして「群れを率いる馬などいないことが分かりました。ではなぜ集団で動くのでしょうか？　最初にピューマに気づいた馬に他の馬が倣うのです。その馬と同じように動くのです。ただし、特別な理由がある馬は違う行動をとります。例えば、暑い日、授乳中の雌馬は確実に水を飲みに行きます」

一頭の馬が群れを指揮しているわけではなく、他の馬を居丈高に、あるいは鼓舞して従わせているわけでもなく、だいたいにおいて、総意のもとに平和的に皆が揃って動く。馬は一緒にいる方が安全だと分かっており、散らばっていた馬も、程度の差こそあれたいてい集まる――ホスタイのタヒは、レティシアとマルコと私に驚いて集まり、丘の襞の陰に消えた。馬は自分の空間を守る。子馬は母親の空間に入ることを許されているけれど、乳をもらうために群れの中の他の雌馬に近づくと拒絶される。それによって空間を尊重することを学ぶ。馬は普通、友ではない馬に対して「脅しの表情」を向けて自分の空間から出ていかせるが、それはつつきの順位とは無関係である。馬が他の馬の首に自分の首を絡めるようにして草を食べたり、首の根元に唇を当てたりする理由は序列意識によるものではなく、特別な友に対する愛情によるものだ。ルーシーが指摘するように、人は誰彼の区別なく人を愛したりしないし、馬がすべての馬を愛さなければならない理由などない。「私たちは社交的だけど、みんなのことが好きなわけじゃないでしょう？」

「馬はいつも三つの規則——集まること、距離をとること、シンクロすること——に従って動きます。調光器によって照明の明るさが変わるように程度は変わります。子馬や若い馬は遊びながらシンクロします。喧嘩ごっこをしていると思ったら、今度は目をキラキラさせながら並んで歩き、ふいにギャロップで駆け、向きを変え、止まり、後脚で立ちます。彼らは、それはたくさんの動作を揃って行います。まるでシンクロナイズドスイミング選手のようです」

ルーシーによると、人は自分を動物に投影するから、つつきの順位や序列、上位の雌馬や雄馬が存在すると考える。人は不自然な環境下でずさんな実験をし、他の動物に優位個体が存在するなら馬にも存在するはずだと思う。「霊長類学者のソリー・ズッカーマンは一九三〇年代、ロンドン動物園でヒヒを不自然な環境に置いて観察したようです。チンパンジーも観察しました。彼は色々な場所からチンパンジーを集めて大きな囲いに入れ、餌をうずたかく積み、ほんの幾つかの休息場所を設けました。チンパンジーの中に、とても強くてたくましい雄のチンパンジーがいて、餌を独りじめしました。他のチンパンジーは彼に引きつけられ、彼に攻撃をやめさせるために服従の姿勢を示しました。野生下では、そんなことをするチンパンジーはそれほど多くありません。服従の姿勢を示すのは、たくましいチンパンジーから逃げられないからです」

様々な文献の中で、科学者は馬の群れの優位者について丁寧に述べている——それぞれの群れにおいて、科学者が優位者と見なした馬は異なる行動をとっている。水がわずかしかない場合、アメリカの群れの雄馬は最初に水を飲んだが、ナミビアの群れの雄馬はそうではなかった。ある雄のニューフォレストポニーは、交尾期に餌を全部自分のものにしようとしたら雌馬に追い払われた。一口に「一番たくましい馬」と言っても色々な馬がいる。ルーシーの仕事のパートナーであるヴィクター・ロスによると、馬は住む場所の環境に応じて異なる「文化」を育む。馬の社会は、傲慢な私たちが思うよりもずっと豊かで複雑だ。

「〝優位者〟をオックスフォード英語辞典で引くと、最高権力者、長、支配者という意味が載っています。権力者である優位者は他者を服従させる力や権利を持っていて命令を下す、と私たちは思っていますよね？　優位者には大きな力があるから、私たちは優位者に引きつけられます。優位者を敵に回せば食べていけなくなります。あなたが優位者なら、私はあなたの望みに従って、あなたについているノミをとるわ！」ルーシーはにやりと笑った。「もちろん馬はそんなことしません。攻撃されそうな時や優位に立たれるおそれがある時は逃げます。馬の社会に優位者が存在するという考えが正しいなら、野生馬を厩に入れて徹底的に殴りつければ、野生馬は死ぬまであなたに従うでしょう。実際は、そうは問屋が卸しません。馬に圧力をかければかけるほど馬は逆らいます」

青銅や穀物、鉄とともにやってきた家畜馬は人の社会に幾らかの混乱をもたらした。一方、私たちは馬の社会に大きな混乱をもたらし、馬を争いやストレスに対処できない状態に陥らせた。ある人が計算したところによると、攻撃する家畜馬の割合は、攻撃する半野生馬や野生馬の割合より二〇倍高い。私たちは、馬を小さな象やソーラーエンジン、国の象徴、踊り手、兵器に変えた。そして私たちが馬に与えた環境が、馬の精神的緊張の大半と序列を生んだ。

ヒヒやチンパンジーを囲いに入れた人々と同じように、私たちは馬を自由に動けず、満たされない状態に置く。子馬を早々に乳離れさせる。社会においてどう行動すべきかを母親から教わる前に母親から引き離す。離乳させられた子馬は、立方体に固められた穀物や栄養剤を食べ、囲いや厩の扉に歯を立てて空気を飲みこむ癖——さく癖——がつく。私たちは馬をマエストーソのように孤立させる。すると馬は惨めで攻撃的な馬に変わり——自分の胸を噛んで傷つける。私たちは馬の群れを作り、緩やかに起伏する土地ではなく厩や放牧地で過ごさせ、野生下ではつがうことはないであろう二頭の馬をつがわせる。囲いに入れられ、争いから逃げる道を断たれた馬は、チンパンジーのように他の馬の機嫌をとり、攻撃され、争うようになる。

　野生馬は一日の六〇パーセントから七〇パーセントを、草を食べたり何キロも駆けたりして過ごす。片や厩に住む馬は潰瘍を患い、厩の中にあるものを噛み、よろめきながら歩く他の馬を真似るようにふらりふらりと歩く。「想像してみてください」とルーシーは続けた。「小さな胃に何も入っていない状態のまま一二時間過ごす自分を」。厩に住む馬は、かいば桶のそばで他の馬を攻撃する——野生馬は丘で平等に草を食べられる。「仮に私たちが家畜馬だとしましょう。私とあなたはバケツに入った干し草または積まれた干し草のそばに行きます。そして私は、私の空間から出ていけとあなたに言い、あなたは出ていきます。そうすると、私は何を得ますか？　ふんだんな餌です。調教の際、馬はほんの少しの人参にも釣られます。それがバケツ半分のオート麦だったら？　大いに引きつけられます。だから次に私とあなたが餌のそばに行く時、私は早い段階であなたに〝出ていけ〟と言います。こうして学んだ私は、他の場面でも〝出ていけ〟と言うようになります」

　半野生馬や野生馬の攻撃に関する調査が多数実施されている。しかし、人の手が一切加えられていない環境のもとで暮らす馬はほとんどおらず、彼らの攻撃はそのような環境の中で行われるものだ。人々は、カマルグ湿原やアメリカの大西洋岸、ニューフォレストに住む半野生馬を度々合流させ、食べ物の乏しい季節に餌を与える。「良い馬」を誕生させるために群れから雄馬を追いだし、あるいは群れに雄馬を加え、それが原因で、雄馬が子馬を殺すという何ともおぞましいことが時々起こる。中国の準保護区では、死んだ子供のタヒの五分の四以上が雄のタヒに攻撃されて命を落としている。

ルッツ・ヘックは「恐ろしいシェルヒ」は他の動物より「獰猛」で「危険」だと思った。しかし、大人の馬の大半は他の馬と戦う時、威嚇し、誇示するだけで体を相手にほとんど接触させない。強く立派な肺を持っていることを示すためにいななき、首を弓なりに曲げて恐れさせ、前脚や後脚を蹴りあげ、タンゴを踊るように動く。そして普通はどちらかが怯んで逃げる。時には少しの間蹴りあったり、相手の肘の下の部分に噛みついて地面に倒したりする。

ルーシーは一度だけ本当の戦いを見たそうだ。ポトカと呼ばれる馬が、ある群れの高齢の雄馬と戦った。ポトカは成熟した八歳の独身の馬である。高齢の雄馬は王のような存在だったが、ポトカや他の若い馬との戦いで疲弊し、やがて群れから追いだされた。でも、その際ほとんど血を流していなかった。若い馬はそれぞれ雌馬を獲得した。ホスタイで過去二〇年間に死んだ雄馬——ホスタイには、ウスフジャルガル・ドルジ博士の観察対象である耳を噛みちぎられた「戦士」がいる——の二〇パーセント近くは、戦いで負った傷が原因で落命した。けれども傷は小さく、彼らを最終的に死に至らしめたのは傷から侵入した細菌だ。彼らは他の馬から追いつめられて殺されたわけでも、死ぬまで踏みつけられたわけでもない。

雌馬を獲得した若い雄馬の中には子供を持てない馬もいた。幾頭かの雌馬は、高齢の雄馬のもとやどこか他の場所へ行き、スルタンを自任する若い馬の誘いを拒んだ。雌馬は、一定期間雄馬から離れて暮らすことがある。つがう相手を戦わずして手に入れた独身の雄馬もいた——群れの一番外側をうろうろしながら、若い雌馬や独身の雄馬を好む雌馬を誘いだしたのだ。ルーシーによると、雄馬は雌馬の護衛役を務め、役得として雌馬に子供を産ませることができる。エカインは、ポトカが属する群れの中でとりわけ成功した雄馬のうちの一頭だ。彼は体軀の立派な円熟した馬ではなかったけれど、子供思いの良き父親だった。だから雌馬は彼を選んだ。丘の斜面に影法師を映す孤独な雄馬など本当はいない。他の雄馬と生涯にわたって協力しながら群れを維持する雄馬もいる。ハーレムを持つ雄馬が社交を目的として独身の雄馬の群れのもとを訪れ、彼らと戯れあう例もある。

　馬は何よりも群れを求める。孤独な馬は哀れであり、危険にさらされる。ホスタイのアレスという名の雄馬はハーレムを奪われると、公園の中にいる五頭の乗馬用去勢馬を誘い、数キロ離れた場所まで連れていった。人は群れの代わりにはなれない。「私たちは馬に一日一時間乗るだけです。群れの代わりになるためには、毎日二四時間馬と一緒に過ごす必要があります。彼らとともに眠り、食べ、住むのです。私が働いていたところでは、調教はまず馬と戦うことから始まりました」

　人は馬を支配するために、馬を縄につないで引っぱり、脚を縛り、横木につなぎ、罰を与える。クセノポンやプリュヴィネル、ゲリニエールは馬を優しく調教した。でも、彼らによると他の人は馬を鞭で打ち、こん棒で叩き、馬に轡鎖をつけて拍車を当てた。ハリネズミの皮をまとわせた猫を棒や竿につなぎ、馬の睾丸を攻撃するようけしかける人もいた。騎手は、怒った猫にかまわない日も馬に拍車や鞭を当て、轡鎖をつける。棒とクランク鼻革できつく締めると馬は口を開けられず、銜から受ける圧力を緩和できない。騎手が体を後ろに倒し、全体重をかけて「手綱を引き絞る」と、滑車で下ろされるように馬の顎が胸までさがり、首と頭の境目の部分が圧迫されるから、馬はほとんど息ができない。人はスパイク付きの棒を柵に取りつけ、馬はスパイクが前膝に当たらないように、用心しながら柵を飛びこえる。焼けつくような刺激をもたらす薬剤が塗られた湿布を繋ぎ（蹄と球節の間の部分）に貼られ、重い鎖をつけられた馬は、脚を上げてばたつかせる。極めて優しい調教師でも馬にとって未知のこと――金属製の銜を口にくわえ、人を背中に乗せること――をするよう馬に頼む。私たちのやり方は時に残酷なのに、なぜ馬は私たちに協力しさえするのでしょうかと私はルーシーに尋ねた。

「馬は抵抗している途中で一息つきます。その時、馬に圧力を与えていた手綱を緩めると、〝おや、抗っている時の方が辛いぞ〟と馬は思います」とルーシーは説明した。「馬はばかではありません。彼らは何としても圧力と争いを避けたいと思っています。それを避ける道があるなら、その道を選びます」。圧力から解放されると、馬はいわゆる「従順さ」を示す。私たちはしばしば馬に従順さを求める。圧力から逃げるうちに馬は家畜化され、役に立つ馬へと変わる。馬がそうなるのは調和を愛するからでもある。これは馬を理解する上で基本となる考え方だとルーシーは言った。

「馬は相手と平和な関係を保ちたい、周囲が平穏であってほしいと思っています。争いが起こりそうなほんのわずかな兆しをも嫌い、圧力を受けることではなく、自由に動けることを願います。相手とシンクロし、調和するとすてきな気持ちになり、心から満足します。あなたの手の中にいれば安全だということが分かると幸せを感じ、あなたも満足していれば馬はやりがいを覚えます。馬はこうしたことが大好きなのです。あなたが馬に何かを頼む時、あなたは少し緊張し、馬が言われた通りにすると緊張がほぐれます。調教されていない馬や野生馬も緊張を感じとります」

馬の一生は、馬や人の動きにどう反応するかによって決まる。ルーシーは作家E・E・サマーヴィルの言葉を借りて、野生馬は「とんでもなくのらくらしている」と言った。私たちはそんな彼らに不可解なプロテスタントの労働倫理を教えた。人は馬を支配して従わせようとし、馬はただ平安を得るために、言われたことを――人が意図した通りに――実行する。

ロシアの政治思想家ピョートル・クロポトキンは、ダーウィンやロシアの動物学者カール・ケスラーの考えを信じ、進化論を奉じる自然主義者として執筆活動を始めた。彼は、生物の進歩を促すのは「相互扶助」であり、哲学者トマス・ホッブズが言うような生存のためのあらゆるものとの戦いではないと思っていた。シベリアと満州で野生生物の観察を行い、それに基づいて「社交することは争うことと同じく自然の摂理である」と述べている。これらの地域の動物や鳥や昆虫はとてつもなく厳しい自然環境の中で暮らしていたけれど、乏しい食料をめぐって争うといったことに力を費やさず、優位に立とうともしなかった。

動物は協力することによって繁栄し、進歩する。「相互扶助の習性を獲得した動物は間違いなく適者である。その動物は生き残りやすく、同類のものの中で最も知能と体を発達させる……相互扶助によって……そうした習性や特徴が生まれ、種の存続と発展が確かなものになり、それぞれの個体は、力を最小限しか使わずに最大の幸福と喜びを得る」。食料不足の時に起こる種内競争は、単に種全体の弱体化を招く。

クロポトキンは『相互扶助　進化の要因』の中で、自然主義者コールがステップで実施した野生馬観察の結果について述べている。「馬もシマウマも群れから離れていないなら、狼や熊のみならずライオンにさえも捕まらない。干ばつで草原の草が枯れると、馬は群れをなして移動する。群れは時に一万頭にのぼる。吹雪になると身を寄せあい、吹雪をしのげる渓谷へ行く。馬同士の信頼関係が崩れたり、それぞれの馬が恐慌状態に陥ったりして群れが散り散りになると、幾頭もの馬が死に、吹雪を生きのびた馬も疲労によって死に瀕する。団結力は生きぬくための馬の主たる力であり、人間は馬の主たる敵である」

ルーシーが所属していた大学の研究室のデカルト主義者は、馬に対するこうした考え方を冷ややかに受けとめた。だから彼女は研究室を去り、ウェールズへ向かった。しかし、ダーウィン以前の人々は、たいして臆することなくこうした考え方を述べた。アリストテレスは「馬というものは温かい自然な愛情を持っているようだ」と言っている。馬は人が行う戦争が好きだと思っていたコント・ド・ビュフォンもこう称賛している。「馬は他の動物とも他の馬とも戦わない。食べ物欲しさに喧嘩したりしない……足るを知っており、他の馬を羨望することがないから平和に暮らしている」

家畜馬は私たちの戦争や富の獲得、多岐にわたる産業の発展、地位の向上に貢献した。それに対するお返しとして私たちは馬に何を与えたのだろうか？　馬は五つの大陸に——他の生き物とともに——広がって生きのび、一部の馬は完新世後期に追いつめられてステップやイベリア半島にたどりついた。使役馬や軍馬、食用馬といった人の戦争と経済活動を支える馬として無数の馬が死に、あるいは耐えた。他の馬よりも背が高く、足が速く、立派でがっしりした馬は守られ、穀物を与えられ、ワインを飲み、蜂蜜に漬けた野菜を食べ、煉瓦の敷かれたところを歩き、自分専用の壮麗な水飲み場を持ち、オイルを使ったマッサージを受け、青銅製の口輪やガスマスクをはめた。

私たちは馬を家畜化して彼らの社会に序列を生み、十分な量の食べ物を与えず、彼らのレーベンスラウム《生存圏》を狭めた。そして、のんびり暮らす狩猟採集民から農耕民を経て青銅器時代の都市の住民になった時、自分自身にも同じことをした。だから生活を脅かされ、自ら作った規則に悩まされる羽目に陥っている。

「馬は自己組織化する無政府主義者です」とルーシーが言い、彼女のベッドの上にいたグレーハウンドのガトが伸びをして転がった。虫をくちばしにくわえたツバメが上方にある巣の端にとまり、雛が流れるように鳴きながら喧嘩を始めた。親鳥はどの雛の口に虫を入れるか決めかねていた。「馬は物をためこまず、なわばりを欲しません。空気や草を奪いあったりせず、みんなで力を合わせて身を守ります。その姿は、私たちの社会や生き方の美しい手本です」

五

馬の時代は続いている。今も馬は闘牛場のみならず戦場でも戦っている。戦争の形が昔の文明社会の人々には想像もつかないようなものに変わってからも、馬とロバはアフガニスタンやガザ、イラク、コロンビアで秘かに爆弾や地雷を運んでいる。一九二〇年、ある無政府主義者がウォール街にあるJPモルガン本社ビル前の階段まで馬に爆弾を運ばせた。爆発によって馬は木っ端微塵に吹きとばされ、三八人が死亡し、きのこ雲が一〇〇フィートの高さまで立ちのぼった（馬の蹄は数ブロック四方に飛びちり、頭部は石灰岩でできた階段のそばに落ちた）。イギリス陸軍獣医団はビルマにおいて、補助ラバを日本軍の戦列の後方までゴムボートで運び、飛行機から落下させた。一九八七年、テネシー州の一〇〇〇頭以上のラバが飛行機でアフガニスタンに渡り、イスラム聖戦士に荷物を運んだ。ロバは、二〇〇三年にイラク石油省が射程に入る場所までロケットランチャーを移動させ、カダフィ大佐を失脚に追いやったリビアの反乱において、村々をつなぐなじみの道を通って武器を運んだ。二〇一一年、ムバラク大統領支持者は馬とラクダにまたがり、鞭や棒を振りながら、タハリール広場で抗議する群衆に突っこんだ。その馬とラクダは観光客をピラミッドまで運ぶ仕事に従事していた。二〇一五年八月、イスラム過激派組織ボコ・ハラムは、ナイジェリア北部の三つの村を馬に乗って攻撃している。彼らはモスクで礼拝者を射殺し、人々を茂みの中に追いやると盗賊よろしく姿を消した。

アメリカ軍と連携したアフガニスタンの北部同盟軍も馬に乗って戦っている。二〇〇一年一〇月、北部同盟軍の一五〇〇騎の騎兵隊は、ダリア・スーフ渓谷とバルフ渓谷の起伏の激しい場所を一マイル駆け、ビシュカブの村で銃撃を浴びせるタリバン兵士やソ連製の古い戦車、装甲兵員輸送車、一分間に四〇〇〇発の弾を発射する対空砲に向かっていった。彼らはトランシーバーと対戦車擲弾、機関銃を携え、同等の力を有する歩兵隊の援護を受けながら二波に分かれて攻撃した。タリバン軍の戦列が丘の向こうに見えてくると、第一波騎兵隊は馬から下りて手綱を踏み、機関銃と対戦車擲弾を撃った。第二波騎兵隊は第一波騎兵隊のわきを通りぬけ、両手をあけるために手綱を歯で嚙み、攻撃を加えて戦線を押しあげた。タリバン兵士が恐れをなして逃げ始めると、北部同盟軍兵士は彼らを銃の台尻で殴り、ナイフでめった切りにし、背中から撃ち、アメリカ軍機は戦車に爆弾を落とした。アメリカ陸軍第五特殊部隊の兵士一二人が草原の奥の丘で爆弾投下を指示した。彼らは、丈夫で気難しいロカイ種の雄のポニーに乗って移動し、隊列を組むラバの背中に装備をのせた。

「馬は大丈夫かな?」ビシュカブでの戦闘に向けて準備をしている時、アメリカ兵士のひとりが尋ねた。

「爆弾が落ち始めたらどう反応するだろう?」

「怖がったりはしないよ」と北部同盟の指揮官は答えた。

「どうして?」

「アメリカ軍の爆弾だと理解するからさ」

アメリカは、アフガニスタンに最初に投入された特殊部隊を表彰し、アフガニスタンで戦争に従事した裂蹄のポニーとそれに乗る特殊部隊兵士の青銅像を建立した。青銅像のポニーは銜の下にある顎に力を入れ、飛節に体重をかけて後脚で立ち、たてがみと尾毛は前方になびいており、ジャック゠ルイ・ダヴィッドの有名な『アルプスを越えるナポレオン』に描かれている皇帝ナポレオンを乗せた馬を想起させる。小さな木製の鞍に座る細身の兵士は日よけ帽子をかぶり、アサルトライフルを肩にかけ、右手に双眼鏡を持っている。この青銅像は、超高層ビルであるワン・ワールドトレードセンターの脇に立っており、そばのツインタワー跡地に、水が底に向かって流れる黒っぽいプールがある。グラウンド・ゼロでアフガニスタンにおける戦争を象徴するものは、ヘルファイアミサイルでもM1エイブラムズ戦車でもなく、ポニーの力と古の騎兵を求める心だ。

六

アーリントン国立墓地は訪れる人を圧倒する。敷地面積は六二四エーカーで、各区画に白い墓石が延々と並び、アメリカ独立革命以降のあらゆる戦争で戦死した男女が眠っている。ギリシア神話では、テーベの初代の王である英雄カドモスがボイオーティア地方の土にドラゴンの歯を蒔くと、歯が戦士に姿を変えた。ヴァージニア州にあるアーリントン国立墓地では、戦士が土の中に入る。彼らが埋葬された場所の上には、鋭くない歯のような白い墓石が立っている。南部の夏の暑い盛りだったけれど、墓石の周りの芝は密生し、非の打ちどころがないほどきれいに刈ってあった。

私はビジターセンターを出て、マカダム舗装された道を歩いた。途中で小さなボトルの水を飲みほしてしまった。道は地形に沿って上がったり下がったりした。ケネディ家の墓や女性兵士記念碑、無名戦士の墓、硫黄島記念碑などの位置を示す目立たない案内板が道の分岐する場所にあり、人々はそれに従って進む。歩けない人はゴルフカートで移動する。不思議なことに、この墓地は観光客を引きつける。それぞれの墓石の列は様々な人生の物語のアンソロジーであり、人はここで悲しむと同時に愛国心を抱き、国が失ったものに感慨を覚える。

墓地とそのほど近くにある首都ワシントンDCには歴史が詰まっている。墓地の坂の上に立つと、くぼみのあるジョージ・ワシントン・メモリアル・パークウェイを走る車が見える。大きなポトマック川の向こう側に広がるナショナル・モールにはドリス様式の神殿が立っており、中にエイブラハム・リンカーンの巨大な座像が鎮座している。その他にも、ワシントン記念塔や厳めしいマーティン・ルーサー・キング記念碑、ヴェトナム戦争で戦死した五万一〇〇〇人の兵士の名が刻まれた黒御影石の壁、朝鮮戦争とふたつの世界大戦の戦没者のための慰霊碑といった、重々しくアメリカの歴史を語るものがある。

ナショナル・モールの端に立つ、ドームを持つ議会議事堂の前にユリシーズ・S・グラント将軍の騎馬像がある。アメリカ最大の騎馬像で、私は前日に訪れた。台座はヴァーモント州産の大理石でできている。将軍は、警戒の表情を浮かべる立派なサラブレッドに乗り、伏せた姿勢の四頭のライオンの像に守られている。騎馬像の両側に騎兵隊と砲兵隊の青銅像も立っている——大理石でできた台座の上にいる兵士は猛然と前進しており、馬具の結び目や紐、兵士や馬の顔が地上からでもよく見える。地上を離れて太陽を乗せた馬車を引く馬のように、砲兵隊の馬は何かに向かって前上方に飛んでいる。太陽を引く馬は、インド・ヨーロッパ語族の言語を話す人々の信仰と関わりがある。騎兵隊の一頭の馬は倒れている。肩は地面につき、首は内側に曲がり、騎兵は踏みつけられようとしている馬に抱きついている。

私はアーリントン国立墓地の中を歩き続けた。人影はまばらになっていった。小さな丘の上にある区画には誰もおらず、道が曲がりながらのびていた。一瞬、私は墓地に自分ひとりしかいないように感じた。ヴァージニア州で生きているのは自分だけだという気もしてきた時、乗用芝刈り機の前で庭師が芝生に転がって眠る姿が目に入ってきた。庭師のそばをそっと通りすぎ、墓地とジョイント・ベース・マイヤー＝ヘンダーソン・ホールとの境にある低い石壁の門を抜けた。その先に軍用礼拝堂や売店、高級将校が住む、いかにもアメリカ的なこざっぱりした下見板張りの家が立ち並んでいた。家々のポーチに星条旗が翻っていた。「陸軍薬物乱用治療プログラム」と書かれた看板が掲げてある小屋の隣に、探していた背の低い赤い小屋があった。

小屋には、オールド・ガードと呼ばれるアメリカ陸軍第三歩兵連隊の隊員と馬がいた。この連隊は荷馬車小隊で、パレードに参加する他、葬儀によって年間およそ五〇〇〇人の退役軍人の家族に慰めを与えるという重要な任務を担っている。アメリカ軍は週に六日葬儀を執り行う。一日の葬儀件数は三〇件である。アーリントン国立墓地で葬儀が行われる時、荷馬車小隊は、一九一八年に製造された火砲弾薬運搬用馬車に軍葬の礼で棺や骨壺をのせる。馬車を引くのは六頭の葦毛の馬と黒馬だ。隊員はそのうちの三頭に乗り、残りの三頭を引いて進む。

軍馬はこの世とあの世をつなぐ務めを果たし続けている。ステップにある青銅器時代の墓や商王朝時代の墓にはタカラガイや翡翠の小像が納めてあり、死者のかたわらに軍馬がいる。軍馬は死者を馬車であの世に運ぶ。中世のヨーロッパの人々は異教的な風習を改め、軍馬を犠牲にする代わりに彼らに立派な馬具をつけ、教会に向かう主人の葬儀の列に加えた。かつて主人に献身した軍馬は、今はアーリントン国立墓地で「盛装」する。鞍と馬勒をつけ、逆さにしたブーツを鐙にのせて、大佐以上の階級に昇進した軍人や大統領の葬列に加わる。古代ローマにおいて戦車を引き、一〇月一五日に軍神マルスに身を捧げた軍馬は現在、宗教色のない軍の葬儀に神聖さをもたらしている。

「将校が〝あなたのご主人は馬に引かれて旅立つことができません〟と言うなんて想像もできません。故人の父親も祖父も曾祖父もそのようにして旅立ったのです」とフォード軍曹は言った。荷馬車小隊の仕事を取りしきる彼は気さくな人柄で、小屋の一画を木材でしきった小さな事務所にいた。「私は、今までの仕事のうちで一番やりがいのある仕事に携わっています。私たちは残された家族に、ともに悲しんでいることと彼らの愛する人が私たちにとっても大切な人であることを伝え、彼らの人生を変えます」「お金も力もトラックに入れるガソリンもなくても、私たちはアーリントン墓地で軍葬の礼をもって弔い続けますし、いつまでも馬を墓地に連れていきます」

フォードは歩兵だった――イラクとアフガニスタンで機関銃兵として戦い、分隊長を務め、帰国後、荷馬車小隊に志願して入った。馬に乗ったことはおろか大型動物と一緒に働いたこともなかったが、すぐに馬を好きになった。なぜアーリントン国立墓地で働きたいのかと尋ねると、微笑みながら「馬です。馬がいるからです」と答えた。

小屋は一〇六年前に建てられたもので、中に古風な馬房が並んでいた。各馬房の上方にある扇風機が回っており、黄色い煉瓦が敷かれた床はひんやりしていた。うたた寝する馬もいれば、鼻をフンフン鳴らしながら昼食用の干し草が配られるのを待つ馬――厩に住む馬も兵士も日課に従う――もいた。パットン、ルーズヴェルト、ミニー、ミッキー、ジェリー、シュアファイアーも他の馬も人懐っこく、満ちたりた様子だった。彼らは人――とくにフォード軍曹――が馬房に近づくと耳を立て、目を輝かせてその人を見つめた。

私は数時間、小屋の中で刻まれるリズムに身を任せた。馬の首を掻き、荷馬車小隊の馬に蹄をつける装蹄師やルーベン・トロイヤー軍曹と話をした。トロイヤー軍曹はホームズ郡にあるアーミッシュの村の出身である。その村の近くでホース・プログレス・デイズが開催された。彼によると、小隊が使用する火砲弾薬運搬用馬車の修理を担当するのはアーミッシュの車大工である。私はサージェント・ヨークと呼ばれるスタンダードブレッド種の馬にも会った。この馬はロナルド・レーガンの国葬において、彼の黄褐色の騎兵用ブーツを運んだ。さらに私は隊員のひとりが率いるツアーに参加し、アメリカ陸軍騎馬砲兵のための最後の手引き書について知った。一九四二年に作成されたもので、内容は複雑だった。バラク・オバマ大統領就任式で使用されたパレード用馬具には真鍮めっきが施されていて、私は光をたたえるその馬具に見惚れた。

　フォード軍曹と装蹄師は金属製のリストバンドをつけていた。戦闘によって「兄弟」を失った兵士がつけるものだ。フォード軍曹は荷馬車小隊に入った理由をこう説明した。「私の一番の戦友は二〇〇五年から二〇〇六年にかけてイラクで戦い、戦闘中に殺されてアーリントン墓地に埋葬されました。私は任務を終えて帰国すると、妻と子供と一緒に彼の墓参りをしました――アーリントン墓地を訪れたのはその時が初めてです。私たちは人数を読んで知ります……」。彼はちょっと言葉を切り、両方の手のひらを広げた。墓地に並ぶ白い墓石のことを考えているらしかった。「アーリントン墓地に葬られた軍人の数は、当時は三〇万人でしたが、今は四〇万人以上です。私は人数を読んで知っていましたし、墓地を写した写真を見ていましたが、ああ。私は丘の裾に立ち、第六〇区画を眺めました。どの方向を向いても、目に入るのは名誉ある死者だけでした。私は深い衝撃を受けました」

　第六〇区画には、イラクとアフガニスタンにおける戦いで散った軍人が眠っている。ここの墓石は他の区画のものとは違って、貝殻や空薬莢、四季折々の行事で使う飾り、着色した小石などで飾りつけられていた。認識票やロザリオがかけてある墓石、テディベアやウィスキーボトルに守られた墓石、刻まれた名と「不朽の自由作戦」という言葉の横に、故人とその家族のラミネート加工された写真や子供が描いた絵、生まれてくる子供の超音波写真が貼りつけられた墓石もあった。二〇一三年に墓地の責任者がこれらをすべて取り払い、墓石だけが後に残った。

二〇一四年の夏、私はホース・プログレス・デイズに参加し、健康にいい有機野菜を作るナチュラル・ルーツを訪れた。その後、「我らの軍隊」という言葉をあちこちで目にすることになった。ラガーディア空港で飛行機に乗るべく急ぎ足で通路を通っていた時、吊りさげられた表示板が目に入った。赤色LEDの明滅する光に照らされたその表示板に、「我らの軍隊を支えよ」という言葉が表示されていた。スーパーマーケットで食料雑貨を両腕で抱えて扉を通った際も見た。扉の内側に貼ってあるものに「セーフウェイは我らの軍隊を支える」と書かれていた。高速道路を走る車のバンパーステッカーには「自由を謳歌しているか？　我らの軍隊に感謝を」、「我らの軍隊のために祈れ」などと記されていた。退役軍人と現役軍人は、ロナルド・レーガン・ワシントン・ナショナル空港のセキュリティーチェックを待つ列に並ぶ必要がなく、ワシントンDCでは、博物館やスポーツ大会、レストラン、レンタカー店、ホテルにおいて割引を受けられる。私は軍事国家を旅しているような、かつて感じたことのない気持ちになった。でも、これらの言葉は、二一世紀の戦争にほとんど関わっていない人々に軍隊を忘れさせないためのものだ——イラクとアフガニスタンで軍務に就いた人は、アメリカの人口の一パーセントにも満たない。

アメリカ軍はアフガニスタンからの撤退を漸次進めた。イラクからは二〇一一年に完全に撤退するつもりだった。ところが撤退完了予定の一か月前にイラクに戻った。「イラクの自由作戦」後の廃墟からイラク・シリア・イスラム国（ＩＳＩＳ）が生まれたからだ。終わるはずだった戦争が再び始まったものの、イラク派兵を望む声は聞かれず、ＩＳＩＳに対する恐怖と軍事介入に対する懐疑的な見方が広がった。

人々が懐疑的になったのは、「我らの軍隊」をよく知っていたからである――この軍隊は、がっしりした顎を持つ勇敢な英雄の集団というよりも、バンパーステッカーに記された言葉や家族、議会に守られた弱い人の集団である。

アメリカにはおよそ二二〇万人の現役軍人と在郷軍人がいる。アメリカの戦争に従軍した退役軍人の数はその数のほぼ一〇倍で、二二〇〇万人である――彼ら自体がひとつの国家のようだ。彼らのうちのおよそ四〇〇万人は従軍時、体と心に大小様々な傷を負い、金銭的な補償を受けている。当局は負傷兵の数を発表しなくなったが、二〇一三年の時点で、イラクとアフガニスタンにおいて負傷した軍人は一〇〇万人以上にのぼると見られている。ラミネート加工された写真や小さなウィスキーボトルが添えられた墓石の並ぶアーリントン国立墓地の第六〇区画に葬られずに済んだ軍人も犠牲を払っている。火傷を負った人、撃たれた人、骨折した人は人工皮膚や輸血用血液、チタン、電気、最先端の医療知識を利用した治療を受けられるものの、再建後の後遺症は一生残る。

イラクとアフガニスタンで軍務に就いた人の中で、外傷性脳損傷（ＴＢＩ）を発症した人は少なくない。この病気になると頭蓋骨の中の脳が混乱する――柔らかい人が固い装甲車に乗り、固いヘルメットをかぶることが病気の原因だと思っている人もいる。脳がおかしくなったからといって、切除したり取り除いたりするわけにはいかない。症状のひとつである不気味な耳鳴りが始まると、現実の世界から切り離されていくような感覚に陥る。頭痛によって日々の活動が妨げられ、短期記憶障害によって何が何だか分からなくなる。ＴＢＩによって体が自由に動かなくなった人が前のように規律に従って動き、軍事訓練や体操を幾度も行うためには相当な努力と集中力が必要になる。

心的外傷後ストレス障害（ＰＴＳＤ）のようにＭＲＩで頭部を調べても発見できない病気もある。不朽の自由作戦とイラクの自由作戦に参加した退役軍人の一八パーセントがＰＴＳＤを発症したと推計された——ＰＴＳＤの疑いがあっても、それを報告することを嫌がる男性兵士や女性兵士が多いため、推計値は実際より低い。退役軍人の半数が戦争によって知己を失っている。重度のＰＴＳＤを患う人は——生きのびたのはいいけれど——神経細胞が生む妄想にとらわれる。毎日、妄想の中で、数か月から数年にわたる従軍期間中に接した様々な人物に、仲間と同じように殺されたりけがを負わされたりする。妄想の中の戦争では、敵はしばしば平服姿で潜んでいる。まる一週間一緒に働いた警官にあなたは殺され、見知らぬ人が未舗装の道に地雷を埋める。戦闘はいつまで経っても終わらず、味方から誤射されて大勢が死に、高機動多目的装輪車の中で席を入れかわったことが生死を分ける。大したことない理由から一日だけ入院し、生き残り、そのことへの罪悪感に一生苛まれる。

帰還兵は男女とも、戦争につきまとわれる。ＰＴＳＤを患う退役軍人は、ひどく淫らで官能的な記憶が生む物事や彼らの鼓膜を破った爆音、彼らの肌をかすめて隣の男を殺した銃弾、肌の焼けるにおい、民間人の死体、汗と血の味がより恐ろしいものとなって出てくる生々しい夢を見る。そのため叫びながら、あるいは両手でパートナーの首を絞めながら目を覚ます。

ずっと前にイラクでおさらばしたはずの敵が、ネブラスカ州の家の居間に現れる。何千マイルも離れたアフガニスタンのヘルマンド州からやってきて家族を脅かす敵もいる。退役軍人はベッドのかたわらに銃を置いて眠り、ＳＵＶで高速道路を走っている途中で暴徒に切りつけられる。彼らは絶望感や深い罪の意識、平時にはほとんど何の役にも立たない怒りの感情と格闘する。酒や合法ドラッグ、違法ドラッグに頼るようになる人もいる。医師が処方する薬は諸刃の剣であり、睡眠薬や鎮痛薬は痛みと同じように体内に残る。彼らが受けた傷の影響は配偶者やパートナー、子供、家族に波及する。

退役軍人の男女の年金や医療給付を管理する退役軍人省（ＶＡ）は、重度の心的外傷を患う多くの退役軍人にパネルインタビューを行い、彼らがどのくらいの頻度で自殺したいと思い、妻を殴り、ドラッグを使用するかを調べた。退役軍人は医師、外科医、精神科医、心理学者、ソーシャルワーカー、各分野のセラピストに助けられ、時には複数の専門家の世話になるため、報告書や診断書の数が増えていく。

軍人は除隊すると戦士と呼ばれるようになる。「戦士復帰団」や「負傷戦士プログラム」、負傷戦士プロジェクトと称する慈善団体は、禁欲的な軍隊生活を送っていた男女に対し、自分の弱さと苦しさを認められる人は強い人だと伝える。彼らが歩けなくても、体の自由がきかなくなり、男あるいは闘士としてすべきことができずに泣いても、彼らはまだ勇者であり戦士であるということを理解させようとし、過酷極まる戦闘は終わったのだと繰り返す。退役軍人省の窮屈でころころ変わる方針に従わされる、と不満を口にする退役軍人もいる。彼らの一部は支援を受けられず、多くがうちひしがれて自ら命を絶つ。

私がアーリントン国立墓地を訪れた夏、退役軍人省の問題点について新聞紙上で論じられていた。退役軍人省の対応が遅れたため、幾人もの退役軍人が支援を受けられず、精神科医の診断を受けるのに何年も待ち、申請しても却下された。その夏の七月、一日に二二人の退役軍人が自殺しているという調査結果が各所で報じられた。自殺に関する調査は徹底的なものではなく、新聞は自殺を「疫病」と呼んだが、それも無理はない。イラクから帰還した男性兵士の自殺者数は平均より三分の一多く、イラク戦争に従軍した退役軍人の半数が戦友の自殺あるいは自殺未遂を経験している。一八歳から二四歳までの最も若い年代の退役軍人の自殺率は跳ねあがった。

一兆六〇〇〇億ドルが投じられた戦争は終わったものの、戦争被害による影響は何十年も残る。膨大な数の負傷帰還兵が政府の支援を必要とし続ける。ヴェトナム帰還兵は今もＰＴＳＤに耐えており、対テロ戦争に従軍する兵士はそうはならないと信じるに足る理由はない。二〇〇二年以来、退役軍人を支援するために数十億ドルの予算が使われており、ある推計によると、これらの戦争の実際の費用は六兆ドルに達する。退役軍人省に配分される予算は毎年数十億ドルずつ増えている。私がアーリントン国立墓地を訪れた週に、下院退役軍人問題委員会が開かれ、自殺した退役軍人の親が出席した。ある民主党議員は、退役軍人省が精神衛生サービスに使う予算が増額されることに言及し、悲しげにつけ加えた。「サービスはうまくいっていません。原因を突きとめる必要があります」

七

「右脚の付け根からこのあたりまでは麻痺していません。この下の部分は、動かせますが感覚がありません」。グレッグは大柄な男性で、薄茶色の髪を持ち、前腕にそばかすがあった。マンチェスター・ユナイテッドの野球帽をかぶり、「自由　負傷戦士プロジェクト」という言葉が入ったＴシャツを着ていた。彼はコソボで軍務に就いた。「僕はある戦闘に巻きこまれてヘルニアになりました。腰の部分の椎間板と首の部分の三つの椎間板が飛びだしたのです。腰の椎間板を切除したら、腰から下の部分が麻痺しました。左脚の感覚は七日後に戻ったのに、右脚の感覚は完全には戻りませんでした」

グレッグによると、その「戦闘」は、彼の所属する警備隊が、アメリカ軍に守られたアルバニア人居住区にやってきたセルビア人の護衛にあたっていた時に起こった。セルビア人は買い物をしたり、正教会の教会に行ったりした。保釈中の反乱軍元指導者が、初老のセルビア人女性の頭に一片の瓦礫を投げつけたので、警備隊は「ほんといい奴でした」とグレッグが評する元指導者を追い、路地で捕まえた。ところが、そこにいた人々が暴徒と化し、グレッグが銃と指導者を離すまいとしっかり握った時、暴徒のひとりが厚板を拾いあげて彼の頭に力いっぱい打ちおろした。

「脳のＭＲＩ検査を受け、多発性外傷性脳損傷と診断されました――たぶん、任務中に起こった他のことが原因です。それから、聴覚と視覚に異常があることが分かりました」。彼は脊髄刺激装置を体に埋めこんでいた。それが神経終末を刺激するので、右脚を動かせた。装置のおかげで、コソボで件の戦闘が起こった市日から彼を悩ませていた電撃痛と頭痛も和らいだ。しかし、少し前に嵐の影響で装置の調子がおかしくなり、眠れない日が何日も続いた。

　荷馬車小隊は、フォート・ベルヴォア陸軍基地で一〇頭の馬を飼っている。基地は、ワシントンＤＣを囲む交通量の激しい高速道路から数マイル離れたヴァージニア州の田舎にある。陸軍は、テキサス州とオクラホマ州で開催された競売で馬を購入した。荷馬車小隊馬支援プログラム（ＣＰＥＡＰ）は、退役軍人のために心身回復プログラムを実施している。一〇頭の馬はパレードを先導したり、火砲弾薬運搬用馬車を引いたりせず、火傷を負った退役軍人や骨折した退役軍人、自分を見失った退役軍人を乗せ、彼らにちょっとした安らぎを与える。アーリントンのフォート・マイヤー陸軍基地内にある長くて赤い小屋を訪れた日の前の水曜日、私はプログラム用の馬と騎手に会いに行き、その際に、馬のカルテが並べて置いてある小屋の中でグレッグに会った。彼は健康診断を受けたばかりだった。

「初めてデュークに会った時は少し緊張しました」とグレッグは続けた。デュークはペルシュロン種の葦毛の馬で落ちつきがある。「うわっ、なんてでかいんだと思いました。それから乗り始めました。最初、彼は丸い囲いの中で僕を試し、思い通りに動いてくれませんでしたが、なんとか乗り続けました。今では彼はプログラムに沿って動きます。僕と彼は気の合う間柄です。彼はぼくにそれはもう心安く接してくれます。びっくりですよ。みんなは御しがたい馬だと口を揃えますが、僕の言うことはきちんと聞いてくれます。僕は毎週水曜日にここに来ます。水曜日が待ち遠しいです」

ＣＰＥＡＰは、馬を使った支援を行う組織としては先駆け的な存在で、二〇〇六年に設立された。その後、ＣＰＥＡＰとは違って民間の馬を使う様々な組織が現れ、二〇一四年には、ＣＰＥＡＰのものと同様の二〇〇以上のプログラムが全国各地で実施された。ＣＰＥＡＰの設立者は、ヴェトナム戦争に従軍した退役軍人ラリー・ペンスと海軍指揮官を務めた退役軍人メアリー・ジョー・ベックマンである。フォート・マイヤー陸軍基地で働いていた彼らは、火砲弾薬運搬用馬車用の葦毛の馬と黒馬を使ってプログラムを実施し、お金があまりかからないプログラムだということを退役軍人省に示し、成果を上げた。私が訪れた時は設立から八年経っていた。彼らはボランティアの助けを借りながら、プログラム用の馬を使って活動を続けていた。

大半の退役軍人の男女と同様に、グレッグは複数の専門家やセラピストのもとに通っていた。「僕は視能訓練と聴能訓練を受けています。今つけている補聴器は新品です。ＴＢＩクリニックでは作業療法を受けます。そして理学療法。言語療法は、まるで認知機能を高めるための訓練のようです。この訓練では情報を記憶、処理しながら複数のことを同時にしなければいけません」。ゆっくり進むデュークの広い背中に乗っている時、グレッグの体は緩やかに動く。だから背中や腰、骨盤の痛みが軽くなる。「この前のことなのですが、ここに来た時点の僕の痛みのレベルは五から六でした。でも、帰る時は三になっていました。馬は大きな助けです」。その日、彼は乗馬の後に言語療法を受ける予定にしていた。馬に乗ると調子が良くなるからだ。彼の慢性的なめまいのレベルは六から三に下がった。

グレッグと話をした後、私は七月の太陽の光が降り注ぐ戸外に出て、手をかざしながら基地内を見渡した。屋根のある大きくて広々とした訓練場、木製の車椅子用スロープ、丸い囲い、柵をめぐらした放牧場などがあった。休憩中の荷馬車小隊の馬の集団が放牧場で整然と動きながら草を食み、Tシャツや作業服姿の荷馬車小隊の隊員が小型トラクターで移動しながら、柵の手入れや糞の回収といったいつもの仕事をしていた。ベンチに座り、ウォルター・リード米軍医療センターの理学療法士や行動療法士と雑談する隊員もいた。ラリー・ペンスはここでの活動の中心人物のひとりで、えび茶色のポロシャツにジーンズ、アメリカ陸軍の野球帽といういでたちだった。彼は三〇年間、彼の妻は二〇年間軍務に就き、彼の息子はイラクとアフガニスタンで従軍した。

「アメリカは課題を抱えています」とラリーは言った。退役軍人をいかに支援するかという課題である。「アメリカは軍人を戦地へ送ります。だから軍人を回復させる方法を探さなければなりません。現役軍人も退役軍人もまた社会に貢献したいと思っています。彼らはそういう人たちなのです」

「私たちのここでの一番の務めは、静かで平和で穏やかな環境を保つことです。馬は色々なことをこなします。馬は人の不安を和らげ、心を落ちつかせます。私たちはここでポニー乗馬体験を実施しているわけでも、オリンピック馬術競技選手を育てているわけでもありません。退役軍人が回復して社会復帰できるように手助けをしています。馬と一緒に」

古代ギリシアの医学者ガレノスが唱えた「健康法」には、マッサージ、散歩、睡眠、体操の他に乗馬や戦車の操縦も含まれている。乗馬が人の心を元気にすることを証明する事例は枚挙にいとまがない。誰が言ったのか分からないけれど、「馬の外面は人の内面にとって良い」という有名な名言もある。多くの元戦士が医師に勧められて、あるいは自分の意志で馬に乗った。乗馬は新鮮な空気を吸いながらできる運動である。イギリスのオックスフォード病院は、第一次世界大戦に参加して負傷した退役軍人を馬に乗せ、腕や脚を失った退役軍人は、しばしば横鞍をつけた馬に乗って猟場を駆けた。

アメリカ軍は、ラリーが参加したヴェトナム戦争の後初めて、馬を使った社会復帰プログラムに組織的に取りくんだ。一九六〇年代後半、コロラド州にあるフィッツシモンズ陸軍病院は、ヴェトナム戦争と朝鮮戦争に参加して腕や脚、目を失った軍人の社会復帰をめざすプログラムを実施した。プログラムを統括したのはポール・W・ブラウン大佐である。病院は、水上スキー、スキー、ゴルフ、ダンス、水泳、スキューバダイビングなどを簡単にできる方法で行わせた。病院のソーシャルワーカーのひとりであるメアリー・ウールヴァートンは、モルガン種の馬――アメリカを代表する品種で、南北戦争において北軍と南軍の騎兵が乗った――を飼っていた。一九六八年、彼女はスキーの季節が終わって春になると、フィッツシモンズ陸軍病院の閲兵場に幾頭かの自分の馬を連れていき、退役軍人を乗せた。彼女の試みは成功を収めた。

馬の四本の脚は、義足をつけて消極的になった人の脚の代わりになった。馬の脚はどんな義足よりも強靭だ。膝から下の部分を失った人は初期プログラムを受け、安らいだ気持ちになった。膝上から切断した人は障害者用の鞍を使って乗った。彼らが乗馬から得た感動を友人に伝えるため、プログラムに参加したいと思う人が増えた。

ブラウン大佐は、両脚を膝上から切断したふたりの男性を馬に乗せることに不安を覚えたが、彼らは、車椅子から馬の背中の上に移され、体を紐で固定されてから数分後にはもうキャンターで馬を駆けさせていた。「二、三回目のセッションにおいて、彼らはギャロップで馬を走らせ、達成感から雄たけびを上げた」とブラウン大佐は記している。「彼らはとても誇らしげだった――〝大佐、鞍に座っている時、私はあなたよりも背が高い〟と彼らの片方が言った」。退役軍人と馬が閲兵場を駆ける姿が白黒写真に写っていた。馬のたてがみは風になびき、退役軍人の目は輝いていた。

　憲兵のジム・ブルーノッテは、軍務に就いてから八週間後、ヴェトナムのロンビンの近くで片腕と両脚の腿から下の部分、片目を失った。彼の乗ったジープが地雷を踏んだからである。彼は介助なしで車椅子から馬の背中に乗り移ることができた。彼が使う鞍には義足を収めるためのケースがついていた。彼はウォーク、トロット、キャンター、ギャロップで馬を進ませ、曲乗りもした。他の退役軍人と一緒にロデオショーに参加してローピング（馬上から子牛にロープをかけるロデオ競技）を行い、トレイルライドイベントでは健常者と競争して勝った。除隊すると、カリフォルニア州にある三六七エーカーの牧場を購入し、そこを障害者が馬に乗れる場所にした。視力と両脚を失ったある退役軍人は、目が見える騎手に引いてもらわなければ馬に乗れず、馬上で体を安定させることも、トロットより速い速度で馬を駆けさせることもできなかった。けれどもブラウン大佐にこんな風に言っている。「社会復帰プログラムですることの中で、将来と向きあう本当の勇気を与えてくれるのは乗馬だけです」

　メアリー・ジョー・ベックマンは、一九九七年に開かれた乗馬療法会議でブラウン大佐の演説を聞いた。彼女は当初、退役軍人の障害のある子供のためにプログラムを立ちあげるつもりだったが、うまくいかなかった。その後、ラリー・ペンスの妻と協力して退役軍人省から五万ドルの援助を引きだし、民間のセラピー団体の協力のもとプログラムを開始した。国際乗馬療法専門家協会がインストラクターを派遣した。この協会は、北米障害者乗馬協会から派生した組織で、メアリー・ウールヴァートンが運営に携わっている。

一〇週間コースを受けただけで乗馬療法を終える人もいれば、一年以上通う人もいる。退役軍人の大半は一度も馬に乗ったことがない。各セッションの前に、砂漠用迷彩服姿の衛生兵が彼らの血圧と脈拍などのバイタルサインを測る。それから、彼らは痛みやめまいのレベル、心の状態、乗馬に対する不安の有無についての簡単な質問を受け、セッションの終わりに同じ質問に答える。「暑い日以外は、質問をしないのが普通です」とラリーは言った。

訓練が始まった。退役軍人はめまいに耐えながら、馬に寄りかかるようにして馬の各部位の手入れをした。次に、囲いに放たれた馬をなんとか制御しようとした。「短期記憶で情報を保持しながら——手と目を同時に使って——体のバランスをとり、柔軟に動かなければなりません」とラリーは説明した。「彼らは何段階かのステップを踏みます。馬を混乱させないように毎回同じ指示を与え、同じことをさせます。この訓練を通じて、ボディランゲージを使って一二〇〇ポンドの馬を制御できるという自信を持てるようになります。囲いには彼らと馬しかいません」

私たちは屋根のある訓練場の柵にもたれていた。患者を見守る病院のチームのメンバーは雑談しながら、クリップボードに挟んだレッスン予定表を見て確認していた。続いて、基礎クラスが始まった。引き綱につながれたスキーターが、クラスを担当する荷馬車小隊の有志の隊員をまじまじと見ていた。スキーターは栗毛の去勢馬で、三本の脚に長白があり、顔には流れ星と呼ばれる白斑があった。隊員が指示すると、スキーターはぐるりと円を描いて戻ってきた。「彼が指示に従ったら、すぐに圧力から解放します。解放される時に馬は学びます。初めの頃と違って、今は強く引かなくても彼はすぐに動きます」。隊員はスキーターの横に立ち、自分の方を見るよう首を後方に曲げさせた。

隊員が、馬に同じ動きをさせようとしている四人の退役軍人に大声で助言した。橙色のメッシュ生地のベストを着た別の隊員は、必要な時に手を貸すために待機していた。「隊員は、墓地では戦場で倒れた仲間を埋葬し、ここでは仲間の回復を助けます」とラリーは言った。「退役軍人は彼らと話すと思わぬ発見をします。そして気持ちが安らぎ、心の状態が良くなります。軍人同士なら心おきなく話せます」

退役軍人は次に、馬上で体を安定させ、バランスのとれた姿勢を保つ訓練をした。ＣＰＥＡＰのメンバーは、毎週専門医の意見を聞きながら、個人にあったプログラムを組む。私の隣にいたラリーは、別の訓練場に行った。そこでは黄金色がかった鹿毛の小さな馬に乗った女性が、並べて立ててある円錐標識と棒の周りをゆっくり回っており、インストラクターと荷馬車小隊のふたりの隊員がつき添っていた。女性はミシェルという名で、六〇代だった。ラリーはこう言った。「彼女は空軍大佐でした。航空宇宙医学専門医でもありました——活字を読めなくなったのでここに来ました。彼女は複視です。コンピュータの画面の画像を見ることもできません。でも複視は、ＴＢＩを患う退役軍人——彼らは昨日はやるべきことをきちんとやれたのに、今日は、朝、歯を磨くのを忘れるのです——にとっては大したことない病気です」

ラリーたちは、五週連続で彼女の視力の改善に取りくんだ。訓練場の棒に数字や文字が記してあり、彼女はそれぞれの棒の周りをゆっくり回った。時々バランスをとるために片脚を上げたり、体を一方に幾らか傾けたりした。しばらくすると、目を閉じたままでも進めるようになった。セッションが終わると、身を乗りだして馬の首をポンポン叩いた。周りにいる隊員は彼女を介助しようと構え、ラリーは彼女の体を手で受けようとしていたけれど、彼女は助けなしに馬からゆっくり下りた。しばらく鹿毛の馬の首を撫でてから、訓練場の門の方へ馬を引いていった。

ＣＰＥＡＰのもとで退役軍人の男女が行っている運動の中には、体操器具や理学療法士の助けがあればできるものもある。でも、ラリーによると、退役軍人の回復にとって大切なのは、彼らが馬の反応を見ることである――グレッグは、大きなデュークが彼の言う通りに動くと満足した気持ちになった。馬の公平な態度も重要だ。ラリーは最後にこう言った。「馬はあなたの左脚がないことも、あなたの脳がおかしくなっていることも知りませんし、あなたの肌の色が黒でも赤でも緑でも気にしません。彼らが気にするのは、あなたにどう扱われるかということです」。馬に乗ってあっちこっち動き、棒の周りを回り、ドラムの上に置かれたお手玉を拾いあげるために止まる時、人と馬の心は深く通じあっている。

犬は人の「最良の友」であり、最も早く家畜化された動物だが、人は遺伝子レベルで犬よりも馬と共通点が多い。人と馬の顔の筋肉の配置は似ている。馬は人ほど表情が豊かではないものの、人の類縁であるチンパンジーよりも多くの表情を有する。馬やその他の様々な動物の体内にあるオキシトシン、コルチゾール、テストステロン、エストロゲンといったホルモンは、人の体内にもある。これらのホルモンは行動や反応に影響を与える。

傷を負う戦士は馬と似たところがある。ＰＴＳＤを患う人はドーパミンの放出量が多い。神経伝達物質であるドーパミンは、モチベーションや学習意欲を高めるが、依存症や偏執症、過覚醒を引きおこす。ルーシーや荷馬車小隊の隊員が言うように、手綱が緩んで馬が解放感を覚えるとドーパミンが放出され、馬は進め、止まれといった指示に従うようになる。馬がストレスを受けると馬の脳内でより多くのドーパミンが放出され、熊癖やさく癖などの奇異な悪癖を持つようになる。これらはなかなか治らない癖で、阿片や酒が人を落ちつかせるように馬を落ちつかせる。私は、スキーターが訓練場を囲む柵に歯を当て、体を後方に引きながら空気を飲みこむのを見た――テキサス州の競売所で軍が彼と出会うずっと以前についた癖だ。ストレスが彼のこの行動の原因ではなくなってから久しい。この行動はエンドルフィンの放出を促す。隊員のひとりが彼を優しく叱った。「スキーター、やめろ。紙袋に痰を吐いているように見えるぞ」

傷を負う退役軍人と同様に、馬は他の生き物よりも物事を敏感に察知する。彼らは生け垣の陰にあるビニール袋や振りあげられた手に警戒の目を向ける。革製や木製の鞍をつけていても、騎手の心臓の拍動を感じとるらしい。スウェーデンでひとつの実験が行われた。人が馬に乗り、障害物が設置されたコースを進んだ。突然開く可能性のある傘が置かれた場所を通る時、騎手は不安を感じ、心拍数が増えた。すると、それと並行して馬の心拍数も増えた。不安に陥った騎手の体の状態の変化に馬が反応したのである。このことが、フォート・ベルヴォア陸軍基地で実施されているCPEAPのプログラムがうまくいっている理由になるのだろうか——馬の敏感さや反応と退役軍人の過覚醒は、馬と人の不安を増幅しないのか。馬にも兵士にも敵がどこに潜んでいるのか分からない時、馬は警戒して逃げないのか。ラリーやグレッグが言うように馬が人の「不安を和らげ」、「心を落ちつかせる」のはなぜなのだろう？

一か月前、私はオンタリオ州にあるゲルフ大学で行われた実験について読んだ。実験者は、目隠しをした人を丸い囲いの中に立たせ、一〇頭の去勢された輓馬を一頭ずつ囲いに入れた。一部の被験者は馬に乗ったことがあり、馬を怖がらなかったが、その他の被験者は怖がった。実験者は馬の反応を観察し、馬と人が一緒にいる間のそれぞれの心拍数を測り、馬は人の恐怖心に反応するのか、それとも単に人の上昇した心拍数に反応するのかを調べた。実験者は、馬を怖がらないふたりの被験者に思いきり走らせ、心拍数が上がってから囲いに入れた。馬が被験者のそばに寄ると、馬の心拍数が上がり始めた。次に、馬を一番怖がっている被験者がいる囲いに馬を入れると、不思議なことが起こった——馬は頭を下げ、目隠しをした被験者のそばであまり動かずに静かにしていた。馬の心拍数は下がった。

馬は被験者と調和したのだ。ルーシーがツバメの飛びからキッチンで説明したように、群れを構成する馬は集まり、シンクロし、距離をとり、揃って落ちつき、揃って警戒する。人は調和しようとする馬に反応する――グレッグの血圧は下がり、慢性的なめまいは治まり、不安のレベルは下がる。馬は本能によって行動することで不安を感じなくなる。人と馬は、離れてはかみ合う歯車の歯のように調和すれば生き残れる。馬は人をじっと見つめ、人の体の状態の変化を感じとり、人が彼らに反応して拳を開くのを待つ。

「一二週間コースを受けるのはこれで二回目です」とまだ二〇代半ばと思しきジョンは言った。餌屋のTシャツを着て、ミラーサングラスをかけた彼は、注意を引くためか、身を反らすような格好で私とテープレコーダーの前に立っていた。私たちはがらんとした訓練場の真ん中にいた。「もし三、四年馬に乗って過ごせるならそうします。でも、他の人が治療を受けられるように、僕は去らなくてはなりません。乗馬は最高です。ボランティアも最高ですし、インストラクターも最高です」

彼は私が質問する度に、「マダム」、「はい、マダム」と言った。なぜか海兵隊員は形式ばった敬称を使う。「理学療法士のミス・アネットが乗馬を勧めてくれました。野生動物や馬に接すると不安が減るそうです。僕はＰＴＳＤになり、不安だらけ、ストレスだらけでした。まさか自分が馬に乗るなんて想像もしていませんでした。最初は、馬に乗るのをためらいました。馬が怖かったからではありません。馬がどんな風に反応するのか分からなかったからです。スキーターに慣れると、ここに来るのがすごく楽しみになりました。馬の動きが骨盤の回転を助けてくれます。僕は腰痛持ちです」

「どこに従軍したのですか？」と尋ねてから、私はひとつの間違いを犯していることに気づいた。彼の安全を守る病院のセラピストや荷馬車小隊隊員と彼の間に私は立っていたのだ。ちょっとしたインタビューでも大きな負担になるのではないかと思ったけれど、ジョンは答えた。たぶん、同じような質問に幾度も答えてきたのだろう。「アフガニスタンになんと九年もいました。剣の一撃作戦で戦い、二〇一一年に別の地域へ行きました。そこで最初に参加した作戦はヘリコプターで攻撃する作戦です。ヴェトナム戦争以来の大規模なものでした。それから即席爆弾の飛びかう地域に配属されました。僕は二、三回爆発で吹きとばされ、二、三回撃たれました。その後、幾つかのＴＢＩの症状が出ました。ＴＢＩの症状はまるで知識記憶のようです。頭が痛くなり、時々めまいがします。ＴＢＩ患者がＰＴＳＤを併発する可能性は大いにあります」

めまいを起こしてパニックになり、パニックになって呼吸が浅くなり、めまいがひどくなるという状態――断ちきることのできないループ――に陥ることがあるかどうか尋ねた。精神的に？ 肉体的に？ それとも両方？

「マダム」

私は彼がパニックに陥ったのではないかと思った。まるで強い圧力を受けて怯える馬のように見えたので、私は質問するのをやめた。後から、録音した彼の声を聴いた。声は穏やかだった。ある調教師は怯えている馬には体の側面を見せた状態で近づくと何かに書いてあったので、私はジョンに面と向かわず、彼に対して横向きに立った。でも、そのことだけが彼の声が穏やかだった理由ではない。私と別れて訓練場の端にいる人々の方へ行く際、彼は礼儀正しく「マダム」という言葉を口にし、僕は家と釣り船の上とここにいる時にだけ安心感を覚えますと言った。

「ここは安らげる場所です」

訓練場で別のセッションが始まった。ふたりの戦士が、脚を自由に動かせる状態で、星条旗柄の厚手の鞍敷きをつけた馬に乗った。若い女性が馬の頭に手を添え、荷馬車小隊の有志の隊員が儀仗兵よろしく両側に立った。彼らは肩幅が広く、腕に凝ったタトゥーを入れ、襟足を刈りあげ、略帽をかぶっていた。馬は黙々と静かに円を描くように進んだ。馬が歩きながらうとうとすると、腹帯で締められた部分の後方を隊員がこっそり撫でた。馬上の戦士は、インストラクターの指示に従って体を曲げたり伸ばしたりし、馬が棒の横を通る際、鞍から恐る恐る身を乗りだして棒にかけてあるバンダナを取った。月毛の馬に乗った戦士は、馬がどう反応するか分からないから、手綱を握る手を自信なげに胸まで引いた。すると、馬はまるで問いかけるように耳を前後に動かしてから止まり、リラックスした。

私はモンゴル、フランス、アメリカ、ポルトガル、スペイン、中国にのびる六本の乗馬道をたどり、アーリントンの調教場に立った。その数年前、哲学者ジョン・グレイの言葉に出会った。彼の著書に書かれた二行の言葉で、心を打つものだった。当時、枝分かれする道が極めて複雑に交差する未知の領域についての本を書こうと思っていた私は、その言葉を本に盛りこもうと思った。そして、その言葉を胸に道を進み、その先にあるもののことを知るだろうと思った。ヴェルサイユでは、エクイエルが修道士のように黙想しながらクリーム色の踊る馬と心を通わせ、ニューイングランドの片隅では、人と使役馬の小さな一群が動物と惑星の刻むリズムに合わせて生活を営んでいた。最後に、エストレマドゥーラ州に住むルーシーと荷馬車小隊の隊員と馬は、人と馬とのつながりを教えてくれた。「もしも、あなたが倫理の根幹となるものを求めているなら」とグレイは記している。「動物の生き方に目を向けるといい。倫理の根幹は動物の美点に見出せる。人の同類である動物の美点を持たなければ、人は良く生きることができない」

謝辞

私は作家協会のおかげで、ビザと作家財団からの助成金を得てモンゴルに行くことができた。心から謝意を表したい。

プロジェクト、仕事場、自宅に私を迎えいれ、馬とともに過ごす日々のことを語ってくれたみんな、ありがとう。

ベルンハルト・グルチメクの発言について事実確認をしてくれたクリスティアン・メグヴィッツ、根気強いヴァルトラウト・ツィンメルマン、キャロライン・ハンフリー、ジーン・カルファ、リー・ボイド、リチャード・リーディング、カイ・アルティンガー、アスカニア・ノヴァのナタリヤ・ヤシネスカヤ、ありがとう。ドイツ局も貴重な存在だ。

寝室を使わせてくれたリック・ウォーカー、キーン・ウォン、トニー・セボク、カール・ド・メイヤー、エリック・ディクソン、ありがとう。

ロシア語を翻訳してくれたデスモンド・タマルティー、ディマ・ミクサリシン、ありがとう。

オーストリア国立図書館のインゲボルク・フォルマン、動植物検疫局のジョエル・ヘイデン、アメリカ国立農学図書館のウェイン・オルソン、私を助けてくれた図書館員と公文書館員のみんな、ありがとう。

音楽について助言してくれたジェン・ポルト、ポール・フェスタ、エド・ウォード、ありがとう。

まぬけな質問に答えてくれたジャスティン・Ｅ・Ｈ・スミス、ありがとう。

戦争について教えてくれたエイミー・メイル、サラ・エヴァーツ、ジョン・ボーランド、マイケル・スコット・ムーア、ありがとう。

中国ビザの取得を手助けし、騎士と名士を紹介し、中国ではＢＭＷが「宝馬」と呼ばれていることを教えてくれたユーハン・ユアン、ありがとう。

メリッサ・ペレス、グウィネス・タリー、キャスリン・レントン、ありがとう。

中国のマーク、フォン・クー、通訳者の「ドラ」と「アラナ」、ありがとう。

アンガス・マッキノン、ジェームス・ナイチンゲール、カレン・ダフィー、マーガレット・ステッド、アトランティック・ブックス社のチームのみんな、ありがとう。

私の代理人を務めてくれたグリーン・アンド・ヒートン社のジュディス・マレー、ありがとう。

私の家族にも感謝したい。

Keeling, L J, L Jonare, and L Lanneborn, 'Investigating Horse-Human Interactions: The Effect of a Nervous Human', *Veterinary Journal*, 181/1 (2009), 70–71

Kropotkin, P, *Mutual Aid, a Factor of Evolution* (Boston, 1955)

Law, R, *The Horse in West African History: The Role of the Horse in the Societies of Pre-Colonial West Africa* (Oxford, New York, 1980)

Lesté-Lasserre, C, 'Dopamine and Horses: Learning, Stereotypies, and More', *TheHorse.com*, 2015 <http://www.thehorse.com/articles/36130/dopamine-and-horses-learning-stereotypies-and-more>

———, 'Study: Horses More Relaxed Around Nervous Humans', *The Horse.com*, 2012 <http://www.thehorse.com/articles/29455/study-horses-more-relaxed-around-nervous-humans>

Loch, S, *The Royal Horse of Europe* (London, 1986)

Marvin, G, *Bullfight* (Oxford, UK and New York, USA, 1988)

Masters, N, 'Equine Assisted Psychotherapy for Combat Veterans with PTSD' (Washington State University Vancouver College of Nursing, 2010) <https://research.wsulibs.wsu.edu/xmlui/bitstream/handle/2376/3434/N_Masters_011005659.pdf?sequence=1>

'Memorial to Fallen Horses Unveiled', *HorseTalk*, 12 August 2010 <http://horsetalk.co.nz/news/2010/08/124.shtml#axzz3toWiQkWM>

Mills, D, *The Domestic Horse: the Origins, Development and Management of Its Behaviour* (Cambridge, 2005)

Mitchell, P, *Horse Nations: The Worldwide Impact of the Horse on Indigenous Societies Post-1492* (Oxford, 2015)

de Montaigne, M, and C Cotton, 'Of the War-Horses, Called Destriers', in *The Essays of Michael Seigneur de Montaigne*, ed. by E Coste (London, 1776)

Morris, D, 'How Much Does Culture Really Matter to PTSD?' *New Yorker*, 16 July 2013

Natterson-Horowitz, B, *Zoobiquity: The Astonishing Connection between Human and Animal Health*, 2013

Rees, L, *The Horse's Mind* (New York, 1985)

Samatar, S, 'Somalia's Horse That Feeds His Master', *African Languages and Cultures, Supplement No. 3, Voice and Power: The Culture of Language in North-East Africa. Essays in Honour of B. W. Andrzejewski*, 1996, 155–70

Segman, R, R Cooper-Kazaz, F Macciardi, T Goltser, Y Halfon, T Dobroborski, and others, 'Association between the Dopamine Transporter Gene and Posttraumatic Stress Disorder', *Molecular Psychiatry*, 7/8 (2002), 903–7

Singleton, J, 'Britain's Military Use of Horses 1914–1918', *Past & Present*, 139, 1993, 178–203

Stanton, D, *Horse Soldiers: The Extraordinary Story of a Band of Special Forces Who Rode to Victory in Afghanistan* (London, 2010)

Steele, R, *Mediaeval Lore from Bartholomew Anglicus* (London, 1905)

Taylor, L, *Mourning Dress: a Costume and Social History* (London, 2009)

Thompson, K, 'Binaries, Boundaries and Bullfighting: Multiple and Alternative Human–Animal Relations in the Spanish Mounted Bullfight', *Anthrozoos: A Multidisciplinary Journal of The Interactions of People & Animals*, 23/4 (2010), 317–36

Thompson, K, 'Le Voyage Du Centaur: La Monte a La Lance En Espagne (XVIe–XXIe)', in *A Cheval: Ecuyers, Amazones et Cavaliers*, ed. by D Roch and D Reytier (Versailles, 2007)

'Two Military Horses Saluted for Exemplary Service to US Military', *Horsetalk*, 26 May 2014 <http://horsetalk.co.nz/2014/05/26/two-military-horses-salutedexemplary-service-us-military/#axzz3toWiQkWM>

'War Horses Conference', School of Oriental and African Studies (London, 2014) <http://www.soas.ac.uk/history/conferences/war-horses-conference-2014/>

Wathan, J, A M Burrows, B M Waller, and K McComb, 'EquiFACS: The Equine Facial Action Coding System', *PLoS One*, 10/8 (2015)

Webbe Dasent, G, *The Story of Burnt Njal* (New York, 1900)

West, M, *Indo-European Poetry and Myth* (Oxford, 2007)

of the Chariot into China', *Harvard Journal of Asiatic Studies*, 48/1 (1988), 189–237

Smith, P, *Taxing Heaven's Storehouse: Horses, Bureaucrats and the Destruction of the Sichuan Tea Industry, 1074–1224* (Cambridge, MA, 1991)

Snow, E, *Red Star Over China* (New York, 1994)

Spring, M, 'Fabulous Horses and Worthy Scholars in Ninth-Century China', *T'oung Pao*, 74/4/5 (1988), 173–210

Thomas, N, 'China's Equestrian Industry Faces Big Hurdles', *Reuters*, 19 March 2014

'Tough, but Bright – Dongguan's World Champion on Horse-Riding in China', *Dongguan Today*, 2 April 2013 <http://www.dongguantoday.com/news/dongguan/201302/t20130204_1748193.shtml>

Tze-wei, N, 'Land Row Leaves Racehorses Starving', *South China Morning Post*, 12 November 2009

Tzu, C, and J Legge, *The Writings of Chuang Tzu* (Oxford, 1891)

Tzu, L, and A Waley, *The Way and Its Power: A Study of the Tao Te Ching and Its Place in Chinese Thought* (London, 1934)

'US Has 9.5 Million Horses, Most in World, Report Says', *Veterinary News*, 2007 <http://veterinarynews.dvm360.com/us-has-95-million-horses-most-worldreport-says?rel=canonical>

Waley, A, 'The Heavenly Horses of Ferghana: A New View', *History Today*, 1955, 95–103

———, *The Real Tripitaka and Other Stories* (London, 1952)

Wong, E, 'Survey in China Shows a Wide Gap in Income', *New York Times*, 19 July 2013

Wood, F, *The Silk Road: Two Thousand Years in the Heart of Asia* (Oakland, 2004)

Xiaoyan, W, 'The Continuation and Abolishment of Official Tea-Horse Trade during Qing Dynasty', *China's Borderland History and Geography Studies*, 4 (2007)

Xiuqin, Z, 'Emperor Taizong and His Six Horses', *Orientations*, 32/2 (2001)

戦

Baum, D, 'The Price of Valor', *New Yorker*, 12 July 2004

Bazay, C, 'Rider and Handler Effect on Horse Behavior', *TheHorse.com*, 2011<http://www.thehorse.com/articles/28267/rider-and-handler-effect-onhorse-behavior>

Beamish, H, *Cavaliers of Portugal* (New York, 1969)

Beckman, M, and E Painter, 'Riding Rehab: Veterans with Limb Loss Benefit', *North American Riding for the Handicapped Association*, 2009 <http://www.pathintl.org/images/pdf/resources/horses-heroes/RidingRehab.pdf>

Beetz, A, K Uvnäs-Moberg, H Julius, and K Kotrschal, 'Psychosocial and Psychophysiological Effects of Human-Animal Interactions: The Possible Role of Oxytocin', *Frontiers in Psychology*, 3 (2012), 234

Boisselière, E, *Eperonnerie et Parure Du Cheval de l'Antiquité A Nos Jours* (Brussels, 2005)

Brown, P, 'Rehabilitation of the Combat-Wounded Amputee', in *Orthapedic Surgery in Vietnam*, ed. by W Burkhalter (Washington DC, 1968)

Crane, S, 'Chivalry and the Pre/Postmodern', *Postmedieval: A Journal of Medieval Cultural Studies*, 2/1 (2011), 69–87

Davidson, A, 'The Soldier, the Telephone, and the Rose', *New Yorker*, 2010 <http://www.newyorker.com/news/amy-davidson/the-soldier-thetelephone-and-the-rose>

Davis, N, 'Horse Genome Sequence and Analysis Published in Science', *Broad Institute of MIT and Harvard*, 2009 <https://www.broadinstitute.org/news/1373>

DiMarco, L, *War Horse: A History of the Military Horse and Rider* (Yardley, PA, 2008)

DiNardo, R, *Mechanized Juggernaut or Military Anachronism?: Horses and the German Army of World War* II (New York, 1991)

Ellis, J, *Cavalry, the History of Mounted Warfare*, (Barnsley, 2004)

van Emden, R, *Tommy's Ark: Soldiers and Their Animals in the Great War* (London, New York, 2010)

Epona TV, *Dominance as Culture*, 2015 <http://epona.tv/dominance-as-culture>

———, *Horse Culture*, 2015 <http://epona.tv/horse-culture>

———, *The Ideal Stallion*, 2015 <http://epona.tv/the-ideal-stallion>

Fallows, J, 'The Tragedy of the American Military', *The Atlantic*, January/February 2015

Finkel, D, *Thank You for Your Service* (New York, 2013)

Goody, J, *Metals, Culture and Capitalism: An Essay on the Origins of the Modern World* (Cambridge, 2012)

Graeber, D, *Debt: The First 5,000 Years* (Brooklyn NY, 2011)

Gray, J, *Straw Dogs: Thoughts on Humans and Other Animals* (London, 2003)

Gronow, R, *Captain Gronow's Last Recollections: Being the Fourth and Final Series of His Reminiscences and Anecdotes* (London, 1866)

Groopman, J, 'The Grief Industry', *New Yorker*, 26 January 2004

Halpern, S, 'Virtual Iraq', *New Yorker*, 19 May 2008

Hoexter, M Q, G Fadel, A C Felício, M B Calzavara, I R Batista, M A Reis, and others, 'Higher Striatal Dopamine Transporter Density in PTSD: An in Vivo SPECT Study with [(99m)Tc]TRODAT-1', *Psychopharmacology*, 224/2 (2012), 337–45

Hyland, A, *The Medieval Warhorse from Byzantium to the Crusades* (Far Thrupp, Stroud, Gloucestershire, Dover NH, 1994)

———, *The War Horse in the Modern Era: Breeder to Battlefield, 1600 to 1865* (Stocktonon-Tees UK, 2009)

———, *The Warhorse, 1250–1600* (Stroud, 1998)

'Dongguan "Peasant Champion" Li Zhenqiang Continue to Be the Son Inherited His Father's Olympic Dream', *Jinyang–Yangcheng Evening News*, 22 August 2014

Duncan, M, '"Sport of Kings" Looks to China's Elite', *Reuters*, 16 February 2011 <http://www.reuters.com/article/us-china-polo-idUSTRE71F0YD20110216>

Eimer, D, 'Chinese Tycoon Xia Yang Inspired by Prince Charles to Restore Polo to Communist China', *Daily Telegraph*, 25 October 2008

Ellis, J, *Cavalry, the History of Mounted Warfare* (Barnsley, 2004)

Elverskog, J, *Our Great Qing: The Mongols, Buddhism, and the States in Late Imperial China* (Honolulu, 2006)

'Equestrian Team Creates New Guinness Record', *CNTV*, 2012 <http://english.cntv.cn/program/cultureexpress/20120112/111526.shtml>

Frank, R, 'China Has a Word for Its Crass New Rich', *CNBC*, 2013 <http://www.cnbc.com/2013/11/15/china-has-a-word-for-its-crass-new-rich.html>

———, 'How Many Chinese Billionaires? Take a Guess', *CNBC*, 2014 <http://www.cnbc.com/2014/03/04/how-many-chinese-billionaires-take-a-guess.html>

Friedman, D, 'The Bling Dynasty', *GQ*, January 2015 <http://www.gq.com/story/chinas-richest>

Gao, Y, 'The Retreat of the Horse: The Manchus, Land Reclamation, and Local

Ecology in the Jianghain Plain (ca 1700s to 1850s)', in *Environmental History in East Asia: Interdisciplinary Perspectives*, ed. by T Liu (London, 2014)

Godfrey, M, 'Horses' <http://horses.markgodfrey.eu/#home>

———, 'Racing in Asia', in *The Cambridge Companion to Horse Racing*, ed. by R Cassidy (Cambridge, 2013)

Goodrich, C, 'Riding Astride and the Saddle in Ancient China', *Harvard Journal of Asiatic Studies*, 44/2 (1984), 279–305

Gulik, R, *Hayagriva: Tha Mantrayanic Aspect of the Horse-Cult in China and Japan* (Leiden, 1935)

Harper, E, 'The Origin of Polo – the Game in Ancient China', *Badminton Magazine*, May 1898

Harrist, R, 'The Legacy of Bole: Physiognomy and Horses in Chinese Painting', *Artibus Asiae*, 57/1/2 (1997)

Hendricks, B, *International Encyclopedia of Horse Breeds* (Norman, 1995)

Hillier, B, 'Horse Racing in China: Real, Surreal, or Virtual? ', *Thoroughbred Racing Commentary*, 2014 <https://www.thoroughbredracing.com/articles/horse-racing-china-real-surreal-or-virtual-pt-i/?tid=Racing>

Hong Lee, L, and A Stefanowska, *Biographical Dictionary of Chinese Women* (Hong Kong, 2003)

'Horse Talk in the Year of the Horse' <http://themiddleland.com/cultural/eastern/item/789-horse-talk-in-the-year-of-the-horse>

Jackson, R, 'Xi Jinping Imposes Austerity Measures on China's Elite', *New York Times*, 27 March 2013

Jacobs, A, 'Once-Prized Tibetan Mastiffs Are Discarded as Fad Ends in China', *New York Times*, 17 April 2015

Jowett, P, *Chinese Civil War Armies 1911–49* (Oxford, 1997)

Kelekna, P, *The Horse in Human History* (Cambridge, 2009)

Lees, J, 'Quarantine Issues Delay Fixture in China', *Racing Post*, 25 October 2013

Levine, M, *Prehistoric Steppe Adaptation and the Horse* (Oxford, 2003)

Li, P, 'Stop Cruelty to Animals in the Chinese Entertainment Industry', *Humane Society International*, 2009 <http://www.hsi.org/news/news/2009/08/china_movie_cruelty_081309.html>

Liu, J, 'Polo and Cultural Change: From T'ang to Sung China', *Harvard Journal of Asiatic Studies*, 45/1 (1985), 203–24

———, *The Chinese Knight Errant* (Chicago, 1967)

Lopez, L, 'China's President Just Declared War on Global Gambling', *Business Insider* UK, 6 February 2015

Man, J, *Kublai Khan* (London, 2007)

Mathieson, A, 'Chinese Riders Aim for 2016 Olympics in Rio', *Horse and Hound*, 15 June 2012

Miller, A, 'The Woman Who Married a Horse: Five Ways of Looking at a Chinese Folktale', *Asian Folklore Studies*, 54 (1995), 275–305

Minford, J, and J Lau, *Classical Chinese Literature: An Anthology of Translations* (New York, 2002)

van Moorsel, L, *An Overview of China's Equestrian Industry* (Shanghai, 2010)

Olsen, S, 'The Horse in Ancient China and Its Cultural Influence in Some Other

Areas', *Proceedings of the Academy of Natural Sciences of Philadelphia*, 140/2 (1988)

Osburg, J, *Anxious Wealth: Money and Morality Among China's New Rich* (Stanford, 2013)

Osnos, E, 'Is Corruption Souring China on Gold Medals? ', *New Yorker*, 29 January 2015

Paludan, A, *Chinese Emperors: The Reign-by-Reign Record of the Rulers of Imperial China* (London, 2009)

Perdue, P, 'Military Mobilization in Seventeenth and Eighteenth Century China, Russia and Mongolia', *Modern Asian Studies*, 30/4 (1996)

Ramzy, A, 'China Cracks Down on Golf, the "Sport for Millionaires"', *New York Times*, 18 April 2015

Richburg, K, 'China's Xi Jinping to Party Officials: Simplify', *Wall Street Journal*, 5 December 2012

Robinson, D, *Martial Spectacles of the Ming Court* (Cambridge, MA and London, 2013)

Salvacion, M, 'Ancient Leather Balls Found in Xinjiang Show Polo as Sport in Early China', *Yibada*, 13 May 2015

Schafer, E, *The Golden Peaches of Samarkand: A Study of T'ang Exotics* (Oakland, 1985)

Shaughnessy, E, 'Historical Persepectives on the Introduction

Plant', *True Republican*, 15 February 1928

'The Rumor Is Said to Be Abroad in Germany', *Washington Evening Star*, 5 February 1895

The Truth Behind United Horsemen's Pro Slaughter Campaign, 2011 <http://www.youtube.com/watch?v=_ZRvhgoJsQs>

Thomas, K, *Man and the Natural World: Changing Attitudes in England 1500–1800* (London, 1983)

Tim Sappington's Message for Animal Activists <https://www.youtube.com/watch?v=_l5pXviVBig>

'To Buy the Horsemeat Cannery', *Daily Capital Journal*, 31 October 1896

'United Horsemen', *United Horsemen*, <https://www.facebook.com/United-Horsemen-390246801093132/>.

United Horsemen. Advocates of Horse Welfare, 2011 <https://www.youtube.com/watch?v=0K5WHr_XZ-8>

United Press, 'Capture of Con Thwarts Plan to Dynamite Plant', *Urbana Daily Chronicle*, 7 November 1927

Unwanted Horse Coalition, *2009 Unwanted Horses Survey* (Washington DC, 2009)

Veterinarians for Equine Welfare, *Horse Slaughter – Its Ethical Impact and Subsequent Response of the Veterinary Profession*, 2008

'Violations Documented at the Cavel Horse Slaughter Plant in Illinois', *Animals' Angels, North America*, 2014 <http://www.animalsangels.org/issues/horseslaughter/foia-requests/violations-documented-cavel-horse-slaughter-plantillinois>

Wagner, S, 'Presentation by Susan Wagner, President and Founder of Equine Advocates', in *International Equine Conference* (Alexandria, VA, 2011)

Waller, D, 'Horse Slaughtering: The New Terrorism?' *Time*, September 2006

'Was Horse Meat Plant Fired by Incendiary?' *True Republican*, 4 November 1925

Weil, K, 'They Eat Horses, Don't They? Hippophagy and Frenchness', *Gastronomica*, 7/2 (2007), 44–51

'What We Are Talking About', *The Sun* (9 December 1889)

Wilson, B, *Swindled: From Poison Sweets to Counterfeit Coffee – the Dark History of the Food Cheat* (London, 2008)

'Woman Who Crawled Inside Gutted Horse Carcass Wanted to "Feel One" With Nature' (2011) <http://www.foxnews.com/us/2011/10/28/woman-who-crawledinside-gutted-horse-carcass-wanted-to-feel-one-with-nature/>

YouGov, *Would You Eat Horse Meat?*, 2013 <https://today.yougov.com/news/2013/02/28/would-you-eat-horse-meat/>

富

'2013 International Symposium: Common Development of Sports and Modern Society' (Beijing, 2013)

'A Gallop Through China's Horse Culture', *Chinese Ministry of Culture*, 2003 <http://www.chinaculture.org/gb/en_curiosity/2004-01/07/content_45457.htm>

'All Bets Off', *The Economist*, September 2012 <http://www.economist.com/node/21563708>

Atsmon, Y, 'Tapping China's Luxury-Goods Market', *McKinsey Quarterly*, April (2011)

Balfour, F, 'Billionaire Developer Lures Rich Chinese to Gated Polo Community',

Bloomberg Business, 24 March 2014 <http://www.bloomberg.com/news/articles/2014-03-24/billionaire-developer-lures-rich-chinese-to-gated-polocommunity>

Beckwith, C, 'The Impact of the Horse and Silk Trade on the Economies of T'ang China and the Uighur Empire: On the Importance of International Commerce in the Early Middle Ages', *Journal of the Economic and Social History of the Orient*, 34/3 (1991), 183–98

Berry, M, *The Chinese Classic Novels* (London, 1988)

Besio, K, and C Tung, *Three Kingdoms and Chinese Culture* (Albany, 2007)

Bretherton, M, 'China Rides into Its First Equestrian Olympics', *Horsebytes*, 2008 <http://blog.seattlepi.com/horsebytes/2008/08/06/china-rides-into-its-firstequestrian-olympics/>

Browne, A, 'China's World: Kicking the Luxury Habit', *Wall Street Journal*, 5 November 2013 <http://www.wsj.com/articles/SB10001424052702303482504579177282485775224>

Burkitt, L, 'China: The Next Big Horse Racing Center?' *Wall Street Journal*, 5 June 2014

Chehabi, H, and A Guttman, 'From Iran to All of Asia: The Origin and Diffusion of Polo', *Journal of the History of Sport*, 19 (2002)

Chin Hu, Hsien, 'The Chinese Concepts of Face', *American Anthropologist*, 46/1 (1944) 45-64

Chinese Horse Industry White Paper 2012 (Beijing, 2012)

'Classical Reinterpretation: Rolls-Royce Majestic Horse Collection', *Luxury Insider*, 2013 <http://www.luxury-insider.com/luxury-news/2013/10/classicalreinterpretation-rolls-royce-majestic-horse-collection CNT>

Cooke, B, *Imperial China: The Art of the Horse in Chinese History Exhibition Catalog*, ed. by Kentucky Horse Park (Seoul, 2000)

Creel, H, 'The Role of the Horse in Chinese History', *The American Historical Review*, 70/3 (1965), 647–72

Crump, J, *Chan-Kuo Ts'e* (1979)

Daley, B, 'China's Era of the Horse', *Horse Canada*, 2011

Delacour, C, 'The Role of the Horse and the Camel in Chinese Expansion Along Western Trade Routes', *Orientations*, 32/1 (2001)

Dickinson, S, and A Kipfer, 'China Online Gambling. Illegal But Everywhere', *China Law Blog*, 2014 <http://www.chinalawblog.com/2014/10/china-onlinegambling-illegal-but-everywhere.html>

1997 <http://articles.latimes.com/1997-01-05/news/mn-15653_1_wild-horses>

Merritt, R, 'Arson Declared at Packing Plant', *Bulletin*, 22 July 1997

Moran, J, 'Officials: Informant Violated Protection', *The Register Guard*, 2011

'National Agricultural Statistics Service', *USDA* <http://www.nass.usda.gov/About_NASS/>

'National Can Save $36,000,000 a Year by Eating Cab-Horse Steak', *The Day Book*, 4 January 1916

'New Advocate Against Horse Slaughter? Start Here...', *Canadian Horse Defence Coalition*, 2015 <https://canadianhorsedefencecoalition.wordpress.com/2015/03/19/new-advocate-against-horse-slaughter-start-here/>

'New Yorkers Now Eat Flesh of Noble Horse', *Chicago Eagle*, 15 January 1916

'No Demand for Horses', *San Francisco Call*, 5 December 1896

Oakford, G C, 'Canadian slaughterhouses resume deliveries from U.S.,' *Daily Racing Form*, 16 October 2012

Official Journal of the European Communities, *Council Directive 96/23/EC* (Brussels, 1996)

Ogle, M, *In Meat We Trust: An Unexpected History of Carnivore America* (Boston, New York, 2013)

'Old Dobbin Served Up on a Platter! Imagine!', *University Missourian*, 20 January 1916

Ormsby, M, 'Ottawa refuses to say whether drug-tainted horse meat entered food chain', *Toronto Star*, 29 March 2013

Oswald, F, 'Health Hints for Old and Young', *The National Tribune*, 11 April 1889

Otter, Chris, 'Hippophagy in the UK: A Failed Dietary Revolution', *Endeavour*, 35/2–3 (2011), 80–90

Outram, A, 'Logging a Dead Horse: Meat, Marrow and the Economic Anatomy of Equus', *University of Durham and University of Newcastle Upon Tyne Archaeological Reports*, 20 (1996)

'Packing Business', *The Pullman Herald*, 6 April 1895

'Packing Plants in Which Horses Are Prepared for Food', *True Republican*, 6 August 1927

'Permit to Put up Horse Flesh by-Products', *True Republican*, 26 July 1924

Philipps, D, 'Fate of Wild Horses in Hands of BLM, Colorado Buyer', *The Denver Post*, 2012 <http://www.denverpost.com/ci_21654948/fate-wild-horses-hands-blm-colorado-buyer>

Pierre, E, 'L'hippophagie Au Secours Des Classes Laborieuses', *Communciations*, 74 (2003), 177–200

'Questions remain over short-lived slaughter halt,' *HorseTalk*, 17 October 2012 <http://horsetalk.co.nz/2012/10/17/questions-remains-temporary-slaughterhalt/#axzz3vj44sDgp>

Raia, P, 'House Committee Passes Slaughter Ban Amendment', *TheHorse.com*, 2014 <http://www.thehorse.com/articles/33963/house-committee-passesslaughter-ban-amendment>

Rosebraugh, C, *Burning Rage of a Dying Planet: Speaking for the Earth Liberation Front* (Herndon, VA, 2004)

Saint-Hilaire, G, *Lettres Sur Les Substances Alimentaires et Particulièrement Sur La Viande de Cheval* (Paris, 1856)

'Sale of Horse Meat for Humans Licensed', *Los Angeles Times*, 3 March 1943

'Sausages Made from Horse Meat', *The Daily Dispatch*, 5 December 1857

'Secretary Rusk Put a Stop to the Export of Horse Meat', *The Morning Call*, 22 December 1891

Shenk, P, 'To Valhalla by Horseback? Horse Burial in Scandinavia during the Viking Age' (The Center for Viking and Medieval Studies at the University of Oslo, 2002)

'Shipping Diseased Horse Meat as Family Beef ', *Salt Lake Herald*, 22 December 1891

Simoons, F, *Eat Not This Flesh: Food Avoidances from Prehistory to the Present* (Madison, WI, 1994)

Sinclair, U, *The Jungle* (New York, 1906)

'Sirloins and Pork Chops Though Heavens Fall', *Bisbee Daily Review*, 7 June 1919

Sonner, S, 'Four Charged in Corral Firebombing', *Columbian*, 10 April 2006

'St Louis Likes Horse Meat', *Evening Public Ledger*, 22 March 1917

'State Asylum Is Quiet Again after Battle', *Daily Illini*, 19 May 1931

Stillman, D, *Mustang: The Saga of the Wild Horse in the American West* (Boston, New York, 2008)

Strom, S, 'USDA May Approve Horse Slaughtering', *New York Times*, 2013 <http://www.nytimes.com/2013/03/01/business/usda-may-approve-horse-slaughterplant.html?_r=0>

'Stuttgart, Vom 24 April', *Libausches Wochenblatt*, 29 April 1842

'Tacomans in Arms', *San Francisco Call*, 26 May 1895

Tarbell, I, 'The Meat of Paris', *Pittsburgh Dispatch*, 10 April 1892

Tessier, A, 'Mon Royaume Pour Un Cheval! Une Histoire de L'hippophagie Française', *Les Cahiers de Gastronomie*, 2010 <http://lescahiersdelagastronomie.fr/2010/03/mon-royaume-pour-un-cheval%E2%80%89-une-histoire-delhippophagie-francaise>

'The Animal Liberation Front Apparently Is Taking Blame for the Arson That Destroyed a Redmond Horse-Slaughtering Plant', *Bulletin*, 27 July 1997

'The Horseless Age Is Surely Creeping up on Us', *Perrysburg Journal*, 28 March 1918

'The Last Year 40,000 Horses Slaughtered in Rockford

Hill, D, 'Can American Pharoah Save Horse Racing? ', *New Yorker*, 2015<http://www.newyorker.com/news/sporting-scene/american-pharoah-wonthe-triple-crown-now-what>

Hoehing, C, *Ueber Die Verwendung Der Thierischen Ueberreste Unserer Hausthiere, Das Pferdefleisch-Essen Und Die Aufhebung Der Kleemeistereien* (Stuttgart, 1848)

Holland, J, and L Allen, 'Analysis of Factors Responsible for the Decline of the U.S. Horse Industry: Why Horse Slaughter Is Not the Solution', *Kentucky Journal of Equine, Agriculture, & Natural Resources Law*, 5 (2012)

'Horse Meat Feast', *Kansas City Journal*, 6 March 1898

'Horse Meat Sale Rises as Meat Shortage Grows', *Chicago Daily Tribune*, 17 November 1942

'Horse Meat to Be Put on Sale Here Thursday for First Time', *Washington Post*, 2 February 1943

'Horse Meat Won't Hurt', *The Science News-Letter*, 43/1 (1943), 5–6

'Horse Passports: Up to 7,000 Unauthorised Documents Issued', *BBC News*, 2013 <http://www.bbc.com/news/science-environment-21430330>

'Horse Racing Reform' <http://horseracingreform.org/>

Horse Welfare: Action Needed to Address Unintended Consequences from Cessation of Domestic Slaughter (Washington DC, 2011)

'Horseflesh for Food', *The Anaconda Standard*, 1 January 1895

'Horsemeat as Food', *The Islander*, 11 April 1895

'Horsemeat Export', *The Sun*, 15 December 1897

'Horsemeat Is the Latest Delicacy in New York', *Chicago Eagle*, 24 February 1917

'Horsemeat Steak Sir? Yessir, Immejut, Sir', *Washington Times*, 17 January 1916

'Icelandic Horsemeat' <www.skagafjordur.is/displayer.asp?cat_id=4927>

'In Our Great Recession, Unwanted Horses Are Taken to a Wild Herd Started in the Great Depression', *The Rural Blog*, 2012 <http://irjci.blogspot.de/2012/02/in-great-recession-domestic-horses.html>

'Incidents of Abandoned Horses at Sand Wash Basin Concern BLM', *Craig Daily Press*, 2011 <http://www.craigdailypress.com/news/2011/jan/27/incidents-abandoned-horses-sand-wash-basin-concern/>

International Equine Business Association, *The Promise of Cheval*, 2012

'Kalona's Creek Will Not Be Named Horse Meat Forbidden in Japanese', *Kalona News*, 2011 <http://www.kalonanews.com/articles/2011/12/26/news/doc4ef8751c28b27843772826.txt>

'Kaufman Zoning: Horse Slaughter Information Page' <http://www.kaufmanzoning.net/>

Kenning, C, 'Free-Roaming Horses a Growing Problem in E. Kentucky', USA *Today*, 2015 <http://www.usatoday.com/story/news/nation/2015/02/10/stray-horses-a-growing-problem-in-kentucky/23199035/>

'La Viande de Cheval: De Qualités Indiscutables et Pourtant Méconnues', *Cahiers de Nutrition et de Dietologie*, 23/1 (1988), 25–40

Lambert, W, *Babylonian Wisdom Literature* (Indiana, 1996)

Landrieu, M, *S541 A Bill to Prevent Human Health Threats Posed by the Consumption of Equines Raised in the United States* (2013) <https://www.govtrack.us/congress/bills/113/s541>

Lárusson, H, 'About the Consumption of Horse Meat', *Skaga Fjordur* <www.skagafjordur.is/displayer.asp?cat_id=4927>

Lees, P, and P-L Toutain, 'Pharmacokinetics, Pharmacodynamics, Metabolism, Toxicology and Residues of Phenylbutazone in Humans and Horses', *Veterinary Journal (London, England: 1997)*, 196/3 (2013), 294–303

Leffler, B, M Rowney, and S O'Shea, '16×9 Investigation: Canada's Horse Slaughter Industry under Fire', *Global News*, 2014 <http://globalnews.ca/news/1186346/tainted-meat-canadas-horse-slaughter-industry-under-fire/>

Leteux, S, 'Is Hippophagy a Taboo in Constant Evolution?' *Menu: Journal of Food and Hospitality*, 2012, 1–13

'Letter to the Editor', *New York Daily Tribune*, 15 September 1856

Leuchtenburg, W, 'New Faces of 1946', *Smithsonian Magazine*, November 2006

Levenstein, H, *Revolution at the Table: The Transformation of the American Diet* (Oxford, 1993)

Levine, M A, 'Eating Horses: The Evolutionary Significance of Hippophagy', *Antiquity*, 1998

'Like a Kimberley Diet', *Washington Weekly Post*, 27 February 1900

Ling, V, *The Lower Paleolithic Colonisation of Europe* (Oxford, 2011)

'London's Disabled Horses', *The Columbus Journal*, 29 May 1889

'Long Links of Horse', *The Evening World*, 13 December 1889

Marler, B, 'Could Horsemeat (and Kangaroo Meat) Get into the US Food Supply – Too Late, It Already Did', *Marler Blog*, 2013 <http://www.marlerblog.com/case-news/could-horsemeat-and-kangaroo-meat-get-into-the-us-foodsupply-too-late-already-did/#.VkSNV6S4ITk>

Mayhew, H, *London Labour and the London Poor* (1968)

'Meat Fraud Climax Nearing in Houston', *Sweetwater Reporter*, 9 July 1948

Meiklejohn, *HR 1454 A Bill to Prevent Discrimination in the Shipment and Transportation of Live Stock on Vessels to Foreign Countries, and to Provide Penalties for Its Violation* (1895)

Mendoza, M, 'Trail's End for Horses: Slaughter', *LA Times*,

Dent, A, and D Machin Goodall, *The Foals of Epona* (London, 1962)

Dierkens, A, 'Réflexions Sur L'hippophagie Au Haut Moyen Age', in *Viandes et Sociétés: Les Consommations Ordinaires et Extra-Ordinaires*, ed. by HASRI (Paris, 2008)

Dobos, A, 'The Lower Palaeolithic Colonisation of Europe. Antiquity, Magnitude, Permanency and Cognition', *PaleoAnthropology*, 2012

Dodman, N, N Blondeau, and A M Marini, 'Association of Phenylbutazone Usage with Horses Bought for Slaughter: A Public Health Risk', *Food and Chemical Toxicology*, 48/5 (2010), 1270–74

Donovan, R, *Conflict and Crisis: The Presidency of Harry S. Truman, 1945–1948* (Columbia and London, 1977)

Doyle, C, *Observations of a Horse Slaughterer Killer, Part I* <https://www.youtube.com/watch?v=GfzX4Fx5xuE>

———, *Observations of a Horse Slaughter Killer, Part* II <https://www.youtube.com/watch?v=m8ZNiRV5-Mw>

———, *Observations of a Horse Slaughter Killer, Part* III <https://www.youtube.com/watch?v=jmzsiUoP_58>

'Dozens of Horse Carcasses Found in Field near Highway 65', *KGET.com*, 2012

Drape, J, 'Doping at U.S. Tracks Affects Europe's Taste for Horse Meat', *New York Times*, 8 December 2012

Drouard, A, 'Horsemeat in France: A Food Item That Appeared during the War of 1870 and Disappeared after the Second World War', in *Food and War in Twentieth Century Europe*, ed. by I Zweiniger-Bargielowska (Farnham, 2011)

'Envelope Flaps', *St Paul Daily Globe*, 17 September 1895

Eurogroup for Animals, 'Press Release: Eurogroup Welcomes Importation Ban of Horsemeat from Mexico' (Brussels, 2014)

'Europe Christmas to Eat Our Horses', *True Republican*, 12 December 1925

European Commission, 'Commission Publishes Encouraging Second Round of EU-Wide Test Results for Horse Meat DNA in Beef Products: Measures to Fight Food Fraud Are Working', press release (2014)

———, DG(SANCO) 2010-8522 – MR FINAL, *Final Report of an Audit Carried out in Canada from 23 November to 06 December 2010* (Brussels, 2010)

———, DG(SANCO) 2010-8524 – MR FINAL, *Final Report of a Mission Carried out in Mexico from 22 November to 03 December 2010* (Brussels, 2010)

———, DG(SANCO) 2011-8913 – MR FINAL, *Final Report of an Audit Carried out in Canada from 13 to 23 September 2011* (Brussels, 2011)

———, DG(SANCO) 2012-6340 – MR FINAL, *Final Report of an Audit Carried out in Mexico from 29 May to 08 June 2012* (Brussels, 2012)

———, DG(SANCO) 2014-7223 – MR FINAL, *Final Report of an Audit Carried out in Mexico from 24 June to 04 July 2014* (Brussels, 2014)

———, DG(SANTE) 2014-7216 – MR FINAL, *Final Report of an Audit Carried out in Canada from 02 to 15 May 2014* (Brussels, 2014)

Eurostat, *EU Horse Production Annual Data* (Brussels, 2012)

FAQ on Phenylbutazone in Horsemeat, 2013 <http://www.efsa.europa.eu/en/faqs/phenylbutazone>

'FBI Most Wanted' <https://www.fbi.gov/wanted>

Ferrieres, M, *Sacred Cow, Mad Cow: A History of Food Fears* (New York, 2006)

Fetter, H, 'No, Horse Racing Can't Be Saved—Even by a Triple Crown Winner ', *The Atlantic*, 2015 <http://www.theatlantic.com/entertainment/archive/2014/05/no-horse-racing-cant-be-savedeven-by-a-triple-crown-winner/371255/>

Fitzgerald, A, 'A Social History of the Slaughterhouse: From Inception to Contemporary Implications', *Research in Human Ecology*, 17/1 (2010), 58–69

Food Safety and Inspection Service, and USDA, 'FSIS Directive: Ante-Mortem, Postmortem Inspection of Equines and Documentation of Inspection Tasks' (Washington DC, 2013)

'Foodsavers Eat Horse Meat', *Tacoma Times*, 20 December 1917

Forsyth, J, 'Texas Drought Leaves Heartbreaking Toll of Abandoned Horses', *Reuters*, 2011 <http://www.reuters.com/article/2011/12/03/us-horsesabandoned-idUSTRE7B20LF20111203>

Freidburg, S, *Fresh: A Perishable History* (Cambridge, MA, 2009)

'Frog Eaters and Hippophagists: Paris Letter to the New York Times', *Nashville Union and America*, 28 April 1875

Gabaccia, D, *We Are What We Eat: Ethnic Food and the Making of Americans* (Cambridge, MA, 1998)

Gavin, A, *Dark Horse: A Life of Anna Sewell* (Stroud, 2004)

Géraud, M, *Essai Sur La Suppression Des Fosses D'aisances, et de Toute Espèce de Voiries, Sur La Manière de Converter En Combustibles Les Substances Qu'on Y Renferme, Etc.* (Amsterdam, 1786)

'Getting Rid of Horses', *Fayetteville Observer*, 17 November 1870

Gordon, G, 'Investors Buy Redmond Slaughterhouse', *The Oregonian*, 22 January 1998

Gordon, W J, *The Horse-World of London* (London, 1893)

Grandin, T, K McGee, and J Lanier, *Survey of Trucking Practices and Injury to Slaughter Horses*, 1999 <http://www.grandin.com/references/horse.transport.html>

'Hadith – Book of Foods (Kitab Al-At'imah)', *Sunnah.com* <http://sunnah.com/abudawud/28/54>

Harris, M, *Good to Eat: Riddles of Food and Culture* (London, 1986)

'He Sold Horse Steaks', *Omaha Daily Bee* (18 December 1890)

Chelmsford, Maldon, Harwich and General County Advertiser, 31 May 1834
'With Gas Costs Rising, Farmers Take to Mules', *NPR*, 2008 <http://www.npr.org/templates/story/story.php?storyId=90840231>
Wykes, D, 'Robert Bakewell (1725–1795) of Dishley: Farmer and Livestock Improver', *The Agricultural History Review*, 52/1 (2004), 38–55
Youatt, W, *The Horse: With a Treatise on Draught and a Copious Index* (London, 1831)

肉

'A Horse Dinner', *The Times*, 7 February 1868
'A Horseflesh Food Plant at Rockford', *True Republican*, 7 February 1923
'Abandoned Horses Are Slaughter Rejects, Say Advocates', *HorseTalk*, 20 November 2011 <http://horsetalk.co.nz/2011/12/20/abandoned-horsesslaughter-rejects-advocates/#axzz3rrMXG2Jx>
'Alleged Dynamiter Made Two Dashes from Court Room', *True Republican*, 19 December 1925
'Alleged Sledgehammer Attack Bid to Euthanize Animal', *HorseTalk*, 31 May 2012<http://horsetalk.co.nz/2012/05/31/alleged-sledgehammer-attack-bid-toeuthanize/#axzz3rrMXG2Jx>
'An Enthusiast on Horse-Flesh', *Opelousa Courier*, 22 February 1890
'Animal Control Investigate Severely Emaciated Horse Abandoned on Los Angeles Street', *The Examiner*, 2010 <http://www.examiner.com/article/animal-control-investigate-severely-emaciated-horse-abandoned-on-losangeles-street>
Animal Plant Health Inspection Service, USDA, *Part 88: Commercial Transportation of Equines for Slaughter* (Washington DC, 2014) <http://www.gpo.gov/fdsys/pkg/CFR-2014-title9-vol1/pdf/CFR-2014-title9-vol1-part88.pdf>
Animals' Angels, *Horsemeat Imports into the EU and Switzerland* (Zurich, 2014)
'Arrested for Selling Horse Meat', *Pike County Press*, 17 January 1896
Associated Press, 'Horse Found with Brand Cut out of Hide', *MSNBC.com*, 2009 <http://www.nbcnews.com/id/31856204/ns/us_news-life/t/horse-foundbrand-cut-out-hide/>
———, 'More Horses Being Let Go, Officials Say', *Las Vegas Review Journal*, 2 December 2008
Barclay, H, 'Commentary on Marvin Harris' Good to Eat', *Anthropos*, 84/1 (1989)
———, *The Role of the Horse in Man's Culture* (London, 1980)
Bicknell, A, 'Hippophagy: The Horse as Food for Man', *Journal of the Society of Arts*, XVI/801 (1868), 349–59
'Big Howl from the Papers over the Canning of Horsemeat in Oregon', *San Francisco Call*, 23 April 1895
Bogdanich, W, J Drape, D Miles, and G Palmer, 'Death and Disarray at America's Racetracks', *New York Times*, 24 March 2012 <http://www.nytimes.com/2012/03/25/us/death-and-disarray-at-americas-racetracks.html?pagewanted=all&_r=1>
Booth Thomas, C, 'T. Boone Pickens to the Rescue', *Time*, July 2006
Bouchet, G, *Le Cheval à Paris de 1850 à 1914* (Paris, 1993)
'Butter Made from Horse Bones', *The Tiffin Tribune*, 8 August 1872
'Cab Horse Cutlets with Whine Sauce', *Perrysburg Journal*, 6 June 1918
Cain Oakford, G, 'Canadian Slaughterhouses Resume Deliveries from U.S.', *Daily Racing Form*, 2012 <http://www.drf.com/news/canadian-slaughterhousesresume-deliveries-us>
Carpenter, F, 'Horse Meat for Food', *The National Tribune*, 19 January 1893
CBC News, *Truth About Canadian Horse Slaughter – Dr. Temple Grandin*, 2011 <https://www.youtube.com/watch?v=_orfuh2mt0s>
Chai, C, and B Leffler, 'Tainted Meat: Banned Veterinary Drugs Found in Horse Meat', *Global News*, 2014 <http://globalnews.ca/news/1193995/tainted-meat-banned-veterinary-drugs-found-in-horse-meat/>
'Chain Pulls Horsemeat after New Cruelty Charges', *The Local*, 2014 <http://www.thelocal.ch/20140312/discount-chain-pulls-horsemeat-after-cruelty-charges>
Chap. 555 An Act to Provide for the Inspection of Live Cattle, Hogs, and the Carcasses and Products Thereof Which Are the Subjects of Interstate Commerce, and for Other Purposes(1891)
'Chappel Brothers', *RockfordReminisce.com* <http://www.rockfordreminisce.com/Chappel_Brothers.html>
'Charge Horses Died on Way to Packing Plant at Rockford', *True Republican*, 28 December 1927
'CHEER UP! Nobody's Said Anything about Horse-Meatless Days', *The Evening World* (19 March 1918)
Colberg, S, and C Casteel, 'U.S. Horse Slaughter Plants in the Very Early Stages of Planning, Proponent Says', *News*OK, 2011 <http://newsok.com/article/3626718>
'Condition of the South', *Ottawa Free Trader*, 6 June 1868
Couturier, L, 'Dark Horse', *Orion Magazine*, July 2010
Cowan, T, *Horse Slaughter Prevention Bills and Issues* (Washington DC, 2013) <http://nationalaglawcenter.org/wp-content/uploads/assets/crs/RS21842.pdf>
Cullom, S, *Agricultural Appropriation Bill: Report to Accompany HR6351*, 1898
———, 'Letter of the Secretary of Agriculture, Agricultural Appropriation Bill' (Washington DC, 1898)

since 1800 (London, 1998)

Kendell, C, *Horse Powered Traction and Tillage: Some Options and Costs for Sustainable Agriculture, with International Applications*, 2011 <http://www.fao.org/ag/againfo/themes/animal-welfare/aw-awhome/detail/en/item/51858/icode/>

Kidd, J, *The New Observer's Book of Horses and Ponies* (London, 1984)

Lawrence, D H, *Apocalypse* (London, 1995)

Leslie, S, *The New Horse-Powered Farm: Tools and Systems for the Small-Scale Sustainable Market Grower* (White River Junction, 2013)

Lesté-Lasserre, C, 'Does Horses' Waste Help or Hinder the Environment?' *TheHorse.com*, 2013 <http://www.thehorse.com/articles/32259/does-horses-waste-help-or-hinder-the-environment>

Lizet, B, *La Bête Noire* (Paris, 1989)

M'Fadyean, J, 'The Prophylaxis of Glanders', *Journal of Comparative Pathology and Therapeutics*, 18 (1905), 23–30

Major, J, 'The Pre-Industrial Sources of Power: Muscle Power', *History Today*, 30/3 (1980)

McGilvray, C, 'The Transmission of Glanders from Horse to Man', *Canadian Journal of Public Health, 35/7 (July, 1944) 268–275*

McKenna, C, *Bearing a Heavy Burden* (London, 2008)

Miele, K, 'Horse-Sense: Understanding the Working Horse in Victorian London', *Victorian Literature and Culture*, 37/01 (2009), 129

Moore-Colyer, R, 'Aspects of Horse Breeding and the Supply of Horses in Victorian Britain', *The Agricultural History Review*, 43/1 (1995)

———, 'Aspects of the Trade in British Pedigree Draught Horses with the United States and Canada', *The Agricultural History Review*, 48/1 (2000), 42–59

———, 'Horses and Equine Improvement in the Economy of Modern Wales', *Agricultural History Review*, 39/2 (1991), 126–42

Morris, E, 'From Horse Power to Horsepower', *Access*, 30, 2007

Norton Greene, A, *Horses at Work: Harnessing Power in Industrial America* (Cambridge, MA, 2008)

Oswald, F, 'Health Hints for Old and Young', *The National Tribune*, 11 April 1889

Pinney, C, 'The Case for Returning to Real Live Horse Power', in *Before the Wells Run Dry – Ireland's Transition to Renewable Energy*, ed. by R Douthwaite (Dublin, 2003)

Power O'Donoghue, N, *Ladies on Horseback: Learning, Park-Riding, and Hunting, with Hints upon Costume, and Numerous Anecdotes* (London, 1881)

Prothero, R, 'The Stock-Breeder's Art and Robert Bakewell (1725-1795)', in *English Farming Past and Present* (Cambridge, 2013)

Reguzzoni, A, 'Small Farmers Crave Horse Power', *Grist*, December 2011 <http://grist.org/sustainable-farming/2011-12-06-small-farmers-crave-horsepower/>

Richardson, C, *British Horse and Pony Breeds and Their Future* (London, 2008)

Ritvo, H, 'Processing Mother Nature: Genetic Capital in Eighteenth-Century Britain', ed. by J Brewer and S Staves (London, 1995)

Rydberg, T, and J Jansén, 'Comparison of Horse and Tractor Traction Using Emergy Analysis', *Ecological Engineering*, 19/1 (2002), 13–28

'Scrapiana', *The Essex Standard, and Colchester, Chelmsford, Maldon, Harwich and General County Advertiser*, 11 December 1835

'Second Horse Age Is Here, and It Will Stay, Says Sir W. Gilbey', *Gloucestershire Echo*, 13 October 1939

Sewell, A, *Black Beauty* (Norwich, 1879)

Stewart, J, and B Allen, *The Stable Book: Being a Treatise on the Management of Horses, in Relation to Stabling, Grooming, Feeding, Watering and Working. Construction of Stables, Ventilation, Stable Appendages, Management of the Feet. Management of Diseases and Defective Horses* (New York, 1858)

Sutter, J, 'Despite Horses and Buggies, Amish Aren't Necessarily "Low-Tech"', *CNN*, 2011 <http://edition.cnn.com/2011/TECH/innovation/06/22/amish.tech.brende/>

Tann, J, 'Horse Power 1780–1880', in *Horses in European Economic History: A Preliminary Canter* (1983)

Tarbell, I, 'The Meat of Paris', *Pittsburgh Dispatch*, 10 April 1892

'The Tricks of Horse Dealers', *New Zealand Herald*, 16 May 1868

The Victorian Web <http://www.victorianweb.org/>

Thirsk, J, *Horses in Early Modern England: For Service, for Pleasure, for Power* (Reading, 1977)

Thomas, K, *Man and the Natural World: Changing Attitudes in England 1500–1800* (London, 1983)

Thompson, F, 'Horses and Hay in Britain 1830–1918', in *Horses in European Economic History: A Preliminary Canter* (1983)

———, 'Nineteenth-Century Horse Sense', *The Economic History Review*, 29/1 (1976)

Tollefson, Jeff, 'Intensive Farming May Ease Climate Change', *Nature*, 465/7300 (2010), 853

Various, 'Proceedings of the 6th International Colloquium on Working Equids' (New Delhi, 2010)

———, 'Proceedings of the 7th International Colloquium on Working Equids' (London, 2014)

Velten, H, *Beastly London: A History of Animals in the City* (London, 2013)

'Watchlist: Equine', *Rare Breeds Survival Trust* <http://www.rbst.org.uk/Rare-and-Native-Breeds/Equine>

'Whimsical Horse', *The Essex Standard, and Colchester,*

German Life and Letters, 36 (1983)
———, 'Tournaments and Their Relevance for Warfare in the Early Modern Period', *European History Quarterly*, 20 (1990)
———, 'Tournaments in Europe', in *Spectaculum Europaeum (1580–1750) Theatre and Spectacle in Europe* (Wolfenbüttel, 1999)
Xenophon, *The Art of Horsemanship* (London, 2007)

カ

Alexander, A, *Horse Secrets* (Philadelphia, 1909)
'Amish Farmers' Success Goes Against The Grain', *New York Times*, 4 September 1986
Barclay, H, *The Role of the Horse in Man's Culture* (London, 1980)
Bewick, T, *A General History of Quadrupeds* (Newcastle Upon Tyne, 1800)
Burnes, A, *Travels into Bokhara. Being an Account of a Journey from India to Cabool, Tartary and Persia. Also, Narrative of a Voyage on the Indus from the Sea to Lahore* (London, 1834)
Caldwell, E, 'Estimate: A New Amish Community Is Founded Every 3.5 Weeks in U.S.', *Ohio State University Research News*, 2012
Carpenter, F, 'Horse Meat for Food', *The National Tribune*, 19 January 1893
'Chevaux de Trait Français. Menacés D'extinction Faute de Consommateurs', *Le Télégramme*, 2010 <http://www.letelegramme.fr/ig/generales/france-monde/france/chevaux-de-trait-francais-menaces-d-extinction-faute-de-consommateurs-17-12-2010-1152036.php>
Chivers, K, *History with a Future: Harnessing the Heavy Horse for the Twenty-First Century* (Peterborough, 1988)
———, *The Shire Horse* (London, 1976)
———, 'The Supply of Horses in Great Britain in the Nineteenth Century', in *Horses in European Economic History: A Preliminary Canter*, ed. by K Thompson (1983)
Collins, E, 'The Farm Horse Economy of the Early Tractor Age 1900–1940', in *Horses in European Economic History: A Preliminary Canter*, ed. by F Thompson (1983)
Courteau, D, 'Horse Power: A Practical Suggestion That Would Transform the Way We Live', *Orion Magazine* (September 2007)
Davis, R, 'The Medieval Warhorse', in *Horses in European Economic History: A Preliminary Canter*, ed. by F Thompson (1983)
Dealers Tricks, *Sporting Magazine*, September 1839
De Decker, K, 'Bring Back the Horses', *Low-Tech Magazine* <http://www.lowtechmagazine.com/2008/04/horses-agricult.html>
Derry, M, *Horses in Society: A Story of Animal Breeding and Marketing Culture, 1800-1920* (Toronto, 2006)
Downes, A, and A Childs, *My Life with Horses: The Story of Jack Juby MBE, Master of the Heavy Horse* (Tiverton, 2006)
'Dray Horse Falls into Pit near Treasury, *Morning Chronicle*, 14 October 1834
Edwards, P, K Enenkel, and E Graham, *The Horse as Cultural Icon: The Real and the Symbolic Horse in the Early Modern World* (Leiden, 2011)
Enrle, L, *English Farming Past and Present* (London, 1936)
Ewart Evans, G, *Horse Power and Magic* (London, 2008)
Fiennes, C, *Through England On a Side Saddle in the Time of William and Mary* (London, 1888)
Frey, C, and M Osborne, *The Future of Employment: How Susceptible Are Jobs to Computerisation?* (Oxford, 2013) <http://www.oxfordmartin.ox.ac.uk/publications/view/1314>
George, C, 'City P.C. George H. Hutt, Police Poet, and the Issue of Horse Cruelty', *Reflections of a Ripperologist*, 2011 <http://blog.casebook.org/chrisgeorge/2011/09/08/city-pc-george-h-hutt-police-poet-and-the-issue-ofhorse-cruelty/>
Główna, S, 'Renaissance of Working Horses. Benefits of Using Horses in Farming and Forestry', *International Coalition to Protect the Polish Countryside*, 2007 <http://icppc.pl/index.php/pl/icppc/pl/home/14-english/projects/230-workinghorses.html>
Gordon, W J, *The Horse-World of London* (London, 1893)
Hamilton Smith, C, *The Nauralist's Library: The Natural History of Horses* (Edinburgh, 1841)
Hart, E, *Heavy Horses: An Anthology* (Stroud, 1994)
Herold, P, P Schlechter, and R Scharnhölz, 'Modern Use of Horses in Organic Farming', *Fédération Européenne Du Cheval de Trait Pour La Promotion de Son Utilisation* <http://www.fectu.org/Englisch/Horses in organic farming.pdf>
Hodak, C, 'Les Animaux Dans La Cité: Pour Une Histoire Urbaine de La Nature', *Genèses*, 37 (1999), 156–59
Holden, B, *The Long Haul: The Life and Times of the Railway Horse* (London, 1985)
Hollows, D, *Voices in the Dark: Pony Talk and Mining Tales* (2011)
Hornsey, I, 'Industrial Revolution', in *The Oxford Companion to Beer*, ed. by G Oliver (Oxford, 2011)
'Horse Fed Turkish Delight', *Illustrated Police News*, August 1900
'Horseless Carriages' *York Herald*, 29 October 1895
'Horses and Stables', *Camden Railway Heritage Trust* <http://www.crht1837.org/history/horsesstables>
Jackson, Lee, 'Victorian London' <http://www.victorianlondon.org>
James, R, 'Horse and Human Labor Estimates for Amish Farms', *Journal of Extension*, 45/1 (2007)
Kean, H, *Animal Rights: Political and Social Change in Britain*

Redingcote, 2010 <https://regencyredingote.wordpress.com/2010/04/30/royal-hanoverian-creams/>

Kautilya, and R Shamasastry, *Arthasastra* (Mysore, 1967)

Kellock, E M, *The Story of Riding* (Newton Abbot, 1974)

Landry, D, *Noble Brutes: How Eastern Horses Transformed English Culture* (Baltimore, 2009)

Le Mercure François Ou La Suitte de L'histoire de La Paix Commençant L'an 1605 Pour Suite Du Septénaire Du D. Cayer, et Finissant Au Sacre Du Très Grand Roy de France et de Navarre Louis XIII (Paris, 1611)

'Living with Animals 2: Interconnections' (Richmond, 2015)

Loch, S, *Dressage: The Art of Classical Riding* (London, 1990)

———, *The Royal Horse of Europe* (London, 1986)

Lopes, M S, D Mendonça, T Cymbron, M Valera, J Da Costa-Ferreira, A Da Câ, and others, 'The Lusitano Horse Maternal Lineage Based on Mitochondrial

D-Loop Sequence Variation', Animal Genetics, 36/3 (2005) 196–202

Loring Payne, F, *The Story of Versailles* (New York, 1919)

Luís, C, C Bastos-Silveira, J Costa-Ferreira, E G Cothran, and M M Oom, 'A Lost Sorraia Maternal Lineage Found in the Lusitano Horse Breed', *Zeitschrift Für Tierzüchtung Und Züchtungsbiologie*, 123/6 (2006), 399–402

'Lusus Troiae', *Wikipedia* <https://en.wikipedia.org/wiki/Lusus_Troiae>

Mackay-Smith, A, J R Druesedow, and T Ryder, *Man and the Horse: An Illustrated History of Equestrian Apparel* (New York, 1984)

MacNeille Nelson, N, 'Courses de Testes et de Bague and the Cultural Legitimization of Louis XIV's Personal Rule, 1661–1671' (Haverford College, 2008)

Marshall, J, *Taxila: An Illustrated Account of Archaeological Excavations Carried out at Taxila, Etc.* (Cambridge, 1951)

Mayor, A, *The Amazons: Lives and Legends of Warrior Women across the Ancient World* (Princeton, 2014)

Nelson, H, *François Baucher: The Man and His Method* (London, 1992)

———, *The Écuyère of the Nineteenth Century in the Circus* (Cleveland Heights, 2001)

Nyland, A, *The Kikkuli Method of Horse Training* (Mermaid Beach, 2009)

van Orden, K, *Music, Discipline, and Arms in Early Modern France* (Chicago, 2005)

Patel, A D, 'The Evolutionary Biology of Musical Rhythm: Was Darwin Wrong?' *PLoS Biol*, 12/3 (2014)

de Pluvinel, A, *L'Instruction Du Roy, En l'Exercice de Monter a Cheval Par Messire Antoine de Pluvinel, Son Sous-Gouverneur, Conseiller En Son Conseil d'Etat, Chambellan Ordinaire, et Son Ecuyer Principal* (Amsterdam, 1668)

Poppiti, K, 'Galloping Horses: Treadmills and Other Theatre Appliances in Hippodramas', *Theatre Design and Technology*, 41/4 (2005), 45

Poppiti, K D, 'Pure Air and Fire: Horses and Dramatic Representations of the Horse on the American Theatrical Stage' (New York University, 2003)

Powell, J S, 'Music and the Scenic Portrayal of Gods, Men, and Monsters in Corneille's Andromede' (Oxford, 2001)

Raber, K L, '"Reasonable Creatures": William Cavendish and the Art of Dressage', in *Renaissance Culture and the Everyday*, ed. by P Fumerton and S Hunt (Philadelphia, 1999)

Raber, K, and T J Tucker, *The Culture of the Horse: Status, Discipline and Identity in the Early Modern World* (London, 2005)

Roche, D, and D Reytier, *A Cheval: Ecuyers, Amazones & Cavaliers* (Versailles, 2007)

Rowlands, S, 'Maroccus Extaticus: Or Bankes' Bay Horse in a Trance', in *The Four Knaves, a Series of Satirical Tracts by Samuel Rowlands*, ed. by E P Rimbault (1597)

Royo, L J, I Alvarez, A Beja-Pereira, A Molina, I Fernández, J Jordana, and others, 'The Origins of Iberian Horses Assessed via Mitochondrial DNA', *The Journal of Heredity*, 96/6 (2005), 663–69

Saxon, A H, *Enter Foot and Horse: A History of Hippodrama in England and France* (New Haven and London, 1968)

———, 'The Circus as Theatre: Astley's and Its Actors in the Age of Romanticism', *Educational Theatre Journal*, 27/3 (1975)

Shehada, H A, *Mamluks and Animals: Veterinary Medicine in Medieval Islam* (Leiden, 2013)

Sidney, P, 'The Defense of Poesy', in *English Essays* (New York, 1909)

Spawforth, A, *Versailles: A Biography of a Palace* (New York, 2008)

'Sprezzatura', *Wikipedia* <https://en.wikipedia.org/wiki/Sprezzatura>

Talley, G, 'Fantasia: Performing Traditional Equestrianism as Heritage Tourism in Morocco (in Preparation)' (University of Los Angeles)

Thirsk, J, *Horses in Early Modern England: For Service, for Pleasure, for Power* (Reading, 1977)

Thomas, K, *Man and the Natural World: Changing Attitudes in England 1500–1800* (London, 1983)

Tobey, E M, 'The Legacy of Federico Grisone', in *The Horse as Cultural Icon: The Real and the Symbolic Horse in the Early Modern World*, ed. by P Edwards, K Enenkel, and E Graham (Leiden, 2011)

Tomassini, G B, and S Chiverton, *The Works of Chivalry* <http://worksofchivalry.com/en>

Tucker, T J, 'From Destrier to Danseur: The Role of the Horse in Early Modern French Noble Identity' (University of Southern California, 2007)

Velten, H, *Beastly London: A History of Animals in the City* (London, 2013)

Watanabe-O'Kelly, H, 'The Equestrian Ballet in 17th Century Europe – Origin, Description, Development',

Sax, B, *Animals in the Third Reich: Pets, Scapegoats, and the Holocaust* (London, 2000)

Saxon, A H, *Enter Foot and Horse: A History of Hippodrama in England and France* (New Haven and London, 1968)

Sayed, A, 'Dzud: A Slow Natural Disaster Kills Livestock – and Livelihoods – in Mongolia', *World Bank Blogs*, 2010 <http://blogs.worldbank.org/eastasiapacific/dzud-a-slow-natural-disaster-kills-livestock-and-livelihoods-in-mongolia>

Schama, S, *Landscape and Memory* (London, 1996)

'The First Circus', *Victoria and Albert Museum*, 2011 <http://www.vam.ac.uk/content/articles/t/the-first-circus/>

UNFPA Mongolia, 'Mongolia Has Launched the Main Findings of Its 2010 Population and Housing Census', 17 July 2011

Varro, *De Re Rustica Vol* II (Cambridge, MA, 1934)

Veit, V, '"In Autumn Our Horses Are Well-Fed and Ready for Action" – the Ch'ing Empire and Its Mongolian Cavalry', in *SOAS War Horse Conference* (London, 2014)

Wagner, M A, *Le Cheval Dans Les Croyances Germaniques: Paganisme, Christianisme et Tradition* (Paris, 2005)

Wiener, L, *Anthology of Russian Literature from the Earliest Period to the Present Time* (New York, 1902)

Wit, P, and I Bouman, *The Tale of the Przewalski's Horse: Coming Home to Mongolia* (Utrecht, 2006)

World Bank, 'Mongolia: Improving Public Investments to Meet the Challenge of Scaling up Infrastructure' <http://www.worldbank.org/en/news/feature/2013/02/27/mongolia-improving-public-investments-to-meet-thechallenge-of-scaling-up-infrastructure>

Zimmerman, W, *International Przewalski's Horse Studbook*, (Cologne)

Борейко, В Е, *Аскания-Нова: тяжкие версты истории 1826–1997* (Kiev, 2001)

История городов и сел Украинской ССР. Херсонская область (Kiev, 1983)

Письма из *MaisoRusse. Сестры Анна Фальц-Фейн и Екатерина Достоевская в эмиграции* (St Petersburg, 1999)

Салганский, А А, И С Слесь, В Д Треус, and Г А Успенский, *«Аскания-Нова» (опыт акклиматизации диких копытных и страусов)* (Kiev, 1963)

Треус, В Д, *Акклиматизация и гибридизация животных в Аскании-Нова: 80-летний опыт культурного освоения диких животных и птиц* (Kiev, 1968)

文化

Alt, A, and S Nauleau, *La Voie de l'Ecuyer* (Arles, 2008)

Athenaeus, and C D Yonge, *The Deipnosophists, Or Banquet Of The Learned Of Athenaeus* (London, 1854)

Bartabas, *Manifeste Pour La Vie D'Artiste* (Paris, 2012)

———, *Mazeppa*, 1993

'Bartabas: Instinct Cavalier', *Cheval Magazine*, November 2011

Battista Tomassini, G, *The Italian Tradition of Equestrian Art* (Franktown, 2014)

Bhakari, S K, *Indian Warfare – An Appraisal of the Strategy and Tactics of War in Early Medieval Period* (Delhi, 1983)

Bondeson, J, 'The Dancing Horse', in *The Feejee Mermaid and Other Essays in Natural and Unnatural History* (Ithaca, 1999)

Bregman, M R, J R Iversen, D Lichman, M Reinhart, and A D Patel, 'A Method for Testing Synchronization to a Musical Beat in Domestic Horses (Equus Ferus Caballus)', *Empirical Musicology Review*, 7/3–4 (2012)

Castiglione, B, and T Hoby, 'Full Text of Sir Thomas Hoby's Translation of The Book of the Courtier by Baldassare Castiglione', *Sheffield Hallam University Website*, 1561 <http://extra.shu.ac.uk/emls/iemls/resour/mirrors/rbear/courtier/courtier.html>

Cavendish, W, *A New Method and Extraordinary Invention to Dress Horses, And Work Them according to Nature; As Also, to Perfect NATURE by the Subtilty of ART; Which Was Never Found Out, but by the Thrice Noble, High and Puissant PRINCE William Cavendishe* (1657)

'Chasseur', 'Third Letter from Paris', *The Sporting Magazine*, 2 (1830), 155

Cowart, G J, *The Triumph of Pleasure: Louis* XIV *and the Politics of Spectacle* (Chicago, 2008)

DeCastro, J, *The Memoirs of J. Decastro, Comedian* (London, 1824)

Dixon, K R, and P Southern, *The Roman Cavalry: From the First to the Third Century AD* (London, 1997)

Falk, A, *The Psychoanalytic History of the Jews* (Madison, NJ, 1996)

Garcin, J, *Bartabas, Roman* (Paris, 2004)

Greening, L, and C Carter, 'Auditory Stimulation of the Stabled Equine; the Effect of Different Music Genres on Behaviour', in *International Society for Equitation Science* (Edinburgh, 2012)

de la Guériniere, F R, *School of Horsemanship* (London, 1994)

Hamilton, J, *Marengo, the Myth of Napleon's Horse* (London, 2000)

'Hippika Gymnasia', *Wikipedia* <https://en.wikipedia.org/wiki/Hippika_gymnasia>

Hippisley Coxe, A, *A Seat at the Circus* (London, 1951)

Homer, and S Butler, *Illiad* (London, 1898)

Huth, F, *Works on Horses and Equitation: A Bibliographical Record of Hippology* (London, 1887)

Hyland, A, *The War Horse: 1250–1600* (Stroud, 1998)

Jando, D, 'Philip Astley', *Circopedia* <http://www.circopedia.org/Philip_Astley>

Kane, K, 'Royal Hanoverian Creams', *The Regency*

Chimedsengee, U, A Cripps, V Finlay, G Verboom, V Munkhbaatar Batchuluun, and V Da Lama Byambajav Khunkhur, *Mongolian Buddhists Protecting Nature: A Handbook on Faiths, Environment and Development* (Ulaanbaatar, 2009)

Cornay, J E, 'De La Reconstruction Du Cheval Sauvage Primitif ', in *Libraire de La Faculté de Médecine*, ed. by P Asselin (Paris, 1861)

Daszkiewicz, P, and J Aikhenbaum, 'Aurochs, Le Retour D'une Supercherie Nazie', *Courrier de l'Environnement de l'INRA*, 33 (1998)

'Desertification in Mongolia, 2013 UNEP Report' <http://www.unep.org/wed/2013/docs/Desertification-in-Mongolia-30.5.13.pdf>

Die Geschichte Berlins, 'Heck, Lutz' <http://www.diegeschichteberlins.de/geschichteberlins/persoenlichkeiten/persoenlichkeitenhn/491-heck.html>

DiNardo, R L, *Mechanized Juggernaut or Military Anachronism? Horses and the German Army of World War Two* (Westport, 1991)

Fauvelle, C, 'Le Cheval Sauvage de la Dzoungarie', *Bulletins de La Société d'Anthropologie de Paris*, 10/3 (1887), 188–206

Fijn, N, 'The Domestic and the Wild in the Mongolian Horse and the Takhi', in *Taxonomic Tapestries The Threads of Evolutionary, Behavioural and Conservation Research*, ed. by A M Behie and M F Oxenham (Canberra, 2015)

Fox, F, 'Endangered Species: Jews and Buffaloes, Victims of Nazi Pseudo-Science', *East European Jewish Affairs*, 31/2 (2001), 82–93

'Genealogy: Families Prieb, Stark, Mehlmann, Fein, Falz, Falz-Fein' <http://www.stammbaum-familie-prieb.de/StBFFAnlage_engl.htm>

Gill, V, 'Chernobyl's Przewalski's Horses Are Poached for Meat', *BBC Nature* <http://www.bbc.co.uk/nature/14277058>

Gongorin, U, 'Sacred Groves in Mongolia: Country Report', in *Conserving the Sacred for Biodiversity Management*, ed. by P S Ramakrishan (New Delhi, 1998)

Gordon, W J, *The Horse-World of London* (London, 1893)

Grzimek, B, *Wild Animal, White Man: Some Wildlife in Europe, Soviet Russia and North America* (London, 1966)

Hagenbeck, C, *Beasts and Men: Being Carl Hagenbeck's Experiences for Half a Century Among Wild Animals* (London, 2012)

Hamilton Smith, C, *The Nauralist's Library: The Natural History of Horses* (Edinburgh, 1841)

Harmon Snow, K, 'The Bare Naked Face of Capitalism: Foreign Mining, State Corruption, and Genocide in Mongolia', *I C Magazine*, 2014 <https://intercontinentalcry.org/goldman-prizewinner-gets-21-yearsresistance-genocide/>

Heck, H, 'The Breeding-Back of the Tarpan', *Oryx*, 1/7 (1952)

Heck, L, *Animals: My Adventure* (Norwich, 1954)

Heiss, L, *Askania-Nova: Animal Paradise in Russia* (London, 1970)

Heissig, W, *The Religions of Mongolia* (Berkeley, 1980)

Hepter, V G, *Mammals of the Soviet Union* (Washington DC, 1988)

Herodotus, *Herodotus: The Histories* (London, 2003)

Humber, Y, 'Mongolia $1.25/day Labor Amid $4K Purses Stirs Discontent', *Bloomberg*, 2013 <http://www.bloomberg.com/news/articles/2013-02-04/mongolia-1-25-day-labor-amid-4k-purses-stirs-discontent>

Humphrey, C, 'Horse Brands of the Mongolians: A System of Signs in a Nomadic Culture', *American Ethnologist*, 1/3 (1974), 471–88

———, *The End of Nomadism? Society, State and the Environment in Inner Asia* (Cambridge, 1999)

'International Wild Equid Conference: Book of Abstracts' (Vienna, 2012) <https://www.vetmeduni.ac.at/fileadmin/v/fiwi/Konferenzen/Wild_Equid_Conference/IWEC_book_of_abstracts_final.pdf>

Irvine, R, 'Thinking with Horses: Troubles with Subjects, Objects, and Diverse Entities in Eastern Mongolia', *Humanimalia*, 6/1 (2014), 62–94

Jennings, J J, *Theatrical and Circus Life: Secrets of the Stage, Green-Room and Sawdust Arena* (Chicago, 1886)

Jezierski, T, and Z Jaworski, *Das Polnische Konik* (Hohenwarsleben, 2008)

Kaiman, J, 'Mongolia's New Wealth and Rising Corruption Is Tearing the Nation Apart', *The Guardian*, 27 June 2012

Kavar, T, and P Dovč, 'Domestication of the Horse: Genetic Relationships between Domestic and Wild Horses', *Livestock Science*, 116/1–3 (2008), 1–14

von Manstein, E, *Lost Victories: The War Memoirs of Hitler's Most Brilliant General* (Minneapolis, 2004)

'Nabokov Family Web #187' <http://dezimmer.net/NabokovFamilyWeb/nfw01/nfw01_187.htm>

Noble Wilford, J, 'In Mongolia, an "Extinction Crisis" Looms', *New York Times*, 6 December 2005

Orlando, L, A Ginolhac, G Zhang, D Froese, A Albrechtsen, M Stiller, and others, 'Recalibrating Equus Evolution Using the Genome Sequence of an Early Middle Pleistocene Horse', *Nature*, 499/7456 (2013), 74–78

'Review of *Mazeppa*', *Morning Chronicle*, 5 April 1831

'Review of *The Wild Horse and the Savage*', *North Wales Chronicle*, 17 February 1835

Ridgeway, W, *Origin and Influence of the Thoroughbred Horse* (Cambridge, 1905)

le Roux, H A, *Acrobats and Mountebanks* (London, 1890)

Russell, J, 'The Compelling Imagery of Hans Baldung Grien', *New York Times*, 22 February 1981

Samojlik, T, 'The Bison: Rich Treasure of the Forest', in *Conservation and Hunting: Bialowiecza Forest in the Time of Kings*, ed. by T Samojlik (2005)

Olsen, S, B Bradley, D Maki, and A Outram, 'Community Organization among Copper Age Sedentary Horse Pastoralists of Kazakhstan', *Beyond the Steppe and the Sown, Colloquia Pontifica*, 2006

Olsen, S, A Brickman, and Y Cai, 'Discovery by Reconstruction: Exploring Digital Archeology', *SIGCHI Workshop*, 2004

Olsen, S L, 'Expressions of Ritual Behavior at Botai, Kazakhstan', in *Proceedings of the Eleventh Annual UCLA Indo-European Conference*, 2000, 183–207

Olsen, S L, 'This Old Thing? Copper Age Fashion Comes to Life', *Archeology*, 61/1(2008), 46–47

Outram, A K, and A Kasparov, 'Patterns of Pastoralism in Later Bronze Age Kazakhstan: New Evidence from Faunal and Lipid Residue Analyses', *Journal of Archaeological Science*, 39 (2012), 2424–35

Outram, A K, N A Stear, and A Kasparov, 'Horses for the Dead: Funerary Foodways in Bronze Age Kazakhstan', *Antiquity*, 85/327, January 2011, 116–128

Outram, A K, N A Stear, R Bendrey, S Olsen, A Kasparov, V Zaibert, and others, 'The Earliest Horse Harnessing and Milking', *Science* (New York, N.Y.), 323/5919 (2009), 1332–35

Petersen, J L, J R Mickelson, A K Rendahl, S J Valberg, L S Andersson, J Axelsson, and others, 'Genome-Wide Analysis Reveals Selection for Important Traits in Domestic Horse Breeds', ed. by J M Akey, *PLoS Genetics*, 9/1 (2013)

'Punctured Horse Shoulder Blade' <http://humanorigins.si.edu/evidence/behavior/food/punctured-horse-shoulder-blade>

Schubert, M, H Jónsson, D Chang, C Der Sarkissian, L Ermini, A Ginolhac, and others, 'Prehistoric Genomes Reveal the Genetic Foundation and Cost of Horse Domestication', *Proceedings of the National Academy of Sciences of the United States of America*, 111/52 (2014)

Secord, R, J I Bloch, S G B Chester, and D M Boyer, 'Evolution of the Earliest Horses Driven by Climate Change in the Paleocene-Eocene Thermal Maximum', *Science*, 2012

Simpson, G G, *Horses: The Story of the Horse Family in the Modern World and through Sixty Million Years of History* (New York, 1951)

Sommer, R S, N Benecke, L Lougas, O Nelle, and U Schmölcke, 'Holocene Survival of the Wild Horse in Europe: A Matter of Open Landscape?' *Journal of Quaternary Science*, 26/8 (2011), 805–12

'Spots, Stripes and Spreading Hooves in the Horses of the Ice Age – Tetrapod Zoology', *Scientific American Blog Network* <http://blogs.scientificamerican.com/tetrapod-zoology/spots-stripes-and-spreading-hooves-in-the-horses-of-theice-age/>

Vila, C, J A Leonard, A Gotherstrom, S Marklund, K Sandberg, K Liden, and others, 'Widespread Origins of Domestic Horse Lineages', *Science* (New York, N.Y.), 291/5503 (2001), 474–77

Warmuth, V, A Eriksson, M A Bower, J Canon, G Cothran, O Distl, and others, 'European Domestic Horses Originated in Two Holocene Refugia', *PLoS One*, 6/3 (2011)

Warmuth, V, A Eriksson, M A Bower, Graeme Barker, E Barrett, B K Hanks, and others, 'Reconstructing the Origin and Spread of Horse Domestication in the Eurasian Steppe', *Proceedings of the National Academy of Sciences of the United States of America*, 109/21 (2012)

'Why Did Horses Die out in North America?' *HorseTalk*, 29 November 2012 <http://horsetalk.co.nz/2012/11/29/why-did-horses-die-out-in-north-america/#axzz3pfUzULtx>

Wilkins, A S, R W Wrangham, and W Tecumseh Fitch, 'The "Domestication Syndrome" in Mammals: A Unified Explanation Based on Neural Crest Cell Behavior and Genetics', *Genetics*, 197/3 (2014), 795–808

野生

Africanus, L, *The History and Description of Africa Vol* III (London, 1896)

Alliance of Religions and Conservation, 'Mongolian Buddhist Environment Handbook' <http://www.arcworld.org/downloads/Mongolian Buddhist Environment Handbook.pdf>

'An SS Booklet on Racial Policy', *German Propaganda Archive* <http://research.calvin. edu/german-propaganda-archive/rassenpo.htm>

Atwood Lawrence, E, *Hoofbeats and Society: Studies of Human–Horse Interactions* (Bloomington, 1985)

Bandi, N O, *Takhi: Back to the Wild* (Ulaanbaatar, 2012)

Bell, J, *Travels from St Petersburgh in Russia to Various Parts of Asia* (Edinburgh, 1806)

'Berliner Zoo: Urmacher Unerwünscht', *Der Spiegel*, 1954 <http://www.spiegel.de/spiegel/print/d-28956824.html>

Bold, B O, *Eques Mongolica* (Reykjavik/Toronto, 2012)

Bouman, J, I Bouman, and A Groeneveld, *Breeding Przewalski Horses in Captivity for Release into the Wild* (Rotterdam, 1982)

Boyd, L, and K A Houpt, *Przewalski's Horse: The History and Biology of an Endangered Species* (Albany, 1994)

Branigan, T, 'Mongolia: How the Winter of "White Death" Devastated Nomads' Way of Life', *The Guardian*, 20 July 2010

———, 'Mongolia: "The Gobi Desert Is a Horrible Place to Work"', *The Guardian*, 20 April 2014

Byron, G G, 'Mazeppa, A Poem', *The Internet Archive*, 1819 <https://archive.org/details/mazeppaapoem02byrogoog>

Capitolinus, J, 'Historia Augusta', (Cambridge, MA, 1924)

参考文献

進化／家畜化

Achilli, A, A Olivieri, P Soares, H Lancioni, B Hooshiar Kashani, U A Perego,and others, 'Mitochondrial Genomes from Modern Horses Reveal the Major Haplogroups That Underwent Domestication', *Proceedings of the National Academy of Sciences of the United States of America*, 109/7 (2012), 2449–54

Bendrey, R, 'From Wild Horses to Domestic Horses: A European Perspective', *World Archaeology* (2012) <http://centaur.reading.ac.uk/33691/>

Bennett, D, and R S Hoffman, 'Equus Caballus', *Mammalian Species*, 628 (1999),1–14

Brubaker, T M, E C Fidler, and others, 'Strontium Isotopic Investigation of Horse Pastoralism at Eneolithic Botai Settlements in Northern Kazakhstan', *2006 Philadelphia Annual Meeting*, 2006

Cieslak, M, M Pruvost, N Benecke, M Hofreiter, A Morales, M Reissmann, and others, 'Origin and History of Mitochondrial DNA Lineages in Domestic Horses', *PLoS One*, 5/12 (2010), e15311

Curry, A, 'Archaeology: The Milk Revolution', *Nature*, 500/7460 (2013), 20–22

Dobos, A, 'The Lower Palaeolithic Colonisation of Europe. Antiquity, Magnitude, Permanency and Cognition', *PaleoAnthropology*, 2012

'Early Stone Age Hafted Spear Points from South Africa' <http://johnhawks.net/weblog/reviews/archaeology/lower/wilkins-2012-kathu-pan-spear-points.html>

'Endangered Horse Has Ancient Origins and High Genetic Diversity, New Study Finds' <http://www.sciencedaily.com/releases/2011/09/110907163921.htm>

'Fossil Evidence of Laminitis in Ancient Horses, TheHorse.com' <http://www.thehorse.com/articles/33506/fossil-evidence-of-laminitis-in-ancient-horses>

'From Ancient DNA, a Clearer Picture of Europeans Today', *New York Times*, 30 October 2014

Gardiner, J B, R C Capo, and others, 'Soil Trace Element Evidence for Horse Corralling during the Copper Age in Northern Kazakhstan', *2008 Joint Meeting of The Geological Society of America ...*, 2008

Harding, D, S Olsen, and K Jones Bley, 'Reviving Their Fragile Technologies: Reconstructing Perishables from Pottery Impressions from Botai, Kazakhstan', *Annu. Meet. Soc. Am. Arch., 65th, Philadelphia,* 2000

'Harnessing Horsepower – Anthony and Brown' <http://users.hartwick.edu/
anthonyd/harnessing horsepower.html>

'Horse Evolution' <http://www.talkorigins.org/faqs/horses/horse_evol.html>

'Horse Evolution Over 55 Million Years' <http://chem.tufts.edu/science/evolution/horseevolution.htm>

Howe, T, 'Domestication and Breeding of Livestock: Horses, Mules, Asses, Cattle, Sheep, Goats and Swine', in *The Oxford Handbook of Animals in Classical Thought and Life*, ed. by G L Campbell (Oxford, 2014)

Jansen, T, P Forster, M A Levine, H Oelke, MHurles, C Renfrew, and others, 'Mitochondrial DNA and the Origins of the Domestic Horse', *Proceedings of the National Academy of Sciences of the United States of America*, 99/16 (2002), 10905–10

Kelekna, P, *The Horse in Human History* (Cambridge, 2009)

Levine, M A, 'Domestication, Breed Diversification and Early History of the Horse', ... *Workshop: Horse Behavior and Welfare, June*, 2002

———, 'Eating Horses: The Evolutionary Significance of Hippophagy', *Antiquity*, 1998

Levine, M A, C Renfrew, and K V Boyle, *Prehistoric Steppe Adaptation and the Horse*, 2003

Lindgren, G, N Backström, J Swinburne, L Hellborg, A Einarsson, K Sandberg, and others, 'Limited Number of Patrilines in Horse Domestication', *Nature Genetics*, 36/4 (2004), 335–36

Ludwig, A, M Pruvost, M Reissmann, N Benecke, G A Brockmann, P Castanos, and others, 'Coat Color Variation at the Beginning of Horse Domestication', *Science* (New York, N.Y.), 324/5926 (2009), 485

Ludwig, A, M Reissmann, N Benecke, R Bellone, E Sandoval-Castellanos, M Cieslak, and others, 'Twenty-Five Thousand Years of Fluctuating Selection on Leopard Complex Spotting and Congenital Night Blindness in Horses', *Philosophical Transactions of the Royal Society of London B: Biological Sciences*, 370/1660 (2014)

MacFadden, B J, *Fossil Horses: Systematics, Paleobiology, and Evolution of the Family Equidae* (Cambridge, 1992)

'Olsen – Botai – Horses and Humans: Carnegie Museum of Natural History' <http://www.carnegiemnh.org/science/default.aspx?id=16610>

【カバー写真提供】Alamy／PPS通信社（オラース・ヴェルネ画）

【著者】**スザンナ・フォーレスト**　（Susanna Forrest）
作家、ジャーナリスト。英国ノリッチで育つ。ケンブリッジ大学で社会人類学専攻。2016年に食物史をテーマにした著作でソフィー・コウ賞を受賞。

【訳者】**松尾恭子**　（まつお・きょうこ）
英米翻訳家。おもな訳書にセリグマン他『ヒトラー政権下の人びとと日常』、ルイス『写真で見る女性と戦争』、マニング『戦地の図書館』など。

人《ひと》と馬《うま》の五《ご》〇《せ》〇《ん》〇《ねん》年《し》史

文化《ぶんか》・産業《さんぎょう》・戦争《せんそう》

●

2017年11月29日　第1刷

著者…………スザンナ・フォーレスト

訳者…………松尾恭子《まつおきょうこ》

装幀…………岡孝治

発行者…………成瀬雅人
発行所…………株式会社原書房

〒160-0022 東京都新宿区新宿 1-25-13
電話・代表 03（3354）0685
http://www.harashobo.co.jp
振替・00150-6-151594

印刷…………新灯印刷株式会社
製本…………東京美術紙工協業組合

ISBN978-4-562-05445-9, Printed in Japan